普通高等教育“十三五”规划教材
电工电子基础课程规划教材

数字信号处理及其 MATLAB 实现——慕课版

孙晓艳　王稚慧　要趁红　张立材　编著

電子工業出版社
Publishing House of Electronics Industry
北京 · BEIJING

内 容 简 介

本书系统讲述数字信号处理的基本原理、实现及应用，主要讲述时域离散信号与系统的基本概念及时域和频域分析方法，重点讨论离散傅里叶变换及其快速算法、数字滤波器的基本概念与理论、数字滤波器的设计与实现方法，介绍有关多采样率数字信号处理的基本理论和高效实现方法、数字信号处理的典型应用，结合各章节的知识点、例题和习题介绍 MATLAB 信号处理方法。本书提供配套电子课件、MATLAB 源代码、视频、习题参考答案、慕课（MOOC）网上在线课程等。

本书适合作为高等学校电子信息类专业和相近专业本科生的教材，也可作为相关专业科技人员的参考书。

图书在版编目 (CIP) 数据

数字信号处理及其 MATLAB 实现：慕课版 / 孙晓艳等编著. —北京：电子工业出版社，2018.1
电工电子基础课程规划教材
ISBN 978-7-121-32685-1

I. ①数… II. ①孙… III. ①数字信号处理－计算机辅助计算－Matlab 软件－高等学校－教材
Ⅳ. ①TN911.72

中国版本图书馆 CIP 数据核字（2017）第 221804 号

策划编辑：王晓庆
责任编辑：王晓庆
印　　刷：涿州市般润文化传播有限公司
装　　订：涿州市般润文化传播有限公司
出版发行：电子工业出版社
　　　　　北京市海淀区万寿路 173 信箱　　邮编：100036
开　　本：787×1 092　1/16　印张：18.5　字数：534 千字
版　　次：2018 年 1 月第 1 版
印　　次：2024 年 12 月第 10 次印刷
定　　价：45.00 元

凡所购买电子工业出版社图书有缺损问题，请向购买书店调换。若书店售缺，请与本社发行部联系，联系及邮购电话：(010)88254888，88258888。

质量投诉请发邮件至 zlts@phei.com.cn，盗版侵权举报请发邮件至 dbqq@phei.com.cn。

本书咨询联系方式：(010)88254113，wangxq@phei.com.cn。

前　言

随着信息科学和计算机技术的迅速发展，数字信号处理理论与应用也得到了飞速发展并成为近年来发展最为迅猛的学科之一，并已在多个科学技术领域获得了极为广泛的应用，成为工科大学生的必修课程和诸多科技领域工程人员必须掌握的一项基本技能。

虽然数字信号处理的重要性已经得到认同，但是学生在学习的过程中对这门课始终是“爱恨交织”。数字信号处理课程大多侧重于算法的理论及其推导，学生学起来感到枯燥、难懂，理解起来比较困难。本书力求突出基本原理、基本概念与基本分析方法的介绍，力求清楚地分析、叙述问题。同时，为满足国家无线电技术与信息系统教材编委会制定的教学大纲的要求以及篇幅的限制，本书在内容选取上坚持少而精的原则。另一方面，为使有关信号处理的理论更方便地应用于实践，引入 MATLAB 进行设计与分析，使得一些很难理解的抽象理论得到直观演示解释。为了更进一步解决读者理解困难的问题，本书在相应的知识点增加了补充说明的慕课（MOOC）视频。在慕课中结合 MATLAB 给出实例和详细的函数实现与设计代码，使得读者可以通过慕课中介绍的方法动手操作，加深对理论问题的理解。

本书分 8 章。第 1 章介绍数字信号处理的概念与应用；第 2 章是学习和应用数字信号处理的理论基础内容，主要介绍时域离散信号与系统时域分析和变换域分析的基本理论；第 3 章介绍离散傅里叶变换及其快速算法和应用等；第 4 章介绍数字信号处理系统的结构、滤波器的概念及一些特殊滤波器的概念和特点；第 5 章以模拟滤波器的设计原理为基础，介绍 IIR 数字滤波器的设计方法；第 6 章介绍 FIR 数字滤波器的主要特点和设计方法；第 7 章介绍多采样率数字信号处理的基本原理、采样率变换系统的实现方法和高效实现网络结构等；第 8 章主要讨论数字信号处理中的算法实现和实现中涉及的问题。

本书的先修课程是工程数学、信号与系统、数字电子技术和微机原理等。

本书提供配套电子课件、MATLAB 源代码、视频、习题参考答案等教辅资料，请登录华信教育资源网（http:// www.hxedu.com.cn）注册下载，登录网址 www.hxspoc.cn 进行慕课（MOOC）网上在线课程的学习。

本书参考教学时数为 60 学时。如果已先修“信号与系统”课程，建议不讲第 1 章和第 2 章，教学时数减少为 40 学时左右。少学时教学也可以不讲第 7 章，有选择地讲第 8 章。对相关专业大专类学生，只讲前 6 章的参考学时数为 50 学时。

本书由孙晓艳、王稚慧、要趁红、张立材编著。第 1 章和第 2 章由张立材编写，第 3 章和第 4 章由孙晓艳编写，第 5 章和第 6 章由要趁红编写，第 7 章由王稚慧编写，第 8 章由和亮编写，各章习题由张超和何箐编写。

由于编者水平所限，书中难免存在不足之处，欢迎广大读者指正，以使本书进一步完善。

作　者

2017 年 12 月

本书二维码集锦

典型的时域离散信号
离散序列的时域运算
卷积和
离散时间傅里叶变换离散计算
周期序列的离散傅里叶级数
离散序列傅里叶变换周期性
离散序列傅里叶变换对称性
z 变换
z 逆变换
传输函数与系统函数
离散时间傅里叶变换及其与其他变换间的关系
性质 1—循环反转
性质 2—序列的循环移位
性质 3—循环卷积
性质 4—实值信号分解
性质5—实序列的循环(圆周)共轭对称性
频域采样定理
快速傅里叶变换
DFT 计算卷积
重叠相加法
用 DFT 看频谱
IIR 直接型
IIR 级联型
IIR 并联型
FIR 直接型
FIR 级联型
FIR 线性相位型
全零点格形滤波器
全极点格形滤波器
零极点格形滤波器

全通滤波器 | 数字谐振器 | 数字陷波器 | 最小相位滤波器 | 梳状滤波器

巴特沃思低通滤波器 | 巴特沃思低通滤波器设计 | 切比雪夫滤波器 | 切比雪夫滤波器设计 | 椭圆滤波器及设计

贝塞尔滤波器设计 | 脉冲响应不变法 | 脉冲响应不变法数字滤波器设计 | 双线性变换法 | 双线性变换法数字滤波器设计

IIR 数字低通滤波器设计 | IIR 数字低通滤波器的频率变换 | 线性 FIR 数字滤波器特点 | 频率采样设计法 | 频率采样法的改进设计

频率采样法设计 FIR 数字滤波器 | 等波纹 FIR 滤波器设计 | 按整数因子抽取 | 按整数因子内插 | 按有理数因子的采样率转换

按整数因子 D 抽取系统的 FIR 滤波器设计实例 | 按整数因子内插的 FIR 滤波器设计实例 | 按有理数因子采样率转换的 FIR 滤波器 | BPSK 调制与解调 | 短时傅里叶变换

双音多频信号 | 希尔伯特变换

目 录

第1章

离散时间信号与系统

本章学习信号和信号处理的概念，了解离散时间信号的定义、表示方法及常用的典型序列；学习有关周期序列的概念，掌握有关序列的移位、翻转、和、积、累加、差分、时间尺度变换、卷积和等运算方法；了解用单位脉冲序列的移位加权和表示任意序列的方法、系统的输入/输出描述法、与系统有关的因果性和稳定性；熟悉线性时不变系统及其性质，能够用递推法解线性常系数差分方程。

1.1 信号和信号处理

信号是传递信息的函数（或序列），函数的图像称为信号的波形。信号通常是一个或几个自变量的函数。仅有一个自变量的函数称为一维信号，否则称为多维信号。本书仅研究一维数字信号处理的理论与技术。

信号的自变量和函数值的取值有多种形式，通常把信号视为时间的函数，即把时间视为信号的自变量，而代表其他物理量（如距离、速度、温度、压力、电压、电流等）随自变量变化而变化的量视为函数（因变量）。注意在讨论信号的有关问题时，“信号”与“函数（或序列）”两个词常互相通用。

生活中经常遇到的信号有语音信号、音乐信号、图片信号和视频信号等。例如，语音信号和音乐信号表示空间上某个点的空气压力，它是时间的函数。黑白图片是光强度的一种表示，它是两个空间坐标的函数。电视中的视频信号由称为帧的图像序列组成，是一个有三个变量的函数，包括两个空间坐标和一个时间坐标。可见，信号在人们的日常生活中扮演了非常重要的角色。

大多数信号都是自然产生的，也可以通过人工合成或计算机仿真产生。

信号携带着信息，各类信号只有经过一定的处理才能具有实用价值。信号处理就是对信号进行分析、变换、综合、识别等加工，以达到提取有用信息和便于利用的目的。信息提取的方法取决于信号的类型及信号中信息的性质。处理信号的设备用模拟部件，则称这种处理方法为模拟信号处理，其英文缩写为ASP。若系统中的处理部件用数字电路，信号也是数字信号，则这样的处理方法称为数字信号处理，其英文缩写为DSP。数字信号处理是用数值计算的方法对信号进行处理的一门科学。数字信号和模拟信号可以相互转换。

信号处理涉及信号的数学表示，以及用以信息提取所执行的算法。信号可以用自变量的原始域中的基本函数表示，或者用变换域中的基本函数表示。信息提取处理同样可以在信号的原始域或变换域中进行。

1.1.1 信号的特征与分类

通常根据自变量的特征及函数的定义域，将信号定义成不同的类型。根据信号的自变量是否连续或离散，相应地定义信号是连续信号或离散信号。信号可以是一个实值函数或一个复值函数。

根据信号来源的多少，可以定义一个信号源产生的信号为一维信号或标量信号；由多个源产生的信号为多维信号或向量信号。向量信号也称为多通道信号。

日常生活中接触最多的是语音信号和图像信号。语音信号是以时间为自变量的典型一维（1-D）信号的例子，而图像信号是二维（2-D）信号的典型例子。如照片等图像信号，是以两个空间变量为其两个自变量。例如，黑白视频信号的每一帧是空间的两个离散变量的函数，它是一个二维图像，而每一帧在离散时间上按顺序出现，因此，黑白视频信号是以两个空间变量和一个时间变量为自变量的三维（3-D）信号。常见的彩色视频信号则是由表示红、绿、蓝（RGB）三原色的三个三维信号和一个时间变量组成的多维信号。

在指定的自变量上的信号值称为信号的幅度。习惯上把幅度随着自变量的变化称为波形。

通常把时间作为自变量，若自变量是连续的，则该信号称为连续时间信号（或时域连续信号）。若自变量是离散的，则该信号称为离散时间信号（或时域离散信号）。连续时间信号定义在每个时刻，而离散时间信号定义在离散时刻。因此，一个离散时间信号实质上是一个数字的序列。

在规定的连续时间范围内，信号的幅值可以取连续范围内的任意值，或者说具有连续幅值的连续时间信号称为模拟信号。在日常生活中会经常遇到的信号多为模拟信号，通常以自然方式产生。话筒转换声音得到的语音信号就是模拟信号的一个典型例子。用有限个数字表示的离散幅值的离散时间信号称为数字信号，即数字信号是自变量取离散值，其幅度也被量化且被编码的离散时间信号。与数字信号一样自变量取离散值，但是具有连续幅值的离散时间信号称为抽样数据信号（或采样数据信号，有时也称采样信号）。从这个意义上可以说数字信号是量化的抽样数据信号。另外，具有离散振幅值的连续时间信号称为量化阶梯信号。这四种类型的信号如图1-1所示。

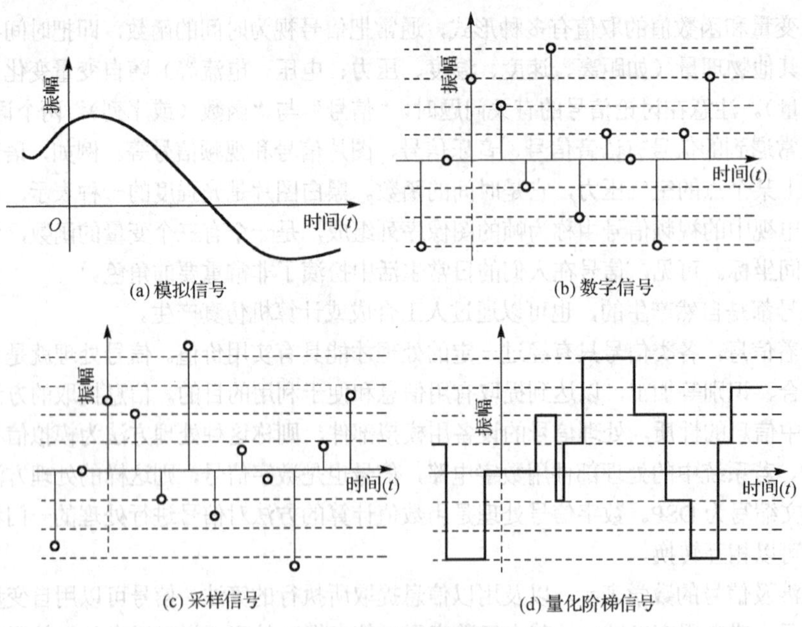

图1-1　四种类型的信号

常用的表示信号的方法有公式法、图示法和集合法。用公式法表示信号的特点是从数学表达式中可以清楚地看到它的函数关系。一维连续时间信号的自变量通常用 t 表示。而对于一维离散时间信号，离散的自变量通常用 n 表示。例如，$x(t)$表示一个一维连续时间信号，而 $x(n)$表示一个一维离散时间信号。离散时间信号中的每个成员 $x(n)$称为样本。离散时间信号一般是通过对原始的连续时间信号以相同的时间间隔采样产生的。用图示法表示信号的特点是比较直观，用集合法表示信号的特点是便于数据的存储和用计算机进行分析。图示法和集合法的缺点相似，不便于用数学工具进行分析。

二维连续时间信号的两个自变量是空间坐标，通常用 x 和 y 表示。例如，黑白图像的强度可以表示为 $u(x,y)$。彩色图像由表示红、绿、蓝三原色的三个信号组成，其强度可以表示为 $\boldsymbol{u}(x,y)=[r(x,y),g(x,y),b(x,y)]^{\mathrm{T}}$。

目前大量使用的计算机图像（数字图像）是二维离散信号，它的两个自变量通常用离散化的空间变量 m 和 n 描述，可将数字图像通常用 $v(m,n)$表示。黑白视频序列是三维信号，可以用 $u(x,y,t)$表示，这里用 t 表示时间变量，x 和 y 分别表示两个空间变量。彩色图像信号是向量信号，可以用红、绿、蓝三原色的三个信号表示。

信号的分类不限于上述方法，还可以根据信号的其他特征进行。例如，根据信号是否有唯一确定的描述对信号进行分类，由一个完全定义的过程（如通过一个数学表达式或规则，或通过查找表）来确定的信号称为确定信号；反之，由随机方式产生且不能在时间上预测的信号称为随机信号。本书主要涉及离散时间的确定信号的处理。由于实际的离散时间系统是用有限字长来存储信号并用数学运算的方法对信号进行处理的，所以需要分析有限字长效应对离散时间系统性能的影响。因此，将某些信号表示为随机信号，用统计的方法进行分析会比较方便。

1.1.2　典型的信号处理运算

如前所述，信号处理就是对信号进行分析、变换、综合、识别等加工，以达到提取有用信息和便于利用的目的的过程。模拟信号的处理通常都在时域进行，离散时间信号的处理既可以在时域进行，也可以方便地在频域进行。但不论何种情况，信号处理所需的运算是通过一些基本运算的组合来实现的。值得注意的是，尽管在某些应用中，这些运算可以离线实现，但它们的实现通常是实时的或准实时的。

1．时域的基本运算

三个最基本的信号运算是乘、延时和相加。

乘运算将信号与一个正的或负的常数相乘，也称标乘。例如，若 $x(t)$是一个模拟信号，则乘运算产生信号 $y(t)=ax(t)$，其中 a 是标乘常数。习惯上将标乘常数的幅度大于 1 的运算称为放大，相乘的常数称为增益；而将标乘常数的幅度小于 1 的运算称为衰减。

延时运算产生一个原信号延时后的复制信号。例如，若 $y(t)=x(t-t_0)$ 是 $x(t)$延时 t_0 后的信号，其中 t_0 通常被假定为一个正数。若 t_0 是负数，则对应的运算是一个超前运算。

许多应用需要通过两个或多个信号的运算来生成一个新信号。例如，$y(t)=x_1(t)+x_2(t)-x_3(t)$是三个模拟信号 $x_1(t)$、$x_2(t)$和 $x_3(t)$通过相加产生的信号。而两个信号 $x_1(t)$和 $x_2(t)$的相乘产生信号 $z(t)=x_1(t)x_2(t)$。

积分和微分运算。模拟信号 $x(t)$的积分生成信号 $y(t)=\int_{-\infty}^{t}x(t)\mathrm{d}t$，而 $x(t)$的微分得到信号 $w(t)=\dfrac{\mathrm{d}x(t)}{\mathrm{d}t}$。

两个或多个基本运算的组合可实现更为复杂的信号运算。例如，连续时间信号 $x(t)$的连续傅里叶变换 $X(\mathrm{j}\Omega)$定义为

$$X(\mathrm{j}\Omega)=\int_{-\infty}^{\infty}x(t)\mathrm{e}^{-\mathrm{j}\Omega t}\mathrm{d}t \tag{1-1}$$

$X(\mathrm{j}\Omega)$称为 $x(t)$的频谱。

2．滤波

滤波的主要目的是根据指定的要求改变组成信号的频率成分，是使用最广泛的复杂信号处理运算之一，实现滤波运算的系统称为滤波器。

设用冲激响应 $h(t)$来表示滤波器，则滤波器对应于输入 $x(t)$的输出 $y(t)$可以用卷积积分描述为

$$y(t)=\int_{-\infty}^{\infty}h(t-\tau)x(\tau)\mathrm{d}\tau \tag{1-2}$$

这里假设在输入信号作用时，滤波器是零初始条件的松弛状态。在频域中，式（1-2）可表示为

$$Y(\mathrm{j}\Omega)=H(\mathrm{j}\Omega)X(\mathrm{j}\Omega) \tag{1-3}$$

式中，$Y(\mathrm{j}\Omega)$、$X(\mathrm{j}\Omega)$和 $H(\mathrm{j}\Omega)$分别表示 $y(t)$、$x(t)$和 $h(t)$的连续时间傅里叶变换。

滤波器允许通过的频率范围称为通带，而被滤波器阻止通过的频率范围称为阻带。一般将滤波器定义为低通滤波器、高通滤波器、带通滤波器、带阻滤波器、陷波器、梳状滤波器等。低通滤波器允许低于某个特定频率 f_{p}（称为通带截止频率）的所有低频成分通过，并阻止所有高于 f_{s}（称为阻带截止频率）的高频成分通过。与低通滤波器相对应，高通滤波器允许所有高于某个通带截止频率 f_{p} 的高频成分通过，并阻止所有低于阻带截止频率 f_{s} 的低频成分通过。带通滤波器允许两个通带截止频率 f_{p1} 和 f_{p2} 之间的所有频率成分通过，其中 $f_{\mathrm{p1}}<f_{\mathrm{p2}}$，并阻止所有低于通带截止频率 f_{p1} 和高于通带截止频率 f_{p2} 的频率成分通过。带阻滤波器与带通滤波器相对应，阻止两个阻带截止频率 f_{p1} 和 f_{p2} 之间的所有频率成分通过，允许所有低于通带截止频率 f_{p1} 和高于通带截止频率 f_{p2} 的频率成分通过。图 1-2(a)显示了一个由频率分别为 50Hz、100Hz 和 200Hz 的三个正弦成分组成的信号。图 1-2(b)～(e)显示了上面 4 种类型的滤波运算经适当选择截止频率后得到的滤波结果。

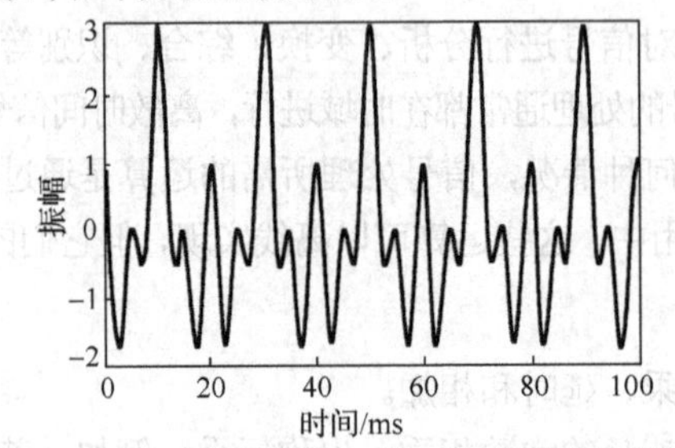

(a) 频率为50Hz、100Hz和200Hz的三个正弦成分组成的信号

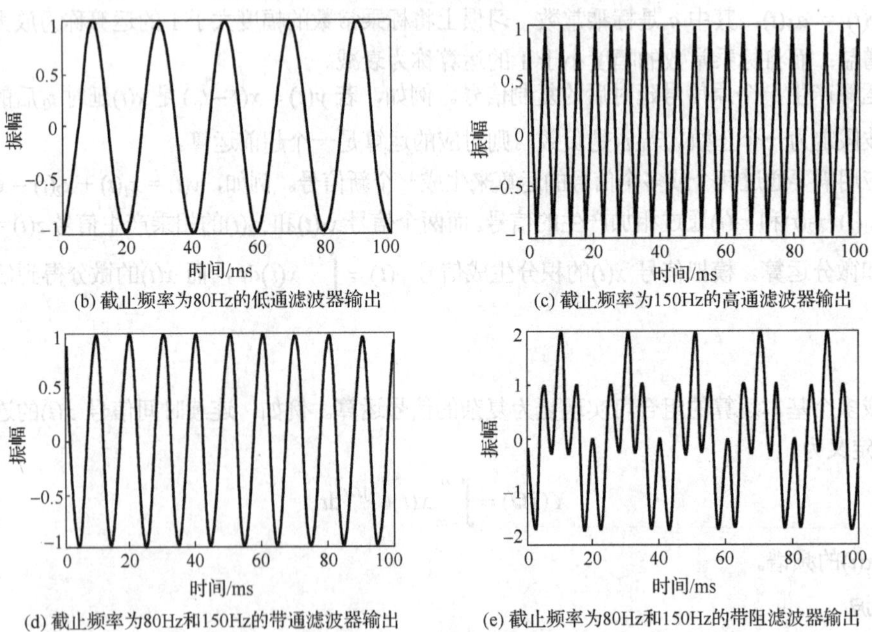

(b) 截止频率为80Hz的低通滤波器输出

(c) 截止频率为150Hz的高通滤波器输出

(d) 截止频率为80Hz和150Hz的带通滤波器输出

(e) 截止频率为80Hz和150Hz的带阻滤波器输出

图 1-2 由三个正弦成分组成的信号及 4 种类型滤波器的滤波结果

陷波滤波器是用来阻止单个频率分量的带阻滤波器。有多个通带和多个阻带的滤波器称为多频带滤波器。梳状滤波器就是设计用来阻止某个低频的整数倍频率成分的多频带滤波器。

例如，在我国由电力线辐射的电磁场产生的噪声表现为污染期望信号的一个 50Hz 的正弦信号，从被污染的信号中恢复出期望信号的一种有效方法是通过陷波频率为 50Hz 的陷波器。另一种常见情况是应用中期望的信号占据从直流（DC）到某个频率 f_L 的低频带，并被一个频率成分大于 f_H 的高频噪声污染，其中 $f_H > f_L$。这时可以将被噪声污染的信号通过一个截止频率为 f_c 的低通滤波器来恢复期望信号，其中 $f_L < f_c < f_H$。

3. 复数信号

从数学角度看，信号可以是实数信号或者复数信号。显然，所有自然产生的信号都是实数信号。在工程实际应用中，常常需要由具有更多期望性质的实数信号来构成复数信号。

实数信号通过数学运算可以产生复数信号，其方法有多种。最直接的复数信号产生方法是用两个实数信号分别作为复数信号的实部和虚部来构成复数信号。复数信号的一个重要用途是人为将两个实数信号合成为一个复数信号，这样可以在一次复数信号的傅里叶变换运算中完成两个实数信号的变换，从而提高运算效率。

复数信号也可以通过变换的方法产生。例如，通过希尔伯特变换器可以用来产生复数信号，该变换由如下冲激响应 $h_{HT}(t)$ 描述

$$h_{HT}(t) = \frac{1}{\pi t} \tag{1-4}$$

其傅里叶变换 $H_{HT}(j\Omega)$ 为

$$H_{HT}(j\Omega) = \begin{cases} -j, & \Omega > 0 \\ j, & \Omega < 0 \end{cases} \tag{1-5}$$

设实数模拟信号 $x(t)$，其傅里叶变换为 $X(j\Omega)$。实数信号的幅度谱具有偶对称性，而相位谱具有奇对称性。因此，实数信号 $x(t)$ 的频谱 $X(j\Omega)$ 包含正、负频率，于是可以表示为

$$X(j\Omega) = X_p(j\Omega) + X_n(j\Omega) \tag{1-6}$$

式中，$X_p(j\Omega)$ 是 $X(j\Omega)$ 的正频率部分，$X_n(j\Omega)$ 是 $X(j\Omega)$ 的负频率部分。若将 $x(t)$ 通过一个希尔伯特变换器，则其输出 $\hat{x}(t)$ 的频谱 $\hat{X}(j\Omega)$ 可以表示为

$$\hat{X}(j\Omega) = H_{HT}(j\Omega)X(j\Omega) = -jX_p(j\Omega) + jX_n(j\Omega) \tag{1-7}$$

由式（1-7）可以看出 $\hat{x}(t)$ 也是一个实数信号。考虑由 $x(t)$ 与 $\hat{x}(t)$ 的和组成的复数信号 $y(t)$

$$y(t) = x(t) + j\hat{x}(t) \tag{1-8}$$

信号 $x(t)$ 和 $\hat{x}(t)$ 分别称为 $y(t)$ 的同相分量和正交分量。$y(t)$ 的连续时间傅里叶变换则可以表示为

$$Y(j\Omega) = X(j\Omega) + j\hat{X}(j\Omega) = 2jX_p(j\Omega) \tag{1-9}$$

因此，复数信号 $y(t)$ 称为解析信号，它只存在正频率成分。

希尔伯特变换器的一个应用是实现了单边带调制。从实数信号产生解析信号的原理如图 1-3 所示。

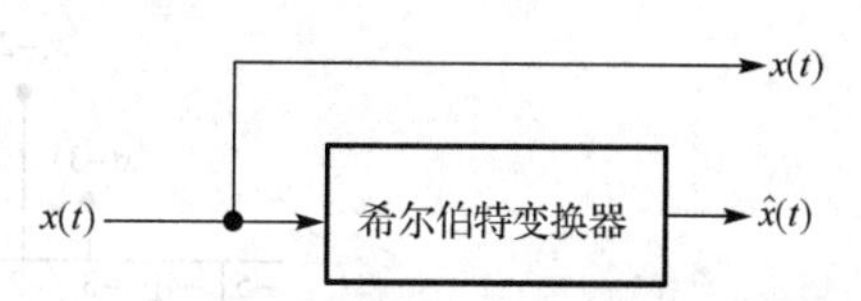

图 1-3 用希尔伯特变换器产生解析信号

除了上述运算，在通信领域中还有幅度调制、复用和解复用及信号的产生等运算，在相应课程中专门讨论，在此不再一一赘述。

1.2 离散时间信号

数字信号处理是使用数值计算的方法对信号进行处理的一门科学。数字信号处理系统可以对数字信号进行处理。对于模拟信号，可以在处理系统中增加模数转换器（Analog Digital Converter，ADC），将模拟信号转换成数字信号后再进行处理，如果需要还可以用数模转换器（Digital Analog Converter，DAC）将处理后的数字信号转换成模拟信号。因此，数字信号处理中涉及模拟信号、时域离散信号和数字信号三种不同形式的信号。

1.2.1 时域离散信号的表示方法

1. 时域离散信号 $x(n)$的常用表示方法

时域离散信号 $x(n)$的表示方法有多种，常用公式、图形和集合三种表示方法。对模拟信号 $x_a(t)$以采样间隔 T 为周期进行等间隔采样，得

$$x_a(t)|_{t=nT} = x_a(nT), \quad -\infty < n < \infty \tag{1-10}$$

式中，n 为整数。取不同的 n 值，$x_a(nT)$是一个有序的数值序列：$\cdots, x_a(-T), x_a(0), x_a(T), \cdots$，该数值序列就是离散时间信号。为了方便起见，直接用 $x(n)$表示第 n 个离散时间点的序列值，在数值上它等于信号的采样值，即

$$x(n) = x_a(nT), \quad -\infty < n < \infty$$

特别要注意，显然 n 不是整数时没有定义。

（1）公式法表示序列

如果时域离散时间信号 $x(n)$可以用公式计算，则可方便地用数学公式表示该序列。例如

$$x(n) = a^n + 0.5, \quad 0 < a < 1, \ 0 \leqslant n < \infty$$

（2）集合法表示序列

与数学中表示数的集合的方法基本一致，用{*}表示。时域离散信号是一组有序数的集合，当然可表示成集合。例如，当 $a = 0.5$，$n = \{0, 1, 2, \cdots\}$时，序列 $y(n) = a^n$ 的样本值为

$$y(n) = \{\underline{1}, 0.5, 0.25, 0.625, \cdots\}$$

式中，带下画线的集合元素表示 $n = 0$ 点的序列值（或者用其他符号指明）。

（3）图形法表示序列

信号 $x(n)$随 n 的变化规律还可以用图形来描述，如图 1-4 所示。

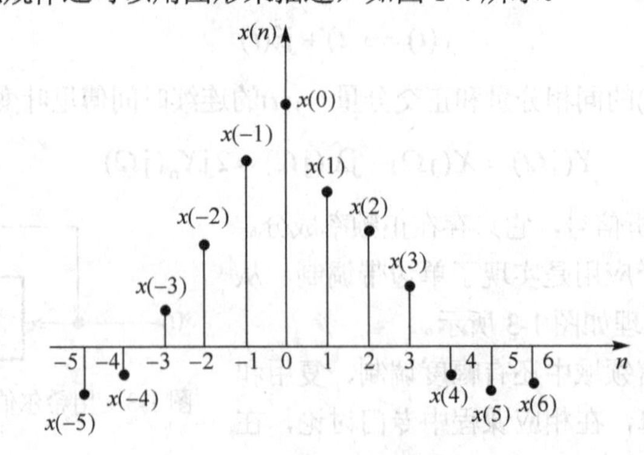

图 1-4　离散时间信号的图形表示

习惯上用垂直于横坐标轴的短线表示序列，并根据需要在短线的端点处加圆点或圆圈。横坐标轴虽为连续直线，但只在 n 为整数时才有意义。垂直于横坐标轴线段的长短代表各序列值的大小。为方便使用，常常略去图 1-4 中函数值符号 $x(0)$、$x(1)$、$x(-2)$等，仅用平行于纵轴的线段长短表示采样值的大小，用各线段在横轴上的投影值表示采样时刻。

2. MATLAB 中时域离散时间信号的表示方法

工具软件 MATLAB 中，所有计算是以向量运算为基础进行的，用两个向量 $\boldsymbol{x}$ 和 $\boldsymbol{n}$ 表示有限长序列 $x(n)$，其中 $\boldsymbol{x}$ 和 $\boldsymbol{n}$ 向量中的元素一一对应，分别表示 $x(n)$的幅度向量和位置向量。容易理解，位置向量相当于序列图形表示法中的横坐标。位置向量通常是单位增向量，由"："命令产生，如果序列 $x(n)$的起始点为 ns，终止点为 nf，那么 $\boldsymbol{n}$ 向量由语句"n = ns：nf"产生。这样，将有限长序列 $x(n)$记为{$x(n)$；n = ns：nf}。本书中与 MATLAB 程序有关的文字用正体字书写。

【例 1-1】 计算序列 $x(n) = \sin(\pi n/5)$在 $n = -5, -4, \cdots, 0, \cdots, 4, 5$ 的样本值。

解　用 MATLAB 计算 $x(n)$样本值的计算程序如下：

```
%fex1_1.m：用 MATLAB 表示序列 x(n)
n = -5:5;                     %位置向量 n 从-5 到 5
x = sin(pi*n/5);              %计算序列向量 x(n)在 n 从-5 到 5 区间的样本值
subplot(3,2,1);               %绘图窗口分割为三行两列共 6 个绘图区，并选择左上角为绘图区
stem(n, x , '.');             %绘制序列图，并在端点处标记圆点，若要标记圆圈，可在单引号内输入字母o。
axis([-5,6,-1.2,1.2]); %调整水平和垂直坐标轴
xlabel('n');                  %标记水平坐标轴名称
ylabel('x(n)')                %标记垂直坐标轴名称
```

程序的运行结果如图 1-5 所示。不难看出，用图形法表示序列与用 MATLAB 程序语句表示序列是等价的。

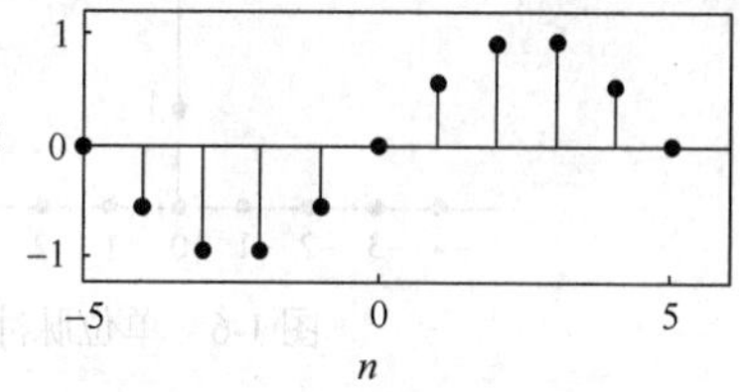

图 1-5　序列 $x(n) = \sin(\pi n/5)$的计算机图形表示

【例 1-2】 将已知模拟信号 $x_a(t) = 0.8\cos 10\pi t$ 转换成时域离散信号和数字信号。

解　将模拟信号转换成时域离散信号需要对模拟信号进行等间隔采样，根据采样定理，采样频率必须是模拟信号最高频率的两倍以上。所给信号 $x_a(t) = 0.8\cos 10\pi t$ 的频率是 5Hz，周期是 0.2s。选择采样频率 $f_s = 50\text{Hz}$ 对 $x_a(t)$进行采样，即以采样间隔 $T = 1/f_s = 0.02\text{s}$ 等间隔采样。即将 $t = nT$ 代入 $x_a(t) = 0.8\cos 10\pi t$ 中，得

$$x(n) = x_a(t)\big|_{t=nT} = x_a(nT) = 0.8\cos 10\pi nT$$

式中，$n = \{\cdots, 0, 1, 2, 3, \cdots\}$。将 n 代入上式，得

$$x(n) = \{\cdots, 0.8000, 0.6472, 0.2472, -0.2472, -0.6472, \cdots\}$$

式中，$x(n)$称为时域离散信号，其中变量 n 表示第 n 个采样点，且 n 只能取整数，非整数无意义。按照上式计算 $x(n)$所得的序列值是精度无限的小数，现实中必须将其量化为二进制数才能用来进行数字信号处理运算。为方便起见，$x(n)$的二进制编码形成的数字信号用 $x[n]$表示。因此，例 1-2 中所形成的 5 位二进制数字信号为

$$x[n] = \{\cdots, \underline{1.1001}, 1.0100, 0.0111, -0.0111, -1.0100, \cdots\}$$

例 1-2 说明，时域离散信号可以通过对模拟信号等间隔采样得到，所得结果为时域采样序列，采

样序列再进行量化编码就得到数字信号。考察 $x(n)$与 $x[n]$可见，以二进制编码为例，随着二进制编码位数的增加，两者的差别越来越小。实际工程中，采用32位二进制编码时，数字信号和时域离散信号的幅度值在数值上相差无几，误差可以忽略，只是信号形式不同。目前计算机的运算精度高达32位或64位以上，所以在用软件处理数字信号时一般不考虑编码误差产生的影响。但在很多实时信号处理应用场合，为了实现信号处理的高速实时处理，受设备复杂性和成本高低的影响，这时二进制编码的位数是受限制的，要考虑这种误差带来的影响。

1.2.2 典型的时域离散信号

典型的时域离散信号

下面介绍一些典型的离散信号。

1. 单位脉冲序列 $\delta(n)$

$$\delta(n)=\begin{cases}1, & n=0\\ 0, & n\neq 0\end{cases} \tag{1-11}$$

$\delta(n)$称为单位脉冲序列，类似于连续时间信号与系统中的单位脉冲函数 $\delta(t)$。注意，这里 $\delta(n)$在 $n=0$ 时取值为1。单位脉冲序列如图1-6所示。

2. 单位阶跃序列 $u(n)$

$$u(n)=\begin{cases}1, & n\geqslant 0\\ 0, & n<0\end{cases} \tag{1-12}$$

单位阶跃序列的特点是只有在 $n\geqslant 0$ 时，它才取非零值1。$n<0$ 时，均取零值。其波形如图1-7所示。

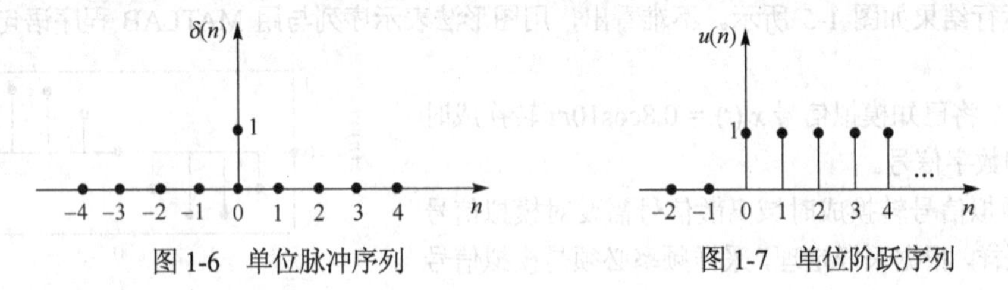

图1-6 单位脉冲序列 图1-7 单位阶跃序列

$u(n)$可以用单位脉冲 $\delta(n)$表示为

$$u(n)=\sum_{m=0}^{\infty}\delta(n-m)=\sum_{m=-\infty}^{n}\delta(m)=\delta(n)+\delta(n-1)+\delta(n-2)+\cdots \tag{1-13}$$

3. 矩形序列 $R_N(n)$

$$R_N(n)=\begin{cases}1, & 0\leqslant n\leqslant N-1\\ 0, & \text{其他}\end{cases} \tag{1-14}$$

式中，N 称为矩形序列的长度。当 $N=4$ 时，$R_4(n)$的波形如图1-8所示。

矩形序列 $R_N(n)$可用单位阶跃序列表示如下

$$R_N(n)=u(n)-u(n-N) \tag{1-15}$$

矩形序列 $R_N(n)$用单位脉冲 $\delta(n)$表示为

$$R_N(n)=\sum_{m=0}^{N}\delta(n-m)=\delta(n)+\delta(n-1)+\delta(n-2)+\cdots+\delta[n-(N-1)]$$

4．实指数序列

$$x(n)=a^n u(n) \tag{1-16}$$

式中，a 为实数。当$|a|<1$ 时，序列是收敛的，称序列 $x(n)$收敛。而当$|a|>1$ 时，序列是发散的，称序列 $x(n)$发散。图 1-9 表示 $0<a<1$ 时 $a^n u(n)$的图形。

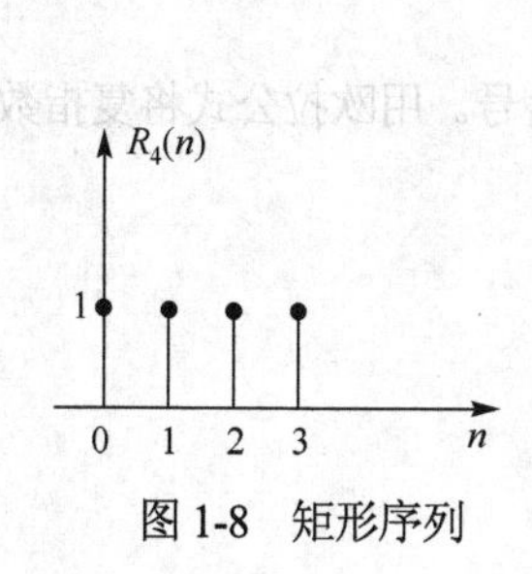

图 1-8　矩形序列

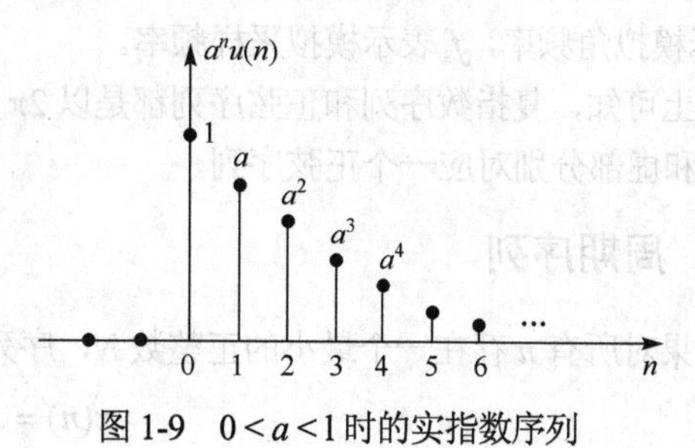

图 1-9　$0<a<1$ 时的实指数序列

5．复指数序列和正弦序列

复指数序列用下式表示

$$x(n)=\mathrm{e}^{(\sigma+\mathrm{j}\omega_0)n} \tag{1-17}$$

或

$$x(n)=\mathrm{e}^{\sigma n}\mathrm{e}^{\mathrm{j}\omega_0 n} \tag{1-18}$$

它具有实部与虚部，ω_0 是复正弦的数字域频率。对第一种表示，可写成

$$x(n)=\mathrm{e}^{\sigma n}(\cos\omega_0 n+\mathrm{j}\sin\omega_0 n)=\mathrm{e}^{\sigma n}\cos\omega_0 n+\mathrm{j}\mathrm{e}^{\sigma n}\sin\omega_0 n$$

如果用极坐标表示，则

$$x(n)=|x(n)|\,\mathrm{e}^{\mathrm{j}\arg[x(n)]}=\mathrm{e}^{\sigma n}\cdot\mathrm{e}^{\mathrm{j}\omega_0 n}$$

因此

$$|x(n)|=\mathrm{e}^{\sigma n},\quad \arg[x(n)]=\omega_0 n$$

正弦序列用式（1-19）表示

$$x(n)=A\sin(\omega n+\varphi) \tag{1-19}$$

式中，A 为幅度；ω 为数字域的频率，单位是弧度，它表示序列变化的速率，或者说表示相邻两个序列值之间变化的弧度数；φ 为起始相位，单位是弧度。

如果正弦序列 $x(n)$是由模拟正弦信号 $x_{\mathrm{a}}(t)=\sin(\Omega t)$采样得到的，那么

$$x_{\mathrm{a}}(t)=\sin(\Omega t)$$

$$x_{\mathrm{a}}(t)|_{t=nT}=\sin(\Omega nT)$$

$$x(n)=\sin(\omega n)$$

因为在数值上序列值与采样信号值相等，故得

$$\omega = \Omega T \tag{1-20}$$

式（1-20）具有普遍意义，表明数字角频率（数字域频率，简称数字频率）ω 与模拟角频率 Ω 之间的关系，说明凡是由模拟信号采样得到的序列，模拟角频率 Ω 与序列的数字域频率 ω 呈线性关系。由于采样频率 f_s 与采样周期 T 互为倒数，数字频率 ω 也可表示成

$$\omega = \frac{\Omega}{f_s} \tag{1-21}$$

式（1-21）表示数字域频率是模拟角频率对采样频率的归一化频率。本书中用 ω 表示数字域频率，Ω 表示模拟角频率，f_s 表示模拟采样频率。

综上可知，复指数序列和正弦序列都是以 2π 为周期的周期信号。用欧拉公式将复指数序列展开，其实部和虚部分别对应一个正弦序列。

1.2.3　周期序列

如果对所有 n 存在一个最小的正整数 N，序列 $x(n)$满足

$$x(n) = x(n+N) \tag{1-22}$$

则称序列 $x(n)$是周期序列，周期为 N。应特别注意 N 为整数。例如 $x(n) = \sin\left(\frac{\pi}{4}n\right)$，数字频率是 $\pi/4$，并可写成下式

$$x(n) = \sin\left[\frac{\pi}{4}(n+8)\right]$$

表明 $x(n) = \sin\left(\frac{\pi}{4}n\right)$ 是周期为 8 的周期序列，也称正弦序列，如图 1-10 所示。

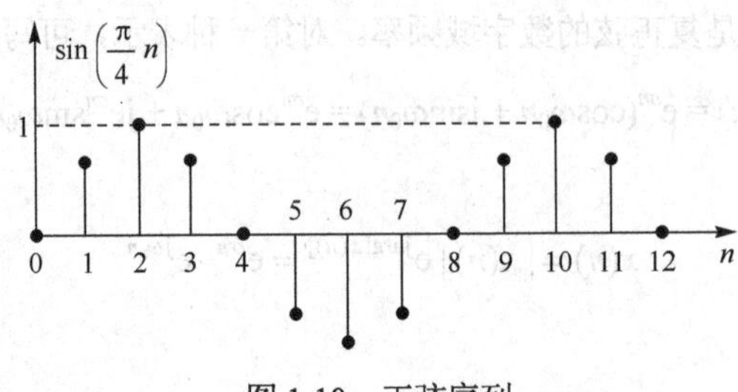

图 1-10　正弦序列

下面讨论正弦序列的周期性。设

$$x(n) = A\sin(\omega n + \varphi)$$

其中，ω 为数字域频率，φ 为起始相位，则

$$x(n+N) = A\sin[(n+N)\omega + \varphi] = A\sin[N\omega + n\omega + \varphi]$$

如果正弦序列 $x(n)$是周期序列，则有

$$x(n) = x(n+N)$$

或

$$A\sin(\omega n + \varphi) = A\sin[(n+N)\omega + \varphi]$$

考察上式，因为正弦函数以 2π 为周期，因此要求 $N\omega$ 是 2π 的整数倍，即 $N\omega = 2k\pi$，得

$$N = \frac{2\pi}{\omega} k \tag{1-23}$$

式中，k 与 N 均取整数，且 k 的取值要保证 N 是最小的正整数，满足这些条件，正弦序列 $x(n)$才是以 N 为周期的周期序列。所以，只有当 $\frac{2\pi}{\omega}k$ 是整数时，正弦序列 $x(n)$才能是周期序列。

同样，指数为纯虚数的复指数序列的周期性与正弦序列的情况相同。

无论正弦或复指数序列是否为周期序列，参数 ω 皆称为它们的频率。

上述讨论的结论是：周期信号经等间隔采样不一定得到周期序列。那么，采样时间间隔 T 和连续正弦信号的周期 T_0 之间应该是什么关系，才能使所得到的采样序列仍然是周期序列呢？

若连续正弦信号 $x(t)$为

$$x(t) = A\sin(\Omega t + \varphi)$$

则该信号的频率为 f，角频率为 $\Omega = 2\pi f$，信号的周期为

$$T_0 = \frac{1}{f} = \frac{2\pi}{\Omega}$$

对连续周期信号 $x(t)$以采样间隔 T 为周期进行采样，采样后信号 $x(n)$为

$$x(n) = x(t)\big|_{t=nT} = A\sin(\Omega nT + \varphi)$$

令 ω 为数字频率，满足

$$\omega = \Omega T = \Omega \frac{1}{f_s} = 2\pi \frac{f}{f_s}$$

式中，f_s 是采样重复频率，简称采样频率。可见，ω 是一个相对频率，它是连续正弦信号的频率 f 对采样频率 f_s 的相对频率乘以 2π，也就是连续正弦信号的角频率 Ω 对采样频率 f_s 的相对频率。用 ω 代替 Ω，可得

$$x(n) = A\sin(\omega n + \varphi)$$

这就是上面讨论的正弦序列。下面讨论 $2\pi/\omega$ 与 T 及 T_0 的关系。

因为

$$\frac{2\pi}{\omega} = 2\pi \cdot \frac{1}{\Omega T} = 2\pi \cdot \frac{1}{2\pi f T} = \frac{1}{fT} = \frac{T_0}{T}$$

考察上式，若要 $2\pi/\omega$ 为整数，则连续正弦信号的周期 T_0 应为采样时间间隔 T 的整数倍；若要 $2\pi/\omega$ 为有理数，则 T_0 与 T 是互质的整数。

1.2.4　离散序列的时域运算

离散序列的时域运算包括和、积、移位、翻转、累加、差分、时间尺度（比例）变换、卷积和等。

离散序列的时域运算

1．和运算

和运算是指两序列同序号(n)的序列值逐项对应相加而构成一个新的序列的运算。例如，两个序列 $x(n)$和 $y(n)$对应项相加形成的序列 $z(n)$表示为

$$z(n) = x(n) + y(n)$$

【例 1-3】 设

$$x(n)=\begin{cases}\dfrac{1}{2}\left(\dfrac{1}{2}\right)^n, & n\geqslant -1\\ 0, & n<-1\end{cases}$$

$$y(n)=\begin{cases}2^n, & n<0\\ n+1, & n\geqslant 0\end{cases}$$

求 $z(n)=x(n)+y(n)$。

解

$$z(n)=x(n)+y(n)=\begin{cases}2^n, & n<-1\\ \dfrac{3}{2}, & n=-1\\ \dfrac{1}{2}\left(\dfrac{1}{2}\right)^n+n+1, & n\geqslant 0\end{cases}$$

$x(n)$、$y(n)$ 及 $z(n)=x(n)+y(n)$ 的波形如图 1-11 所示。

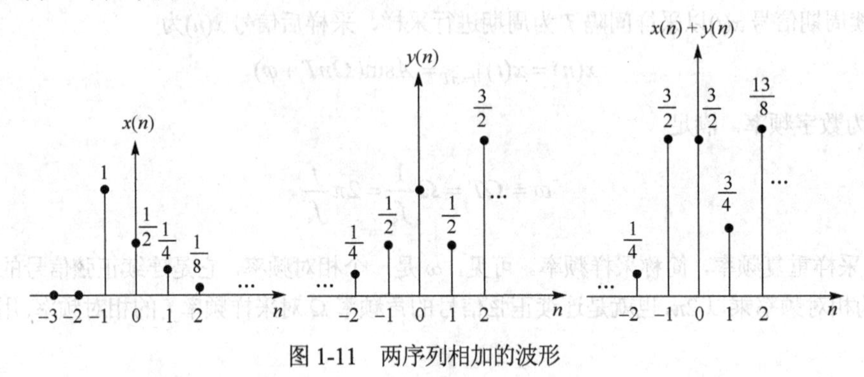

图 1-11 两序列相加的波形

2. 积运算

积运算是指两序列同序号(n)的序列值逐项对应相乘的运算。例如，两个序列 $x(n)$和 $y(n)$对应项相乘形成的序列 $z(n)$表示为

$$z(n)=x(n)y(n)$$

【例 1-4】 同例 1-3 中的 $x(n)$、$y(n)$，计算 $z(n)=x(n)y(n)$。

解

$$z(n)=x(n)y(n)=\begin{cases}0, & n<-1\\ \dfrac{1}{2}, & n=-1\\ \dfrac{1}{2}(n+1)\left(\dfrac{1}{2}\right)^n, & n\geqslant 0\end{cases}$$

3. 移位运算

移位运算有时也称为延时运算。是指一序列 $x(n)$逐项依次延时（右移）m 位而得到一个新序列 $y(n)$的运算，记为 $y(n)=x(n-m)$。同理，而 $y(n)=x(n+m)$则指依次超前（左移）m 位的运算。

【例 1-5】 已知

$$x(n)=\begin{cases}\frac{1}{2}\left(\frac{1}{2}\right)^n, & n\geqslant -1\\ 0, & n<-1\end{cases}$$

求 $x(n+1)$。

解

$$x(n+1)=\begin{cases}\frac{1}{2}\left(\frac{1}{2}\right)^{n+1}, & n+1\geqslant -1\\ 0, & n+1<-1\end{cases}$$

或

$$x(n+1)=\begin{cases}\frac{1}{4}\left(\frac{1}{2}\right)^{n+1}, & n\geqslant -2\\ 0, & n<-2\end{cases}$$

$x(n)$及 $x(n+1)$的波形如图 1-12 所示。

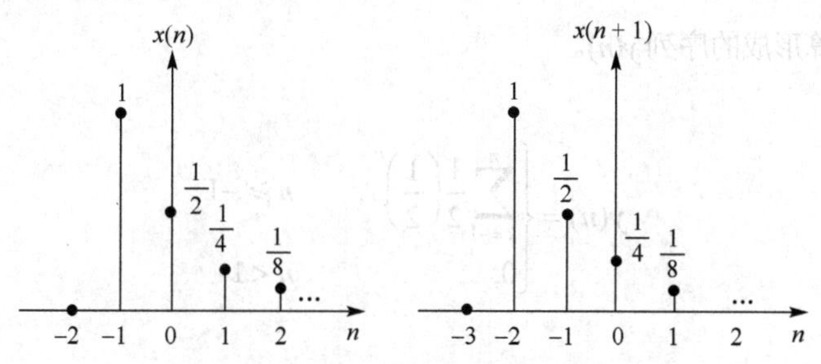

图 1-12　序列 $x(n)$及超前序列 $x(n+1)$的波形

4．翻转运算

翻转运算是指将序列 $x(n)$以 $n=0$ 的纵轴为对称轴翻转形成序列的运算，所得序列为 $x(-n)$。

【例 1-6】 已知

$$x(n)=\begin{cases}\frac{1}{2}\left(\frac{1}{2}\right)^n, & n\geqslant -1\\ 0, & n<-1\end{cases}$$

求 $x(-n)$。

解

$$x(-n)=\begin{cases}\frac{1}{2}\left(\frac{1}{2}\right)^n, & n\leqslant -1\\ 0, & n<-1\end{cases}$$

$x(n)$及 $x(-n)$的波形如图 1-13 所示。

5．累加运算

设序列为 $x(n)$，则序列 $x(n)$的累加运算形成的序列 $y(n)$定义为

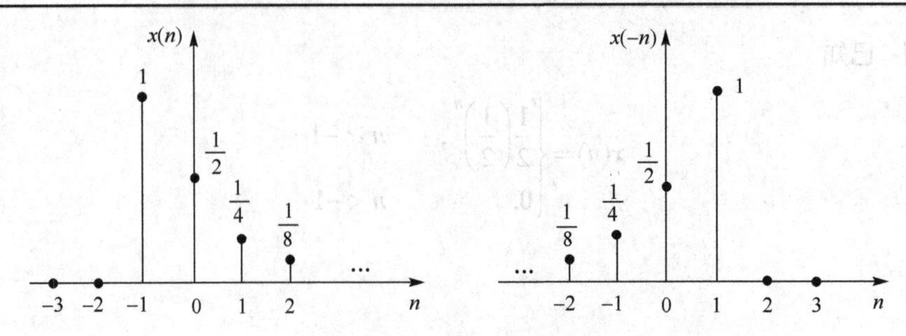

图 1-13　序列 $x(n)$及翻转后的序列 $x(-n)$的波形

$$y(n)=\sum_{k=-\infty}^{n}x(k)$$

它表示 $y(n)$在某一个 n_0 上的 $x(n_0)$值以前的所有 n 值上的 $x(n)$值之和。

【例 1-7】 设

$$x(n)=\begin{cases}\dfrac{1}{2}\left(\dfrac{1}{2}\right)^n, & n\geqslant -1\\ 0, & n<-1\end{cases}$$

求序列 $x(n)$的累加运算形成的序列 $y(n)$。

解

$$y(n)=\begin{cases}\displaystyle\sum_{k=-1}^{n}\dfrac{1}{2}\left(\dfrac{1}{2}\right)^n, & n\geqslant -1\\ 0, & n<1\end{cases}$$

因而

$n=-1$，　$y(-1)=1$

$n=0$，　$y(0)=y(-1)+x(0)=1+1/2=3/2$

$n=1$，　$y(1)=y(0)+x(1)=3/2+1/4=7/4$

…

其他 $y(n)$值可依此类推。$x(n)$及 $y(n)$的波形如图 1-14 所示。

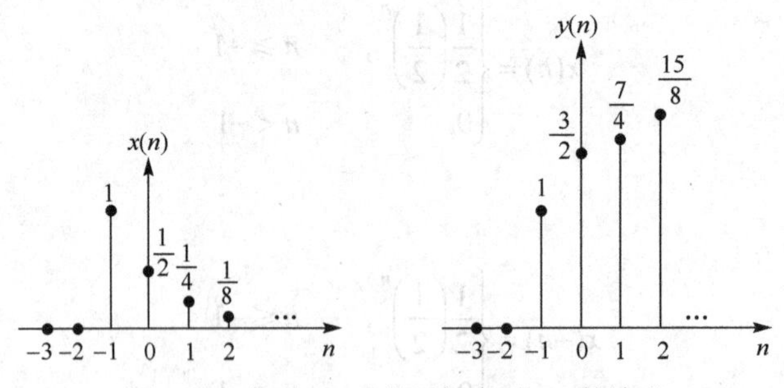

图 1-14　序列 $x(n)$及其累加序列 $y(n)$的波形

6. 差分运算

前向差分

$$\Delta x(n)=x(n+1)-x(n)$$

后向差分

$$\nabla x(n)=x(n)-x(n-1)$$

由此容易得出

$$\nabla x(n)=\Delta x(n-1)$$

7．序列的时间尺度（比例）变换运算

对于序列 $x(n)$，其时间尺度变换序列为 $x(mn)$或 $x(n/m)$，其中 m 为正整数。例如，当 $m=2$ 时，$x(2n)$不是 $x(n)$序列简单地在时间轴上按比例增一倍，而是以一半的采样频率从 $x(n)$中每隔 2 点取 1 点，如果 $x(n)$是连续时间信号 $x(t)$的采样，则相当于将 $x(n)$的采样间隔从 T 增大到 $2T$，这就是说，若

$$x(n)=x(t)\,|_{t=nT}$$

则

$$x(2n)=x(t)\,|_{t=n2T}$$

通常把这种运算称为抽取，即 $x(2n)$是 $x(n)$的抽取序列。$x(n)$及 $x(2n)$如图 1-15 所示。

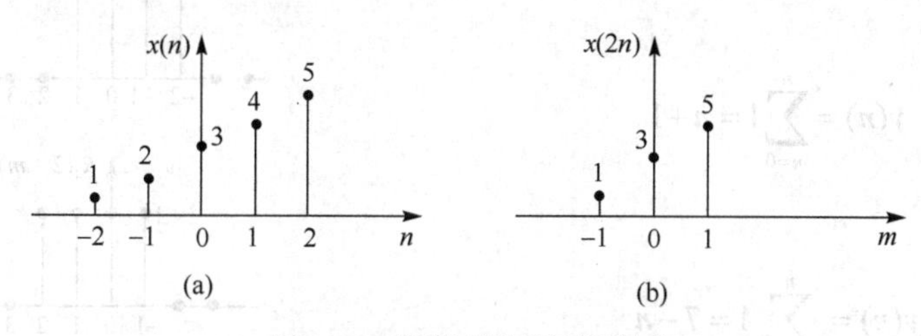

图 1-15　某序列及其抽取序列

与上述运算相反，$x(n/2)=x(t)|_{t=nT/2}$表示采样间隔由 T 变成 $T/2$，$x(n/2)$在原序列 $x(n)$相邻两点中间增加一个点，相当于插入一个点，因此将序列 $x(n/2)$称为 $x(n)$的插值序列。

8．卷积和运算

设两序列为 $x(n)$和 $h(n)$，则 $x(n)$和 $h(n)$的卷积和定义为

$$y(n)=\sum_{m=-\infty}^{\infty}x(m)h(n-m)=x(n)*h(n) \tag{1-24}$$

式中，卷积和用∗来表示。卷积和的运算在图形表示上可分为 4 步：翻转、移位、相乘、相加，如图 1-16 所示，图中 $x(m)=h(m)=R_4(n)$。

（1）翻转：先在坐标 m 上作出 $x(m)$和 $h(m)$，将 $h(m)$以 $m=0$ 的垂直轴为对称轴翻转成 $h(-m)$，如图 1-16(c)所示。

（2）移位：将 $h(-m)$移位 n，即得到 $h(n-m)$。当 n 为正整数时，右移 n 位。当 n 为负整数时，左移 n 位，$n=1$ 时，如图 1-16(d)所示，$n=2$ 时，如图 1-16(e)所示。

（3）相乘：再将 $h(n-m)$和 $x(m)$的相同 m 值的对应点值相乘。

（4）相加：把以上所有对应点的乘积叠加起来，即得 $y(n)$值，如图 1-16(f)所示。

按照上述方法，取 $n=\cdots,-2,-1,0,1,2,\cdots$各值，即可得全部 $y(n)$值。

一般求解时，可能要分成几个区间来分别加以考虑，举例说明如下。

【例 1-8】 设 $x(n)=R_4(n)$，$h(n)=R_4(n)$，求

$$y(n)=x(n)*h(n)$$

解 按照式（1-24），有

$$y(n)=x(n)*h(n)=\sum_{m=-\infty}^{\infty}x(m)h(n-m)$$

$$=\sum_{m=-\infty}^{\infty}R_4(m)R_4(n-m)$$

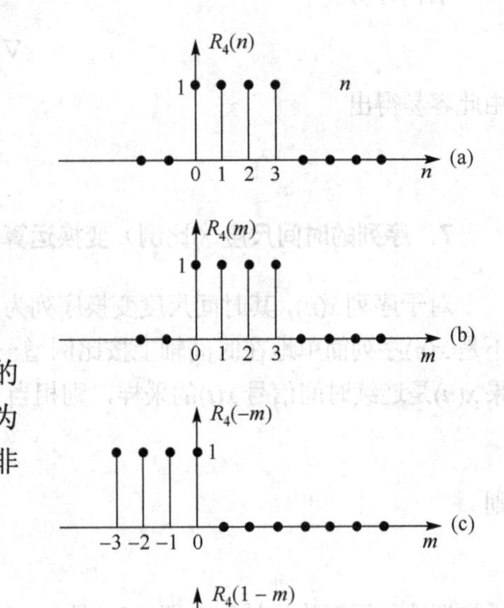

式中，矩形序列长度为 4，求解上式主要是根据矩形序列的非零值区间确定求和的上、下限，$R_4(m)$的非零值区间为 $0\leqslant m\leqslant 3$，$R_4(n-m)$的非零值区间为 $0\leqslant n-m\leqslant 3$，其乘积值的非零区间，要求 m 同时满足下面两个不等式：

$$0\leqslant m\leqslant 3$$

$$n-3\leqslant m\leqslant n$$

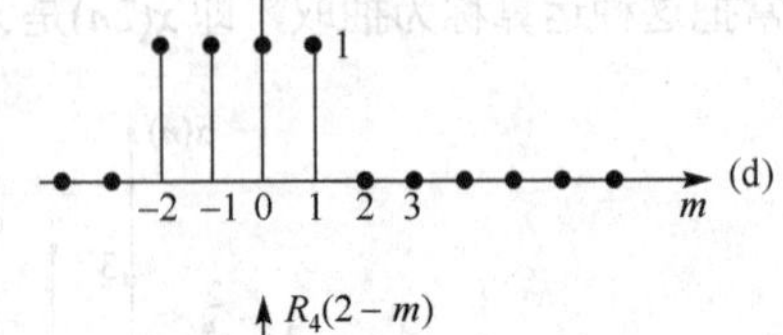

因此，当 $0\leqslant n\leqslant 3$ 时，

$$y(n)=\sum_{m=0}^{n}1=n+1$$

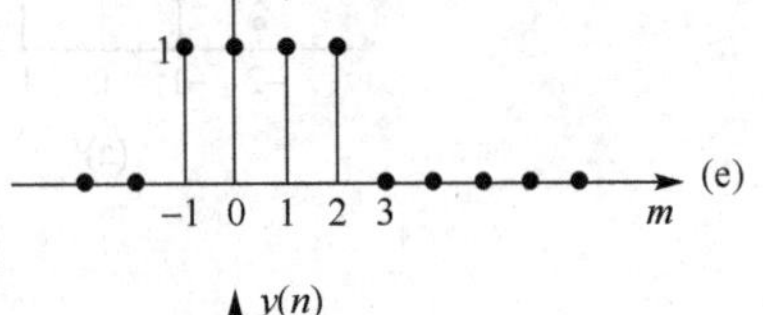

当 $4\leqslant n\leqslant 6$ 时，

$$y(n)=\sum_{m=n-3}^{n}1=7-n$$

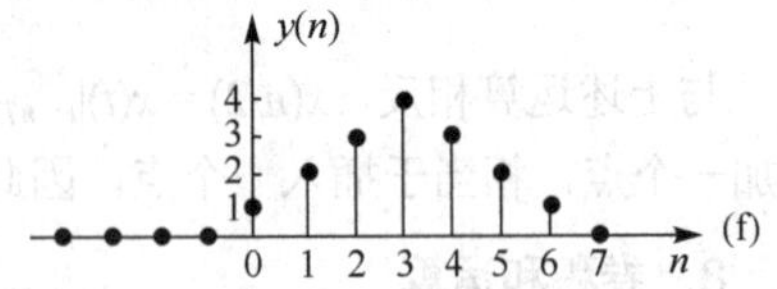

图 1-16 图解序列 $x(n)$和 $h(n)$的卷积和

计算卷积和的过程及 $y(n)$波形图解表示如图 1-16 所示。$y(n)$用公式表示为

$$y(n)=\begin{cases}n+1, & 0\leqslant n\leqslant 3\\ 7-n, & 4\leqslant n\leqslant 6\\ 0, & \text{其他}\end{cases}$$

由式（1-24）看出，卷积和与两序列的先后次序无关。证明如下。

令 $n-m=m'$代入式（1-24），然后再将 m'换成 m，得

$$y(n)=\sum_{m=-\infty}^{\infty}h(m)x(n-m)$$

因此

$$y(n)=x(m)*h(n-m)=h(n-m)*x(m)$$

9. 离散序列的能量

序列 $x(n)$的能量 E 为

$$E=\sum_{n=-\infty}^{\infty}|x(n)|^2$$

1.2.5　任意序列的单位脉冲序列表示

对于任意序列 $x(n)$，可用单位脉冲序列的移位加权和表示为

$$x(n)=\sum_{m=-\infty}^{\infty}x(m)\delta(n-m) \tag{1-25}$$

式中，

$$x(m)\delta(n-m)=\begin{cases}x(n), & n=m\\ 0, & n\neq m\end{cases}$$

因为按照 $\delta(n)$定义

$$\delta(n-m)=\begin{cases}1, & n=m\\ 0, & n\neq m\end{cases}$$

所以，按照卷积和的定义，式（1-25）也可视为 $x(n)$和 $\delta(n)$的卷积和。单位脉冲序列对于分析线性时不变系统（下面即将讨论）是很有用的工具。

【例 1-9】 $x(n)$如图 1-17(a)所示，试用单位脉冲序列表示该序列。

解　如图 1-17(a)所示，$x(n)$可视为单位脉冲序列的移位加权和，即

$$x(n)=a_{-3}\delta(n+3)+a_2\delta(n-2)+a_6\delta(n-6)$$

$x(n)$也可表示成 $x(n)$与 $\delta(n)$的卷积和，如图 1-17(b)所示。

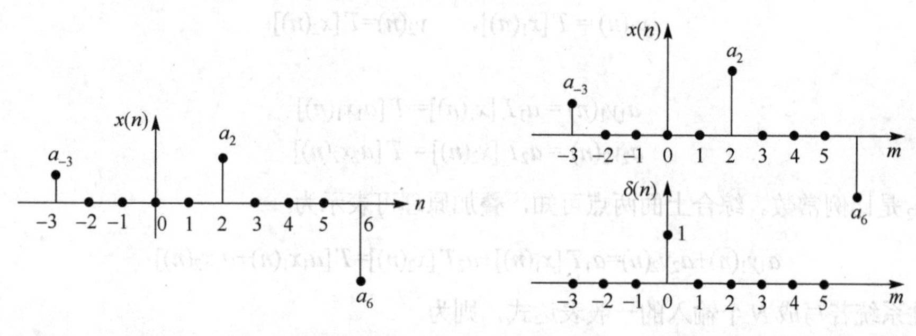

(a) 将$x(n)$表示成单位脉冲序列的移位加权和　　(b) 将$x(n)$表示成$x(n)$和$\delta(n)$的卷积和

图 1-17　用单位脉冲序列表示任意序列 $x(n)$

1.3　时域离散系统

时域离散系统的作用是，经过规定的运算，将输入序列 $x(n)$变换成输出序列 $y(n)$，从而达到数字信号处理的目的。若这种运算以 $T[\cdot]$来表示，则时域离散系统输出与输入之间的关系可以表示为

$$y(n)=T[x(n)] \tag{1-26}$$

该系统的框图如图 1-18 所示。

在时域离散系统中，最常用的是线性时不变系统。许多物理过程都可用线性时不变系统表征，而且线性时不变系统便于分析。本书所要介绍的是线性时不变的离散时间系统。

图 1-18　离散时间系统

1.3.1 线性时不变离散系统

1. 线性系统

满足叠加原理的系统称为线性系统。设系统 $T[\cdot]$的输入序列分别为 $x_1(n)$和 $x_2(n)$，系统的输出分别为 $y_1(n)$和 $y_2(n)$，即

$$y_1(n) = T[x_1(n)], \quad y_2(n) = T[x_2(n)]$$

假设 $x(n) = a_1x_1(n) + a_2x_2(n)$，如果系统的输出 $y(n)$服从

$$y(n) = T[x(n)] = T[a_1x_1(n) + a_2x_2(n)] = a_1y_1(n) + a_2y_2(n) \tag{1-27}$$

则该系统服从线性叠加原理，或者说该系统是线性系统。式（1-27）中 a_1 和 a_2 是常数。叠加原理包含可加性和齐次性（比例性）两方面性质。

（1）可加性

设

$$y_1(n) = T[x_1(n)], \quad y_2(n) = T[x_2(n)]$$

则有

$$y_1(n)+y_2(n) = T[x_1(n)]+T[x_2(n)] = T[x_1(n)+x_2(n)] \tag{1-28}$$

（2）齐次性

设

$$y_1(n) = T[x_1(n)], \quad y_2(n)=T[x_2(n)]$$

则有

$$a_1y_1(n) = a_1T[x_1(n)]= T[a_1x_1(n)] \tag{1-29}$$

$$a_2y_2(n) = a_2T[x_2(n)] = T[a_2x_2(n)] \tag{1-30}$$

a_1 和 a_2 是比例常数。综合上面两点可知，叠加原理可表示为

$$a_1y_1(n)+a_2y_2(n)=a_1T[x_1(n)]+a_2T[x_2(n)]=T[a_1x_1(n)+a_2x_2(n)] \tag{1-31}$$

对线性系统若写成 N 个输入的一般表达式，则为

$$\sum_{i=1}^{N} a_i y_i(n) = T\left[\sum_{i=1}^{N} a_i x_i(n)\right] \tag{1-32}$$

式中，a_i 是比例常数。式（1-32）就是叠加原理的一般表达式。

对线性系统满足叠加原理的一个直接结果就是：在全部时间为零输入时，其输出也恒等于零，也就是说，零输入产生零输出，即若

$$x(n) \to y(n)$$

根据齐次性，则

$$0 \cdot x(n) = 0 \to 0 \cdot y(n) = 0$$

应该注意，要证明一个系统是线性系统时，必须证明此系统同时满足可加性和齐次性，而且信号及任何比例常数都可以是复数。下面用例子来加以说明。

【例 1-10】已知系统输入 $x(n)$和输出 $y(n)$满足关系 $y(n) = \text{Im}[x(n)]$。试讨论此系统是否是线性系统。

解 先来研究此系统的可加性。令 $x_1(n)$为复数输入，即

$$x_1(n) = r(n)+\mathrm{j}p(n)$$

则相应的输出为

$$y_1(n) = \mathrm{Im}[x_1(n)]=p(n)$$

同理，若 $x_2(n)$为复数

$$x_2(n) = f(n)+\mathrm{j}g(n)$$

则

$$y_2(n) = g(n)$$

所以

$$x_1(n)+ x_2(n) = r(n)+f(n)+\mathrm{j}[p(n)+g(n)]$$
$$T[x_1(n)+ x_2(n)] = p(n)+g(n)$$

显然无论 $r(n)$、$f(n)$、$p(n)$、$g(n)$取什么实数，都满足可加性。

再研究此系统的齐次性，仍然设

$$x_1(n) = r(n)+\mathrm{j}p(n)$$

则

$$y_1(n) = p(n)$$

若令加权系数为 $a = \mathrm{j}$（a 是复数），也就是考虑输入为

$$x_2(n) = ax_1(n) = \mathrm{j}x_1(n) = \mathrm{j}[r(n)+\mathrm{j}p(n)] = -p(n)+ \mathrm{j}r(n)$$

则此时系统的输出为

$$y_2(n) = \mathrm{Im}[x_2(n)] = \mathrm{Im}[ax_1(n)] = r(n)$$

而因为

$$ay_1(n) = \mathrm{j}p(n)$$

$y_2(n)$并不等于 $ay_1(n)$，因此，这个系统不满足齐次性，所以不是线性系统。

【例 1-11】 研究系统 $y(n) = 4x(n)+6$ 是否为线性系统。

解 系统的方程是一个线性方程。先来研究此系统的可加性。令 $x_1(n) = 3$，$x_2(n) = 4$，则

$$x_1(n) = 3\rightarrow y_1(n) = 4x_1(n)+6 = 18$$
$$x_2(n) = 4\rightarrow y_2(n) = 4x_2(n)+6 = 22$$

所以

$$y_1(n)+y_2(n) = 40$$

而系统对 $x_3(n) = x_1(n)+x_2(n)$的响应是

$$x_3(n) = x_1(n)+x_2(n) = 7\rightarrow y_3(n) = 4x_3(n)+6 = 34$$

它不等于 $y_1(n)+y_2(n)$，所以此系统不满足可加性，故不是线性系统。

虽然所给系统的方程是一个线性方程，但它一定不是一个线性系统。这个系统的输出可以表示成一个线性系统的输出与反映该系统初始储能的零输入响应之和，如图 1-19 所示。

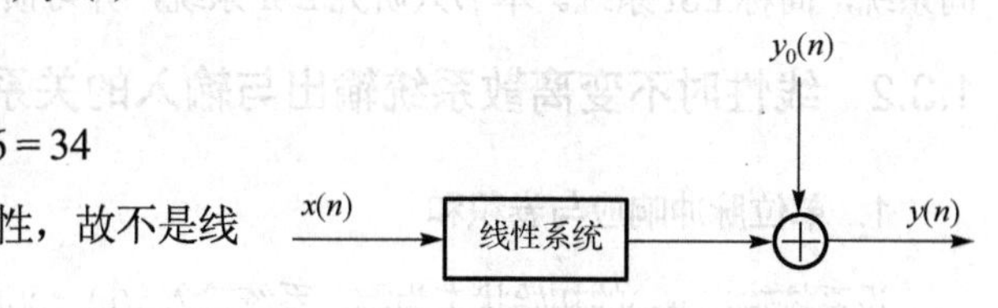

图 1-19　一种增量线性系统，$y_0(n)$ 是系统的零输入响应

对于这个系统，其线性系统是

$$T[x(n)] = 4x(n)$$

而零输入响应（输入 $x(n) = 0$ 时的输出）是

$$y_0(n) = 6$$

事实上，有大量的系统可由图1-19表示，即系统的总输出由一个线性系统的响应与一个零输入响应的叠加来构成，这种系统可称为增量线性系统。也就是说，这类系统的响应对输入中的变化部分呈线性关系。对增量线性系统，任意两个输入的响应的差是两个输入差的线性函数（满足可加性和齐次性）。

例如

$$x_1(n) \to y_1(n) = 4x_1(n)+6$$
$$x_2(n) \to y_2(n) = 4x_2(n)+6$$

则

$$y_1(n)-y_2(n) \to 4x_1(n)+6-[4x_2(n)+6] = 4[x_1(n)-x_2(n)]$$

同样可证明，$y(n) = \sum_{m=-\infty}^{n} x(m)$ 及 $y(n) = x(n)\sin\left(\frac{2\pi n}{9}+\frac{\pi}{7}\right)$ 都是线性系统。

2. 时不变系统

如果系统对输入信号的运算关系 $T[\cdot]$在整个运算过程中不随时间变化，则称该系统为时不变系统（或称移不变系统）。即若输入 $x(n)$产生输出为 $y(n)$，则输入 $x(n-m)$产生输出为 $y(n-m)$，也就是说输入移动任意 m 位，其输出也移动 m 位，而幅值保持不变。对于时不变系统，若

$$y(n) = T[x(n)]$$

则

$$y(n-m) = T[x(n-m)] \tag{1-33}$$

式中，m 为任意整数。研究一个系统是否是时不变系统，就是检验系统是否满足式（1-33）。

【例1-12】 证明系统 $y(n) = 4x(n)+6$ 是时不变系统。

证明

$$T[x(n-m)] = 4x(n-m)+6$$
$$y(n-m) = 4x(n-m)+6$$

二者相等，故是时不变系统。

仿例1-12，容易验证 $y(n) = \sum_{m=-\infty}^{n} x(m)$ 是时不变系统，而 $y(n) = x(n)\sin\left(\frac{2\pi n}{9}+\frac{\pi}{7}\right)$ 不是时不变系统。

同时具有线性和时不变性的离散时间系统称为线性时移不变（Linear Shift Invariant，LSI）离散时间系统，简称LSI系统。本书只研究LSI系统，并习惯称LSI系统为线性时不变系统。

1.3.2 线性时不变离散系统输出与输入的关系

1. 单位脉冲响应与卷积和

设系统输出 $y(n)$的初始状态为零，系统输入 $x(n) = \delta(n)$，这时系统的输出 $y(n)$用 $h(n)$表示，即

$$h(n) = T[\delta(n)] \tag{1-34}$$

称 $h(n)$为系统的单位脉冲响应，也就是说单位脉冲响应 $h(n)$是系统对 $\delta(n)$的零状态响应，它表征了系

统的时域特性。单位脉冲响应也称为单位取样响应或单位冲激响应。知道 $h(n)$后，就可得到此线性时不变系统对任意输入的输出。

设系统输入序列为 $x(n)$，输出序列为 $y(n)$。根据式（1-25）可知道，任一序列 $x(n)$可写成 $\delta(n)$的移位加权和，即

$$x(n)=\sum_{m=-\infty}^{\infty}x(m)\delta(n-m)$$

则系统的输出为

$$y(n)=T\left[\sum_{m=-\infty}^{\infty}x(m)\delta(n-m)\right]$$

根据线性系统的叠加性质

$$y(n)=\sum_{m=-\infty}^{\infty}x(m)T\left[\delta(n-m)\right]$$

根据时不变性性质，式中 $T[\delta(n-m)]=h(n-m)$，因此得到

$$y(n)=\sum_{m=-\infty}^{\infty}x(m)h(n-m)=x(n)*h(n) \tag{1-35}$$

式（1-35）就是线性时不变系统的卷积和表达式，这是一个非常重要的表达式，表明线性时不变系统的输出等于输入序列和该系统的单位脉冲响应的卷积。只要知道系统的单位脉冲响应，按照式（1-35），对于任意输入 $x(n)$都可以求出系统的输出。卷积和的运算已在 1.2.4 节中讨论过公式求解法（也称解析法）和图解计算法，下面结合例题介绍卷积的列表计算法和用 MATLAB 计算有限长序列卷积和的方法。

【例 1-13】 已知系统单位脉冲响应 $h(n)=R_4(n)$，设该系统的输入为 $x(n)=R_4(n)$，试用列表法和 MATLAB 信号处理函数计算 $y(n)$。

解　（1）列表法

按照式（1-25），给定系统的输出序列 $y(n)$可表示成

$$y(n)=\sum_{m=-\infty}^{\infty}x(m)h(n-m)$$

将 $x(n)$横排，$h(n)$竖排，反之亦可。横排与竖排的各元素逐行相乘，做成乘积表，然后将表中对角线上的元素相加，形成 $y(n)$的元素，乘积表如图 1-20 所示。

又因为 $x(n)$和 $h(n)$均是在 $n=0\sim3$ 区间为非零值的序列，所以 $y(n)$应是 $n=0\sim7$ 区间为非零值的序列，即

$$y(n)=\{\underline{1}, 2, 3, 4, 3, 2, 1\}$$

列表计算法还有其他形式，请读者试着自己推导。

卷积和

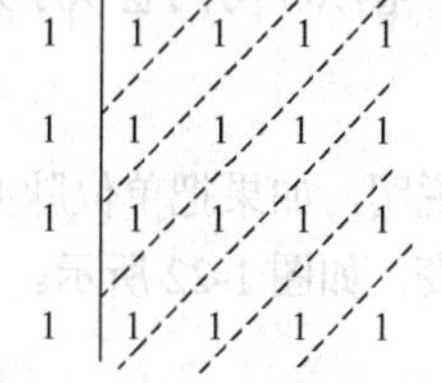

图 1-20　例 1-13 的乘积表

（2）用 MATLAB 计算卷积的方法

MATLAB 中的信号处理工具箱提供了用于计算两个有限长序列卷积和两个多项式相乘的函数 conv。函数 conv 用于计算两个有限长序列 $\boldsymbol{A}$ 和 $\boldsymbol{B}$ 卷积的语法格式为 C = conv(A, B)。如果向量（序列）$\boldsymbol{A}$ 和 $\boldsymbol{B}$ 的长度分别为 N 和 M，则卷积结果向量 $\boldsymbol{C}$ 的长度为 $N+M-1$。函数 conv 用于计算两个多项式相乘时，则 $\boldsymbol{C}$ 就是两个多项式乘积的系数。同时应当注意，函数 conv 默认向量 $\boldsymbol{A}$ 和 $\boldsymbol{B}$ 表示的序列都是从 0 开始的，其结果也是从 0 开始的，所以不需要位置向量提供位置信息。在本题中直接调用 conv 函数计算卷积的程序 fex1_8.m 如下：

```
%fex1_8.m: 用 MATLAB 计算卷积 y(n)= R4(n)*R4(n)
a=[1 1 1 1];  b=[1 1 1 1]      %向量 a 和 b
yn=conv(a, b);                 %计算序列向量 a 和 b 卷积，结果保存在 yn 中
```

程序运行结果：

yn=[$\underline{1}$，2，3，4，3，2，1]

与解析法和图解法计算结果相同。为方便从非零处开始序列的卷积计算，将 conv 函数扩展为函数 convg。扩展原理和方法如下：

设两个序列 $x(n)$和 $y(n)$的位置向量已知，{$x(n)$；nx = nxs：nxf}，{$y(n)$；ny = nys：nyhf，计算 $z(n) = x(n) * y(n)$及其位置向量 nz。

根据线性卷积原理，$z(n)$的起始点 nzs 为 nzs = nxs + nys，终止点为 nzf = nxf + nyf，则计算卷积函数 convg 如下：

```
function [z,nz]=convg(x,nx,y,ny)
%convg：通用卷积函数，卷积结果序列向量为 z， nz 是其位置向量
%x 和 y 是有限长卷积序列向量，它们的位置向量分别是 nx 和 ny
nzs=nx(1)+ny(1);          %计算结果序列向量起始位置
nzf=nx(end)+ny(end);      %计算结果序列向量终止位置，end 表示向量最后一个元素的下标
z=conv(x,y);              %调用函数 conv 计算卷积
nz=nzs: nzf;              %计算结果序列向量位置向量
```

2．线性时不变系统的性质

线性时不变系统最重要的性质是满足交换律、结合律和分配律。

已知两个序列 $x(n)$和 $h(n)$，则其卷积 $y(n)$为

$$y(n) = x(n)*h(n) \tag{1-36}$$

可用如图 1-21 所示的框图表示。

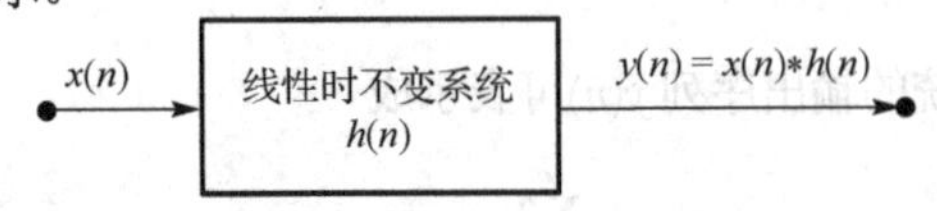

图 1-21　线性时不变系统

线性时不变系统满足交换律、结合律和分配律。

（1）交换律

卷积和与两卷积序列的次序无关，故

$$y(n) = x(n)*h(n) = h(n)*x(n) \tag{1-37}$$

这说明，如果把单位脉冲响应 $h(n)$改作为输入，而把输入 $x(n)$改作为系统单位脉冲响应，则输出 $y(n)$不变，如图 1-22 所示。

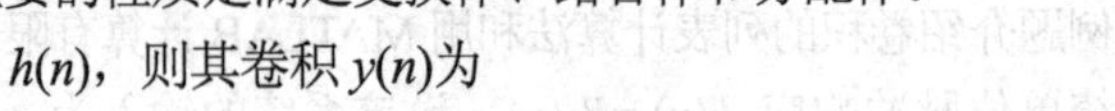

图 1-22　卷积和服从交换律

（2）结合律

可以证明卷积和运算服从结合律，即

$$x(n)*h_1(n)*h_2(n) = [x(n)*h_1(n)]*h_2(n) = x(n)*[h_1(n)*h_2(n)] = [x(n)*h_2(n)]*h_1(n) \tag{1-38}$$

这就是说，两个线性时不变系统级联后仍构成一个线性时不变系统，其单位脉冲响应为两系统单位脉冲响应的卷积和，且线性时不变系统的单位脉冲响应与它们的级联次序无关，如图 1-23 所示。

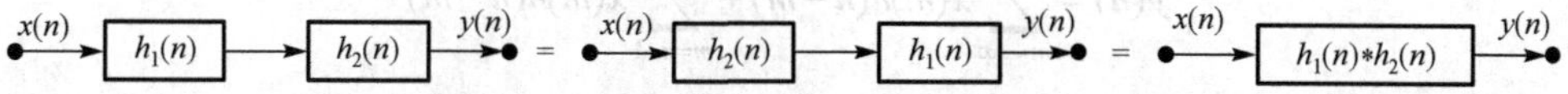

图 1-23　具有相同单位脉冲响应的三个系统

（3）分配律

卷积和满足以下关系：

$$x(n)*[h_1(n)+h_2(n)]=x(n)*h_1(n)+x(n)*h_2(n) \tag{1-39}$$

也就是说，两个线性时不变系统的并联（等式右端）等效于一个系统，此系统的单位脉冲响应等于两系统各自单位脉冲响应之和（等式左端），如图 1-24 所示。

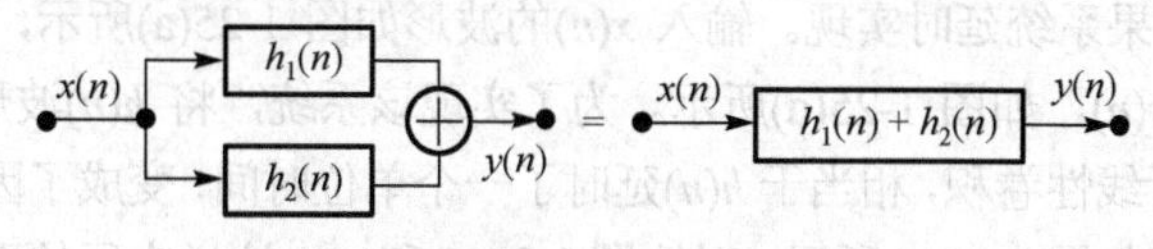

图 1-24　线性时不变系统的并联组合

交换律前面已经证明，另外两个性质由卷积和的定义可以很容易加以证明，留给读者练习。

1.3.3　系统的因果性和稳定性

1．系统的因果性

系统的因果性即系统的可实现性。如果系统在某时刻 n 的输出只取决于此时刻和此时刻以前的输入信号，而与 n 时刻以后的输入信号无关，即 $n=n_0$ 的输出 $y(n_0)$只取决于 $n\leqslant n_0$ 的输入，则该系统是可实现的，这样的系统称为因果系统。对于因果系统，如果 $n<n_0$，$x_1(n)=x_2(n)$，则 $n<n_0$ 时 $y_1(n)=y_2(n)$。如果系统当前的输出还取决于未来的输入，在时间上违背了因果性，则该系统无法实现，这样的系统称为非因果系统。非因果系统是不实际的系统，换句话说，因果系统是指系统的可实现性。

对于系统的因果性，除了利用上述因果性概念做出判断，还可以用系统的单位脉冲响应判断。系统具有因果性的充要条件是，系统的单位脉冲响应满足

$$h(n)=0,\ n<0 \tag{1-40}$$

因果性定理：线性时不变系统具有因果性的充分必要条件是系统的单位脉冲响应满足

$$h(n)=0,\qquad n<0 \tag{1-41}$$

证明　充分条件：若 $n<0$ 时 $h(n)=0$，则

$$y(n)=\sum_{m=-\infty}^{\infty}x(m)h(n-m)$$

因而

$$y(n_0)=\sum_{m=-\infty}^{n_0}x(m)h(n_0-m)$$

所以 $y(n_0)$只和 $m\leqslant n_0$ 时的 $x(m)$值有关，因而系统是因果系统。

必要条件：利用反证法来证明。已知系统$h(n)$为非因果系统，即假设$n<0$时，$h(n)\neq 0$，则

$$y(n)=\sum_{m=-\infty}^{n}x(m)h(n-m)+\sum_{m=n+1}^{\infty}x(m)h(n-m)$$

在所设条件下，第二个Σ式至少有一项不为零，$y(n)$将至少和$m>n$时的一个$x(m)$值有关，这不符合因果性条件，所以假设不成立。因而$n<0$时，$h(n)=0$是必要条件。

按照此定义，将$n<0$，$x(n)=0$的序列称为因果序列，表示这个因果序列可以作为一个因果系统的单位脉冲响应。

理想低通滤波器及理想微分器等都是非因果的不可实现的系统。但是如果不是实时处理，或者允许有很大的延时，则可把“将来”的输入值存储起来以备调用，用具有很大延时的因果系统去逼近非因果系统，这正是数字系统优于模拟系统的突出优点之一。

图1-25是一个非因果系统延时实现。输入$x(n)$的波形如图1-25(a)所示，从理论上将$x(n)$与$h(n)$进行线性卷积得到输出$y(n)$，如图1-25(d)所示。为了实现该系统，将$h(n)$波形进行存储，$x(n)$信号加入时和已存储的$h(n)$进行线性卷积，相当于$h(n)$延时了一个单位时间，变成了因果性序列，如图1-25(c)所示，这样卷积后的波形如图1-25(e)所示。对比图1-25(d)和(e)，这样实现的系统输出$y(n)$延时了一个单位时间。当然，对于无限长序列$h(n)$，只能截取一段，近似实现。

考察系统的因果性时应注意，必须从全部时间上看输入与输出的关系。如果考察系统$y(n)=x(-n)$的因果性，乍一看$n>0$的输出取决于$n<0$的输入，好像此系统是因果性的，但是，当考察系统$n<0$的输出时，易见输出取决于$n>0$时的输入（未来时刻的输入）。因此，此系统是非因果性的。

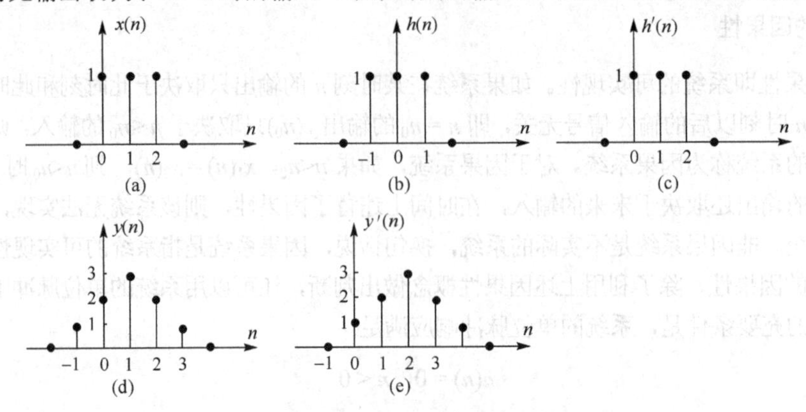

图1-25 非因果系统的延时实现

2．系统的稳定性

如果系统输入是有界的，系统所产生的输出也是有界的，这样的系统称为稳定系统，有时记为BIBO系统。如果系统不稳定，不管系统输入大小，系统的输出会无限地增长，使系统发生饱和、溢出。因此，在设计系统时一定要防止系统的不稳定。

系统的稳定性可以用系统的输入和输出描述，即系统的输入$x(n)$和输出$y(n)$要满足下述条件。若

$$|x(n)|\leqslant M<\infty$$

则

$$|y(n)|\leqslant P<\infty$$

那么该系统才是稳定系统。

线性时不变系统是稳定系统的充分必要的条件是

$$\sum_{n=-\infty}^{\infty}|h(n)|=P<\infty \tag{1-42}$$

即单位脉冲响应绝对可和。证明如下。

证明　充分条件：若

$$\sum_{n=-\infty}^{\infty}|h(n)|=P<\infty$$

如果输入信号 $x(n)$有界，即对于所有 n 皆有$|x(n)|\leqslant M$，则

$$|y(n)|=\left|\sum_{m=-\infty}^{\infty}x(m)h(n-m)\right|\leqslant\sum_{m=-\infty}^{\infty}|x(m)|\cdot|h(n-m)|$$

$$\leqslant M\sum_{m=-\infty}^{\infty}|h(n-m)|=M\sum_{k=-\infty}^{\infty}|h(k)|=MP<\infty$$

即输出信号 $y(n)$有界，故原条件是充分条件。

必要条件：利用反证法来证明。已知系统稳定，假设

$$\sum_{n=-\infty}^{\infty}|h(n)|=\infty$$

则可以找到一个有界的输入为

$$x(n)=\begin{cases}1, & h(-n)\geqslant 0\\ -1, & h(-n)<0\end{cases}$$

使得

$$y(0)=\sum_{m=-\infty}^{\infty}x(m)h(n-m)=\sum_{m=-\infty}^{\infty}|h(-m)|=\sum_{m=-\infty}^{\infty}|h(m)|=\infty$$

即在 $n=0$ 输出无界，系统不稳定，因此假设不成立。所以 $\sum\limits_{n=-\infty}^{\infty}|h(n)|<\infty$ 是稳定的必要条件。

要证明一个系统不稳定，只需找一个特别的有界输入，如果此时能得到一个无界的输出，那么就一定能判定这个系统是不稳定的。但是要证明一个系统是稳定的，就不能只用某一个特定的输入作用来证明，而必须证明在所有有界输入下都产生有界输出的办法来证明系统的稳定性。例如，有两个系统 s_1 及 s_2 分别满足

s_1:　　$y(n)=nx(n)$

s_2:　　$y(n)=a^{x(n)}$,　　a 为正整数

对于 s_1 系统，可任选一个有界输入函数，例如 $x(n)=1$，则得 $y(n)=n$，$y(n)$ 随 n 的增大而增加，显然 $y(n)$是无界的，因此 s_1 系统是不稳定的。对于 s_2 系统，要证明它的稳定性，就要考虑所有可能的有界输入下都产生有界输出，令 $x(n)$为有界函数，即对任意 n，有

$$|x(n)|<A$$

即

$$-A<x(n)<A$$

A 为任意正数，此时必须满足

$$a^{-A} < y(n) < a^{A}$$

这说明输入有界由某一正数 A 所界定，则输出一定由 a^A 所界定，因而系统是稳定的。

所以，因果稳定的线性时不变系统的单位脉冲响应是因果的且是绝对可和的，即

$$\begin{cases} h(n) = h(n)u(n) \\ \sum_{n=-\infty}^{\infty} |h(n)| < \infty \end{cases} \tag{1-43}$$

【例 1-14】 试分析线性时不变系统 $h(n) = a^n u(n)$的因果稳定性。式中，a 是实常数。

解　（1）讨论因果性：由于 $n<0$ 时，$h(n) = 0$，故此系统是因果系统。

（2）讨论稳定性：因为

$$\sum_{n=-\infty}^{\infty} |h(n)| = \sum_{n=-\infty}^{\infty} |a^n| = \lim_{N\to\infty} \sum_{n=0}^{N-1} |a|^n = \lim_{N\to\infty} \frac{1-|a|^N}{1-|a|}$$

只有当$|a|<1$ 时，

$$\sum_{n=-\infty}^{\infty} |h(n)| = \frac{1}{1-|a|}$$

因此系统稳定的条件是$|a|<1$。否则，$|a|\geqslant 1$ 时，系统不稳定。系统稳定时，$h(n)$的模值随 n 的增大而减小，此时序列 $h(n)$称为收敛序列。如果系统不稳定，$h(n)$的模值随 n 的增大而增大，此时序列 $h(n)$称为发散序列。当 a 为实数，$0<a<1$ 时，序列 $h(n)$如图 1-26(a)所示；当 $a>1$ 时，序列 $h(n)$称为发散序列，如图 1-26(b)所示。

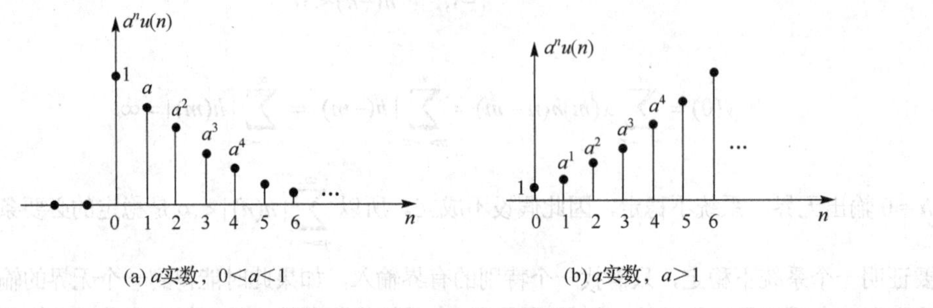

图 1-26　$h(n) = a^n u(n)$的图形

【例 1-15】 讨论线性时不变系统 $h(n) = -a^n u(-n-1)$的因果性和稳定性。

解　（1）因为 $n<0$ 时，$h(n)\neq 0$，故此系统是非因果系统。

（2）由于

$$\sum_{n=-\infty}^{\infty} |h(n)| = \sum_{n=-\infty}^{-1} |a^n| = \sum_{n=1}^{\infty} |a|^{-n} = \sum_{n=1}^{\infty} \frac{1}{|a|^n}$$

$$= \sum_{n=1}^{\infty} \frac{1}{|a|^n} = \frac{\frac{1}{|a|}}{1-\frac{1}{|a|}} = \begin{cases} \frac{1}{|a|-1}, & |a|>1 \\ \infty, & |a|\leqslant 1 \end{cases}$$

所以$|a|>1$ 时，系统是稳定的。当 a 为实数，$a>1$ 时，序列 $h(n)$如图 1-27 所示。

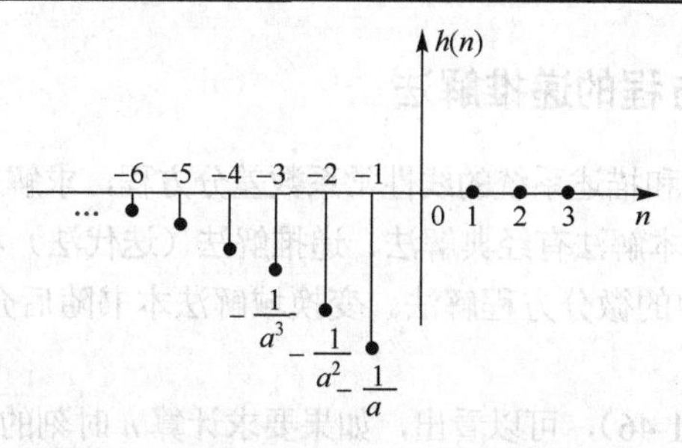

图 1-27　$h(n)=-a^n u(-n-1)$的图形（$a>1$）

1.4　常系数线性差分方程

对于模拟系统，系统输入与输出之间的关系用微分方程描述。连续时间线性时不变系统的输入/输出关系常用常系数线性微分方程表示。对于时域离散系统，则用差分方程描述或研究输出与输入之间的关系。对于时域离散的线性时不变系统，常用线性常系数差分方程表示系统的输入/输出关系。以后如无特别声明，差分方程均指线性常系数差分方程。

1.4.1　*N* 阶线性时不变系统的差分方程描述

时域离散线性时不变系统的输入/输出关系常用以下形式的线性常系数差分方程表示，即

$$\sum_{k=0}^{N} a_k y(n-k) = \sum_{m=0}^{M} b_m x(n-m) \tag{1-44}$$

或

$$y(n) = \sum_{m=0}^{M} x_m y(n-m) - \sum_{k=1}^{N} a_k y(n-k) \tag{1-45}$$

式中，$x(n)$和 $y(n)$分别是系统的输入序列和输出序列，决定系统的特征的系数 $a_1, a_2, \cdots, a_N, \cdots, b_1, b_2, \cdots, b_M$均为常数。式中 $x(n-i)$和 $y(n-i)$ 项都只有一次幂且不存在它们的相乘项，也没有相互交叉项，否则就是非线性的。若系数中含有 n，则称为“变系数”线性差分方程。差分方程的阶数等于未知序列，也就是 $y(n-i)$项变量 i 的最大值与最小值之差。例如，式（1-44）和式（1-45）中，$y(n-i)$项 i 的最大值为 N，i 的最小值为 0，因此该差分方程的阶数为 N，称为 N 阶差分方程。

利用差分方程表示法可以直接得到系统的结构。这里所说的结构是将输入变换成输出的运算结构，而非实际物理结构。例如，一个一阶差分方程为

$$y(n) = b_0x(n) - a_1y(n-1)$$

则运算结构框图如图 1-28 所示。$b_0x(n)$表示将输入 $x(n)$乘以常数 b_0，$-a_1y(n-1)$表示将序列 $y(n)$延时一位后乘以常数$-a_1$，将此两个结果相加就得到 $y(n)$序列。

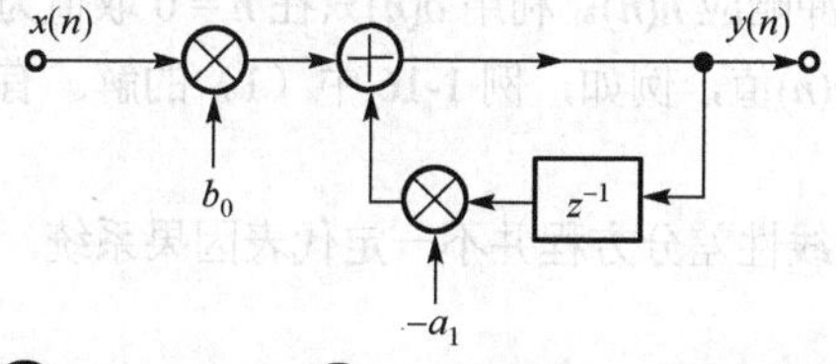

⊕ 表示相加器，⊗ 表示乘法器，z^{-1}表示延时单元

图 1-28　一阶差分方程的运算结构框图

1.4.2　线性常系数差分方程的递推解法

如果已知系统的输入序列和描述系统的线性常系数差分方程，求解差分方程可得系统输出序列。求解常系数线性差分方程的基本解法有经典解法、递推解法（迭代法）和变换域解法三种。经典解法比较麻烦，类似于模拟系统中的微分方程解法。变换域解法本书随后介绍，这里介绍递推解法及其 MATLAB 解法。

考察式（1-45）或者式（1-46），可以看出，如果要求计算 n 时刻的输出，则需要知道 n 时刻及 n 时刻以前的输入序列值，以及 n 时刻以前的 N 个输出信号值——这 N 个输出值称为初始条件。求解 N 阶差分方程需要 N 个初始条件才能得到方程的唯一解。

观察差分方程式（1-46）可以看出，代入已知输入信号和 N 个初始条件，可得 n 时刻的输出，再将式中的 n 用 $n+1$ 代替，即可求出 $n+1$ 时刻的输出，类推，即可求出各时刻的输出。这就是用递推解法求差分方程的原理。

【例 1-16】 已知系统的差分方程

$$y(n)=ay(n-1)+x(n)$$

系统输入序列 $x(n)=\delta(n)$，初始条件：（1）$y(-1)=0$；（2）$y(-1)=1$。求输出序列。

解　（1）初始条件 $y(-1)=0$

$$y(n)=ay(n-1)+x(n)$$

$n=0$ 时，$y(0)=ay(-1)+\delta(0)=1$

$n=1$ 时，$y(1)=ay(0)+\delta(1)=a$

$n=2$ 时，$y(2)=ay(1)+\delta(2)=a^2$

…

$n=n$ 时，$y(n)=ay(n-1)+\delta(n)=a^n$

$y(n)=a^nu(n)$

（2）初始条件 $y(-1)=1$

$n=0$ 时，$y(0)=ay(-1)+\delta(0)=1+a$

$n=1$ 时，$y(1)=ay(0)+\delta(1)=(1+a)a$

$n=2$ 时，$y(2)=ay(1)+\delta(2)=(1+a)a^2$

…

$n=n$ 时，$y(n)=ay(n-1)+\delta(n)=(1+a)a^n$

$y(n)=(1+a)a^nu(n)$

可见，同一个系统和同一个输入，因为初始条件不同，所得到的输出也不相同。

差分方程在给定输入和给定边界（起始）条件下，可用递推的方法求系统的响应。如果输入是 $\delta(n)$ 这一特定情况，响应就是单位脉冲响应 $h(n)$。利用 $\delta(n)$ 只在 $n=0$ 取值为 1 的特点，可用递推解法求出其单位脉冲响应 $h(1), h(2), \cdots, h(n)$ 值，例如，例 1-16 中（1）的解。有了 $h(n)$，则任意输入下的系统输出就可利用卷积和而求得。

需要注意的是，一个常系数线性差分方程并不一定代表因果系统，例如边界条件不同，则可得到非因果系统。

系统的时不变性也有类似的特点。只有当边界条件选得合适时（也就是齐次解合适时），一个常系数线性差分方程才相当于一个线性时不变系统。

本书以后的讨论中，均假设常系数线性差分方程就代表线性时不变系统，且多数代表可实现的因果系统。

1.4.3　用 MATLAB 求解差分方程

用 MATLAB 求解差分方程时，MATLAB 信号处理工具箱提供的多个函数可以利用，实现线性常系数差分方程的求解，一般用得较多的是 filter 函数。

设 ***xn*** 是输入信号向量，***A*** 和 ***B*** 是线性常系数差分方程［式（1-45）或式（1-46）］的系数向量，即

$$\boldsymbol{A}=[a_0,\ a_1,\ \cdots,\ a_N],\ \boldsymbol{B}=[b_0,\ b_1,\ \cdots,\ b_M]$$

其中 $a_0=1$，如果 $a_0\neq1$，则 filter 用 a_0 对系数向量做归一化处理。filter 函数的调用格式为

yn=filter(B，A，xn，xi);　　xi=filtic(B，A，ys，xs)

这里 xi 是和初始向量有关的向量，称为等效初始条件输入向量，用函数 xi=filtic(B，A，ys，xs)计算，其中 ys 和 xs 是初始条件向量，即 ys=[y(−1)，y(−2)，y(−3)，…，y(−N)]，xs=[x(−1)，x(−2)，x(−3)，…，x(−M)]。若 xn 是因果序列，则 xs=0，调用时可默认 xs。

filter(A，B，xn，xi)函数计算出的 yn 向量、系统初始状态和输入信号称为系统的全响应。如果系统的初始状态为零，函数 filter(A，B，xn，xi)默认 xi=0，该函数的调用格式可简化为

yn=filter(A，B，xn)

按照有关差分方程的理论，这时计算的结果称为系统的零状态响应。

用 MATLAB 重新计算例 1-16 如下。

【例 1-17】 已知系统的差分方程

$$y(n)=ay(n-1)+x(n)$$

系统输入序列 $x(n)=\delta(n)$，$a=0.6$，初始条件：（1）$y(-1)=0$；（2）$y(-1)=1$。用 MATLAB 求输出序列 $y(n)$。

解　MATLAB 求解程序 fex1_16.m 如下：

```
%fex1_16.m: 调用 filter 函数解差分方程 y(n) = ay(n-1)+x(n)
    a=0.6;                              %差分方程系数 a=0.6
    ys=0;                               %初始状态 y(-1) = 0
    xn=[1,zeros(1,30)];                 %x(n)为单位脉冲序列，取其长度 N=26
    B=1,A=[1,-a];                       %差分方程系数向量 B 和 A
    xi= filtic(B,A,ys,xs);              %计算等效初始条件输入向量
    yn=filter(B,A,xn,xi);               %调用 filter 函数解差分方程，计算系统输出信号向量 y(n)
    n=0: length(yn)-1;                  %计算输出信号位置向量
    subplot(2,2,1);stem(n,yn,'.')       %打开绘图窗口，并绘输出序列 y(n)的波形
    title('y(-1)=0 时差分方程的解');      %为波形图加标题
    axis([0,26,0,2]);                   %调整坐标轴显示范围
    xlabel('n');ylabel('y(n)');         %为波形图加坐标轴名称
```

该程序计算 $a=0.6$，$y(-1)=0$ 时系统输出如图 1-29(a)所示。改程序中 ys=1，即 y(−1) = 1，重新运行程序得系统输出如图 1-29(b)所示。所得结果与例 1-16 所得递推结果一致。

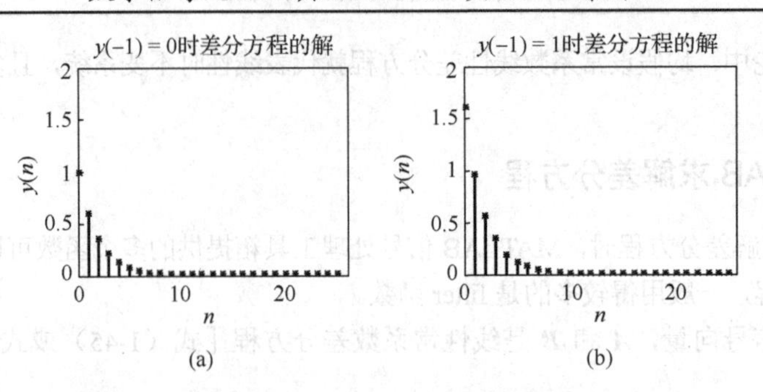

图 1-29　用 MATLAB 信号处理函数 filter 所得输出信号

1.5　模拟信号数字化处理方法

本书的主要研究对象是时域离散信号，但在实际工程中遇到的绝大多数信号是连续时间信号，即所谓的模拟信号，如语音、图像、电压、温度、压力等。为了利用数字信号处理技术实现对上述信号的处理，需要借助模数转换器（也称 A/D 转换器）将模拟信号转换为数字信号后，才能利用数字技术对其进行加工处理。下面讨论时域连续信号采样和恢复问题。

1.5.1　时域采样

上述信号处理过程是一个信号加工处理系统，可用图 1-30 表示。

图 1-30　模拟信号数字处理系统的简单方框图

从图 1-30 可见，实现模拟信号的数字化加工处理，为避免混叠效应的影响，在 A/D 转换电路前通常设置前置预滤波器（或称反混叠滤波器）对模拟信号 $x_a(t)$进行预滤波。滤除高频成分的信号经 A/D 转换器转换为数字信号 $x(n)$，即可运用数字信号处理技术对信号 $x(n)$进行处理，得到输出数字信号 $y(n)$。如果要求输出为模拟信号，则还需要将输出信号 $y(n)$经数模转换器（也称 D/A 转换器）转换为模拟信号，该模拟信号还要通过一个模拟滤波器（或称平滑滤波器）滤除不需要的高频分量，平滑成所需的模拟输出信号 $y_a(t)$。

实际工程系统中并不一定要包括图 1-30 所示系统的所有组成部分。若系统只需数字输出，可直接以数字形式显示或打印，就不需要 D/A 转换器和输出滤波器。另外有一些系统的输入就是数字量，因而就不需要 A/D 转换器。如果系统的输入与输出都是数字量，就构成纯数字系统，这类系统只需要数字信号处理器这一核心部分就可以进行数字化信号处理了。

1.5.2　采样在频域中的效应

采样就是利用周期性采样脉冲序列 $P_T(t)$，从连续信号 $x_a(t)$中抽取一系列的离散值，得到的采样信号（或称采样数据信号）即离散时间信号，以 $\hat{x}_a(t)$ 表示。$\hat{x}_a(t)$ 再经幅度量化编码后即得到数字信号。模拟信号变为数字信号是通过“采样”（和“量化”）来完成的，如图 1-31 所示。

对模拟信号进行采样可以视为一个模拟信号通过一个电子开关 S，如图 1-31(a)所示。该电子开关每隔时间 T 闭合一次，每次闭合时间为 τ（$\tau \ll T$），这样就在电子开关的输出端得到采样信号 $\hat{x}_a(t)$。电子开关的作用等效成一宽度为 τ、周期为 T 的矩形脉冲串 $P_T(t)$，$x_a(t)$与矩形脉冲串 $P_T(t)$相乘得到采

样信号 $\hat{x}_a(t)$。令电子开关 S 闭合时间 $\tau\to 0$，实际采样就变为每隔 T 闭合一次理想采样，矩形脉冲串 $P_T(t)$就变成闭合时间无穷短的单位脉冲串 $P_\delta(t)$。$x_a(t)$与单位脉冲串 $P_\delta(t)$相乘的结果就是理想采样，如图 1-31(b)所示。

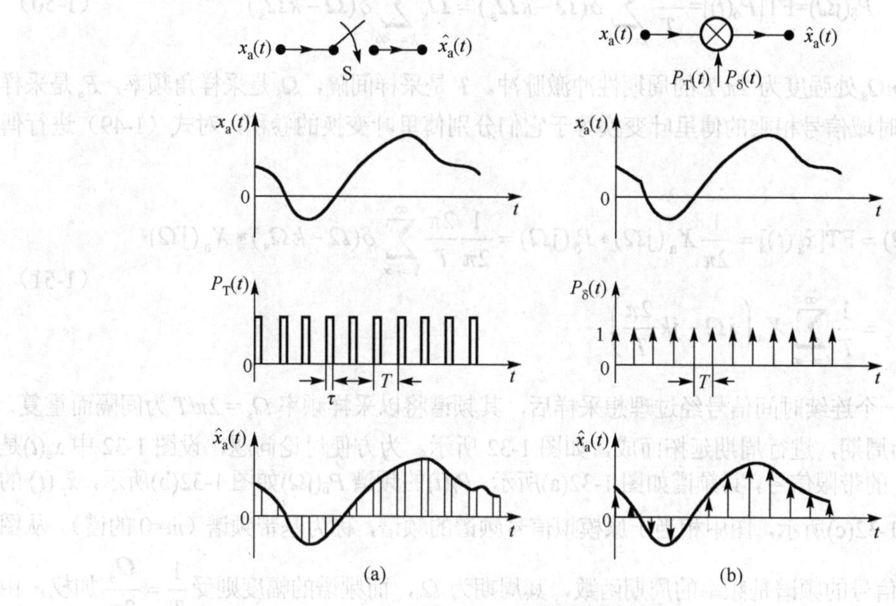

图 1-31　模拟信号的采样

可见，连续信号 $x_a(t)$被采样后，所得采样信号 $\hat{x}_a(t)$ 的频谱较之连续信号 $x_a(t)$的频谱将会有所变化。下面讨论如何从采样数据信号 $\hat{x}_a(t)$ 中不失真地恢复出原来信号 $x_a(t)$。

1．连续信号采样在频域中的效应

图 1-31 所示采样过程，在 $\tau\to 0$ 的极限情况（当 $\tau \ll T$ 时，可近似看成理想采样）下，采样脉冲序列 $P_T(t)$变成面积为 1 的脉冲函数序列 $P_\delta(t)$，采样后输出理想采样信号的幅度等于输入信号 $x_a(t)$在采样瞬间的幅度。单位采样脉冲函数序列 $P_\delta(t)$为

$$P_\delta(t)=\sum_{n=-\infty}^{\infty}\delta(t-nT) \tag{1-46}$$

理想采样输出为 $\hat{x}_a(t)$

$$\hat{x}_a(t) = x_a(t)\cdot P_\delta(t) \tag{1-47}$$

将式（1-46）代入式（1-47），得

$$\hat{x}_a(t)=\sum_{n=-\infty}^{\infty}x_a(t)\delta(t-nT) \tag{1-48}$$

式中，$\delta(t-nT)$是单位采样脉冲信号，在 $t=nT$ 时为 1，其他时刻为零，故

$$\hat{x}_a(t)=\sum_{n=-\infty}^{\infty}x_a(nT)\delta(t-nT) \tag{1-49}$$

假设

$$X_a(\mathrm{j}\varOmega)=\mathrm{FT}[x_a(t)],\quad \hat{X}_a(\mathrm{j}\varOmega)=\mathrm{FT}[\hat{x}_a(t)],\quad P_\delta(\mathrm{j}\varOmega)=\mathrm{FT}[P_\delta(t)]$$

式中，由于 $P_\delta(t)$ 是周期为 T 的周期函数，其傅里叶变换是周期为 Ω_s、强度为 $2\pi/T$ 的周期冲激串，用公式表示为

$$P_\delta(\mathrm{j}\Omega)=\mathrm{FT}[P_\delta(t)]=\frac{2\pi}{T}\sum_{k=-\infty}^{\infty}\delta(\Omega-k\Omega_s)=\Omega_s\sum_{k=-\infty}^{\infty}\delta(\Omega-k\Omega_s) \tag{1-50}$$

$P_\delta(\mathrm{j}\Omega)$ 是在频率点 $m\Omega_s$ 处强度为 $2\pi/T$ 的周期性冲激脉冲。T 是采样间隔，Ω_s 是采样角频率，F_s 是采样频率。又因为两个时域信号相乘的傅里叶变换等于它们分别傅里叶变换的卷积，对式（1-49）进行傅里叶变换，得

$$\begin{aligned}\hat{X}_a(\mathrm{j}\Omega)&=\mathrm{FT}[\hat{x}_a(t)]=\frac{1}{2\pi}X_a(\mathrm{j}\Omega)*P_\delta(\mathrm{j}\Omega)=\frac{1}{2\pi}\frac{2\pi}{T}\sum_{k=-\infty}^{\infty}\delta(\Omega-k\Omega_s)*X_a(\mathrm{j}\Omega)\\&=\frac{1}{T}\sum_{k=-\infty}^{\infty}X_a\left(\mathrm{j}\Omega-\mathrm{j}k\frac{2\pi}{T}\right)\end{aligned} \tag{1-51}$$

式（1-51）表明，一个连续时间信号经过理想采样后，其频谱将以采样频率 $\Omega_s=2\pi/T$ 为间隔而重复，也就是频谱以 Ω_s 为周期，进行周期延拓而成，如图 1-32 所示。为方便讨论问题，设图 1-32 中 $x_a(t)$ 是最高截止频率为 Ω_c 的带限信号，其频谱如图 1-32(a)所示，$P_\delta(t)$ 的频谱 $P_\delta(\mathrm{j}\Omega)$ 如图 1-32(b)所示，$\hat{x}_a(t)$ 的频谱 $\hat{X}_a(\mathrm{j}\Omega)$ 如图 1-32(c)所示，图中相当于原模拟信号频谱的频谱，称为基带频谱（m=0 的谱）。从图中可见，理想采样信号的频谱是频率的周期函数，其周期为 Ω_s，而频谱的幅度则受 $\frac{1}{T}=\frac{\Omega_s}{2\pi}$ 加权，由于 T 是常数，所以除了一个常数因子区别，每一个延拓的谱分量都和原频谱分量相同。如果满足 $\Omega_s\geqslant 2\Omega_c$，用频率表示就是满足 $f_s\geqslant 2f_c$，则基带频谱与其他周期延拓形成的谱不重叠，如图 1-32(c)所示情况，则有可能恢复出原信号。即，如果 $x_a(t)$ 是限带信号，其频谱如图 1-32(a)所示。其最高频谱分量 Ω_c 不超过 $\Omega_s/2$，即

$$X_a(\mathrm{j}\Omega)=\begin{cases}X_a(\mathrm{j}\Omega), & |\Omega|<\Omega_s/2\\ 0, & |\Omega|\geqslant\Omega_s/2\end{cases} \tag{1-52}$$

那么原信号的频谱和各次延拓分量的谱彼此不重叠。这样，用一个如图 1-33 所示截止频率为 $\Omega_s/2$ 的理想低通滤波器对 $\hat{X}_a(\mathrm{j}\Omega)$ 滤波，即

$$H_a(\mathrm{j}\Omega)=\begin{cases}T, & |\Omega|<\Omega_s/2\\ 0, & |\Omega|\geqslant\Omega_s/2\end{cases} \tag{1-53}$$

就可得到不失真的原信号频谱，或者说，可以不失真地还原出原来的模拟信号。即

$$Y_a(\mathrm{j}\Omega)=\mathrm{FT}[y_a(t)]=\hat{X}_a(\mathrm{j}\Omega)\cdot H(\mathrm{j}\Omega)$$

$$y_a(t)=\mathrm{F}^{-1}\mathrm{T}[Y_a(\mathrm{j}\Omega)]$$

$$y_a(t)=x_a(t),\quad \Omega_c\leqslant\Omega_s/2$$

$$y_a(t)\neq x_a(t),\quad \Omega_c>\Omega_s/2$$

如果选择的采样频率低，即 $f_s<2f_c$，或者说信号的最高频率 Ω_c 超过 $\Omega_s/2$，则 $X_a(\mathrm{j}\Omega)$ 按照采样频率周期延拓时，各周期延拓分量产生频谱的交叠，这种现象称为混叠，如图 1-32(d)所示。注意 $X_a(\mathrm{j}\Omega)$ 一般是复数，所以混叠也是复数相加。采样频率 f_s 之半 $f_s/2$（$f_s=T^{-1}$）如同一面镜子，当信号频谱超过它时，就会被折叠回来，造成频谱的混叠，故称为折叠频率。只有当信号最高频率不超过折叠频率时，才不会产生频率混叠现象，否则，超过 $f_s/2$ 的频谱会折叠回来形成频谱混叠现象，所以频率混叠均在 $f_s/2$ 附近产生。

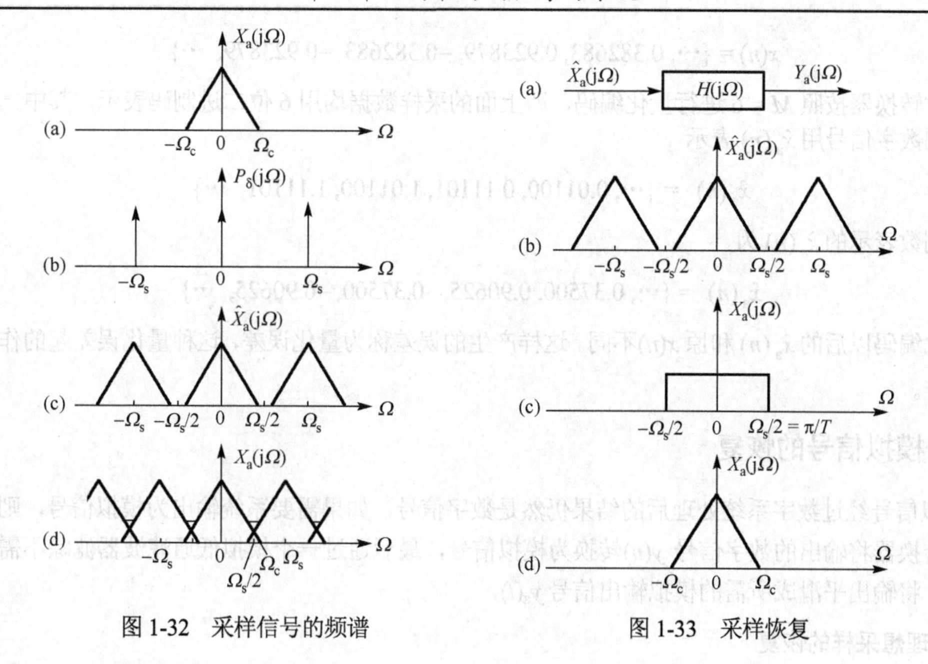

图 1-32　采样信号的频谱　　图 1-33　采样恢复

综上所述，可得出以下结论。

（1）对连续信号进行等间隔采样形成的采样信号，其频谱是原模拟信号的频谱以采样频率为周期进行周期延拓形成的，如果模拟信号的频谱为 $X_a(j\Omega)$，则采样信号的频谱可表示为式（1-51）。

（2）如果连续信号 $x_a(t)$是最高截止频率为Ω_c 的带限信号，采样角频率$\Omega_s>\Omega_c$，那么让采样信号 $\hat{x}_a(t)$ 通过一个增益为 T、截止频率为$\Omega_s/2$ 的理想低通滤波器，可以唯一地恢复出原连续信号 $x_a(t)$。否则，若$\Omega_s<\Omega_c$会造成采样信号中的频谱混叠现象，不能无失真地恢复原连续信号。

2．连续信号采样频率的确定

从不丢失信息的观点出发，采样频率应该高一些，似乎越高越好，但采样频率太高的结果是产生的数据量太大，系统运算时间延长，设备成本急速上涨。因此，应合理选择采样频率。实际中对模拟信号进行采样时，按照采样定理的要求选择采样频率$\Omega_s\geqslant 2\Omega_c$。考虑到信号的频谱最高截止频率以上还有较小的高频分量，采样频率应选$\Omega_s=(3\sim4)\Omega_c$。通常还要在采样之前加一低通滤波器，滤去高于$\Omega_s/2$ 的一些无用的高频分量和一些杂散信号。这就是在图 1-30 中采样之前设置前置滤波的原因。

3．采样信号的量化

将模拟信号转换成数字信号由模数转换器完成，模数转换器由采样器和量化编码器组成，如图 1-34 所示。

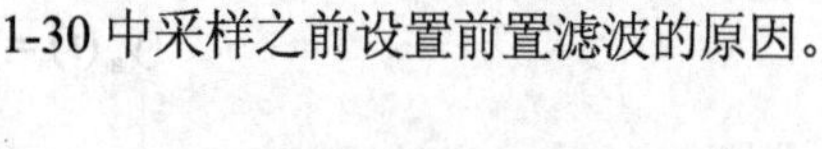

模数转换器按等间隔 T 对模拟信号进行采样，得到一串采样点上时域离散信号（序列）——样本数据，其精度是无限的。这一串样本数据需要将其量化编码，才能成为进行数字运算处理的信号。设模数转换器有 b 位，用 b 位二进制数表示并取代这一串样本数据，即形成数字信号。例如，模拟信号 $x_a(t)=\sin(2\pi ft+\pi/8)$，式中 $f=50\text{Hz}$，选采样频率 $f_s=200\text{Hz}$，将 $t=nT=1/f_s$ 代入 $x_a(t)$中，得到采样数据

$x_a(t)$ → 采样 → $x(n)$ → 量化编码 → $\hat{x}_a(n)$

图 1-34　A/DC 原理框图

$$x_a(nT)=\sin(2\pi fT+\pi/8)=\sin\left(2\pi\frac{50}{200}n+\frac{\pi}{8}\right)=\sin\left(\frac{1}{2}\pi n+\frac{\pi}{8}\right)$$

当 $n=\cdots,0,1,2,3,\cdots$时，得到序列 $x(n)$如下

$$x(n)=\{\cdots,0.382683,0.923879,-0.382683,-0.923879,\cdots\}$$

如果模数转换器按照 $M=6$ 进行量化编码，即上面的采样数据均用6位二进制码表示，其中一位为符号位，则数字信号用 $\hat{x}_{\mathrm{a}}(n)$ 表示

$$\hat{x}_{\mathrm{a}}(n)=\{\cdots,0.01100,0.11101,1.01100,1.11101,\cdots\}$$

用十进制数表示的 $\hat{x}_{\mathrm{a}}(n)$ 为

$$\hat{x}_{\mathrm{a}}(n)=\{\cdots,0.37500,0.90625,-0.37500,-0.90625,\cdots\}$$

显然量化编码以后的 $\hat{x}_{\mathrm{a}}(n)$ 和原 $x(n)$不同。这样产生的误差称为量化误差，这种量化误差起的作用称为量化效应。

1.5.3 模拟信号的恢复

模拟信号经过数字系统处理后的结果仍然是数字信号，如果需要系统输出为模拟信号，则需要通过数模转换器将输出的数字信号 $y(n)$转换为模拟信号，最后通过一个模拟低通滤波器滤除不需要的高频分量，将输出平滑成所需的模拟输出信号 $y_{\mathrm{a}}(t)$。

1．理想采样的恢复

模拟信号 $x_{\mathrm{a}}(t)$经过理想采样，得到采样信号 $\hat{x}_{\mathrm{a}}(t)$，由式（1-50）描述 $\hat{x}_{\mathrm{a}}(t)$ 和 $x_{\mathrm{a}}(t)$之间的关系。若采样频率 f_{s} 满足采样定理，$\hat{x}_{\mathrm{a}}(t)$ 的频谱没有频谱混叠现象，用一个理想低通滤波器 $G(\mathrm{j}\Omega)$，可不失真地将原模拟信号 $x_{\mathrm{a}}(t)$恢复出来。这是一种理想恢复。

由式（1-53）表示的低通滤波器的传输函数 $G(\mathrm{j}\Omega)$求其单位脉冲响应 $g(t)$

$$g(t)=\frac{1}{2\pi}\int_{-\infty}^{\infty}G(\mathrm{j}\Omega)\mathrm{e}^{\mathrm{j}\Omega t}\mathrm{d}\Omega=\frac{1}{2\pi}\int_{-\Omega_{\mathrm{s}}/2}^{\Omega_{\mathrm{s}}/2}T\mathrm{e}^{\mathrm{j}\Omega t}\mathrm{d}\Omega=\frac{\sin(\Omega_{\mathrm{s}}t/2)}{\Omega_{\mathrm{s}}t/2}\tag{1-54}$$

因为 $\Omega_{\mathrm{s}}=2\pi f_{\mathrm{s}}=2\pi/T$，因此 $g(t)$也可以用下式表示

$$g(t)=\frac{\sin(\pi t/T)}{\pi t/T}\tag{1-55}$$

理想低通滤波器的输入、输出分别为 $\hat{x}_{\mathrm{a}}(t)$ 和 $y_{\mathrm{a}}(t)$

$$y_{\mathrm{a}}(t)=\hat{x}_{\mathrm{a}}(t)*g(t)=\int_{-\infty}^{\infty}\hat{x}_{\mathrm{a}}(t)g(t-\tau)\mathrm{d}\tau$$

将式（1-55）和式（1-49）代入上式，得

$$\begin{aligned}y_{\mathrm{a}}(t)&=\int_{-\infty}^{\infty}\left[\sum_{n=-\infty}^{\infty}x_{\mathrm{a}}(nT)\delta(\tau-nT)\right]g(t-\tau)\mathrm{d}\tau=\sum_{n=-\infty}^{\infty}\int_{-\infty}^{\infty}x_{\mathrm{a}}(nT)\delta(\tau-nT)g(t-\tau)\mathrm{d}\tau\\&=\sum_{n=-\infty}^{\infty}x_{\mathrm{a}}(nT)g(t-nT)=\sum_{n=-\infty}^{\infty}x_{\mathrm{a}}(nT)\frac{\sin[\pi(t-nT)/T]}{\pi(t-nT)/T}\end{aligned}\tag{1-56}$$

由于满足采样定理，$y_{\mathrm{a}}(t)=x_{\mathrm{a}}(t)$，因此得到

$$x_{\mathrm{a}}(t)=\sum_{n=-\infty}^{\infty}x_{\mathrm{a}}(nT)\frac{\sin[\pi(t-nT)/T]}{\pi(t-nT)/T}\tag{1-57}$$

式中，$x_{\mathrm{a}}(nT)$是关于随 n 而定的离散采样值，$x_{\mathrm{a}}(t)$是关于 t 的模拟信号，$g(t)$的波形如图1-35所示。$g(t)$保证了在 $t=nT$ 各个采样点上恢复的 $x_{\mathrm{a}}(t)$等于原采样值，而在采样点之间，则是各采样值乘以 $g(t-nT)$

的波形伸展叠加而成的。这种伸展波形叠加的情况如图 1-36 所示。$g(t)$函数所起的作用是在各采样点之间内插，因此称为内插函数，而式（1-57）则称为内插公式。这种用理想低通滤波器恢复的模拟信号完全等于原模拟信号 $x_a(t)$，是一种无失真的恢复，一种理想恢复。但由于 $g(t)$是非因果的，因而理想低通滤波器是非因果不可实现的。

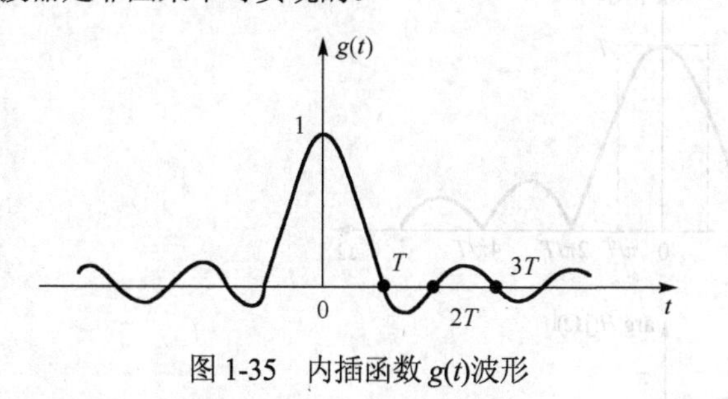

图 1-35　内插函数 $g(t)$波形

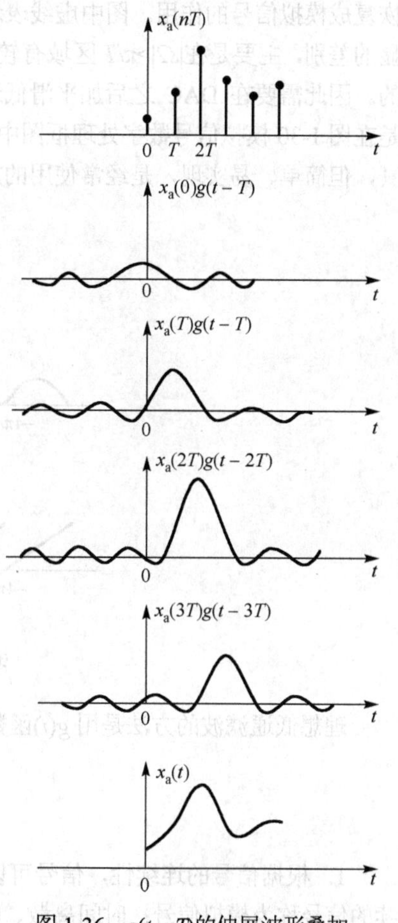

图 1-36　$g(t–nT)$的伸展波形叠加

2．实际的采样恢复

实际中采用数模转换器完成数字信号到模拟信号的转换。数模转换器包括解码、零阶保持、平滑滤波三部分。解码的作用是将数字信号转换成时域离散信号 $x_a(nT)$，零阶保持器和平滑滤波则将 $x_a(nT)$变成模拟信号。

由时域离散信号 $x_a(nT)$恢复模拟信号的过程是在采样点内插的过程。零阶保持器是将前一个采样值进行保持，直到下一个采样值来到再跳到新的采样值并保持，相当于进行常数内插。零阶保持器的单位脉冲函数 $h(t)$及输出波形如图 1-37 所示。

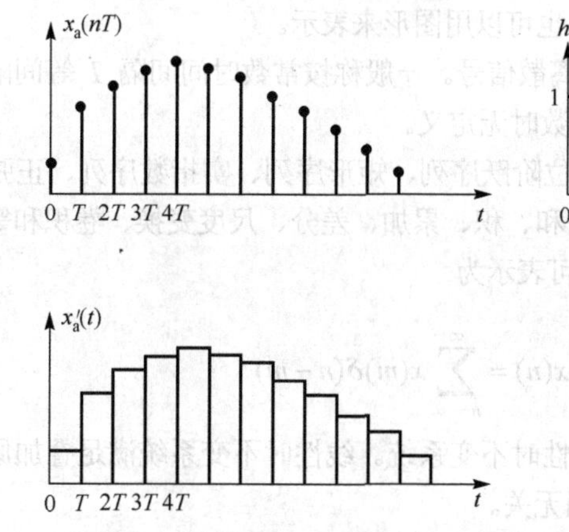

图 1-37　零阶保持器的单位脉冲函数 $h(t)$及输出波形图

对 $h(t)$进行傅里叶变换，得到其传输函数

$$H(\mathrm{j}\varOmega)=\int_{-\infty}^{\infty}h(t)\mathrm{e}^{-\mathrm{j}\varOmega t}\mathrm{d}t=\int_{0}^{T}\mathrm{e}^{\mathrm{j}\varOmega t}\mathrm{d}t=T\frac{\sin(\varOmega T/2)}{\varOmega T/2}\mathrm{e}^{\mathrm{j}\varOmega T/2} \tag{1-58}$$

其幅度特性和相位特性如图 1-38 所示。可见零阶保持器是一个低通滤波器，能够起到将时域离散信号

恢复成模拟信号的作用。图中虚线表示理想低通滤波器的幅度特性，零阶保持器的幅度特性与其有明显的差别，主要是在$|\Omega|>\pi/T$区域有较多的高频分量，表现在时域上，就是恢复出的模拟信号是台阶形的。因此需要在DAC之后加平滑低通滤波器，滤除多余的高频分量，对时间波形起平滑作用，也就是在图1-30模拟信号数字处理框图中加平滑滤波的原因。这种零阶保持器恢复的模拟信号虽然有些失真，但简单、易实现，是经常使用的方法。

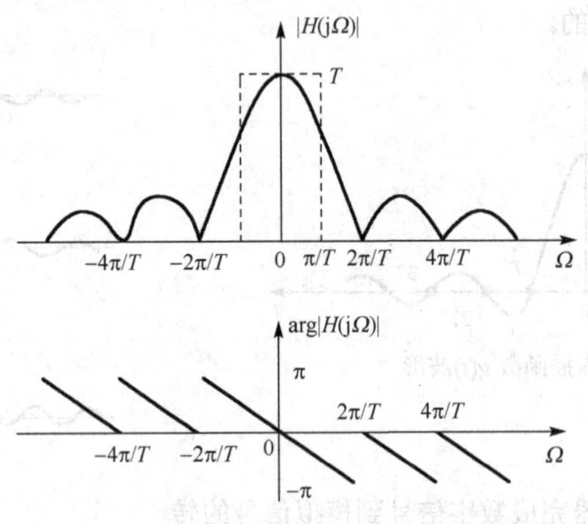

图1-38 零阶保持器的频率特性

理想低通滤波的方法是用$g(t)$函数作为内插函数，还可以用一阶线性函数作为内插函数。

小 结

1．根据信号的连续性，信号可以分为连续时间信号与离散时间信号两大类。时间和幅度均为连续的信号称为模拟信号；时间离散、幅度量化的信号则称为数字信号。若不考虑量化误差或认为精度无限时可统称为连续信号或离散信号。按照信号随时间变化规律的特性，信号可分为确定信号与随机信号。确定信号可以用解析式来描述，也可以用图形来表示。

2．对模拟信号进行采样即得时域离散信号。一般称按常数时间间隔T等间隔采样形成的信号为序列，记为$x(n)$。这里n取整数，非整数时无定义。

3．典型序列有单位脉冲序列、单位阶跃序列、矩形序列、实指数序列、正弦序列、复指数序列等。序列的基本运算包括移位、翻转、和、积、累加、差分、尺度变换、卷积和等。

4．利用单位脉冲序列，任意序列可表示为

$$x(n)=\sum_{n=-\infty}^{\infty}x(m)\delta(n-m)$$

5．时域离散系统中最重要的是线性时不变系统。线性时不变系统满足叠加原理，同时系统对于输入信号的响应与信号加于系统的时间无关。

6．系统满足因果性的充分必要条件是：系统的单位脉冲响应$h(n)$满足

$$h(n)=0，n<0$$

7．线性时不变系统满足稳定性的充分必要条件是：系统的单位脉冲响应$h(n)$满足

$$\sum_{n=-\infty}^{\infty}|h(n)|=P<\infty$$

8．以系统输入和输出之间的关系描述系统的方法称为输入/输出描述法。对线性时不变系统经常用的是常系数差分方程，求解常系数差分方程即可得到系统在给定输入下的输出。

9．常系数差分方程的求解可以用经典解法、递推解法和变换域解法。递推解法适合计算机求解，实际应用较多，本章主要介绍递推解法。变换域解法主要用于理论分析。

10．数字信号处理技术处理模拟信号的理论基础是采样定理，采样信号的频谱与原信号的频谱有所不同，如果采样频率不够高，将产生频率混叠现象。为此，数字系统处理模拟信号的基本结构除了数字系统本身，还设有前置预滤波器和输出平滑滤波器。

思考练习题

1．确定信号与随机信号，周期信号与非周期信号，连续时间信号与离散时间信号，模拟信号与数字信号，它们是如何定义的？有何区别？

2．若信号的最高频率为 f_c，若选取 $f_s=2f_c$，能否从采样点恢复原来的连续信号？

3．混叠是怎样产生的？

4．如何判定线性时不变系统的因果性和稳定性？

5．ω 与 Ω 都表示什么物理量？有何不同？

6．时域连续的周期信号经等间隔采样后的离散序列是否一定构成一个周期序列？

7．常系数差分方程描述的系统是否一定是线性时不变系统？

8．“模拟信号也可以与数字信号一样在计算机上进行数字信号处理，只要增加一道采样的工序就可以了”的说法正确与否？

9．指出“一个模拟信号处理系统总可以转换成功能相同的数字系统，然后基于数字信号处理理论，对信号进行等效的数字处理”说法的概念错误，或举出反例。

10．已知一个系统的冲激响应为 $h(n)=a\delta^2(n)$，所以对于输入 $x(n)$，系统的输出 $y(n)$ 等于

$$y(n)=h(n)*x(n)=\sum_{m=-\infty}^{\infty}a\delta^2(m)x(n-m)=a\sum_{m=\infty}^{-\infty}\delta(m)\left[\delta(m)x(n-m)\right]=ax(n)$$

上面说法有概念错误，请指出错误原因，或举出反例。

11．时域采样在频域产生什么效应？

12．一个典型的数字信号处理系统如图 1-39 所示，请说明各部分功能框图的作用。

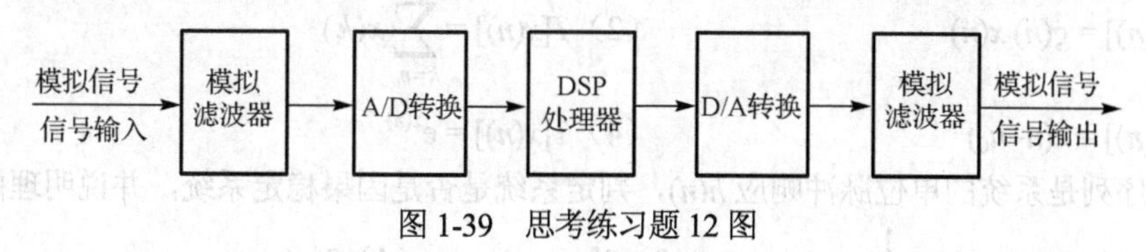

图 1-39　思考练习题 12 图

习　题

1．给定 $a=0.8$，$N=7$，当 $0<n<N-1$ 时，$h(n)=a^n$，当 $n<0$ 或 $n\geqslant N$ 时 $h(n)=0$。画图表示序列 $h(n)$，并用单位脉冲序列 $\delta(n)$ 及其加权和表示该序列。

2．给定信号

$$x(n)=\begin{cases}2n, & -4\leqslant n\leqslant -1\\ n+3, & 0\leqslant n\leqslant 4\\ 0, & \text{其他}\end{cases}$$

（1）画图表示序列 $x(n)$；

（2）用单位脉冲序列 $\delta(n)$及其加权和表示该序列；

（3）分别画图表示序列 $x_1(n)=2x(n-2)$、$x_2(n)=2x(n+2)$、$x_3(n)=x(-n+2)$。

3．已知线性时不变系统的输入为 $x(n)$，系统的单位脉冲响应为 $h(n)$，试求系统的输出 $y(n)$，并画出输出 $y(n)$的波形。

（1）$x(n)=\delta(n)$　　$h(n)=R_4(n)$

（2）$x(n)=R_3(n)$　　$h(n)=R_4(n)$

（3）$x(n)=\delta(n-2)$　　$h(n)=0.5R_3(n)$

（4）$x(n)=2^n u(-n-1)$　　$h(n)=0.5^n u(n)$

4．判断下列每个序列是否是周期性的，若是周期性的，试确定其周期。其中 A 是常数。

（1）$x(n)=A\sin\left(\frac{3\pi}{7}n-\frac{\pi}{8}\right)$　（2）$x(n)=A\sin\left(\frac{13\pi}{3}n\right)$　（3）$x(n)=\mathrm{e}^{\mathrm{j}\left(\frac{n}{6}-\pi\right)}$

5．设系统分别用下面的差分方程描述，$x(n)$表示系统的输入，$y(n)$为系统的输出。判定系统是否是线性时不变的。

（1）$y(n)=x(n)+2x(n-1)$　（2）$y(n)=3x(n)+2$　（3）$y(n)=x(n-1)$　（4）$y(n)=x(-n)$

（5）$y(n)=3x(n^2)$　（6）$y(n)=[x(n)]^2$　（7）$y(n)=x(n)\cos(\omega n)$　（8）$y(n)=\sum_{m=-\infty}^{n}x(m)$

6．线性时不变系统的单位脉冲响应 $h(n)$和输入 $x(n)$如图 1-40 所示，分别用图解法和解析法求出系统输出 $y(n)$，并画图表示输出 $y(n)$。

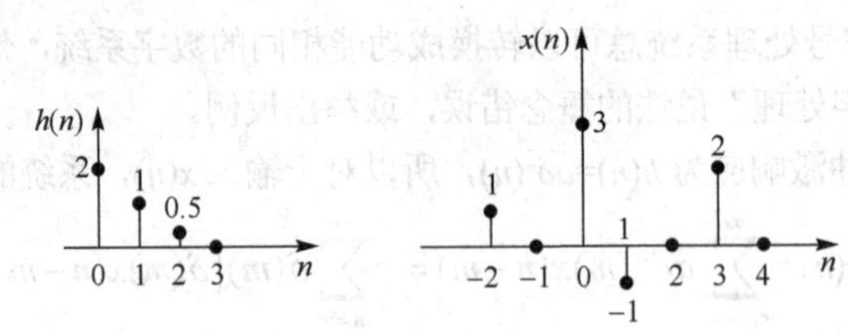

图 1-40　习题 6 图

7．试判断以下各系统是否是线性、时不变、因果和稳定的。

（1）$T[x(n)]=g(n)\,x(n)$　（2）$T[x(n)]=\sum_{k=n_0}^{n}x(k)$

（3）$T[x(n)]=x(n-n_0)$　（4）$T[x(n)]=\mathrm{e}^{x(n)}$

8．以下序列是系统的单位脉冲响应 $h(n)$，判定系统是否是因果稳定系统，并说明理由。

（1）$\frac{1}{n!}u(n)$　（2）$\frac{1}{n^2}u(n)$　（3）$2^n u(n)$　（4）$2^n u(-n)$

（5）$0.3^n u(n)$　（6）$0.5^n u(-n-1)$　（7）$\delta(n+4)$

9．已知系统的单位脉冲响应为 $h(n)=a^{-n}u(-n-1)$，$0<a<1$，用计算卷积和的办法，求输入为单位阶跃信号 $u(n)$时系统的输出，即求系统的单位阶跃响应。

10．证明下列等式成立，即证明线性卷积服从交换律、结合律和分配律。

$x(n)*h(n)=h(n)*x(n)$

$x(n)*(h_1(n)+h_2(n))=x(n)*h_1(n)+x(n)*h_2(n)$

$x(n)*(h_1(n)*h_2(n))=(x(n)*h_1(n))*h_2(n)$

11．设有一系统是因果性的，其输入/输出关系由以下差分方程确定

$$y(n)-\frac{1}{2}y(n-1)=x(n)+\frac{1}{2}x(n-1)$$

（1）求该系统的单位脉冲响应；

（2）由（1）的结果，利用卷积和求输入 $x(n)=\mathrm{e}^{\mathrm{j}\omega n}$ 的响应。

12. 已知系统的单位脉冲响应为 $h(n)=0.3^n u(n)$，初始状态为零，系统输入为序列 $x(n)=\{x_0, x_1, x_2, \cdots, x_k, \cdots\}$，用递推法求系统的输出 $y(n)$。

13．有一理想采样系统，采样频率为 $\Omega_s=6\pi$，采样后经理想低通滤波器 $H_a(\mathrm{j}\Omega)$还原，其中

$$H_a(\mathrm{j}\Omega)=\begin{cases}\dfrac{1}{2}, & |\Omega|<3\pi \\ 0, & |\Omega|\geqslant 3\pi\end{cases}$$

若输入 $x_a(t)=\cos\omega t$。问 ω 最大不能超过多少时输出信号 $y_a(t)$无失真?为什么?

14．有一连续信号 $x_a(t)=\cos(2\pi\times 100t+\pi/2)$

（1）计算 $x_a(t)$的周期；

（2）写出采样信号 $\hat{x}_a(t)$ 的表达式，并画图表示；

（3）以采样周期 T 对 $x_a(t)$采样，要求能不失真地恢复出原信号，采样频率至少应为多少赫兹（Hz）？采样时间间隔应为多少秒（s）？

15．已知连续信号 $x_a(t)=\cos(2\pi ft+\varphi)$的频率 $f=20\text{Hz}$，$\varphi=\pi/2$。

（1）求出 $x_a(t)$的周期；

（2）用采样间隔 T=0.02s 对 $x_a(t)$进行采样，写出采样信号 $x_a(nT)$的表达式；

（3）绘制时域离散信号（序列）$x_a(nT)$的波形，并求出 $x_a(nT)$的周期；

16．设模拟信号 $x_a(t)=\cos(2\pi f_1 t+\varphi_1)+\cos(2\pi f_2 t+\varphi_2)$，式中 f_1=2kHz，f_2=3kHz，φ_1、φ_2 是常数。

（1）为将该模拟信号 $x_a(t)$转换成时域离散信号 $x(n)$，最小采样频率 F_{smin} 应取多少？

（2）如果采样频率 F_s=10kHz，$x(n)$的最高频率是多少？

（3）设采样频率 F_s=10kHz，写出 $x(n)$的表达式。

17．对 $x(t)=\cos(2\pi t)+\cos(5\pi t)$以采样间隔 T=0.25s 进行理想采样得到 $\hat{x}(t)$，将 $\hat{x}(t)$ 通过理想低通滤波器 $G(\mathrm{j}\Omega)$得到 $y(t)$，其中

$$G(\mathrm{j}\Omega)=\begin{cases}0.25, & |\Omega|\leqslant 4\pi \\ 0, & |\Omega|>4\pi\end{cases}$$

（1）求 $\hat{x}(t)$；（2）求理想低通滤波器的输出信号 $y(t)$。

18．$x_a(t)$是带有干扰的模拟信号，其中有用信号的频率范围是 0～30kHz，干扰主要在 30kHz 以上，试用数字信号处理方式对输入信号进行低频滤波，达到滤除干扰的目的。试画出该数字信号处理系统原理框图，并给出每个分框图的主要指标。

19．设带通信号的最高频率为 5kHz，最低频率为 4kHz，试确定采样频率，并画出采样信号的频谱示意图。如果将最低频率改为 3.7kHz，采样频率应取多少？并画出采样信号的频谱示意图。

20．对于模拟信号 $x_a(t)=1+\cos 100\pi t$，试用 MATLAB 分析该信号的频率特性，并打印其幅度特性。试分析误差来源，以及如何减小误差。

第2章

时域离散信号的频域分析

信号与系统的分析不仅可以在时域进行，还可以在变换域进行。时域离散系统中，z 变换的作用就是把描述离散系统的差分方程转化为简单的代数方程，使其求解大大简化。

对信号和系统在时域中进行分析和研究的特点是直观、物理概念清楚，但有很多问题在时域研究并不方便，或者说研究起来很困难。例如，在时域分析滤除噪声序列混有的噪声时，因为不了解信号的频谱结构，要想设计出最大程度上保留有用信号的滤波器是比较困难的。如果将信号变换到频域分析其频域特性，则很容易在此基础上设计适合的滤波器对信号进行处理。

本章学习序列的傅里叶变换及其性质、序列的 z 变换及其性质，了解计算 z 逆变换的留数法、部分分式法和幂级数法等解法，以及离散信号的 z 变换与连续信号的拉普拉斯变换、傅里叶变换的关系等。

2.1　时域离散信号的傅里叶变换

时域离散信号的自变量 n 只能取整数，不能做积分运算，其傅里叶变换结果是数字频率 ω 的连续函数，并以 2π 为周期。连续性和周期性是时域离散信号做傅里叶变换的特点，虽然这两点与模拟信号的傅里叶变换不同，但两者在信号处理中所起的作用同样重要，许多性质是一样的。

2.1.1　时域离散信号的傅里叶变换的定义

离散时间傅里叶变换离散计算

对于时域离散非周期信号（或序列）$x(n)$，可用序列的傅里叶变换来表示其频谱 $X(\mathrm{e}^{\mathrm{j}\omega})$。定义

$$\mathrm{FT}[x(n)] = X(\mathrm{e}^{\mathrm{j}\omega}) = \sum_{n=-\infty}^{\infty} x(n)\mathrm{e}^{-\mathrm{j}\omega n} \tag{2-1}$$

为时域离散信号 $x(n)$ 的傅里叶变换，式中 FT 是傅里叶变换的缩写。式（2-1）存在的充分必要条件是序列 $x(n)$ 满足绝对可和的条件，即

$$\sum_{n=-\infty}^{\infty} |x(n)| < \infty \tag{2-2}$$

也就是说，若序列 $x(n)$ 绝对可和，则它的傅里叶变换一定存在且连续。反之，序列的傅里叶变换存在且连续，则序列一定是绝对可和的。

注意，对于单位阶跃序列 $u(n)$ 及一些周期序列等不满足式（2-1）的信号，通过引入奇异函数的方法将它们的傅里叶变换表示出来。

傅里叶变换的逆变换可以这样获得，以 $\mathrm{e}^{\mathrm{j}\omega m}$ 乘以式（2-1）等号左右两边，并在区间 $[-\pi, \pi]$ 内对变量 ω 进行积分，得

$$\int_{-\pi}^{\pi} X(\mathrm{e}^{\mathrm{j}\omega})\mathrm{e}^{\mathrm{j}\omega m}\mathrm{d}\omega = \int_{-\pi}^{\pi}\left[\sum_{n=-\infty}^{\infty} x(n)\mathrm{e}^{-\mathrm{j}\omega n}\right]\mathrm{e}^{\mathrm{j}\omega m}\mathrm{d}\omega = \sum_{n=-\infty}^{\infty} x(n)\int_{-\pi}^{\pi}\mathrm{e}^{\mathrm{j}\omega(m-n)}\mathrm{d}\omega$$

式中

$$\int_{-\pi}^{\pi}\mathrm{e}^{\mathrm{j}\omega(m-n)}\mathrm{d}\omega = 2\pi\delta(n-m) \tag{2-3}$$

因此

$$\mathrm{IFT}[X(\mathrm{e}^{\mathrm{j}\omega})] = x(n) = \frac{1}{2\pi}\int_{-\pi}^{\pi} X(\mathrm{e}^{\mathrm{j}\omega})\mathrm{e}^{\mathrm{j}\omega}\mathrm{d}\omega \tag{2-4}$$

式（2-4）即为傅里叶变换的逆变换，记为 IFT 或 $\mathrm{F}^{-1}\mathrm{T}$。式（2-1）和式（2-4）组成一对傅里叶变换公式。注意傅里叶变换和它的逆变换分别在不同的域进行。

【例 2-1】 已知 $x(n)=R_N(n)$，计算 $\mathrm{FT}[R_N(n)]$。

解

$$R_N(\mathrm{e}^{\mathrm{j}\omega}) = \mathrm{FT}[R_N(n)] = \sum_{n=-\infty}^{\infty} R_N(n)\mathrm{e}^{-\mathrm{j}\omega n} = \sum_{n=0}^{N-1}\mathrm{e}^{-\mathrm{j}\omega n}$$

$$= \frac{1-\mathrm{e}^{-\mathrm{j}\omega N}}{1-\mathrm{e}^{-\mathrm{j}\omega}} = \frac{\mathrm{e}^{-\mathrm{j}\omega N/2}(\mathrm{e}^{\mathrm{j}\omega N/2}-\mathrm{e}^{-\mathrm{j}\omega N/2})}{\mathrm{e}^{-\mathrm{j}\omega/2}(\mathrm{e}^{\mathrm{j}\omega/2}-\mathrm{e}^{-\mathrm{j}\omega/2})} = \mathrm{e}^{-\mathrm{j}\omega(N-1)/2}\frac{\sin(\omega N/2)}{\sin\omega/2} \tag{2-5}$$

为了解信号的频率特性，将傅里叶变换写成幅频部分与相位部分积的形式，即幅频特性与相位特性的积。本例中将 $R_N(\mathrm{e}^{\mathrm{j}\omega})$ 写成 $R_N(\mathrm{e}^{\mathrm{j}\omega}) = \left|R_N(\mathrm{e}^{\mathrm{j}\omega})\right|\mathrm{e}^{\mathrm{j}\arg[R_N(\mathrm{e}^{\mathrm{j}\omega})]}$，其中 $|R_N(\mathrm{e}^{\mathrm{j}\omega})|$ 称为信号的幅频特性，$\mathrm{e}^{\mathrm{j}\arg[R_N(\mathrm{e}^{\mathrm{j}\omega})]}$ 称为信号的相频特性。$R_N(n)$ 的幅度与相位变化曲线如图 2-1 所示。

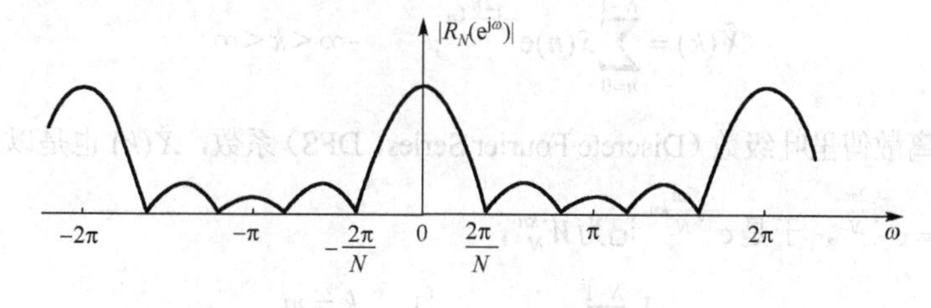

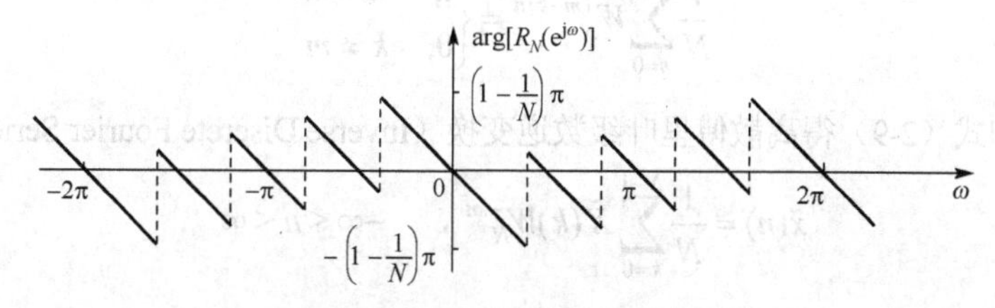

图 2-1　$R_N(n)$ 的幅度与相位特性

2.1.2　周期序列的离散傅里叶级数

周期序列的离散傅里叶级数

因为周期序列不满足绝对可和的条件，其傅里叶变换是不存在的。由于周期序列是周期性的，因此可以展开成傅里叶级数。

设 $\tilde{x}(n)$ 是周期为 N 的周期序列，即 $\tilde{x}(n)=\tilde{x}(n+rN)$，$r$ 为任意整数。因为是周期性的，可以展开成傅里叶级数

$$\tilde{x}(n) = \sum_{k=-\infty}^{\infty}\alpha_k \mathrm{e}^{\mathrm{j}\frac{2\pi}{N}kn} \tag{2-6}$$

式中，α_k是傅里叶级数的系数。为了求系数 α_k，将式（2-6）两边乘以$\mathrm{e}^{-\mathrm{j}\frac{2\pi}{N}mn}$，并对 n 在一个周期中求和

$$\sum_{n=0}^{N-1}\tilde{x}(n)\mathrm{e}^{-\mathrm{j}\frac{2\pi}{N}mn}=\sum_{n=0}^{N-1}\left(\sum_{k=-\infty}^{\infty}\alpha_k\mathrm{e}^{\mathrm{j}\frac{2\pi}{N}kn}\right)\mathrm{e}^{-\mathrm{j}\frac{2\pi}{N}mn}=\sum_{k=-\infty}^{\infty}\alpha_k\sum_{n=0}^{N-1}\mathrm{e}^{\mathrm{j}\frac{2\pi}{N}(k-m)n}$$

式中

$$\frac{1}{N}\sum_{n=0}^{N-1}\mathrm{e}^{\mathrm{j}\frac{2\pi}{N}(k-m)n}=\begin{cases}1, & k=m\\0, & k\neq m\end{cases} \tag{2-7}$$

因此，得

$$\alpha_k=\frac{1}{N}\sum_{n=0}^{N-1}\tilde{x}(n)\mathrm{e}^{-\mathrm{j}\frac{2\pi}{N}kn},\ -\infty<k<\infty \tag{2-8}$$

式中，k 和 r 均取整数，当 k 或者 n 变化时，由于

$$\mathrm{e}^{-\mathrm{j}\frac{2\pi}{N}(k+lN)n}=\mathrm{e}^{-\mathrm{j}\frac{2\pi}{N}kn},\ l\text{取整数}$$

所以$\mathrm{e}^{-\mathrm{j}\frac{2\pi}{N}kn}$ 是周期为 N 的周期函数，因此 α_k 满足 $\alpha_k=\alpha_{k+lN}$，也是周期序列。令

$$\tilde{X}(k)\ =N\alpha_k \tag{2-9}$$

将式（2-8）代入得

$$\tilde{X}(k)=\sum_{n=0}^{N-1}\tilde{x}(n)\mathrm{e}^{-\mathrm{j}\frac{2\pi}{N}kn},\qquad -\infty<k<\infty \tag{2-10}$$

称 $\tilde{X}(k)$ 为 $\tilde{x}(n)$ 的离散傅里叶级数（Discrete Fourier Series，DFS）系数，$\tilde{X}(k)$ 也是以 N 为周期的序列。

为了方便，记$W_N=\mathrm{e}^{-\mathrm{j}\frac{2\pi}{N}}$，于是$\mathrm{e}^{-\mathrm{j}\frac{2\pi}{N}kn}$ 记为W_N^{kn}，

$$\frac{1}{N}\sum_{n=0}^{N-1}W_N^{(m-k)n}=\begin{cases}1, & k=m\\0, & k\neq m\end{cases}$$

由式（2-6）和式（2-9）得离散傅里叶级数逆变换（Inverse Discrete Fourier Series，IDFS）

$$\tilde{x}(n)=\frac{1}{N}\sum_{k=0}^{N-1}\tilde{X}(k)W_N^{-kn},\qquad -\infty<n<\infty \tag{2-11}$$

式（2-10）和式（2-11）称为离散傅里叶级数变换对。

式（2-11）具有明确的物理意义，表明 DFS 将周期序列分解成 N 次谐波，第 k 个谐波频率为 $\omega_k=\frac{2\pi}{N}k$, $k=0, 1, 2, \cdots, N-1$，幅度为 $\tilde{X}(k)/N$，相位是 $\arg[\tilde{X}(k)]$。基波分量的频率是$\frac{2\pi}{N}$，其幅度为 $\tilde{X}(k)/N$。

【例 2-2】 已知 $\tilde{x}(n)$ 是 $R_4(n)$以 $N=8$ 为周期进行周期延拓得到的序列，如图 2-2(a)所示，求该序列的离散傅里叶级数 $\tilde{X}(k)$，并画出它的幅频特性。

解 按照式（2-10），有

$$\tilde{X}(k)=\sum_{n=0}^{7}\tilde{x}(n)\mathrm{e}^{-\mathrm{j}\frac{2\pi}{8}kn}=\sum_{n=0}^{3}\mathrm{e}^{-\mathrm{j}\frac{\pi}{4}kn}=\frac{1-\mathrm{e}^{-\mathrm{j}\frac{\pi}{4}k\cdot 4}}{1-\mathrm{e}^{-\mathrm{j}\frac{\pi}{4}k}}$$

$$=\frac{1-e^{-j\pi k}}{1-e^{-j\frac{\pi}{4}k}}=\frac{e^{-j\frac{\pi}{2}k}\left(e^{j\frac{\pi}{2}k}-e^{-j\frac{\pi}{2}k}\right)}{e^{-j\frac{\pi}{8}k}\left(e^{j\frac{\pi}{8}k}-e^{-j\frac{\pi}{8}k}\right)}=e^{-j\frac{3\pi}{8}k}\ \frac{\sin(\pi k/2)}{\sin(\pi k/8)}$$

其幅度特性

$$|\tilde{X}(k)|=\left|\frac{\sin(\pi k/2)}{\sin(\pi k/8)}\right|$$

如图 2-2(b)所示，表明周期信号的频谱是离散线状谱，$\tilde{X}(k)$ 以 N 为周期，且每个周期有 N 条谱线。

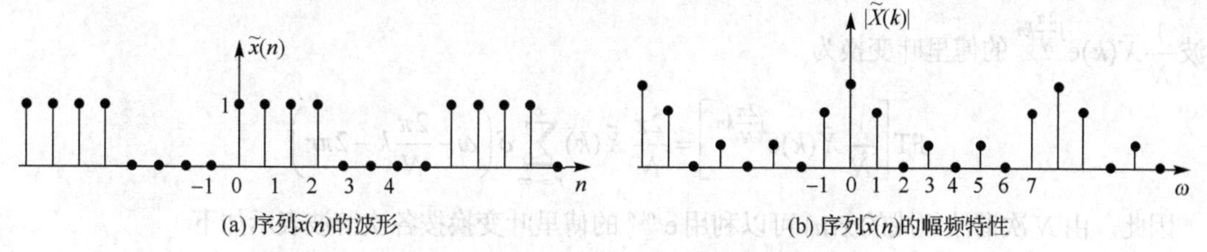

图 2-2　序列 $\tilde{x}(n)$ 的波形及幅频特性

2.1.3　周期序列的傅里叶变换表示

1．单一频率复指数序列的傅里叶变换

单一频率模拟信号 $x_a(t)=e^{j\Omega_0 t}$ 的傅里叶变换是 $\Omega=\Omega_0$ 处强度为 2π 的冲激函数，即

$$X_a(j\Omega)=\mathrm{FT}[x_a(t)]=\int_{-\infty}^{\infty}e^{j\Omega_0 t}e^{-j\Omega t}dt=2\pi\delta(\Omega-\Omega_0)\tag{2-12}$$

而时域离散系统中的复指数序列 $x(n)=e^{j\omega_0 n}$（$2\pi/\omega_0$ 为有理数），假设其傅里叶变换的形式与式（2-12）一样，是在 $\omega=\omega_0$ 处强度为 2π 的单位冲激函数，并考虑时域离散信号傅里叶变换的周期性，$e^{j\omega_0 n}$ 的傅里叶变换写成

$$X(e^{j\omega})=\mathrm{FT}[x(n)]=2\pi\sum_{r=-\infty}^{\infty}\delta(\omega-\omega_0-2\pi r)\tag{2-13}$$

$X(e^{j\omega})$是在 $\omega=\omega_0+2\pi r$（r 取整数）处强度为 2π 的单位冲激函数，$e^{j\omega_0 n}$ 的频谱如图 2-3 所示。注意频谱的周期性，这是由 $e^{j\omega_0 n}=e^{j(\omega_0+2\pi r)n}$ 的周期性引起的。

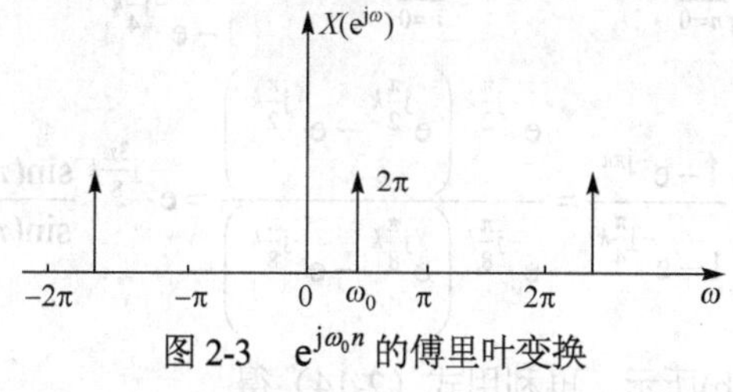

图 2-3　$e^{j\omega_0 n}$ 的傅里叶变换

由于式(2-13)仅是一种假设，为验证该假设成立，需要验证其傅里叶逆变换是否唯一地等于 $e^{j\omega_0 n}$。为此，将式（2-13）代入式（2-4），得

$$\frac{1}{2\pi}\int_{-\pi}^{\pi}X(e^{j\omega})\,e^{j\omega n}d\omega=\frac{1}{2\pi}\int_{-\pi}^{\pi}\sum_{r=-\infty}^{\infty}2\pi\delta(\omega-\omega_0-2\pi r)\,e^{j\omega n}d\omega$$

观察图 2-3，在区间$[-\pi,\pi]$只包括一个单位冲激函数，因此上式右边是 $e^{j\omega_0 n}$，即

$$e^{j\omega_0 n}=\frac{1}{2\pi}\int_{-\pi}^{\pi}X(e^{j\omega})e^{j\omega n}d\omega=\text{IFT}[X(e^{j\omega})]$$

证明前述假设是正确的，式（2-13）是 $e^{j\omega_0 n}$ 的傅里叶变换。

2．一般周期序列 $\tilde{x}(n)$ 的傅里叶变换

对于一般的周期序列 $\tilde{x}(n)$，可以用式（2-11）表示为 N 次谐波叠加的形式，即

$$\tilde{x}(n)=\frac{1}{N}\sum_{k=0}^{N-1}\tilde{X}(k)e^{j\frac{2\pi}{N}kn},\quad -\infty<n<\infty$$

考虑上式求和号中的每一项都是复指数序列，皆可参照式（2-13）写出其傅里叶变换，其中第 k 次谐波 $\frac{1}{N}\tilde{X}(k)e^{j\frac{2\pi}{N}kn}$ 的傅里叶变换为

$$\text{FT}\left[\frac{1}{N}\tilde{X}(k)e^{j\frac{2\pi}{N}kn}\right]=\frac{2\pi}{N}\tilde{X}(k)\sum_{r=-\infty}^{\infty}\delta\left(\omega-\frac{2\pi}{N}k-2\pi r\right)$$

因此，由 N 次谐波组成的 $\tilde{x}(n)$ 可以利用 $e^{j\omega_0 n}$ 的傅里叶变换按各次谐波表示如下

$$X(e^{j\omega})=\text{FT}[\tilde{x}(n)]=\sum_{k=0}^{N-1}\frac{2\pi\tilde{X}(k)}{N}\sum_{r=-\infty}^{\infty}\delta\left(\omega-\frac{2\pi}{N}k-2\pi r\right)$$

式中，$k=0,1,2,\cdots,N-1$，$r=\cdots,-2,-1,0,1,2,\cdots$。若让 k 在 $\pm\infty$ 之间变化，上式可简化为

$$X(e^{j\omega})=\frac{2\pi}{N}\sum_{k=-\infty}^{\infty}\tilde{X}(k)\delta\left(\omega-\frac{2\pi}{N}k\right)，\text{其中 }\tilde{X}(k)=\sum_{n=0}^{N-1}\tilde{x}(n)e^{-j\frac{2\pi}{N}kn}\tag{2-14}$$

式（2-14）就是利用冲激函数及离散傅里叶级数表示周期序列 $\tilde{x}(n)$ 的傅里叶变换的表达式。该式表明周期序列的傅里叶变换由在 $\omega=\frac{2\pi}{N}k$，$-\infty<k<\infty$ 处强度为 $\frac{2\pi}{N}\tilde{X}(k)$ 的冲激函数组成，式中 $\tilde{X}(k)$ 是周期序列的离散傅里叶级数的系数，用式（2-10）计算。周期序列的傅里叶变换仍然以 2π 为周期，且一个周期中只有 N 个用冲激函数表示的谱线。

【例 2-3】 计算例 2-2 中周期序列 $\tilde{x}(n)$ 的傅里叶变换。

解 先求出 $\tilde{x}(n)$ 的离散傅里叶级数。按照式（2-10），得

$$\tilde{X}(k)=\sum_{n=0}^{7}\tilde{x}(n)e^{-j\frac{2\pi}{8}kn}=\sum_{n=0}^{3}e^{-j\frac{\pi}{4}kn}=\frac{1-e^{-j\frac{\pi}{4}k\cdot 4}}{1-e^{-j\frac{\pi}{4}k}}$$

$$=\frac{1-e^{-j\pi k}}{1-e^{-j\frac{\pi}{4}k}}=\frac{e^{-j\frac{\pi}{2}k}\left(e^{j\frac{\pi}{2}k}-e^{-j\frac{\pi}{2}k}\right)}{e^{-j\frac{\pi}{8}k}\left(e^{j\frac{\pi}{8}k}-e^{-j\frac{\pi}{8}k}\right)}=e^{-j\frac{3\pi}{8}k}\frac{\sin(\pi k/2)}{\sin(\pi k/8)}$$

幅度特性 $|\tilde{X}(k)|$ 如图 2-4(b)所示。再利用式（2-14）得

$$X(e^{j\omega})=\frac{\pi}{4}\sum_{k=-\infty}^{\infty}e^{-j\frac{3\pi}{8}k}\frac{\sin(\pi k/2)}{\sin(\pi k/8)}\delta\left(\omega-\frac{\pi}{4}k\right)$$

序列 $x(n)$ 的幅频特性 $|X(e^{j\omega})|$ 如图 2-4(c)所示。注意序列 $x(n)$ 幅度特性 $|\tilde{X}(k)|$ 和幅频特性 $|X(e^{j\omega})|$ 的相似性，它们都可以表示周期序列的频谱分布，但周期序列的 $|X(e^{j\omega})|$ 使用冲激函数表示。

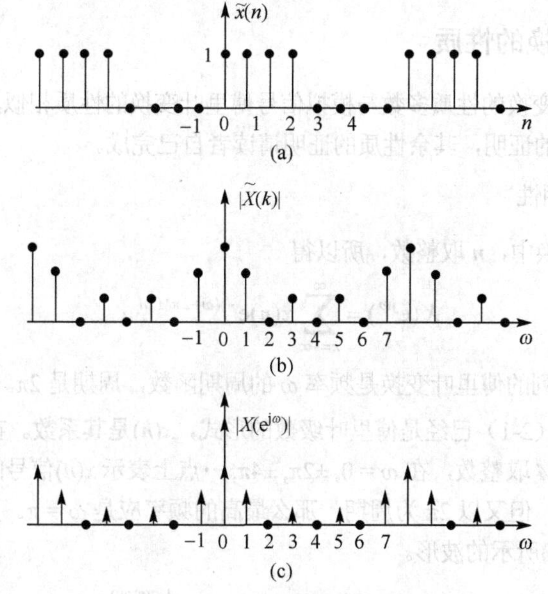

图 2-4　序列 $x(n)$ 的幅频特性

【例 2-4】 设 π/ω_0 为有理数，求 $\tilde{x}(n)=\sin\omega_0 n$ 的傅里叶变换表示。

解 $\tilde{x}(n)=\sin\omega_0 n=-\mathrm{j}(\mathrm{e}^{\mathrm{j}\omega_0 n}-\mathrm{e}^{-\mathrm{j}\omega_0 n})/2$

$$X(\mathrm{e}^{\mathrm{j}\omega})=\mathrm{FT}[\tilde{x}(n)]=\mathrm{FT}[\sin\omega_0 n]$$

$$=\frac{-\mathrm{j}}{2}\left[2\pi\sum_{r=-\infty}^{\infty}\delta(\omega-\omega_0-2\pi r)-2\pi\sum_{r=-\infty}^{\infty}\delta(\omega+\omega_0-2\pi r)\right]$$

$$=-\mathrm{j}\pi\sum_{r=-\infty}^{\infty}\left[\delta(\omega-\omega_0-2\pi r)-\delta(\omega+\omega_0-2\pi r)\right]$$

表 2-1 列出了典型序列的傅里叶变换。

表 2-1　典型序列的傅里叶变换

序　号	序　列	傅里叶变换
1	$\delta(n)$	1
2	$a^n u(n)$，$\lvert a\rvert<1$	$(1-\mathrm{e}^{-\mathrm{j}\omega})^{-1}$
3	$R_N(n)$	$\mathrm{e}^{-\mathrm{j}(N-1)\omega/2}\sin(\omega N/2)/\sin(\omega/2)$
4	$u(n)^*$	$(1-\mathrm{e}^{-\mathrm{j}\omega})^{-1}+\pi\sum_{k=-\infty}^{\infty}\delta(\omega-2\pi k)$
5	$x(n)=1$	$2\pi\sum_{k=-\infty}^{\infty}\delta(\omega-2\pi k)$
6	$\mathrm{e}^{\mathrm{j}\omega_0 n}$，$2\pi/\omega_0$ 为有理数	$2\pi\sum_{k=-\infty}^{\infty}\delta(\omega-\omega_0-2\pi k)$
7	$\cos\omega_0 n$，$2\pi/\omega_0$ 为有理数	$\pi\sum_{k=-\infty}^{\infty}[\delta(\omega-\omega_0-2\pi k)+\delta(\omega+\omega_0-2\pi k)]$
8	$\sin\omega_0 n$，π/ω_0 为有理数	$-\mathrm{j}\pi\sum_{k=-\infty}^{\infty}[\delta(\omega-\omega_0-2\pi k)-\delta(\omega+\omega_0-2\pi k)]$

2.1.4　序列傅里叶变换的性质

离散序列傅里叶变换周期性

时域离散信号傅里叶变换的性质多数与模拟信号傅里叶变换的性质相似，这里给出其中若干重点性质的证明，其余性质的证明请读者自己完成。

1．傅里叶变换的周期性

序列 $x(n)$的傅里叶变换中，n 取整数，所以得

$$X(\mathrm{e}^{\mathrm{j}\omega})=\sum_{n=-\infty}^{\infty}x(n)\mathrm{e}^{-\mathrm{j}(\omega+2\pi M)n} \tag{2-15}$$

式中，M 为整数。因此序列的傅里叶变换是频率 ω 的周期函数，周期是 2π。这样 $X(\mathrm{e}^{\mathrm{j}\omega})$ 可以展开成傅里叶级数。实际上，式（2-1）已经是傅里叶级数的形式，$x(n)$是其系数。在 $\omega=0$ 和 $\omega=2\pi M$ 附近的频谱分布应是相同的（M 取整数，在 $\omega=0,\pm2\pi,\pm4\pi,\cdots$点上表示 $x(n)$信号的直流分量，那么离开这些点越远，其频率应越高，但又以 2π 为周期，那么最高的频率应是 $\omega=\pi$。要说明的是，所谓 $x(n)$的直流分量，是指如图 2-5(a)所示的波形。

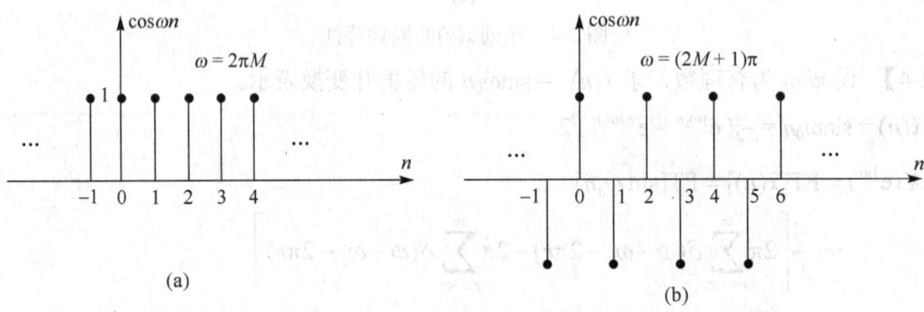

图 2-5　cosωn 的波形

例如，$x(n)=\cos\omega n$，当 $\omega=2\pi M$，M 取整数时，$x(n)$的序列值如图 2-5(a)所示，它代表其直流分量；当 $\omega=(2M+1)\pi$ 时，$x(n)$波形如图 2-5(b)所示，它代表最高频率信号。由于傅里叶变换的周期性，一般只分析$\pm\pi$ 之间或 0～2π 之间的傅里叶变换。

2．时域卷积定理

设 $y(n)=x(n)*h(n)$

则
$$Y(\mathrm{e}^{\mathrm{j}\omega})=X(\mathrm{e}^{\mathrm{j}\omega})\cdot H(\mathrm{e}^{\mathrm{j}\omega}) \tag{2-16}$$

证明　卷积 $y(n)=\sum_{m=-\infty}^{\infty}x(m)h(n-m)$，两边做傅里叶变换，得

$$Y(\mathrm{e}^{\mathrm{j}\omega})=\mathrm{FT}[y(n)]=\sum_{n=-\infty}^{\infty}\left[\sum_{m=-\infty}^{\infty}x(m)h(n-m)\right]\mathrm{e}^{-\mathrm{j}\omega n}$$

令 $n-m=k$，得

$$\begin{aligned}Y(\mathrm{e}^{\mathrm{j}\omega})&=\sum_{k=-\infty}^{\infty}\sum_{m=-\infty}^{\infty}x(m)h(k)\mathrm{e}^{-\mathrm{j}\omega k}\mathrm{e}^{-\mathrm{j}\omega n}\\&=\sum_{k=-\infty}^{\infty}h(k)\mathrm{e}^{-\mathrm{j}\omega k}\sum_{m=-\infty}^{\infty}x(m)\mathrm{e}^{-\mathrm{j}\omega n}\\&=X(\mathrm{e}^{\mathrm{j}\omega})H(\mathrm{e}^{\mathrm{j}\omega})\end{aligned}$$

该定理说明，两序列卷积的傅里叶变换服从相乘的关系。对于线性时不变系统，输出的傅里叶变换等于输入信号的傅里叶变换乘以系统单位脉冲响应的傅里叶变换。因此，在计算系统输出信号时，可以在时域用卷积公式（1-24）计算，也可以变换到频域，用式（2-16）求出输出的傅里叶变换，然后利用傅里叶逆变换求出输出的信号。

3．频域卷积定理

设 $y(n)=x(n)\cdot h(n)$，则

$$Y(\mathrm{e}^{\mathrm{j}\omega})=\frac{1}{2\pi}X(\mathrm{e}^{\mathrm{j}\omega})*H(\mathrm{e}^{\mathrm{j}\omega})=\frac{1}{2\pi}\int_{-\pi}^{\pi}X(\mathrm{e}^{\mathrm{j}\theta})H(\mathrm{e}^{\mathrm{j}(\omega-\theta)})\mathrm{d}\theta \tag{2-17}$$

证明

$$Y(\mathrm{e}^{\mathrm{j}\omega})=\sum_{n=-\infty}^{\infty}x(n)h(n)\mathrm{e}^{-\mathrm{j}\omega n}=\sum_{n=-\infty}^{\infty}x(n)\left[\frac{1}{2\pi}\int_{-\pi}^{\pi}H(\mathrm{e}^{\mathrm{j}\theta})\mathrm{e}^{\mathrm{j}\theta n}\mathrm{d}\theta\right]\mathrm{e}^{-\mathrm{j}\omega n}$$

交换积分与求和的次序，得

$$\begin{aligned}Y(\mathrm{e}^{\mathrm{j}\omega})&=\frac{1}{2\pi}\int_{-\pi}^{\pi}H(\mathrm{e}^{\mathrm{j}\theta})\left[\sum_{n=-\infty}^{\infty}x(n)\mathrm{e}^{-\mathrm{j}(\omega-\theta)n}\right]\mathrm{d}\theta\\&=\frac{1}{2\pi}\int_{-\pi}^{\pi}H(\mathrm{e}^{\mathrm{j}\theta})X(\mathrm{e}^{\mathrm{j}(\omega-\theta)})\mathrm{d}\theta\\&=\frac{1}{2\pi}H(\mathrm{e}^{\mathrm{j}\omega})*X(\mathrm{e}^{\mathrm{j}\omega})\end{aligned}$$

该定理说明，时域两序列相乘，变换到频域服从卷积关系。

4．帕斯瓦尔（Parseval）定理

$$\sum_{n=-\infty}^{\infty}|x(n)|^2=\frac{1}{2\pi}\int_{-\pi}^{\pi}|X(\mathrm{e}^{\mathrm{j}\omega})|^2\,\mathrm{d}\omega \tag{2-18}$$

证明

$$\begin{aligned}\sum_{n=-\infty}^{\infty}|x(n)|^2&=\sum_{n=-\infty}^{\infty}x(n)x^*(n)=\sum_{n=-\infty}^{\infty}x^*(n)\left[\frac{1}{2\pi}\int_{-\pi}^{\pi}X(\mathrm{e}^{\mathrm{j}\omega})\mathrm{e}^{\mathrm{j}\omega n}\mathrm{d}\omega\right]\\&=\frac{1}{2\pi}\int_{-\pi}^{\pi}X(\mathrm{e}^{\mathrm{j}\omega})\sum_{n=-\infty}^{\infty}x^*(n)\,\mathrm{e}^{\mathrm{j}\omega n}\mathrm{d}\omega\\&=\frac{1}{2\pi}\int_{-\pi}^{\pi}X(\mathrm{e}^{\mathrm{j}\omega})X^*(\mathrm{e}^{\mathrm{j}\omega})\mathrm{d}\omega\\&=\frac{1}{2\pi}\int_{-\pi}^{\pi}|X(\mathrm{e}^{\mathrm{j}\omega})|^2\,\mathrm{d}\omega\end{aligned}$$

帕斯瓦尔定理表明，信号时域的总能量等于频域的总能量。

2.1.5　时域离散信号傅里叶变换的对称性

如不特别说明，序列 $x(n)$ 是复序列，分别用下标 r 和 i 表示其实部和虚部，即 $x(n)=x_{\mathrm{r}}(n)+x_{\mathrm{i}}(n)$。分别用下标 e 和 o 表示其共轭对称序列和共轭反对称序列。

1．时域离散序列 $x(n)$情况

共轭对称序列 $x_e(n)$满足

$$x_e(n)=x_e^*(-n) \tag{2-19}$$

复共轭反对称序列 $x_o(n)$满足

$$x_o(n)=-x_o^*(-n) \tag{2-20}$$

共轭对称序列的实部是偶函数，即 $x_{er}(n)=x_{er}(-n)$，虚部是奇函数，即 $x_{ei}(n)=-x_{ei}(-n)$。复共轭反对称序列 $x_o(n)$的实部是奇函数，即 $x_{or}(n)=-x_{or}(-n)$，虚部是偶函数，即 $x_{oi}(n)=x_{oi}(-n)$。以上概念是在时域定义的，在频域也有类似的概念。

共轭对称频域函数 $X(e^{j\omega})$满足

$$X_e(e^{j\omega})=X_e^*(e^{-j\omega}) \tag{2-21}$$

复共轭反对称频域函数 $X_o(e^{j\omega})$满足

$$X_o(e^{j\omega})=-X_o^*(e^{-j\omega}) \tag{2-22}$$

【例 2-5】 试分析 $x(n)=e^{j\omega n}$ 的对称性。

解　已知 $x(n)=e^{j\omega n}$，以$-n$ 代替 n 代入 $x(n)$并取共轭，得

$$x^*(-n)=e^{j\omega n}$$

即

$$x(n)=x^*(-n)$$

所以 $x(n)$是共轭对称序列。将 $x(n)$展开成实部与虚部

$$x(n)=\cos\omega n+j\sin\omega n$$

显然，共轭对称序列 $x(n)$的实部是偶函数，虚部是奇函数。

利用共轭对称序列和共轭反对称序列，可将一般序列表示成这两种序列之和的形式，即

$$x(n)=x_e(n)+x_o(n) \tag{2-23}$$

式（2-23）中的共轭对称部分 $x_e(n)$和共轭反对称部分 $x_o(n)$可由原序列求出。用$-n$ 代替 n，并取共轭，得

$$x^*(-n)=x_e(n)-x_o(n) \tag{2-24}$$

式（2-23）与式（2-24）联立求解，得原序列 $x(n)$的共轭对称部分 $x_e(n)$和共轭反对称部分 $x_o(n)$分别为

$$x_e(n)=\frac{1}{2}[x(n)+x^*(-n)] \tag{2-25}$$

$$x_o(n)=\frac{1}{2}[x(n)-x^*(-n)] \tag{2-26}$$

同样，在频域有公式

$$X_e(e^{j\omega})=\frac{1}{2}[X(e^{j\omega})+X^*(e^{-j\omega})] \tag{2-27}$$

$$X_o(e^{j\omega})=\frac{1}{2}[X(e^{j\omega})-X^*(e^{-j\omega})] \tag{2-28}$$

2．序列傅里叶变换 $X(e^{j\omega})$的对称性

离散序列傅里叶变换对称性

设 $x(n)$是复序列，将其分解为实部与虚部的和，即 $x(n)=x_r(n)+jx_i(n)$，易得 $x(n)$的傅里叶变换为

$$X(e^{j\omega}) = \text{FT}[x(n)] = \text{FT}[x_r(n) + jx_i(n)] = \text{FT}[x_r(n)] + j\text{FT}[x_i(n)]$$
$$= \sum_{n=-\infty}^{\infty} x_r(n)e^{-j\omega n} + j\sum_{n=-\infty}^{\infty} x_i(n)e^{-j\omega n}$$

记

$$X_e(e^{j\omega}) = \sum_{n=-\infty}^{\infty} x_r(n)e^{-j\omega n},\quad X_o(e^{j\omega}) = j\sum_{n=-\infty}^{\infty} x_i(n)e^{-j\omega n}$$

则

$$X(e^{j\omega}) = X_e(e^{j\omega}) + X_o(e^{j\omega}) \tag{2-29}$$

易证 $X_e(e^{j\omega})$满足式（2-21），具有共轭对称性，其实部是偶函数，虚部是奇函数；$X_o(e^{j\omega})$满足式（2-22），具有共轭反对称性，其实部是奇函数，虚部是偶函数。即将序列分成实部与虚部，则实部对应的傅里叶变换具有共轭对称性，虚部和 j 一起对应的傅里叶变换具有共轭反对称性。

若将复序列 $x(n)$分解成共轭对称部分与共轭反对称部分的和，即 $x(n) = x_e(n) + x_o(n)$。根据式（2-25）和式（2-26），计算 $x(n)$的 FT，得

$$X(e^{j\omega}) = \text{FT}[x(n)] = \text{FT}[x_e(n) + x_o(n)] = \text{FT}[x_e(n)] + \text{FT}[x_o(n)]$$
$$= \sum_{n=-\infty}^{\infty} x_e(n)e^{-j\omega n} + \sum_{n=-\infty}^{\infty} x_o(n)e^{-j\omega n}$$
$$= \sum_{n=-\infty}^{\infty} \frac{1}{2}[x(n) + x^*(-n)]e^{-j\omega n} + \sum_{n=-\infty}^{\infty} \frac{1}{2}[x(n) - x^*(-n)]e^{-j\omega n}$$
$$= \frac{1}{2}\left[\sum_{n=-\infty}^{\infty} x(n)e^{-j\omega n} + \sum_{n=-\infty}^{\infty} x^*(-n)e^{-j\omega n}\right] + \frac{1}{2}\left[\sum_{n=-\infty}^{\infty} x(n)e^{-j\omega n} - \sum_{n=-\infty}^{\infty} x^*(-n)e^{-j\omega n}\right]$$
$$= \frac{1}{2}\left[X(e^{j\omega}) + X^*(e^{j\omega})\right] + \frac{1}{2}\left[X(e^{j\omega}) - X^*(e^{j\omega})\right]$$
$$= \text{Re}\left[X(e^{j\omega})\right] + j\text{Im}\left[X(e^{j\omega})\right] = X_R(e^{j\omega}) + jX_I(e^{j\omega})$$

即序列 $x(n)$分成共轭对称部分 $x_e(n)$与共轭反对称部分 $x_o(n)$，进行傅里叶变换得

$$X(e^{j\omega}) = X_R(e^{j\omega}) + jX_I(e^{j\omega}) \tag{2-30}$$

表明 $x(n)$的共轭对称部分 $x_e(n)$的傅里叶变换对应着 $X(e^{j\omega})$的实部 $X_R(e^{j\omega})$，共轭反对称部分 $x_o(n)$的傅里叶变换对应着 $X(e^{j\omega})$的虚部 $X_I(e^{j\omega})$。

若将序列 $x(n)$的傅里叶变换写成

$$X(e^{j\omega}) = |X(e^{j\omega})|e^{j\arg[X(e^{j\omega})]}\qquad \arg[X(e^{j\omega})] = \arctan\frac{X_I(e^{j\omega})}{X_R(e^{j\omega})}$$

当 $x(n)$为实序列时，其傅里叶变换的幅度特性$|X(e^{j\omega})|$显然具有偶对称性质，相位特性 $\arg[X(e^{j\omega})]$具有奇对称性质。

【例 2-6】 利用傅里叶变换对称性，分析实因果序列 $h(n)$的对称性。

解 因为 $h(n)$是实序列，其傅里叶变换 $H(e^{j\omega}) = \text{FT}[h(n)]$只有共轭对称部分 $H_e(e^{j\omega})$，共轭反对称部分 $H_o(e^{j\omega})$为零。

$$H(e^{j\omega}) = H_e(e^{j\omega})$$
$$H(e^{j\omega}) = H^*(e^{-j\omega})$$

因此实序列的傅里叶变换的实部是偶函数，虚部是奇函数，即

$$H_R(e^{j\omega}) = H_R(e^{-j\omega})$$
$$H_I(e^{j\omega}) = -H_I(e^{-j\omega})$$

显然其模的平方$|H(e^{j\omega})|^2 = H_R^2(e^{j\omega}) + H_I^2(e^{j\omega})$是偶函数，相位函数

$$\arg[H(e^{j\omega})] = \arctan[H_I(e^{j\omega})/H_R(e^{j\omega})]$$

是奇函数，与模拟信号的傅里叶变换有同样的结论。由式（2-27）和式（2-28）得

$$h_e(n) = \frac{1}{2}[h(n) + h(-n)]$$

$$h_o(n) = \frac{1}{2}[h(n) - h(-n)]$$

因为$h(n)$是实因果序列，利用上面两式可求得

$$h_e(n) = \begin{cases} h(0), & n = 0 \\ \frac{1}{2}h(n), & n > 0 \\ \frac{1}{2}h(-n), & n < 0 \end{cases} \tag{2-31}$$

$$h_o(n) = \begin{cases} h(0), & n = 0 \\ \frac{1}{2}h(n), & n > 0 \\ -\frac{1}{2}h(-n), & n < 0 \end{cases} \tag{2-32}$$

因此，实因果序列$h(n)$可表示为

$$h(n) = h_e(n)u_+(n) \tag{2-33}$$
$$h(n) = h_o(n)u_+(n) + h(0)\delta(n) \tag{2-34}$$

其中$u_+(n) = \begin{cases} 2, & n > 0 \\ 1, & n = 0 \\ 0, & n < 0 \end{cases}$。

因为$h(n)$是实因果序列，上述公式中$h_e(n)$是偶函数，$h_o(n)$是奇函数。按照式（2-33），实因果序列完全可以由其偶序列恢复，但按照式（2-34），$h_o(n)$中缺少$n = 0$点$h(n)$的信息。因此由$h_o(n)$恢复$h(n)$时，按照式（2-34），要补充点$h(0)\delta(n)$的信息。

表 2-2 对傅里叶变换的性质做了总结，熟悉这些性质对于简化运算与求解很有帮助，这里一并列出，以便查用。

表 2-2 序列傅里叶变换的性质

序　号	序　列	变　换
1	$x(n)$	$X(e^{j\omega})$
2	$h(n)$	$H(e^{j\omega})$
3	$ax(n) + bh(n)$	$aX(e^{j\omega}) + bH(e^{j\omega})$

续表

序　号	序　列	变　换
4	$x(n-m)$	$e^{-j\omega m}X(e^{j\omega})$
5	$a^n x(n)$	$X\left(\frac{1}{a}e^{j\omega}\right)$
6	$e^{jn\omega_0}x(n)$	$X(e^{j(\omega-\omega_0)})$
7	$x(n)*h(n)$	$X(e^{j\omega})H(e^{j\omega})$
8	$x^*(-n)$	$X^*(e^{j\omega})$
9	$\mathrm{Re}[x(n)]$	$X_e(e^{j\omega})=\frac{1}{2}[X(e^{j\omega})+X^*(e^{-j\omega})]$
10	$\mathrm{jIm}[x(n)]$	$X_e(e^{j\omega})=\frac{1}{2}[X(e^{j\omega})-X^*(e^{-j\omega})]$
11	$x_e(n)=\frac{1}{2}[x(n)+x^*(n)]$	$\mathrm{Re}[X(e^{j\omega})]$
12	$x_o(n)=\frac{1}{2}[x(n)-x^*(n)]$	$\mathrm{j\,Im}[X(e^{j\omega})]$
13	$x(n)$为实序列	$\begin{cases}X(e^{j\omega})=X^*(e^{-j\omega})\\ \mathrm{Re}[X(e^{j\omega})]=\mathrm{Re}[X(e^{-j\omega})]\\ \mathrm{Im}[X(e^{j\omega})]=-\mathrm{Im}[X(e^{-j\omega})]\\ \lvert X(e^{j\omega})\rvert=\lvert X(e^{-j\omega})\rvert\\ \arg[X(e^{j\omega})]=-\arg[X(e^{-j\omega})]\end{cases}$
14	$x_e(n)=\frac{1}{2}[x(n)+x(-n)]$，$x(n)$为实序列	$\mathrm{Re}[X(e^{j\omega})]$
15	$x_o(n)=\frac{1}{2}[x(n)-x(-n)]$，$x(n)$为实序列	$\mathrm{j\,Im}[X(e^{j\omega})]$
16	$\sum_{n=-\infty}^{\infty}x(n)h^*(n)=\frac{1}{2\pi j}\int_{-\pi}^{\pi}X(e^{j\omega})H^*(e^{j\omega})d\omega$　（帕斯瓦尔定理）	
17	$\sum_{n=-\infty}^{\infty}\lvert x(n)\rvert^2=\frac{1}{2\pi}\int_{-\pi}^{\pi}\lvert X(e^{j\omega})\rvert^2 d\omega$　（帕斯瓦尔定理）	

2.2　时域离散信号的 z 变换

在时域离散信号和系统中，用傅里叶变换对信号进行频域分析，而用 z 变换对信号进行复频域分析。

z 变换

2.2.1　z 变换的定义

定义序列为 $x(n)$的 z 变换为

$$X(z)=\sum_{n=-\infty}^{\infty}x(n)z^{-n} \tag{2-35}$$

记为 ZT[$x(n)$]。式中 z 为复变量，它所在的复平面称为 z 平面。式（2-35）对 n 求和限是在±∞，故又称为双边 z 变换。称式（2-36）为单边 z 变换

$$X(z)=\sum_{n=0}^{\infty}x(n)z^{-n} \tag{2-36}$$

对于因果序列，单边 z 变换或者双边 z 变换的结果相同。如无特别说明，z 变换均指对信号进行双边 z 变换。

2.2.2 z 变换的收敛域

1．收敛域的形状

对给定序列 $x(n)$，其 z 变换式（2-35）存在（收敛）的所有 z 值的集合称为 $X(z)$的收敛域。按照级数理论，序列 $x(n)$的 z 变换存在的条件是式（2-35）等号右边级数收敛，并且绝对可和，即

$$\sum_{n=-\infty}^{\infty}\left|x(n)z^{-n}\right|<\infty \tag{2-37}$$

不同形式的序列，其收敛域形式不同。一般收敛域用环状区域表示，即

$$R_{x-}<|z|<R_{x+}$$

z 变量写为极坐标形式，即 $z=r\mathrm{e}^{\mathrm{j}\omega}$，代入上式得 $R_{x-}<r<R_{x+}$，收敛域是半径为 R_{x-}和 R_{x+}的两个圆形成的环状区域，R_{x-}和 R_{x+}称为收敛半径。如果序列 $x(n)$的 z 变换存在，常将其 z 变换写成有理式函数形式，即

$$X(z)=\frac{P(z)}{Q(z)} \tag{2-38}$$

式中，分子多项式 $P(z)$的根是 $X(z)$的零点，分母多项式 $Q(z)$的根是 $X(z)$的极点。在极点处 z 变换不存在，因此收敛域中没有极点，极点就是收敛域的边界。收敛域的示意图如图 2-6 所示。

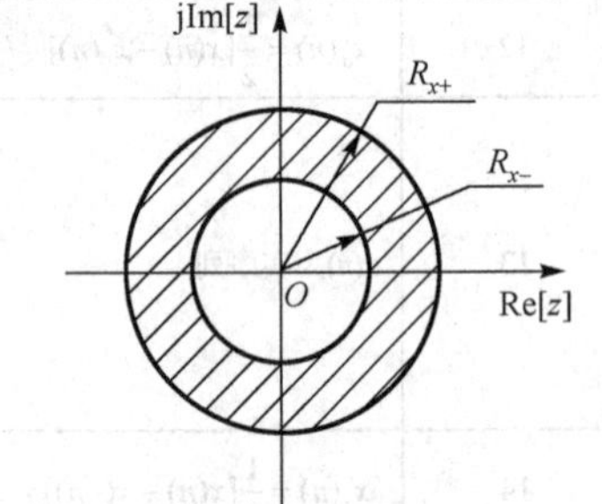

图 2-6　z 变换的收敛域

2．不同形式序列 z 变换的收敛域

依据序列在纵坐标两边分布情况，可将序列分成有限长序列、左序列、右序列和双边序列 4 种，不同形式的序列，其收敛域不同。

（1）有限长序列

有限区间 $n_1\leqslant n\leqslant n_2$ 之内才具有非零的序列称为有限长序列，其 z 变换为

$$X(z)=\sum_{n=n_1}^{n_2}x(n)z^{-n} \tag{2-39}$$

$X(z)$是有限项级数之和，故只要级数的每一项有界，则级数就收敛，即要求

$$|x(n)z^{-n}|<\infty,\quad n_1\leqslant n\leqslant n_2$$

由于 $x(n)$有界，故要求

$$|z^{-n}|<\infty,\quad n_1\leqslant n\leqslant n_2$$

显然，除 $z=0$ 及 $z=\infty$外的开域$(0,\infty)$“有限 z 平面”外，在 $0<|z|<\infty$上都满足此条件，即收敛域至少是如图 2-7 所示的。在 n_1、n_2 的特殊选择下，收敛域还可进一步扩大：

$$0<|z|\leqslant\infty,\quad n_1\geqslant 0$$
$$0\leqslant|z|<\infty,\quad n_2\leqslant 0$$

（2）右序列

在 $n\geqslant n_1$时，序列值不全为零，在 $n<n_1$时，序列值全为零的序列称为右序列。其 z 变换为

$$X(z)=\sum_{n=n_1}^{n_2}x(n)z^{-n}=\sum_{n=n_1}^{-1}x(n)z^{-n}+\sum_{n=0}^{\infty}x(n)z^{-n} \tag{2-40}$$

式（2-40）右端第一项为有限长序列的 z 变换，它的收敛域为有限 z 平面；第二项是 z 的负幂级数，按照级数收敛的阿贝尔（N. Abel）定理可推知，存在一个收敛半径 R_{x-}，级数在以原点为中心、以 R_{x-} 为半径的圆外任何点都绝对收敛，综合上述两项都收敛时，级数才收敛。所以，如果 R_{x-} 是收敛域的最小半径，则右序列 z 变换的收敛域为 $R_{x-}<|z|<\infty$，如图 2-8 所示。

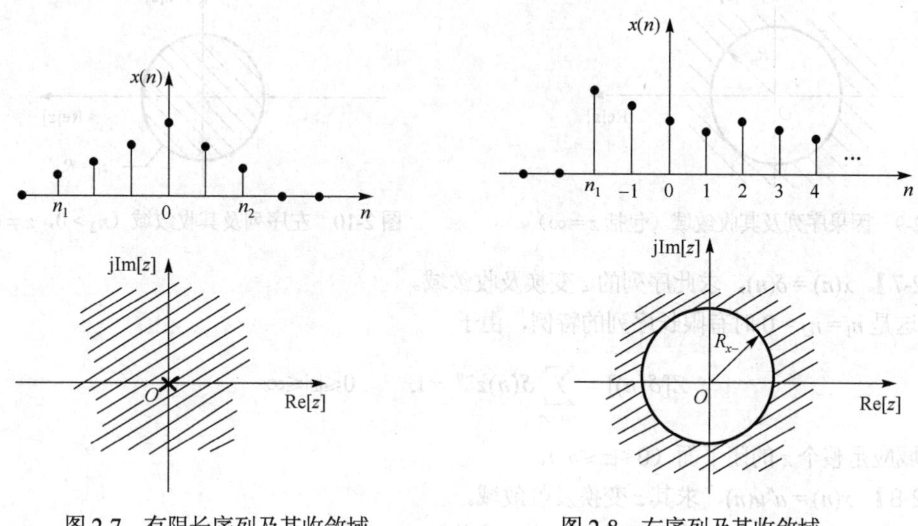

图 2-7　有限长序列及其收敛域（$n_1<0$，$n_2>0$；$z=0$，$z=\infty$ 除外）

图 2-8　右序列及其收敛域（$n_1<0$，故 $z=\infty$ 除外）

因果序列是 $n_1=0$ 的右序列，是最重要的一种右序列。即在 $n\geqslant 0$ 时序列 $x(n)$ 值不全为零，$n<0$ 时，$x(n)=0$，其 z 变换中只有 z 的零幂和负幂项，因此级数收敛域可以包括 $|z|=\infty$，即

$$X(z)=\sum_{n=0}^{\infty}x(n)z^{-n}\,,\quad R_{x-}<|z|\leqslant\infty \tag{2-41}$$

所以 $|z|=\infty$ 处 z 变换收敛是因果序列的特征，如图 2-9 所示。

（3）左序列

在 $n\leqslant n_2$ 时，序列 $x(n)$ 值不全为零，在 $n>n_2$ 时，序列值全为零的序列称为左序列，其 z 变换为

$$X(z)=\sum_{n=-\infty}^{n_2}x(n)z^{-n}=\sum_{n=-\infty}^{0}x(n)z^{-n}+\sum_{n=1}^{n_2}x(n)z^{-n} \tag{2-42}$$

式（2-42）右端第二项是有限长序列的 z 变换，收敛域为有限 z 平面，第一项是正幂级数，按阿贝尔定理，必存在收敛半径 R_{x+}，级数在以原点为中心、以 R_{x+} 为半径的圆内任何点都绝对收敛，综合以上两项，左序列 z 变换的收敛域为 $0<|z|<R_{x+}$，如图 2-10 所示。如果 $n_2<0$，则式（2-42）右端没有第二项，此时收敛域应包括 $z=0$，即 $|z|<R_{x+}$。

（4）双边序列

双边序列可视为一个右序列和一个左序列之和，其 z 变换为

$$X(z)=\sum_{n=-\infty}^{\infty}x(n)z^{-n}=\sum_{n=0}^{\infty}x(n)z^{-n}+\sum_{n=-\infty}^{-1}x(n)z^{-n} \tag{2-43}$$

其收敛域是右序列与左序列收敛域的公共部分。等式右边第一项为右序列，收敛域为 $|z|>R_{x-}$，第二项为左序列，收敛域为 $|z|<R_{x+}$，如果满足 $R_{x-}<R_{x+}$，则存在公共收敛域，即为双边序列，收敛域为 $R_{x-}<|z|<R_{x+}$，是一个环状区域，如图 2-11 所示。否则，$R_{x-}>R_{x+}$，则不存在公共收敛域，$X(z)$ 不存在。

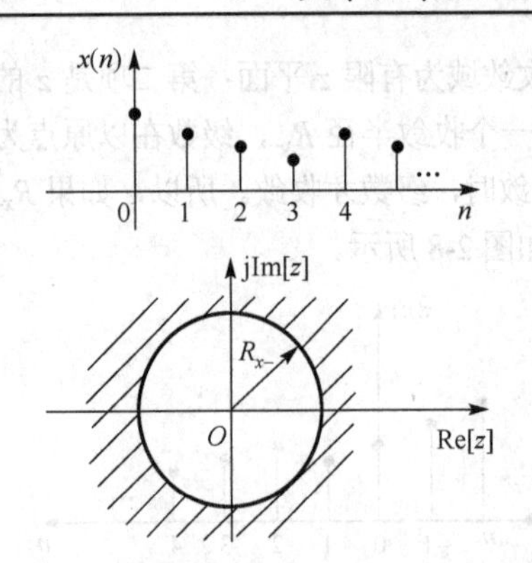

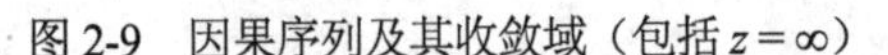

图 2-9 因果序列及其收敛域（包括 $z=\infty$）

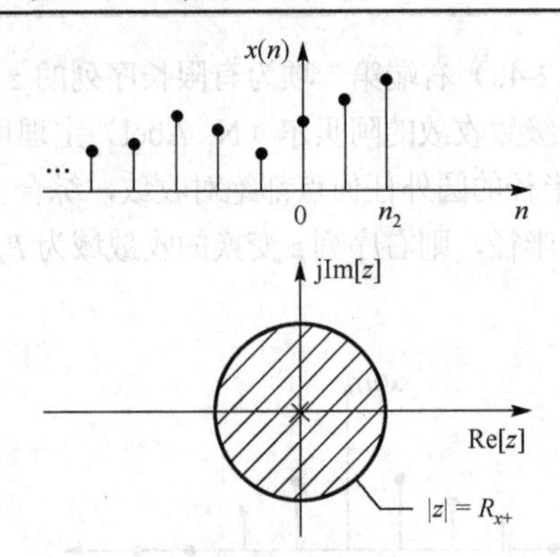

图 2-10 左序列及其收敛域（$n_2>0$，$z\neq 0$）

【例 2-7】 $x(n)=\delta(n)$，求此序列的 z 变换及收敛域。

解　这是 $n_1=n_2=0$ 时有限长序列的特例，由于

$$Z[\delta(n)]=\sum_{n=-\infty}^{\infty}\delta(n)z^{-n}=1,\qquad 0\leqslant|z|\leqslant\infty$$

所以收敛域应是整个 z 的闭平面（$0\leqslant|z|\leqslant\infty$）。

【例 2-8】 $x(n)=a^n u(n)$，求其 z 变换及收敛域。

解　这是一个右序列，且是因果序列，其 z 变换为

$$X(z)=\sum_{n=-\infty}^{\infty}a^n u(n)z^{-n}=\sum_{n=0}^{\infty}a^n z^{-n}=\sum_{n=0}^{\infty}(az^{-1})^n=\frac{1}{1-az^{-1}},\quad |z|>|a|$$

这是一个无穷项的等比级数求和，只有在$|az^{-1}|<1$即$|z|>|a|$处收敛，如图 2-12 所示。故得到以上闭合形式表达式，由于$\dfrac{1}{1-az^{-1}}=\dfrac{z}{z-a}$，故在 $z=a$ 处为极点，收敛域为极点所在圆$|z|=|a|$的外部，在收敛域内 $X(z)$为解析函数，不能有极点，因此，一般来说，右序列的 z 变换的收敛域一定在模最大的有限极点所在圆之外。由于又是因果序列，所以 $z=\infty$处也属于收敛域，不能有极点。

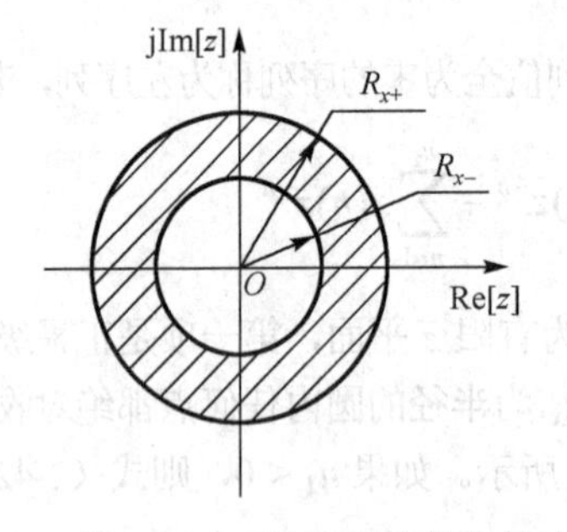

图 2-11 双边序列及其收敛域

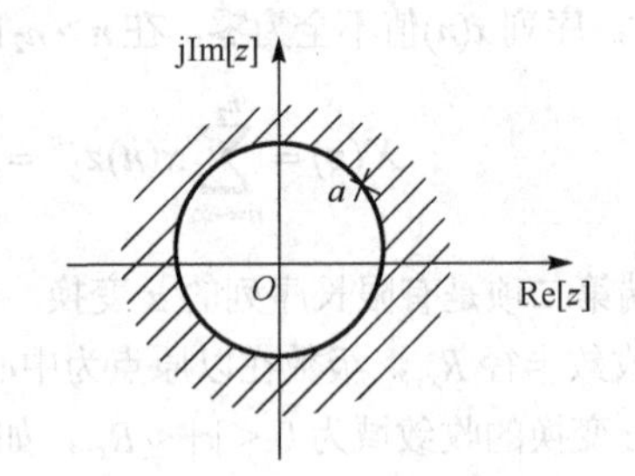

图 2-12 $x(n)=a^n u(n)$的收敛域

【例 2-9】 $x(n)=-b^n u(-n-1)$，求其 z 变换及收敛域。

解　这是一个左序列，其 z 变换为

$$X(z)=\sum_{n=-\infty}^{\infty}-b^n u(-n-1)z^{-n}=\sum_{n=-\infty}^{-1}-b^n z^{-n}=\sum_{n=1}^{\infty}-b^{-n}z^n=\frac{-b^{-1}z}{1-b^{-1}z}$$

$$=-\frac{z}{b-z}=\frac{z}{z-b}=\frac{1}{1-bz^{-1}},\qquad |z|<|b|$$

此无穷项等比级数的收敛域为$|b^{-1}z|<1$，即$|z|<|b|$，如图 2-13 所示。收敛域内 $X(z)$必须解析，因此，一般左序列 z 变换的收敛域一定在模值最小的有限极点所在圆之内。

由以上两例可得结论，如果 $a=b$，则一个左序列与一个右序列的 z 变换表达式是完全一样的。所以，只给 z 变换的闭合表达式是不够的，是不能正确得到原序列的。必须同时给出收敛域范围，才能唯一地确定一个序列。研究收敛域的重要性就在于此。

【例 2-10】 已知序列 $x(n)=\begin{cases} a^n, & n\geqslant 0 \\ -b^n, & n\leqslant -1 \end{cases}$，求其 z 变换及收敛域。

解 这是一个双边序列，其 z 变换为

$$X(z)=\sum_{n=-\infty}^{\infty}x(n)z^{-n}=\sum_{n=0}^{\infty}a^nz^{-n}-\sum_{n=-\infty}^{-1}b^nz^{-n}=\frac{1}{1-az^{-1}}+\frac{1}{1-bz^{-1}}$$

$$=\frac{z}{z-a}+\frac{z}{z-b}=\frac{z(2z-a-b)}{(z-a)(z-b)},\quad |a|<|z|<|b|$$

从上两例的求解法，可得此例的结果。如果$|a|<|b|$，则得此式的闭合形式表达式，也就是存在收敛域为$|a|<|z|<|b|$，如图 2-14 所示。因此，右序列取其模值最大的极点（$|z|=|a|$），而左序列则取其模值最小的极点（$|z|=|b|$）。

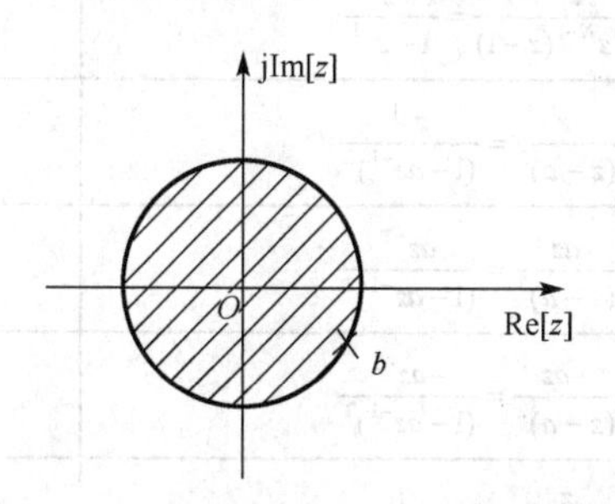

图 2-13　$x(n)=-b^nu(-n-1)$的收敛域

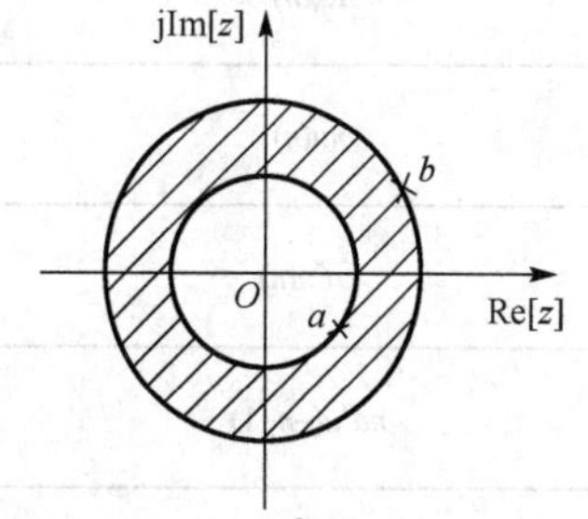

图 2-14　$x(n)=\begin{cases} a^n, & n\geqslant 0 \\ -b^n, & n<0 \end{cases}$的收敛域

综上所述，同一个 z 变换函数 $X(z)$，收敛域不同，则代表不同的序列。

2.2.3　序列 z 变换与其傅里叶变换之间的关系

对比序列 $x(n)$的傅里叶变换定义与 z 变换定义，很容易得到这两种变换之间的关系，用公式表示如下

$$X(\mathrm{e}^{\mathrm{j}\omega})=X(z)\big|_{z=\mathrm{e}^{\mathrm{j}\omega}} \tag{2-44}$$

式中，$z=\mathrm{e}^{\mathrm{j}\omega}$ 表示 z 平面上的单位圆。此式表明，单位圆上的 z 变换就是序列的傅里叶变换。若已知序列的 z 变换，且收敛域包含单位圆，则可以方便地用式（2-44）求出序列的傅里叶变换。

【例 2-11】 求阶跃序列 $u(n)$的 z 变换。

解 根据 z 变换的定义

$$X(z)=\sum_{n=-\infty}^{\infty}u(n)z^{-n}=\sum_{n=0}^{\infty}z^{-n}$$

$X(z)$存在的条件是$|z^{-1}|<1$，因此收敛域为$|z|>1$，并且

$$X(z)=\frac{1}{1-z^{-1}}, \quad |z|>1$$

由$X(z)$可知，极点是$z=1$，因此收敛域不包括单位圆，所以单位圆上的z变换不存在，其傅里叶变换不存在，也不能用式（2-44）求 FT。但若引进奇异函数$\delta(\omega)$，则傅里叶变换可以表示出来，如表 2-2 所示。另外，该表表明一个序列$x(n)$在收敛域的z变换存在，不能保证傅里叶变换存在。

常见序列的z变换及其收敛域参见表 2-3。

表 2-3　典型序列的 z 变换及其收敛域

序　号	序　　列	z 变换	收 敛 域
1	$\delta(n)$	1	全部z平面
2	$u(n)$	$\frac{z}{z-1}=\frac{1}{1-z^{-1}}$	$\|z\|>1$
3	$u(-n-1)$	$-\frac{z}{z-1}=\frac{-1}{1-z^{-1}}$	$\|z\|<1$
4	$a^n u(n)$	$\frac{z}{z-a}=\frac{1}{1-az^{-1}}$	$\|z\|>\|a\|$
5	$a^n u(-n-1)$	$\frac{-z}{z-a}=\frac{-1}{1-az^{-1}}$	$\|z\|<\|a\|$
6	$R_N(n)$	$\frac{z^N-1}{z^{N-1}(z-1)}=\frac{1-z^{-N}}{1-z^{-1}}$	$\|z\|>0$
7	$nu(n)$	$\frac{z}{(z-a)^2}=\frac{z^{-1}}{(1-az^{-1})^2}$	$\|z\|>1$
8	$na^n u(n)$	$\frac{az}{(z-a)^2}=\frac{az^{-1}}{(1-az^{-1})^2}$	$\|z\|>\|a\|$
9	$na^n u(-n-1)$	$\frac{-az}{(z-a)^2}=\frac{-az^{-1}}{(1-az^{-1})^2}$	$\|z\|<\|a\|$
10	$e^{-j\omega_0}u(n)$	$\frac{z}{z-e^{-j\omega_0}}=\frac{1}{1-e^{-j\omega_0}z^{-1}}$	$\|z\|>1$
11	$\sin(n\omega_0)u(n)$	$\frac{z\sin\omega_0}{z^2-2z\cos\omega_0+1}=\frac{z^{-1}\sin\omega_0}{1-2z^{-1}\cos\omega_0+z^{-2}}$	$\|z\|>1$
12	$\cos(n\omega_0)u(n)$	$\frac{z^2-z\cos\omega_0}{z^2-2z\cos\omega_0+1}=\frac{1-z^{-1}\cos\omega_0}{1-2z^{-1}\cos\omega_0+z^{-2}}$	$\|z\|>1$
13	$e^{-\alpha n}\sin(n\omega_0)u(n)$	$\frac{z^{-1}e^{-\alpha}\sin\omega_0}{1-2z^{-1}e^{-\alpha}\cos\omega_0+z^{-2}e^{-2\alpha}}$	$\|z\|>e^{-\alpha}$
14	$e^{-\alpha n}\cos(n\omega_0)u(n)$	$\frac{1-z^{-1}e^{-\alpha}\cos\omega_0}{1-2z^{-1}e^{-\alpha}\cos\omega_0+z^{-2}e^{-2\alpha}}$	$\|z\|>e^{-\alpha}$
15	$\sin(n\omega_0+\theta)u(n)$	$\frac{z^2\sin\theta+z\sin(\omega_0-\theta)}{z^2-2z\cos\omega_0+1}=\frac{\sin\theta+z^{-1}\sin(\omega_0-\theta)}{1-2z^{-1}\cos\omega_0+z^2}$	$\|z\|>1$
16	$(n+1)a^n u(n)$	$\frac{z^2}{(z-a)^2}=\frac{1}{(1-az^{-1})^2}$	$\|z\|>\|a\|$
17	$\frac{(n+1)(n+2)}{2!}a^n u(n)$	$\frac{z^3}{(z-a)^3}=\frac{1}{(1-az^{-1})^3}$	$\|z\|>\|a\|$
18	$\frac{(n+1)(n+2)\cdots(n+m)}{m!}a^n u(n)$	$\frac{z^{m+1}}{(z-a)^{m+1}}=\frac{1}{(1-az^{-1})^{m+1}}$	$\|z\|>\|a\|$

2.2.4　z 逆变换

z 逆变换

从给定的 z 变换闭合式 $X(z)$及其收敛域，求出原序列 $x(n)$的变换称为 z 逆变换（或逆 z 变换），记为 IZT[$X(z)$]，即

$$x(n)=\mathrm{IZT}[X(z)]=\frac{1}{2\pi\mathrm{j}}\oint_c X(z)z^{n-1}\mathrm{d}z,\qquad c\in(R_{x-},R_{x+}) \tag{2-45}$$

式中，c 是 $X(z)$收敛域(R_{x-}, R_{x+})中一条逆时针的闭合曲线，如图 2-15 所示。由式（2-45）还可看出，求 z 逆变换就是计算式（2-45）表示的围线积分，即求 $X(z)$的幂级数展开式。根据复变函数理论可知，求 z 逆变换的方法通常有留数法、部分分式展开法和幂级数展开法三种。

1．留数法

留数法也叫围线积分法。根据复变函数理论，若函数 $X(z)$在环状区 $R_{x-}<|z|<R_{x+}$（$R_{x-}\geqslant 0$，$R_{x+}\leqslant\infty$）内是解析的，则在此区域内 $X(z)$可以展开成罗朗级数，即

$$X(z)=\sum_{n=-\infty}^{\infty}C_n z^{-n},\qquad R_{x-}<|z|<R_{x+} \tag{2-46}$$

而

$$C_n=\frac{1}{2\pi\mathrm{j}}\oint_c X(z)z^{n-1}\mathrm{d}z,\qquad n=0,\pm1,\pm2,\cdots \tag{2-47}$$

式中，围线 c 是在 $X(z)$的环状解析域（收敛域）内环绕原点的一条逆时针方向的闭合单围线，如图 2-15 所示。比较式（2-45）与式（2-46）的 z 变换定义可知，$x(n)$就是罗朗级数的系数 C_n，故式（2-47）可写成

$$x(n)=\frac{1}{2\pi\mathrm{j}}\oint_c X(z)z^{n-1}\mathrm{d}z,\qquad c\in(R_{x-},R_{x+}) \tag{2-48}$$

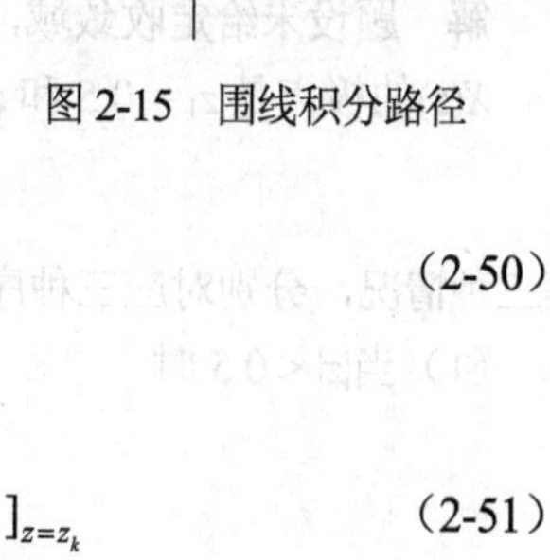

式（2-48）就是用围线积分计算 z 逆变换的公式。

一般来说，直接计算围线积分比较麻烦，通常都采用留数定理来求解。按照留数定理，若函数 $F(z)=X(z)z^{n-1}$ 在围线 c 上连续，在 c 以内有 k 个极点 z_k，则有

$$\frac{1}{2\pi\mathrm{j}}\oint_c X(z)z^{n-1}\mathrm{d}z=\sum_k \mathrm{Res}[X(z)z^{n-1},z_k] \tag{2-49}$$

图 2-15　围线积分路径

设 z_k 是被积函数 $X(z)z^{n-1}$ 的单（一阶）极点，根据留数定理有

$$\mathrm{Res}[X(z)z^{n-1},z_k]=[(z-z_k)X(z)z^{n-1}]_{z=z_k} \tag{2-50}$$

若 z_k 是 $X(z)z^{n-1}$ 的多重（N 阶）极点，则有

$$\mathrm{Res}[X(z)z^{n-1}]_{z=z_k}\frac{1}{(N-1)!}\frac{\mathrm{d}^{N-1}}{\mathrm{d}z^{N-1}}[(z-z_k)^N X(z)z^{n-1}]_{z=z_k} \tag{2-51}$$

当围线 c 内有高阶极点，而 c 外没有高阶极点时，根据留数定理，改求 c 外所有极点留数之和可使问题简化。设被积函数 $F(z)=X(z)z^{n-1}$ 共有 N 个极点，收敛域内的封闭曲线 c 将 z 平面上极点分成两部分，其中 c 内有 N_1 个极点，用 z_{1k} 表示，c 外有 N_2 个极点，用 z_{2k} 表示。根据留数辅助定理有

$$\sum_{k=1}^{N_1}\text{Res}[F(z),z_{1k}]=-\sum_{k=1}^{N_2}\text{Res}[F(z),z_{2k}] \tag{2-52}$$

此式成立的条件是被积函数 $F(z)$分母阶次比分子阶次高二阶以上。若 $X(z)$分子多项式的阶次为 M，分母多项式的阶次为 N，式（2-52）成立的条件是

$$N-M-n+1\geqslant 2$$

即

$$N-M-n\geqslant 1 \tag{2-53}$$

【例 2-12】 已知 $X(z)=(1-az^{-1})^{-1}$，其收敛域为$|z|>a$。使用留数法求 z 逆变换。

解 由于 $X(z)$的收敛域包含∞，可知 $x(n)$是一个因果序列。

$$x(n)=\frac{1}{2\pi\text{j}}\oint_c\frac{1}{(1-az^{-1})}z^{n-1}\text{d}z$$

记

$$F(z)=\frac{1}{(1-az^{-1})}z^{n-1}=\frac{z^n}{z-a}$$

式中，$F(z)$的极点与 n 的取值有关。当 $n<0$ 时，$F(z)$的两个极点是一阶极点 $z=a$ 和 n 阶极点 $z=0$。当 $n\geqslant 0$ 时，$z=a$ 是 $F(z)$的一阶极点，$z=0$ 不是极点。

当 $n\geqslant 0$ 时，$F(z)$的极点是极点 $z=a$，它是位于围线 c 内的极点

$$x(n)=\text{Res}[F(z),a]=(z-a)\left.\frac{z^n}{z-a}\right|_{z=a}=a^n$$

当 $n<0$ 时，$F(z)$的两个极点是 $z=a$ 和 $z=0$，其中 $z=0$ 是 n 阶极点。由 $F(z)$的收敛域知，这两个极点均在围线 c 内，但因为 n 阶极点 $z=0$ 留数不易计算，改求围线 c 以外极点留数。因为 $F(z)$在圆外没有极点，所以 $n<0$ 时，$x(n)=0$。最后，所求 z 逆变换为

$$x(n)=a^n u(n)$$

事实上，根据前面关于序列收敛域的讨论，由于本题的收敛域是$|z|>a$，故知 $x(n)$一定是右序列，这样 $n<0$ 时 $x(n)$一定为零，无须再求。

【例 2-13】 已知 $X(z)=\dfrac{3}{1-0.5z^{-1}}+\dfrac{2}{1-2z^{-1}}$，求 $X(z)$对应的序列。

解 题设未给定收敛域，须先确定收敛域，然后再计算序列 $x(n)$。

$X(z)$的极点是 $z_1=0.5$ 和 $z_2=2$。因为收敛域以极点为界，所以收敛域有

$$|z|<0.5,\quad 0.5<|z|<2,\quad |z|>2$$

等三种情况，分别对应三种序列。

（1）当$|z|<0.5$ 时

$$x(n)=\frac{1}{2\pi\text{j}}\oint_c X(z)z^{n-1}\text{d}z$$

令

$$F(z)=X(z)z^{n-1}=\frac{5-7z^{-1}}{(1-0.5z^{-1})(1-2z^{-1})}z^{n-1}=\frac{5z-7}{(z-0.5)(z-2)}z^n$$

$n\geqslant 0$ 时，c 内无极点，$x(n)=0$。

$n \leqslant -1$ 时，c 内有 n 极点 $z=0$，改求 c 外极点留数，c 外极点有 $z_1=0.5$，$z_2=2$，于是

$$x(n) = -\text{Res}\left[F(z),\ 0.5\right] - \text{Res}\left[F(z),\ 2\right]$$
$$= -\frac{(5z-7)z^n}{(z-0.5)(z-2)}(z-0.5)\big|_{z=0.5} - \frac{(5z-7)z^n}{(z-0.5)(z-2)}(z-2)\big|_{z=2}$$
$$= -\left[30\times 5^n + 2\times 2^n\right]u(-n-1)$$

（2）当 $0.5<|z|<2$ 时

$$F(z) = \frac{5z-7}{(z-0.5)(z-2)}z^n$$

$n \geqslant 0$ 时，c 内有极点 $z=0.5$

$$x(n) = \text{Res}[F(z),\ 0.5] = 3\times 0.5^n$$

$n<0$ 时，c 内有一阶极点 $z=0.5$ 和 n 阶极点 $z=0$。改求 c 外极点留数，c 外极点有 $z=2$，于是

$$x(n) = -\text{Res}[F(z),\ 2] = -2\times 2^n u(-n-1)$$

最后得

$$x(n) = 3\times 0.5^n - 2\times 2^n u(-n-1)$$

（3）当 $|z|>2$ 时

$$F(z) = \frac{5z-7}{(z-0.5)(z-2)}z^n$$

$n \geqslant 0$ 时，c 内有极点 $z_1=0.5$ 和 $z_2=2$

$$x(n) = \text{Res}[F(z),\ 0.5] + \text{Res}[F(z),\ 2] = 3\times 0.5^n + 2\times 2^n$$

$n<0$ 时，根据收敛域判断，这是一个因果序列，因此 $x(n)=0$。最后得

$$x(n) = [3\times 0.5^n + 2\times 2^n]u(n)$$

综上所述，对于没有给定收敛域的问题，必须先正确地确定每个部分分式的收敛域，再求不同收敛域对应的不同序列。

2．部分分式展开法

在实际工程中，$X(z)$通常是 z 的有理分式，并表示成 $X(z) = B(z)/A(z)$，其中 $A(z)$及 $B(z)$都是变量 z 的实数系数多项式，设分母多项式是 N 阶，分子多项式是 M 阶，将 $X(z)$展开成部分分式之和的形式，通过查表可求出每一个部分分式的 z 逆变换（参考表 2-3），将各个逆变换相加起来，就可得到所求的 $x(n)$。设 $X(z)$可展开成下式

$$X(z) = A_0 + \sum_{m=1}^{N}\frac{A_m z}{z-z_m} \tag{2-54}$$

$$\frac{X(z)}{z} = \frac{A_0}{z} + \sum_{m=1}^{N}\frac{A_m}{z-z_m} \tag{2-55}$$

式（2-55）中，$X(z)/z$ 在 $z=0$ 处的极点留数就是 A_0，在 $z=z_m$ 处的极点留数就是 A_m，即

$$A_0 = \text{Res}[X(z)/z,\ 0] \tag{2-56}$$

$$A_m = \mathrm{Res}[X(z)/z, z_m] \tag{2-57}$$

求出系数 A_m（$A_m = 0, 1, 2, \cdots, N$）后，很容易求得序列 $x(n)$。

【例 2-14】 设 $X(z)=\dfrac{1}{(1-2z^{-1})(1-0.5z^{-1})}$，$|z|>2$，试用部分分式展开法求 z 逆变换。

解 为便于求解，将 $X(z)$等式右端分子、分母同乘以 z^2，则得

$$X(z)=\frac{z^2}{(z-2)(z-0.5)}, \qquad |z|>2$$

按式（2-57）求系数的方法，将上述等式两端同除以 z 得

$$\frac{X(z)}{z}=\frac{z}{(z-2)(z-0.5)}$$

将上式右边展成部分分式，得

$$\frac{X(z)}{z}=\frac{z}{(z-2)(z-0.5)}=\frac{A_1}{z-2}+\frac{A_2}{z-0.5}$$

再利用式（2-57）求得系数为

$$A_1=\left[(z-2)\frac{X(z)}{z}\right]_{z=2}=\frac{4}{3}, \qquad A_2=\left[(z-0.5)\frac{X(z)}{z}\right]_{z=0.5}=-\frac{1}{3}$$

所以

$$\frac{X(z)}{z}=\frac{4}{3}\frac{1}{z-2}-\frac{1}{3}\frac{1}{z-0.5}$$

因而

$$X(z)=\frac{4}{3}\frac{z}{z-2}-\frac{1}{3}\frac{z}{z-0.5}$$

查表 2-3 序号 4 公式可得（注意，由所给收敛域知是因果序列）

$$x(n)=\left(\frac{4}{3}\times 2^n-\frac{1}{3}\times 0.5^n\right)u(n)$$

或表示为

$$x(n)=\begin{cases}\left(\dfrac{4}{3}\times 2^n-\dfrac{1}{3}\times 0.5^n\right), & n\geqslant 0\\ 0, & n<0\end{cases}$$

上述例题是右序列，对于左序列或双边序列，部分分式展开法同样可以应用，但必须区别哪些极点对应于右序列，哪些极点对应于左序列。

3．幂级数展开法

幂级数展开法也称为长除法，该方法原理简单，但使用不便。

因为 $x(n)$的 z 变换定义为 z^{-1} 的幂级数，即

$$X(z)=\sum_{n=-\infty}^{\infty}x(n)z^{-n}=\cdots+x(-1)z+x(0)z^0+x(1)z^{-1}+x(2)z^{-2}+\cdots$$

只要在给定的收敛域内把 $X(z)$展成幂级数，则级数的系数就是序列 $x(n)$。

一般 $X(z)$是一个有理分式，分子、分母都是 z 的多项式，可直接用分子多项式除以分母多项式，得到幂级数展开式，从而得到 $x(n)$。同时应注意，$X(z)$的闭合表达式需参考它的收敛域，才能唯一地确定序列 $x(n)$。利用长除法做 z 逆变换时，同样要根据收敛域判断所要得到的 $x(n)$的性质，然后再展开成相应的 z 的幂级数。当 $X(z)$的收敛域为$|z|>R_{x-}$时，$x(n)$必为因果序列，此时应将 $X(z)$展成 z 的负幂级数，为此 $X(z)$的分子、分母应按 z 的降幂（或 z^{-1} 的升幂）排列；如果收敛域是$|z|<R_{x+}$，则 $x(n)$必然是左序列时，应将 $X(z)$展成 z 的正幂级数。为此，$X(z)$的分子、分母应按 z 的升幂（或 z^{-1} 的降幂）排列。

【例 2-15】 已知 $X(z)=\dfrac{3z^{-1}}{(1-3z^{-1})^2}$，$|z|>3$，求它的 z 逆变换 $x(n)$。

解 收敛域 $|z|>3$，故是因果序列，$X(z)$分子、分母应按 z 的降幂或 z^{-1} 的升幂排列，但按 z 的降幂排列较方便，故将原式化成

$$X(z)=\frac{3z}{(z-3)^2}=\frac{3z}{z^2-6z+9},\quad |z|>3$$

进行长除

$$\begin{array}{r}
3z^{-1}+18z^{-2}+81z^{-3}+324z^{-4}+\cdots \\
z^2-6z+9\overline{)3z\qquad\qquad\qquad\qquad\qquad\qquad} \\
\underline{3z-18-27z-1} \\
18-27z^{-1} \\
\underline{18-108z^{-1}+162z^{-2}} \\
81z^{-1}-162z^{-2} \\
\underline{81z^{-1}-486z^{-1}+162z^{-2}} \\
324z^{-2}-729z^{-3} \\
\underline{324z^{-2}-1944z^{-3}+2916z^{-4}} \\
1215z^{-3}-2916z^{-4} \\
\vdots
\end{array}$$

所以

$$X(z)=3z^{-1}+2\times 3^2z^{-2}+3\times 3^3z^{-3}+4\times 3^4z^{-4}+\cdots=\sum_{n=1}^{\infty}n\times 3^n z^{-n}$$

由此得到

$$x(n)=n\times 3^n u(n-1)$$

【例 2-16】 已知 $X(z)=(1-az^{-1})^{-1}$，$|z|<|a|$。试用长除法求 z 逆变换 $x(n)$。

解 由 $X(z)$的收敛域判定，$x(n)$是左序列。用长除法将 $X(z)$正幂级数

$$\begin{array}{r}
-a^{-1}z-a^{-2}z^2-a^{-3}z^3\cdots \\
-az^{-1}+1\overline{)1\qquad\qquad\qquad\qquad} \\
\underline{1-a^{-1}z} \\
a^{-1}z \\
\underline{a^{-1}z-a^{-2}z} \\
a^{-2}z \\
\cdots
\end{array}$$

所以

$$X(z) = -(a^{-1}z + a^{-2}z^2 + a^{-3}z^3 + \cdots) = -\sum_{n=-\infty}^{-1} a_n z^{-n}$$

因而

$$x(n) = -a^n u(-n-1)$$

通常情况下，长除法一般很难得到序列 $x(n)$的封闭解形式，故其实际应用受到局限。

2.2.5 z 变换的性质

z 变换的线性、序列位移、时间反转、乘以指数序列、z 域微分/积分、共轭序列 z 变换等性质与傅里叶变换性质类似。还包括时域卷积定理、复卷积定理、初值定理、终值定理，以及帕斯瓦尔定理等性质。这些性质和定理在数字信号处理中有很大的实用价值。这里给出部分性质的证明，其他性质的证明作为练习，请读者自己完成。

1. 线性

线性就是要满足比例性和可加性，z 变换的线性也是如此，若

$$\text{ZT}[x(n)] = X(z), \qquad R_{x-} < |z| < R_{x+}$$

$$\text{ZT}[y(n)] = Y(z), \qquad R_{y-} < |z| < R_{y+}$$

则

$$\text{ZT}[ax(n) + by(n)] = aX(z) + bY(z) \qquad R_- < |z| < R_+ \tag{2-58}$$

其中 a、b 为任意常数。

相加后 z 变换的收敛域一般为两个相加序列的收敛域的重叠部分，即

$$R_- = \max(R_{x-}, R_{y-}),\ R_+ = \min(R_{x+}, R_{y+})$$

所以相加后收敛域记为

$$\max(R_{x-}, R_{y-}) = R_- < |z| < R_+ = \min(R_{x+}, R_{y+})$$

如果这些线性组合中某些零点与极点互相抵消，则收敛域可能扩大。

【例 2-17】 已知 $x(n) = \cos(\omega_0 n)u(n)$，求它的 z 变换。

解 由例 2-8 知

$$\text{Z}[a^n u(n)] = \frac{1}{1-az^{-1}}, \qquad |z| > |a|$$

所以

$$\text{ZT}[\text{e}^{\text{j}\omega_0 n}u(n)] = \frac{1}{1-\text{e}^{\text{j}\omega_0}z^{-1}} \quad |z| > |\text{e}^{\text{j}\omega_0}| = 1$$

$$\text{ZT}[\text{e}^{-\text{j}\omega_0 n}u(n)] = \frac{1}{1-\text{e}^{-\text{j}\omega_0}z^{-1}} \quad |z| > |\text{e}^{-\text{j}\omega_0}| = 1$$

利用 z 变换的线性特性可得

$$\begin{aligned}\text{ZT}[\cos(\omega_0 n)u(n)] &= \text{ZT}\left[\frac{\text{e}^{\text{j}\omega_0 n} + \text{e}^{-\text{j}\omega_0 n}}{2}u(n)\right] = \frac{1}{2}\text{ZT}[\text{e}^{\text{j}\omega_0 n}u(n)] + \frac{1}{2}\text{ZT}[\text{e}^{-\text{j}\omega_0 n}u(n)] \\ &= \frac{1}{2(1-\text{e}^{\text{j}\omega_0}z^{-1})} + \frac{1}{2(1-\text{e}^{-\text{j}\omega_0}z^{-1})} \\ &= \frac{1-z^{-1}\cos\omega_0}{1-2z^{-1}\cos\omega_0 + z^{-2}}, \qquad |z| > 1\end{aligned}$$

【例 2-18】 求序列 $x(n)=u(n)-u(n-3)$的 z 变换。

解　查表 2-3 可知

$$\mathrm{ZT}[u(n)]=\frac{z}{z-1},\qquad |z|>1$$

又

$$\mathrm{ZT}[u(n-3)]=\sum_{n=-\omega}^{\omega}u(n-3)z^{-n}=\sum_{n=3}^{\omega}z^{-n}$$

$$=\frac{z^{-3}}{1-z^{-1}}-\frac{z^{-2}}{z-1},\qquad |z|>1$$

所以

$$\mathrm{ZT}[x(n)]=X(z)=\mathrm{ZT}[x(n)]-\mathrm{ZT}[x(n-3)]$$

$$=\frac{z}{z-1}-\frac{z^{-2}}{z-1}=\frac{z^2+z+1}{z^2},\qquad |z|>1$$

可看出收敛域扩大了。实际上，由于 $x(n)$是 $n\geqslant 0$ 的有限长序列，故收敛域是除了$|z|=0$ 外的全部 z 平面。

2．乘以指数序列

序列乘以指数序列 a^n（也称为 z 域尺度变换），a 是常数，也可以是复数。若

$$X(z)=\mathrm{ZT}[x(n)],\qquad R_{x-}<|z|<R_{x+}$$

则

$$\mathrm{ZT}[a^n x(n)]=X(a^{-1}z),\qquad |a|R_{x-}<|z|<|a|R_{x+} \tag{2-59}$$

证明　按定义

$$\mathrm{ZT}[a^n x(n)]=\sum_{n=-\infty}^{\infty}a^n x(n)z^{-n}=\sum_{n=-\infty}^{\infty}x(n)(a^{-1}z)^{-n}=X(a^{-1}z)$$

收敛域为

$$R_{x-}<|a^{-1}z|<R_{x+}$$

即

$$|a|R_{x-}<|z|<|a|R_{x+}$$

如果 $X(z)$在 $z=z_1$ 处为极点，则 $X(a^{-1}z)$将在 $a^{-1}z=z_1$，即 $z=az_1$ 处为极点。也就是说，如果 a 为实数，则表示在 z 平面上的缩小或扩大，零极点在 z 平面沿径向移动；如果 a 为复数，$|a|=1$，则表示在 z 平面上旋转，即零极点位置沿着以原点为圆心以$|z_1|$为半径的圆周变化。若 a 为任意复数，则在 z 平面上，零极点既有幅度伸缩，又有角度旋转。

3．初值定理

若 $x(n)$是因果序列，即 $x(n)=0$，$n<0$，$X(z)=\mathrm{ZT}[x(n)]$，则有

$$x(0)=\lim_{z\to\infty}X(z) \tag{2-60}$$

证明　由于 $x(n)$是因果序列，则有

$$X(z)=\sum_{n=-\infty}^{\infty}x(n)u(n)z^{-n}=\sum_{n=0}^{\infty}x(n)z^{-n}=x(0)+x(1)z^{-1}+x(2)z^{-2}+\cdots$$

故

$$\lim_{z\to\infty}X(z)=x(0)$$

4．有限项累加特性

设 $x(n)$为因果序列，即 $x(n)=0$，$n<0$，$X(z)=\mathrm{ZT}[x(n)]$，$|z|>R_{x-}$，则

$$\mathrm{ZT}\left[\sum_{m=0}^{n}x(m)\right]=\frac{z}{z-1}X(z),\qquad |z|>\max[R_{x-},1] \tag{2-61}$$

证明　令 $y(n)=\sum_{m=0}^{n}x(m)$，则

$$\mathrm{ZT}[y(n)]=\mathrm{ZT}\left[\sum_{m=0}^{n}x(m)\right]=\sum_{n=0}^{\infty}\left[\sum_{m=0}^{n}x(m)\right]z^{-n}$$

由于是因果序列的累加，故有 $n\geqslant 0$，由图 2-16 可知此求和范围为阴影区，改变求和次序，可得

$$\mathrm{ZT}\left[\sum_{m=0}^{n}x(m)\right]=\sum_{m=0}^{\infty}x(m)\sum_{n=m}^{\infty}z^{-n}=\sum_{m=0}^{\infty}x(m)\frac{z^{-m}}{1-z^{-1}}=\frac{1}{1-z^{-1}}\sum_{m=0}^{\infty}x(m)z^{-m}$$

$$=\frac{1}{1-z^{-1}}\mathrm{ZT}[x(n)]=\frac{z}{z-1}X(z),\quad |z|>\max[R_{x-},1]$$

由于第一次求和 $\sum_{n=m}^{\infty}z^{-n}$ 的收敛域为 $|z^{-1}|<1$，即 $|z|>1$，而 $\sum_{0}^{\infty}x(m)z^{-n}$ 的收敛域为 $|z|>R_{x-}$，故收敛域为 $|z|>1$ 及 $|z|>R_{x-}$的重叠部分 $|z|>\max[R_{x-},1]$。

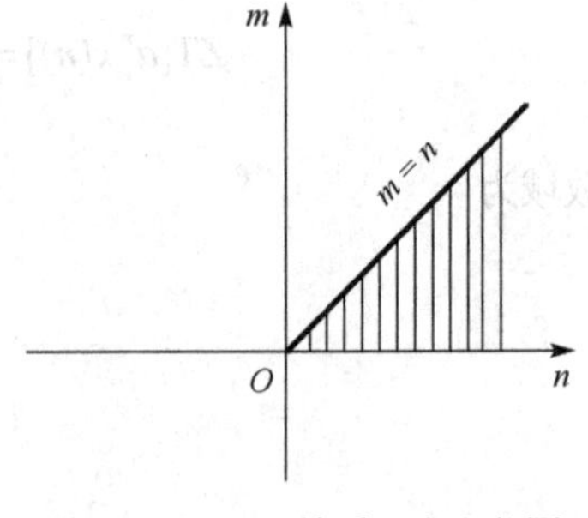

图 2-16　m、n 关系及求和范围

5．序列卷积

设 $y(n)$为 $x(n)$与 $h(n)$的卷积和

$$y(n)=x(n)*h(n)=\sum_{m=-\infty}^{\infty}x(m)h(n-m)$$

$$X(z)=\mathrm{ZT}[x(n)],\qquad R_{x-}<|z|<R_{x+}$$
$$H(z)=\mathrm{ZT}[h(n)],\qquad R_{h-}<|z|<R_{h+}$$

则

$$Y(z)=\mathrm{ZT}[y(n)]=H(z)X(z)\qquad \max[R_{x-},R_{h-}]<|z|<\min[R_{x+},R_{h+}] \tag{2-62}$$

若时域为卷积和，则 z 变换域是相乘，如式（2-62）所示，乘积的收敛域是 $X(z)$收敛域和 $H(z)$收敛域的重叠部分。如果收敛域边界上一个 z 变换的零点与另一个 z 变换的极点可互相抵消，则收敛域还可扩大。

证明

$$\mathrm{ZT}[y(n)]=\mathrm{ZT}[x(n)*h(n)]=\sum_{n=-\infty}^{\infty}[x(n)*h(n)]=\sum_{n=-\infty}^{\infty}\sum_{m=-\infty}^{\infty}x(m)h(n-m)z^{-n}$$

$$= \sum_{m=-\infty}^{\infty} x(m)\left[\sum_{n=-\infty}^{\infty} h(n-m)z^{-n}\right] = \sum_{m=-\infty}^{\infty} x(m)z^{-m}H(z)$$

$$= H(z)X(z), \qquad \max[R_{x-}, R_{h-}] < |z| < \min[R_{x+}, R_{h+}]$$

在线性时不变系统中，如果输入为 $x(n)$，系统冲激响应为 $h(n)$，则输出 $y(n)$ 是 $x(n)$ 与 $h(n)$ 的卷积和，这是前面讨论过的，利用卷积和定理，可以通过求 $X(z)H(z)$ 的 z 逆变换而求出 $y(n)$，后面会看到，对于有限长序列，这样求解会更方便些，因而这个定理是很重要的。

【例 2-19】 设 $x(n) = a^n u(n)$，$h(n) = b^n u(n) - ab^{n-1}u(n-1)$，求 $y(n) = x(n)*h(n)$。

解

$$X(z) = \text{ZT}[x(n)] = \frac{z}{z-a}, \qquad |z| > |a|$$

$$H(z) = \text{ZT}[h(n)] = \frac{z}{z-b} - \frac{a}{z-b} = \frac{z-a}{z-b}, \qquad |z| > |b|$$

所以

$$Y(z) = X(z)H(z) = \frac{z}{z-b}, \qquad |z| > b$$

其 z 逆变换为

$$y(n) = x(n) * h(n) = \text{IZT}[Y(z)] = b^n u(n)$$

显然，在 $z = a$ 处，$X(z)$ 的极点被 $H(z)$ 的零点所抵消，如果 $|b| < |a|$，则 $Y(z)$ 的收敛域比 $X(z)$ 与 $H(z)$ 收敛域的重叠部分要大。

6．z 域复卷积定理

若 $y(n) = x(n) \cdot h(n)$

且

$$X(z) = \text{ZT}[x(n)],\ R_{x-} < |z| < R_{x+}$$
$$H(z) = \text{ZT}[h(n)],\ R_{h-} < |z| < R_{h+}$$

则

$$Y(z) = \text{ZT}[y(n)] = \text{ZT}[x(n)h(n)] = \frac{1}{2\pi \text{j}} \oint_c X\left(\frac{z}{v}\right) H(v) v^{-1} \text{d}v, \quad R_{x-}R_{h-} < |z| < R_{x+}R_{h+} \tag{2-63}$$

式中，v 平面上被积函数的收敛域为

$$\max\left[R_{h-}, \frac{|z|}{R_{x+}}\right] < |v| < \min\left[R_{h+}, \frac{|z|}{R_{x-}}\right]$$

证明

$$Y(z) = \text{ZT}[y(n)] = \text{ZT}[x(n)h(n)] = \sum_{n=-\infty}^{\infty} x(n)h(n)z^{-n}$$

$$= \sum_{n=-\infty}^{\infty} x(n)\left[\frac{1}{2\pi \text{j}} \oint_c H(v) v^{n-1} \text{d}v\right] z^{-n}$$

$$= \frac{1}{2\pi \text{j}} \oint_c \left[H(v) \sum_{n=-\infty}^{\infty} x(n)\left(\frac{z}{v}\right)^{-n}\right] \frac{\text{d}v}{v}$$

$$=\frac{1}{2\pi \mathrm{j}}\oint_c\left[H(v)X\left(\frac{z}{v}\right)v^{-1}\mathrm{d}v\right]$$

由 $X(z)$ 和 $H(z)$ 的收敛域得到

$$R_{x-}\cdot R_{h-}<|z|<R_{x+}\cdot R_{h+}$$

$$\max\left[R_{x-},\frac{|z|}{R_{h+}}\right]<|v|<\min\left[R_{x+},\frac{|z|}{R_{h-}}\right]$$

不难证明，由于乘积 $x(n)\cdot h(n)$ 的先后次序可以互调，故 $X(z)$、$H(z)$ 的位置可以互换，故下式同样成立

$$Y(z)=\mathrm{ZT}[x(n)h(n)]=\frac{1}{2\pi \mathrm{j}}\oint_c\left[X(v)H\left(\frac{z}{v}\right)v^{-1}\mathrm{d}v\right],\quad R_{x-}\cdot R_{h-}<|z|<R_{x+}\cdot R_{h+} \tag{2-64}$$

而此时收敛域为

$$\max\left[R_{x-},\frac{|z|}{R_{h+}}\right]<|v|<\min\left[R_{x+},\frac{|z|}{R_{h-}}\right] \tag{2-65}$$

复卷积公式可用留数定理求解，但关键在于正确决定围线所在收敛域。

【例 2-20】 设 $x(n)=u(n)$，$y(n)=a^{|n|}$，$w(n)=x(n)y(n)$，求 $W(z)=\mathrm{ZT}[x(n)y(n)]$。

解

$$X(z)=\frac{1}{1-z^{-1}},\ 1<|z|\leqslant\infty$$

$$Y(z)=\frac{1}{2\pi \mathrm{j}}\oint_c\frac{(1-a^2)}{(1-av^{-1})(1-av)}\cdot\frac{1}{1-\dfrac{v}{z}}\frac{\mathrm{d}v}{v}$$

$W(z)$ 的收敛域为 $|a|<|z|\leqslant\infty$。被积函数 v 平面上的收敛域为 $\max(|a|,0)<|v|<\min(|a^{-1}|,|z|)$，$v$ 平面上的极点：a、a^{-1} 和 z，c 内极点 $z=a$。

$$W(z)=\mathrm{Res}[F(v),a]=\frac{1}{1-az^{-1}},\quad a<|z|\leqslant\infty$$

$$w(n)=a^n u(n)$$

7. 帕斯瓦尔（Parseval）定理

利用复卷积定理可以得到重要的帕斯瓦尔定理。若

$$X(z)=\mathrm{ZT}[x(n)],\ R_{x-}<|z|<R_{x+}$$

$$H(z)=\mathrm{ZT}[h(n)],\ R_{h-}<|z|<R_{h+}$$

$$R_{x-}\cdot R_{h-}<1<R_{x+}\cdot R_{h+} \tag{2-66}$$

则

$$\sum_{n=-\infty}^{\infty}x(n)h^*(n)=\frac{1}{2\pi \mathrm{j}}\oint_c\left[X(v)H^*\left(\frac{1}{v^*}\right)v^{-1}\mathrm{d}v\right] \tag{2-67}$$

v 平面上，c 在 $X(z)$ 和 $H^*\left(\dfrac{z}{v^*}\right)$ 的公共收敛域内，即

$$\max\left[R_{x-},\frac{|z|}{R_{h+}}\right]<|v|<\min\left[R_{x+},\frac{|z|}{R_{h-}}\right]$$

证明 令 $y(n)=x(n)h^*(n)$

由于

$$\mathrm{ZT}[h^*(n)]=H^*(z^*)$$

利用复卷积公式可得

$$Y(z)=\mathrm{ZT}[y(n)]=\sum_{n=-\infty}^{\infty}x(n)h^*(n)z^{-n}=\frac{1}{2\pi \mathrm{j}}\oint_c\left[X(v)H^*\left(\frac{z^*}{v^*}\right)v^{-1}\mathrm{d}v\right],\quad R_{x-}\cdot R_{h-}<|z|<R_{x+}\cdot R_{h+}$$

按照假设，$|z|=1$ 在 $Y(z)$的收敛域内，也就是 $Y(z)$在单位圆上收敛。令 $z=1$，则有

$$Y(z)|_{z=1}=\sum_{n=-\infty}^{\infty}x(n)h^*(n)=\frac{1}{2\pi \mathrm{j}}\oint_c\left[X(v)H^*\left(\frac{1}{v^*}\right)v^{-1}\mathrm{d}v\right]$$

如果 $h(n)$是实序列，则两边取共轭（*）号可取消。如果 $X(z)$、$H(z)$在单位圆上都收敛，则 c 可取为单位圆，即

$$v=\mathrm{e}^{\mathrm{j}\theta}$$

则式（2-67）可变为

$$\sum_{n=-\infty}^{\infty}x(n)h^*(n)=\frac{1}{2\pi}\int_{-\pi}^{\pi}X(\mathrm{e}^{\mathrm{j}\omega})H^*(\mathrm{e}^{\mathrm{j}\omega})\mathrm{d}\omega \tag{2-68}$$

如果 $h(n)=x(n)$，则进一步有

$$\sum_{n=-\infty}^{\infty}|x(n)|^2=\frac{1}{2\pi}\int_{-\pi}^{\pi}|X(\mathrm{e}^{\mathrm{j}\omega})|^2\,\mathrm{d}\omega \tag{2-69}$$

式（2-68)、式（2-69）是序列及其傅里叶变换的帕斯瓦尔公式，后者说明时域中求序列的能量与频域中用频谱密度 $X(\mathrm{e}^{\mathrm{j}\omega})$来计算序列的能量是一致的。

z 变换的主要性质如表 2-4 所示。

表 2-4 z 变换的主要性质

序号	序列	z 变换	收敛域
1	$x(n)$	$X(z)$	$R_{x-}<\|z\|<R_{x+}$
2	$h(n)$	$H(z)$	$R_{h-}<\|z\|<R_{h+}$
3	$ax(n)+bh(n)$	$aX(z)+bH(z)$	$\max[R_{x-},R_{h-}]<\|z\|<\min[R_{x+},R_{h+}]$
4	$x(n-m)$	$n^{-m}X(z)$	$R_{x-}<\|z\|<R_{x+}$
5	$a^n x(n)$	$X\left(\frac{z}{a}\right)$	$\|a\|R_{x-}<\|z\|<\|a\|R_{x+}$
6	$n^m x(n)$	$\left(-z\frac{\mathrm{d}}{\mathrm{d}z}\right)^m X(z)$	$R_{x-}<\|z\|<R_{x+}$
7	$x^*(n)$	$X^*(z^*)$	$R_{x-}<\|z\|<R_{x+}$
8	$x(-n)$	$X\left(\frac{1}{z}\right)$	
9	$x^*(-n)$	$X\left(\frac{1}{z}\right)$	

续表

序　号	序　列	z变换	收　敛　域
10	$\mathrm{Re}[x(n)]$	$\frac{1}{2}[X(z)+X^*(z^*)]$	$R_{x-}<\|z\|<R_{x+}$
11	$\mathrm{jIm}[x(n)]$	$\frac{1}{2}[X(z)-X^*(z^*)]$	$R_{x-}<\|z\|<R_{x+}$
12	$\sum_{m=0}^{n}x(m)$	$\frac{z}{z-1}X(z)$	$\|z\|>\max[R_{x-},1]$，$x(n)$因果序列
13	$x(n)*h(n)$	$X(z)H(z)$	$\max[R_{x-},R_{h-}]<\|z\|<\min[R_{x+},R_{h+}]$
14	$x(n)h(n)$	$\frac{1}{2\pi\mathrm{j}}\oint_c\left[X(v)H\left(\frac{z}{v}\right)v^{-1}\mathrm{d}v\right]$	$R_{x-}R_{h-}<\|z\|<R_{x+}R_{h+}$
15	$x(0)=\lim_{z\to\infty}X(z)$		$x(n)$因果序列，$\|z\|>R_{x-}$
16	$x(\infty)=\lim_{z\to 1}(z-1)X(z)$		$x(n)$因果序列，$X(z)$的极点落于单位圆内部，最多在$z=1$处有一阶级点
17	$\sum_{n=-\infty}^{\infty}x(n)h^*(n)=\frac{1}{2\pi\mathrm{j}}\oint_c\left[X(v)H^*\left(\frac{1}{v^*}\right)v^{-1}\mathrm{d}v\right]$		$R_{x-}R_{h-}<\|z\|<R_{x+}R_{h+}$

2.3　时域离散系统的系统函数与系统频率特性

2.3.1　系统的传输函数与系统函数

传输函数与系统函数

1．传输函数与系统函数

在1.3节中已讨论过，线性时不变系统在时域中可以用它的单位脉冲响应$h(n)$来表示，即

$$h(n)=T[\delta(n)]$$

对$h(n)$进行傅里叶变换，得

$$H(\mathrm{e}^{\mathrm{j}\omega})=\sum_{n=-\omega}^{\infty}h(n)\mathrm{e}^{-\mathrm{j}\omega n} \tag{2-70}$$

$H(\mathrm{e}^{\mathrm{j}\omega})$称为系统的传输函数，因为它表征系统的频率响应特性，故又称其为系统的频率响应函数。设线性时不变系统的输入为$x(n)$，输出为$y(n)$，单位脉冲响应为$h(n)$，那么

$$y(n)=x(n)*h(n)$$

对上式两端取z变换，得

$$Y(z)=H(z)X(z)$$

则

$$H(z)=Y(z)/X(z)$$

$H(z)$称为系统的系统函数，它表征系统的复频域特性，它是系统的单位脉冲响应$h(n)$的z变换，即

$$H(z)=\mathrm{ZT}[h(n)]=\sum_{n=-\omega}^{\infty}h(n)z^{-n} \tag{2-71}$$

如果$H(z)$的收敛域包含单位圆$|z|=1$，则在单位圆上（$z=\mathrm{e}^{\mathrm{j}\omega}$）的系统函数就是系统的频率响应$H(\mathrm{e}^{\mathrm{j}\omega})$，即$H(z)$与$H(\mathrm{e}^{\mathrm{j}\omega})$有如下关系

$$H(\mathrm{e}^{\mathrm{j}\omega})=H(z)\big|_{z=\mathrm{e}^{\mathrm{j}\omega}} \tag{2-72}$$

因此单位脉冲响应在单位圆上的 z 变换就是系统的传输函数。由于 $H(z)$的分析域是复频域，傅里叶变换仅是 z 变换的特例，故从名称上予以区别。有时为了简单，也可以都称为传输函数，差别在括号中的变量用 $e^{j\omega}$ 或 z 表示。

2．系统函数和差分方程的关系

1.3 节曾经讨论，一个线性时不变系统可以用常系数线性差分方程来描述。设其中线性时不变系统的输入为 $x(n)$，输出为 $y(n)$。这种常系数线性差分方程的一般形式为

$$\sum_{k=0}^{N} a_k y(n-k) = \sum_{m=0}^{M} b_m x(n-m) \tag{2-73}$$

若系统起始状态为零，对上式取 z 变换，利用移位特性可得

$$\sum_{k=0}^{N} a_k z^{-k} Y(z) = \sum_{m=0}^{M} b_m z^{-m} X(z)$$

于是

$$H(z) = \frac{Y(z)}{X(z)} = \frac{\sum_{m=0}^{M} b_m z^{-m}}{\sum_{k=0}^{N} a_k z^{-k}} \tag{2-74}$$

因此，系统函数分子、分母多项式的系数分别与差分方程的系数相当。

2.3.2　利用系统函数分析系统的因果稳定性

1．基于因果系统或可实现系统的单位脉冲响应 $h(n)$的系统因果稳定性分析

因果系统的单位脉冲响应 $h(n)$必定满足条件：当 $n < 0$ 时，$h(n) = 0$，其系统函数 $H(z)$的收敛域一定包含∞，极点必定分布在某个圆内，即收敛域在某个圆外。

系统稳定的必要充分条件是 $h(n)$必须满足绝对可和条件，即

$$\sum_{n=-\infty}^{\infty} |h(n)| < \infty$$

而序列 z 变换的收敛域由满足 $\sum_{n=-\infty}^{\infty} |h(n)| < \infty$ 的那些 z 值确定，对照 z 变换定义，如果系统函数的收敛域包括单位圆$|z| = 1$，则系统是稳定的，反之亦然。也就是说，必须 $H(e^{j\omega})$存在且连续。

因果系统的单位脉冲响应为因果序列，因果序列的收敛域为 $R_{x-}<|z|\leqslant\infty$，即因果系统的收敛域是半径为 R_{x-}的圆的外部，且必须包括 $z = \infty$在内。

2．基于系统函数 $H(z)$的系统因果稳定性分析

如果系统差分方程式为

$$y(n) = \sum_{m=0}^{M} b_m x(n-m) - \sum_{k=1}^{N} a_k y(n-k)$$

则上式取 z 变换得 N 阶系统的系统函数，即式（2-74）。式（2-74）是两个 z^{-1} 的多项式之比，将其分别进行因式分解，可得

$$H(z)=K\frac{\prod_{m=1}^{M}(1-c_m z^{-1})}{\prod_{k=1}^{N}(1-d_k z^{-1})} \tag{2-75}$$

式中，$z=c_m$ 是 $H(z)$的零点，$z=d_k$ 是 $H(z)$的极点，它们分别由差分方程的系数 b_m 和 a_k 决定。因此，除了比例常数 K 以外，系统函数完全由它的全部零点、极点来确定。

但是，式（2-74）或式（2-75）并没有给定 $H(z)$的收敛域，因而可代表不同的系统，必须同时给定系统函数和系统的收敛域才能确定系统。

对于稳定系统，其收敛域必须包括单位圆，因而在 z 平面上以极点、零点图描述系统函数时，通常都画出单位圆以便看出极点是在单位圆内还是在单位圆外，便于做出系统稳定与否的判断。

综合以上讨论，如果系统因果且稳定，系统的系统函数 $H(z)$必须在包含从单位圆到∞的整个 z 域内收敛，即

$$1\leqslant|z|\leqslant\infty\text{或者 } r<|z|\leqslant\infty,\ 0<r<1$$

即系统函数的全部极点必须在单位圆内。具体系统的因果性和稳定性可由系统函数的极点分布确定。

【例 2-21】 分析 $H(z)$所代表系统的因果性和稳定性及可实现性。已知

$$H(z)=\frac{1-a^2}{(1-az^{-1})(1-az)},\ 0<a<1$$

解 $H(z)$的极点为 $z=a$，$z=a^{-1}$，如图 2-17 所示。$H(z)$的收敛域不同，$H(z)$代表的系统不同，下面分别讨论。

$$F(z)=\frac{(1-a^2)z^{n-1}}{(1-az^{-1})(1-az)}$$

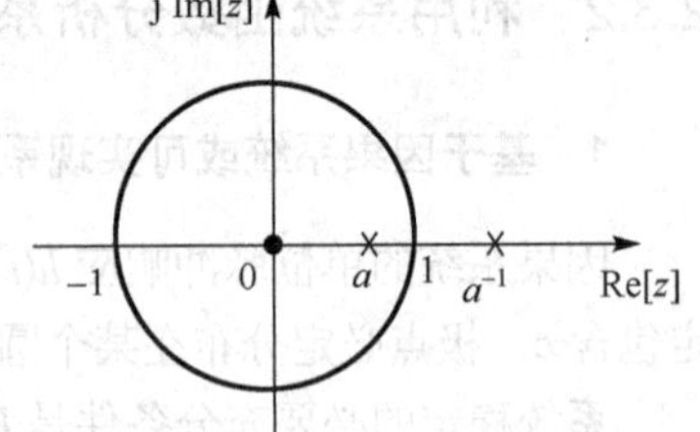

图 2-17 例 2-21 中 $H(z)$极点分布图

（1）收敛域 $a^{-1}<|z|\leqslant\infty$ 对应的系统是因果系统，但因为 $0<a<1$，故收敛域不包含单位圆，所以是不稳定系统。

$$F(z)=\frac{(1-a^2)z^{n-1}}{(1-az^{-1})(1-az)}=\frac{(1-a^2)z^n}{-a(z-a^{-1})(z-a)}$$

原序列是因果右序列， $n<0$ 时，$h(n)=0$；当 $n>0$ 时，围线积分内有两个极点，$z=a$ 和 $z=a^{-1}$，因此

$$\begin{aligned}h(n)&=\mathrm{Res}[F(z),a]+\mathrm{Res}[F(z),a^{-1}]\\&=\left.\frac{(1-a^2)z^n}{-a(z-a^{-1})(z-a)}(z-a)\right|_{z=a}+\left.\frac{(1-a^2)z^n}{-a(z-a^{-1})(z-a)}(z-a^{-1})\right|_{z=a^{-1}}\\&=a^n-a^{-n}\end{aligned}$$

最后得

$$h(n)=(a^n-a^{-n})u(n)$$

这是一个因果序列，但不收敛。

（2）收敛域 $0\leqslant|z|<a$ 对应的系统是非因果，收敛域不包含单位圆，所以是不稳定系统。对应的原序列是左序列，$n\geqslant0$ 时围线积分内没有极点，因此 $h(n)=0$；当 $n<0$ 时，围线积分内有一个 n 阶极点 $z=0$，求围线外极点留数

$$h(n)=-\text{Res}[F(z),\ a]-\text{Res}[F(z),\ a^{-1}]$$
$$=-\frac{(1-a^2)z^n}{-a(z-a^{-1})(z-a)}(z-a)\bigg|_{z=a}-\frac{(1-a^2)z^n}{-a(z-a^{-1})(z-a)}(z-a^{-1})\bigg|_{z=a^{-1}}$$
$$=-a^n-(-a^{-n})=a^{-n}-a^n$$

最后得

$$h(n)=(a^{-n}-a^n)u(-n-1)$$

这是一个非因果且不收敛的序列。

（3）收敛域 $a<|z|<a^{-1}$ 对应的系统是非因果系统。但因为 $0<|a|<1$，收敛域包含单位圆，因此是稳定系统。对应的原序列是双边序列。

$n\geqslant 0$ 时，围线积分内极点为 $z=a$

$$h(n)=\text{Res}[F(z),a]=a^n$$

$n<0$ 时，围线积分内极点 $z=0$ 是 n 阶极点，改求围线外极点 $z=a^{-1}$ 的留数，得

$$h(n)=-\text{Res}[F(z),a^{-1}]=a^{-n}$$

最后得

$$h(n)=\begin{cases}a^n & n\geqslant 0\\ a^{-n} & n<0\end{cases}，即\ h(n)=a^{|n|}$$

这是一个收敛的双边序列。

（4）$H(z)$对应的三种系统中，前边两种不稳定，不能选用，第三种稳定但非因果。因此，严格说来，这三种系统都不能具体实现。但利用数字系统或者说计算机的较模拟系统优越的存储性质，第三种系统可以近似实现。实现方法参考图 2-18。首先从$-N$到N截取一段$h(n)$，然后向右移成图 2-18(b)所示的序列 $h'(n)$，并将 $h'(n)$预先存储起来，作为具体实现系统的单位脉冲响应。易见 N 越大，$h'(n)$越接近 $h(n)$系统。

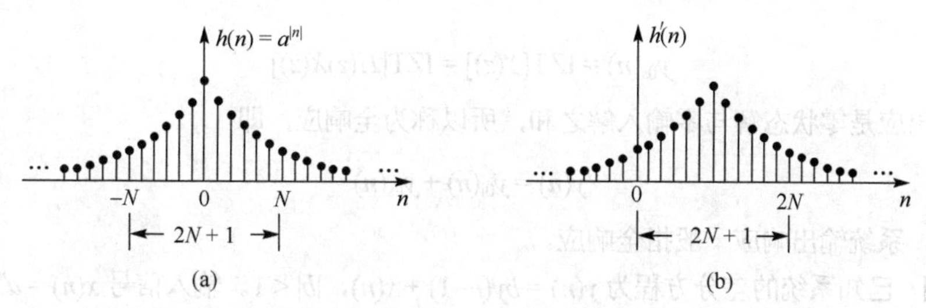

图 2-18　非因果系统近似实现

2.3.3　用 z 变换计算系统的输出响应

只要知道系统的差分方程和初始条件，用递推法很容易求解系统的输出。利用 z 变换同样可以求出系统输出，并可借助 MATLAB 求解。

1．零状态响应与零输入响应

如果系统的 N 阶差分方程为式（2-73），输入信号 $x(n)$是因果序列，即当 $n<0$ 时，$x(n)=0$。系统初始条件为 $y(-1), y(-2), \cdots, y(-N)$。首先考虑系统的零输入响应，即由 $y(n)$的初始状态产生的响应。

令式（2-74）中的 $x(n)=0$，那么该式转化为

$$y(n)+\sum_{k=1}^{N}a_k y(n-k)=0 \tag{2-76}$$

式（2-76）称为差分方程，若该方程有解，则解是 $y(n)$的初始状态产生的，称为系统的零输入相应。对该式取 z 变换，并令 $a_0=1$（如不满足这个要求，则应对差分方程的系数进行归一化处理来满足要求），得

$$Y(z)+\sum_{k=1}^{N}a_k z^{-k}\left[Y(z)+\sum_{m=-k}^{-1}y(m)z^{-m}\right]=0$$

即

$$Y(z)=\frac{-\sum_{k=1}^{N}a_k z^{-k}\left[\sum_{m=-k}^{-1}y(m)z^{-m}\right]}{\sum_{k=0}^{N}a_k z^{-k}} \tag{2-77}$$

对式（2-77）做 z 逆变换，即得系统的零输入解 $y_0(n)$

$$y_{0i}(n)=\text{IZT}[Y(z)]=\text{IZT}[H(z)X(z)]$$

若 $y(n)$的初始状态等于零，且输入 $x(n)$是因果序列，那么式（2-73）的 z 变换为式（2-74），将其改写为如下形式

$$Y(z)=\frac{\sum_{m=0}^{M}b_m z^{-m}}{\sum_{k=0}^{N}a_k z^{-k}}X(z)=H(z)X(z) \tag{2-78}$$

由式（2-78）得到的 $y(n)$的解称为零状态解，它与初始状态无关，是单纯由系统的输入产生的输出响应，即

$$y_{0s}(n)=\text{IZT}[Y(z)]=\text{IZT}[H(z)X(z)]$$

系统的完整输出应是零状态解与零输入解之和，所以称为全响应，即

$$y(n)=y_{0i}(n)+y_{0s}(n)$$

如无特别说明，系统输出响应一般指全响应。

【例 2-22】 已知系统的差分方程为 $y(n)=by(n-1)+x(n)$，$|b|<1$。输入信号 $x(n)=a^n u(n)$，$|a|\leqslant 1$，初始条件 $y(n-1)=2$。求系统的输出响应。

解 对给定的输入信号和差分方程进行 z 变换得到

$$X(z)=\text{ZT}[a^n u(n)]=1/(1-a^{-1}),\quad Y(z)=bz^{-1}Y(z)+by(-1)+X(z)$$

代入初始条件并整理得

$$Y(z)=\frac{2b+X(z)}{1-bz^{-1}}=\frac{2b}{1-bz^{-1}}+\frac{1}{(1-az^{-1})(1-bz^{-1})}$$

上式的收敛域取$|z|>\max(|a|,|b|)$，得到系统输出为

$$y(n)=2b^{n+1}u(n)+\frac{1}{(a-b)}(a^{n+1}-b^{n+1})u(n)$$

式中，第一项是零输入解，第二项为零状态解。

2．用 MATLAB 求系统输出响应

1.4.3 节介绍的 filter 函数和 filtic 函数可以求解差分方程。根据差分方程的理论知道，系统函数与差分方程是等价的，系统函数的系数就是差分方程的系数。所以，根据系统函数的系数和初始条件，通过调用 filter 函数和 filtic 函数可以方便地求系统输出响应。下面是调用 filter 和 filtic 函数求系统输出响应的通用程序 ynall.m。

```
function yn = ynall(A,B,ys,xn)
                                %A = [a0,a1,…,aM]H(z)的分母多项式系数向量
                                %B = [b0,b1,…,bM]H(z)的分子多项式系数向量
                                %ys = [y(-1),y(-2),…,y(-N)]初始条件向量
xi = filtic(B,A,ys);            %由初始条件计算等效初始条件输入序列 xi
                                %设 x(n)为因果序列,因此默认 xs
yn = fiter(B,A,xn,xi);          %调用 filter 求系统输出信号 y(n),n≥0
```

【例 2-23】 已知系统的差分方程为 $y(n)=by(n-1)+x(n)$，$|b|<1$。输入信号 $x(n)=a^nu(n)$，$|a|\leqslant 1$，初始条件 $y(n-1)=2$。试用 MATLAB 求解系统的输出响应。

解　根据题设条件可知 $H(z)$的分子、分母多项式系数向量分别为 $\boldsymbol{B}=1$，$\boldsymbol{A}=[1,-b]$。求系统输出的程序 fex2_27.m 如下：

```
%fex2_27.m:例2-23调用ynall函数求系统输出响应,ynall通过调用filter和filtic函数实现
clear;close all                 %清除内存变量,关闭已经打开的所有绘图窗口
for k = 1:4                     %分别输入 4 组参数
    N = input('输入信号x(n)的样值数(N > = 1)N =') %输入信号x(n)的样值数N(N >= 1)
    b = input('b = ');          %以命令行方式输入差分方程系数 b
    a = input('a = ');          %以命令行方式输入信号 H(z)的参数 a
    B = 1;A = [1,-b];           %H(z)的分子、分母多项式系数 B、A
    n = 0:N;xn = a.^n;          %计算产生输入信号 x(n)的 M = N + 1 个样值 a^nR_M(n)
    ys = inputl('ys = ');       %初始条件 y(-1) = 2
    yn = ynall(A,B,ys,xn):      %调用 ynall 解差分方程,求系统输出信号 y(n)
    subplot(2,2,1);             %打开绘图窗口,并将其分割为 2 行、2 列 4 个子窗口
    stem(n,yn,'.');             %绘制波形图
    xlbael('n');ylabel('y(n)');             %为波形图添加纵、横坐标名
    axis([0,N + 1,0,max(yn) + 0.5])         %调整绘图窗口坐标
end
```

运行程序，分别输入 4 组不同的参数 b、a 和 ys = y(−1)，得到系统输出 $y(n)$如图 2-19 所示。其中图 2-19(a)和(b)分别为系统对 $x(n)=0.9^nu(n)$和 $x(n)=u(n)$的全响应，图 2-19(c)和(d)分别为系统对 $x(n)=0.9^nu(n)$和 $x(n)=u(n)$的零状态响应。

3．稳态响应和暂态响应

假设系统处于零状态，即仅考虑式（2-78），系统输出为

$$Y(z) = H(z)X(z)$$

$$y(n) = \mathrm{IZT}[Y(z)]$$

令
$$y_{ss}(n) = \lim_{n\to\infty} y(n)$$

式中，$y_{ss}(n)$称为系统的稳态响应。如果系统不稳定，$y_{ss}(n)$将会无限制增长，和输入信号无关，而如果系统稳定，稳态响应$y_{ss}(n)$取决于输入信号和系统的频域特性。

式（2-78）中，如果系统稳定，系统$H(z)$的极点均在单位圆内，由$H(z)$极点形成的部分分式对应的时间序列一定是收敛的，当$n\to\infty$时，该序列趋于零。因此，称其为系统的暂态响应。对于N阶差分方程，求暂态解必须已知N个初始条件，即已知初始条件$y(-1), y(-1), \cdots, y(-N)$。

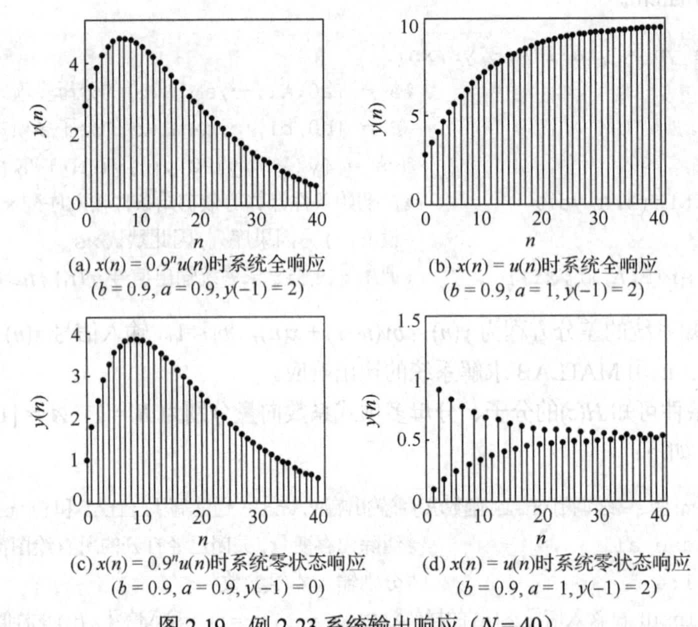

y(n)
n
0
10
20
30
40
(a) x(n) = 0.9ⁿu(n)时系统全响应
(b = 0.9, a = 0.9, y(−1) = 2)
(b) x(n) = u(n)时系统全响应
(b = 0.9, a = 1, y(−1) = 2)
(c) x(n) = 0.9ⁿu(n)时系统零状态响应
(b = 0.9, a = 0.9, y(−1) = 0)
(d) x(n) = u(n)时系统零状态响应
(b = 0.9, a = 1, y(−1) = 2)

图2-19 例2-23系统输出响应（$N=40$）

4．系统稳定时间的确定

实际工程中，系统的稳定是一个很重要的问题。所设计的系统首先要保证是稳定的，其次要对系统进行稳定性测试，因为实际实现的系统与理论设计的系统是有差距的。还要考虑系统开始工作时，系统输出中可能存在暂态效应，这些都要求确定系统是否已进入稳态工作，即系统进入稳态工作需要的时间长短。

（1）根据极点位置确定系统的稳定性

如果已知系统函数，一种简单方法是检查它的极点是否在单位圆内来判断系统是否稳定。

【例2-24】 已知系统函数如下式，判断系统是否稳定。

$$H(z) = \frac{z(z+10)(z-5)}{2z^4 - 2.98z^3 + 0.17z^2 + 2.3418z - 1.5147}$$

解 求出4个极点为：0.7±0.6i，−0.9，0.99，其中两个实数极点明显在单位圆内。两个复数极点的模为$\sqrt{0.7^2+(\pm 0.6)^2} = 0.92 < 1$，也在单位圆内，因此该系统是稳定的。

若系统函数的阶数较高（如3阶以上），人工计算系统是否稳定比较困难。用MATLAB函数判定则很简单，可以用roots函数求解系统特征方程的根，再用abs函数计算根的模，如果模最大的根在单位圆内，则可判定系统稳定，否则系统不稳定。

判断系统稳定性的程序写为函数 stability.m。

```
function yss = stability(A)
P = roots(A)     %求H(z)的极点,并输出显示
M = max(abs(P)); %求系统函数模最大的极点
ifM < 1
disp('系统稳定')
else
disp('系统不稳定')
end
```

这里要求 $H(z)$是正幂有理分式。

例 2-24 的判定程序如下：

```
% fex2_28.m:判定例 2-24 系统稳定的稳定性
A = input('A =');    %输入系统函数 H(z)的分母多项式系数
stability(A)      %调用函数输 stability 判断系统的稳定性
```

运行程序，输入 $H(z)$的分母多项式系数向量 $\boldsymbol{A}=[2，-2.98，0.17，2.3418，-1.5147]$，程序输出如下：

```
P =
        -0.9000
        0.7000 + 0.6000i
        0.7000 - 0.6000i
        0.9900
系统稳定
```

根据程序运行结果很容易判定此系统稳定。

（2）系统稳定时间的估算

为比较不同系统的性能，工程上常以阶跃序列作为输入信号考察系统的稳定时间。对于稳定系统，从数学上讲，只有当 $n\to\infty$时，才能结束暂态响应过程。在实际工程上，为了方便起见，常以暂态响应幅度减小到最大值的 1%的时间作为系统稳定的时间。

为简单起见，假设 $H(z)$有一个实数极点 p_1 和一对复极点 $p_2\mathrm{e}^{\mathrm{j}\omega_0}$ 和 $p_2\mathrm{e}^{-\mathrm{j}\omega_0}$，系统的输入是一个单位阶跃序列，系统的暂态响应输出

$$y(n)=k_1p_1^{\,n}+k_2p_2^{\,n}\sin(\omega_0n+k_3)$$

式中，k_1、k_2、k_3 为常数，不包括系统的稳态输出。暂态响应如果用 $y_1(n)$表示，则

$$y_1(n)=k_1p_1^{\,n}+k_2p_2^{\,n}\sin(\omega_0n+k_3)$$

若系统稳定，p_1 和 p_2 的绝对值小于 1，那么当 $n\to\infty$时，系统输出的暂态响应会趋于零，趋于零的速度和 p_1、p_2 的绝对值有关。

设 $p=\max[|p_1|，|p_2|]$。定义

$$时间常数=-1/\ln p \tag{2-79}$$

因为 $0\leqslant p<1$，时间常数是一个正数。定义

$$\alpha=\lfloor -4.5/\ln p\rfloor \tag{2-80}$$

式中，$\lfloor\ \rfloor$表示大于$-4.5/\ln p$ 的最小整数。用式（2-80）计算的 α 值，可以近似地等于到达暂态峰值的 1%所需的采样点数。例如 $p=0.95$，$\alpha=\lfloor 87.7\rfloor=88$，当 $n\geqslant 88$ 时，$p^{\alpha}\leqslant 0.011=1.1\%$，说明到达稳态

值大致需要88个采样间隔。一些典型p值及相应的p^{α}值列在表2-5中。

表2-5 p、α和p^{α}的典型值

p	α	p^{α}
0.99	448	0.011
0.95	88	0.011
0.9	43	0.011
0.8	21	0.009
0.5	7	0.007
0.3	4	0.008

利用上面的公式或者表2-5，可粗略计算出系统到达稳态值的时间。例如$p=0.95$时，采样间隔$T=0.01$s，计算出系统达到稳定所需要的时间为0.88s。在例2-23中，系统的极点为$b=0.9$，$\alpha=43$，估计43个采样间隔后达到稳定，如图2-19(d)所示。

工程上常根据对系统稳定的时间要求，用上述方法计算系统稳定时间，作为系统设计的参考。

2.3.4 用系统函数的零极点分布分析系统的频率特性

1．系统函数的零极点分布与系统频率特性

利用$H(z)$在z平面上零极点的分布，通过几何方法直观地求出系统的频率响应，式（2-75）改写为零极点表达的$H(z)$为

$$H(z)=K\frac{\prod_{m=1}^{M}(1-c_m z^{-1})}{\prod_{k=1}^{N}(1-d_k z^{-1})}=Kz^{N-M}\frac{\prod_{m=1}^{M}(z-c_m)}{\prod_{k=1}^{N}(z-d_k)} \tag{2-81}$$

式中，K为实数。将$z=\mathrm{e}^{\mathrm{j}\omega}$代入上式，即得系统的频率响应为

$$\begin{aligned}H(\mathrm{e}^{\mathrm{j}\omega})&=K\frac{\prod_{m=1}^{M}(1-c_m \mathrm{e}^{-\mathrm{j}\omega})}{\prod_{k=1}^{N}(1-d_k \mathrm{e}^{-\mathrm{j}\omega})}=K\mathrm{e}^{\mathrm{j}(N-M)\omega}\frac{\prod_{m=1}^{M}(\mathrm{e}^{\mathrm{j}\omega}-c_m)}{\prod_{k=1}^{N}(\mathrm{e}^{\mathrm{j}\omega}-d_k)}\\&=|H(\mathrm{e}^{\mathrm{j}\omega})|\,\mathrm{e}^{\mathrm{j}\arg[H(\mathrm{e}^{\mathrm{j}\omega})]}\end{aligned} \tag{2-82}$$

其模等于

$$|H(\mathrm{e}^{\mathrm{j}\omega})|=|K|\frac{\prod_{m=1}^{M}|(\mathrm{e}^{\mathrm{j}\omega}-c_m)|}{\prod_{k=1}^{N}|(\mathrm{e}^{\mathrm{j}\omega}-d_k)|} \tag{2-83}$$

其相角为

$$\arg[H(\mathrm{e}^{\mathrm{j}\omega})]=\arg[K]+\sum_{m=1}^{M}\arg[\mathrm{e}^{\mathrm{j}\omega}-c_m]-\sum_{k=1}^{N}\arg[\mathrm{e}^{\mathrm{j}\omega}-d_k]+(N-M)\omega \tag{2-84}$$

在z平面上，$z=c_m$（$m=1,2,\cdots,M$）表示$H(z)$的零点（图上以○表示），而$z=d_k$（$k=1,2,\cdots,N$）表示$H(z)$的极点（以×表示），如图2-20所示，则复变量c_m（或d_k）是由原点指向c_m点（或d_k点）的矢量表示，因而$\mathrm{e}^{\mathrm{j}\omega}-c_m$可以用一根由零点$c_m$指向单位圆上$\mathrm{e}^{\mathrm{j}\omega}$点的矢量$\boldsymbol{C}_m$来表示，即

$$\mathrm{e}^{\mathrm{j}\omega}-c_m=\boldsymbol{C}_m$$

$e^{j\omega}-d_k$ 则用极点 d_k 指向零点的矢量 $\boldsymbol{D}_k$ 来表示，即

$$\boldsymbol{D}_k = e^{j\omega} - d_k$$

设矢量 $\boldsymbol{C}_m$ 为 $\boldsymbol{C}_m = \rho_m e^{j\theta_m}$，其模为 ρ_m，相角为 θ_m，矢量 $\boldsymbol{D}_k$ 为 $\boldsymbol{D}_k = l_k e^{j\varphi_k}$，其模为 l_k，相角为 φ_k，则频率响应的模，即式（2-83）变成

$$|H(e^{j\omega})| = |K| \frac{\prod_{m=1}^{M} \rho_m}{\prod_{k=1}^{N} l_k} \tag{2-85}$$

即频率响应的幅度等于各零点至 $e^{j\omega}$ 点矢量长度之积除以各极点至 $e^{j\omega}$ 点矢量长度之积，再乘以常数 $|K|$。

而频率响应的相角，即式（2-84）变成

$$\arg[H(e^{j\omega})] = \arg[K] + \sum_{m=1}^{M} \arg\theta_m - \sum_{k=1}^{N} \arg\phi_k + (N-M)\omega \tag{2-86}$$

即频率响应的相角等于各零点至 $e^{j\omega}$ 点矢量的相角之和减去各极点至 $e^{j\omega}$ 点矢量相角之和，加上常数 K 的相角 $\arg[K]$，再加上线性相移分量 $\omega(N-M)$，后者在离散时域上，只引入 $(N-M)$ 位的移位而已，也就是说，在原点（$z=0$）处的极点或零点至单位圆的距离大小不变，其值为 1，故对幅度响应不起作用。

根据式（2-85）和式（2-86），可求得系统的频率响应。由于单位圆附近的零点位置将对幅度响应凹谷的位置和深度有明显的影响，零点在单位圆上，则谷点为零，即为传输零点。零点可在单位圆外。而在单位圆内且靠近单位圆附近的极点对幅度响应的凸峰的位置和深度则有明显的影响，极点在单位圆外，则不稳定。利用这种直观的几何方法，适当地控制极点、零点的分布，就能改变数字滤波器的频率响应特性，达到预期的要求。

图 2-20 表示了两个极点、两个零点的频率响应的几何解释和频率响应的幅度。

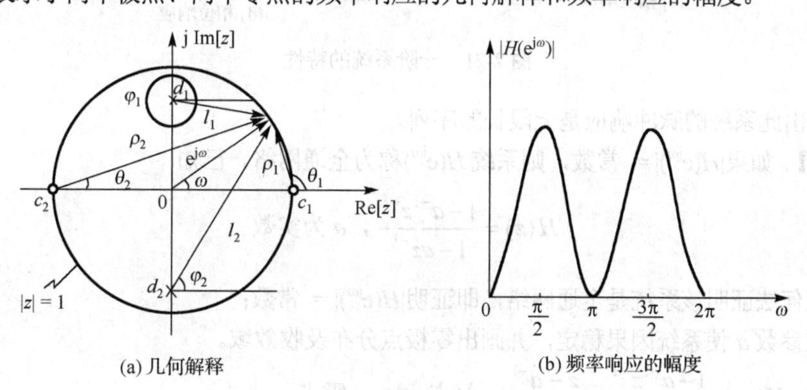

(a) 几何解释　　(b) 频率响应的幅度

图 2-20　频率响应的几何解释

【例 2-25】 设系统的差分方程为 $y(n) = x(n) + ay(n-1)$，$|a|<1$，a 为实数。求系统的频率响应。

解　将差分方程等式两端取 z 变换，可求得

$$H(z) = \frac{Y(z)}{X(z)} = \frac{1}{1-az^{-1}}, \qquad |z|>|a|$$

这是一个因果系统，可求出单位脉冲响应为

$$h(n) = a^n u(n)$$

该一阶系统的频率响应为

$$H(e^{j\omega}) = H(z)|_{z=e^{j\omega}} = \frac{1}{1-ae^{-j\omega}} = \frac{1}{(1-a\cos\omega)+ja\sin\omega}$$

幅度响应为

$$|H(e^{j\omega})| = (1+a^2-2a\cos\omega)^{-1/2}$$

相位响应为

$$\arg[H(e^{j\omega})] = -\arg\left(\frac{a\sin\omega}{1-a\cos\omega}\right)$$

$h(n)$、$|H(e^{j\omega})|$、$\arg[H(e^{j\omega})]$如图 2-21 所示。若要系统稳定，要求极点在单位圆内，即要求实数 a 满足$|a|<1$，此时，若 $0<a<1$，则系统呈低通特性，若$-1<a<0$，则系统呈高通特性。

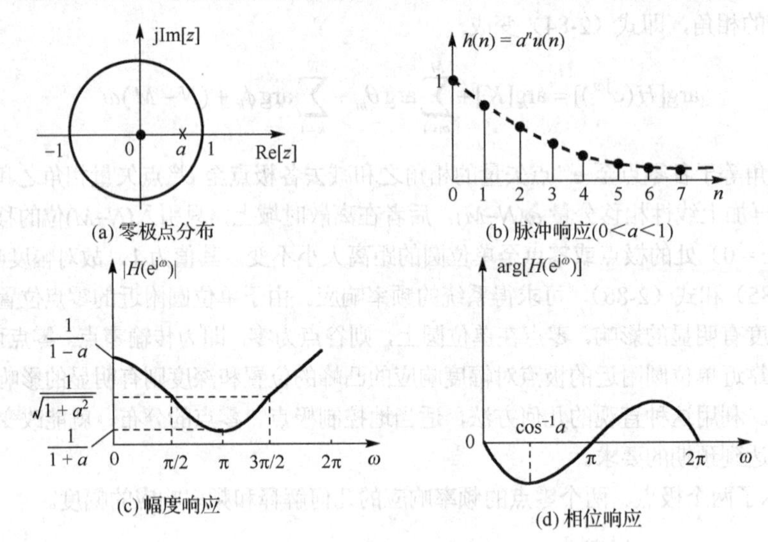

图 2-21 一阶系统的特性

由 $h(n)$看出此系统的脉冲响应是无限长的序列。

【例 2-26】 如果$|H(e^{j\omega})|=$ 常数，则系统 $H(e^{j\omega})$称为全通网络。已知

$$H(z) = \frac{1-a^{-1}z^{-1}}{1-az^{-1}}，a \text{ 为实数}$$

（1）用几何法证明该系统是全通网络，即证明$|H(e^{j\omega})|=$ 常数；

（2）确定参数 a 使系统因果稳定，并画出零极点分布及收敛域。

解 （1）$H(z) = \dfrac{1-a^{-1}z^{-1}}{1-az^{-1}} = \dfrac{z-a^{-1}}{z-a}$，极点 $z=a$，零点 $z=a^{-1}$

取 $0<a<1$，零极点分布如图 2-22 (a)所示。于是有

$$\frac{OA}{OC} = \frac{1}{a} = \frac{a^{-1}}{1} = \frac{OB}{OA}$$

又因为$\angle AOC$ 公用，$\triangle AOB \backsim \triangle AOC$，故

$$\frac{AB}{AC} = \frac{1}{a}$$

而

$$|H(e^{j\omega})| = \left|\frac{1-a^{-1}z^{-1}}{1-az^{-1}}\right| = \left|\frac{z-a^{-1}}{z-a}\right|_{z=e^{j\omega}} = \left|\frac{e^{j\omega}-a^{-1}}{e^{j\omega}-a}\right| = \frac{AB}{AC} = \frac{1}{a}$$

即$|H(e^{j\omega})|=$ 常数，所以$H(z)$是一个全通网络。或者由余弦定理

$$AC=\sqrt{a^2-2a\cos\theta+1}，\ AB=\sqrt{a^{-2}-2a^{-1}\cos\theta+1}=a^{-1}\sqrt{a^2-2a\cos\theta+1}$$

$$|H(e^{j\omega})|=AB/AC=a^{-1}= \text{常数}$$

问题得证。

（2）只有选择$|a|<1$才能使系统因果稳定。设$a=0.5$，零极点分布及收敛域如图 2-22 (b)所示。

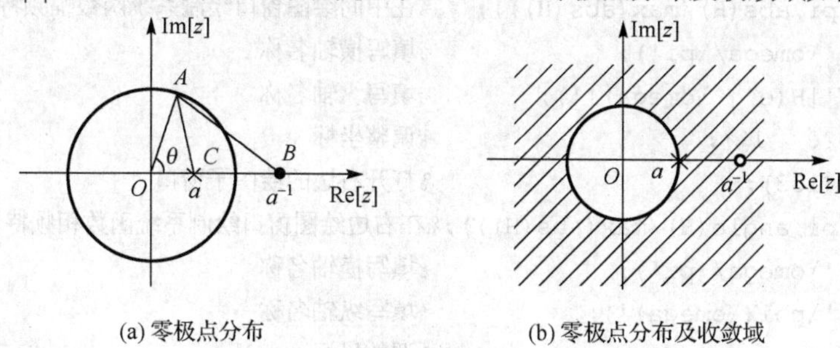

图 2-22　零极点分布及收敛域示意图

2．用 MATLAB 计算系统的零极点及频率特性

MATLAB 中 zplane 函数用于绘制系统函数$H(z)$的零极点图，freqz 用于绘制系统频率响应。若以 z 表示零点向量，p 表示极点向量，zplane 函数的调用格式为

```
zplane(z,p)
```

z、p 也可以是矩阵。

若以 A 表示$H(z)$的分子多项式系数向量，B 表示$H(z)$的分母多项式系数向量，freqz 函数的调用格式为

```
H = freqz (B, A, w)
```

语句中向量 w 指定需要计算$H(z)$频率响应的频率点，结果保存在向量 H 中。如果以格式

```
[H, w] = freqz (B, A, M)
```

调用 freqz 函数，则计算结果为 M 个频率点上的频率响应保存在 H 中，M 个频率保存在向量 w 中。freqz 函数自动将这 M 个频率点均匀设置在$[0, \pi]$的频率范围。如果以格式

```
[H, w] = freqz (B, A, M, 'whole')
```

调用 freqz 函数，则 freqz 函数自动将这 M 个频率点均匀设置在$[0, 2\pi]$的频率范围。如果省略 w 和 M，则 freqz 函数取它们的值为 512。freqz 函数也可以不带输出向量的格式调用，结果是绘制固定格式的幅频特性和相频特性曲线。下面看一个例题。

【例 2-27】 已知系统函数$H(z)=R_N(z)$，试用 MATLAB 绘制该系统的零极点图和频率响应曲线。

解

$$R_N(z)=\frac{1-z^{-N}}{1-z^{-1}}=\frac{z^N-1}{z^{N-1}(z-1)}$$

系统的零极点分布如下。零点：$z=e^{j\frac{2\pi}{N}k}$，$k=0, 1, \cdots, N-1$，一阶极点$z=1$，$N-1$阶极点$z=0$。$z=1$处零极点互相抵消。程序如下

```
%fex2_31.m:用 MATLAB 绘制系统函数 H(z) = RN(z)的零极点图和频率响应曲线
close all;clear;                          %关闭已经打开的绘图窗口,清空内存变量
N = input('N = ');                        %输入系统 H(z) = RN(z)参数 N
B = [1 zeros(1,N-1)  -1];                 %计算系统函数向量 B
A = input('A = ');                        %输入系统函数向量 A
subplot(131);                             %打开绘图窗口,并分为左中右三个绘图子窗口
zplane(B,A);axis([-1,1,-1,1]);            %在左边绘图窗口绘制系统零极点图
[H,w] = freqz(B,A,'whole');               %计算系统频率响应
subplot(132);                             %打开中间的绘图子窗口
plot(w/pi,abs(H)/max(abs(H)));            %在中间绘图窗口绘制系统函数幅频特性
xlabel('\omega/\pi');                     %填写横轴名称
ylabel('|H(e^j^\omega)|');                %填写纵轴名称
axis([020   1]);                          %调整坐标
subplot(133);                             %打开右边的绘图子窗口
plot(w/pi,angle(H)/max(abs(H)));%在右边绘图窗口绘制系统函数相频特性
xlabel('\omega/\pi');                     %填写横轴名称
ylabel('\phi(\omega)');                   %填写纵轴名称
axis([0,2,-0.6,0.6]);                     %调整坐标
```

运行上面的程序，输入参数 $N = 5$，向量 A = [1 –1]绘制的 5 点矩阵序列系统零极点分布图和频率特性如图 2-23 所示。请读者比较图 2-1 的频率特性有何异同，改写并运行上述程序，使它能绘制出与图 2-1 的频率特性图相同的频率特性图。

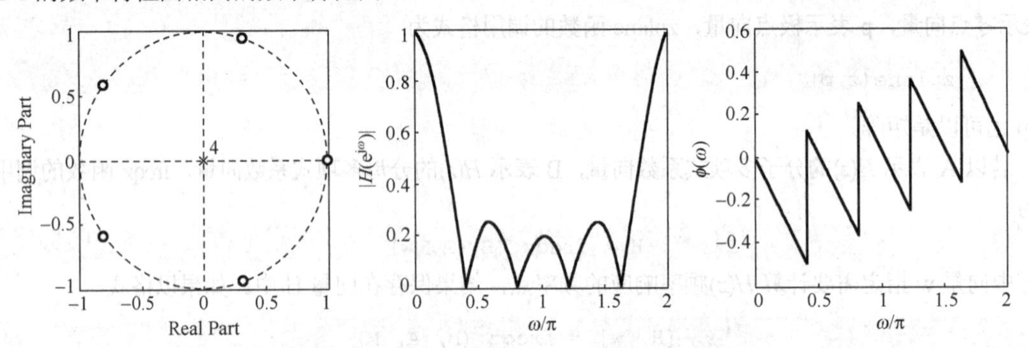

图 2-23　点矩形序列的零极点分布图和频率特性

2.4　时域离散信号 z 变换与拉普拉斯变换、傅里叶变换的关系

通过对连续信号的理想采样，可将连续信号的拉普拉斯变换与采样序列的 z 变换联系起来。引入复变量 z，它与复变量 s 有如下的映射关系

$$z = e^{sT} \tag{2-87}$$

或

$$s = \frac{1}{T}\ln z \tag{2-88}$$

式中，T 是采样间隔，对应的采样频率 $\Omega_s = 2\pi/T$。

将 s 平面用直角坐标表示为

$$s=\sigma+\mathrm{j}\Omega$$

而 z 平面用极坐标表示为

$$z=r\mathrm{e}^{\mathrm{j}\omega}$$

将它们代入式（2-87）中，得

$$r\mathrm{e}^{\mathrm{j}\omega}=\mathrm{e}^{(\sigma+\mathrm{j}\Omega)T}=\mathrm{e}^{\sigma T}\mathrm{e}^{\mathrm{j}\Omega T}$$

因而 $r=\mathrm{e}^{\sigma T}$，$\omega=\Omega T$。即 z 的模 r 只与 s 的实部 σ 相对应，而 z 的相角 ω 只与 s 的虚部 Ω 相对应。

（1）r 与 σ 的关系，$r=\mathrm{e}^{\sigma T}$。

$\sigma=0$（s 平面虚轴）对应于 $r=1$（z 平面单位圆上）。$\sigma<0$（s 的左半平面）对应于 $r<1$（z 平面单位圆内部）。$\sigma>0$（s 的右半平面）对应于 $r>1$（z 平面单位圆外部）。其映射关系如图 2-24 所示。

（2）ω 与 Ω 的关系，$\omega=\Omega T$。

$\Omega=0$（s 平面实轴）对应于 $\omega=0$（z 平面正实轴）。$\Omega=\Omega_0$（常数）（s 平面平行于实轴的直线）对应于 $\omega=\Omega_0 T$（z 平面始于原点辐角为 $\omega=\Omega_0 T$ 的辐射线）。Ω 由 $-\pi/T$ 增长到 π/T，对应于 ω 由 $-\pi$ 增长到 π，即 s 平面为 $2\pi/T$ 的一个水平条带相当于 z 平面辐角转了一周，也就是覆盖了整个 z 平面（$\Omega=\pm\pi/T$ 映射到 z 平面 $\omega=\pm\pi$，即负实轴），因此 Ω 每增加一个采样角频率 $\Omega_\mathrm{s}=2\pi/T$，则 ω 相应地增加 2π，也就是说，是 ω 的周期函数，如图 2-25 所示。所以 s 平面到 z 平面的映射是多值映射。

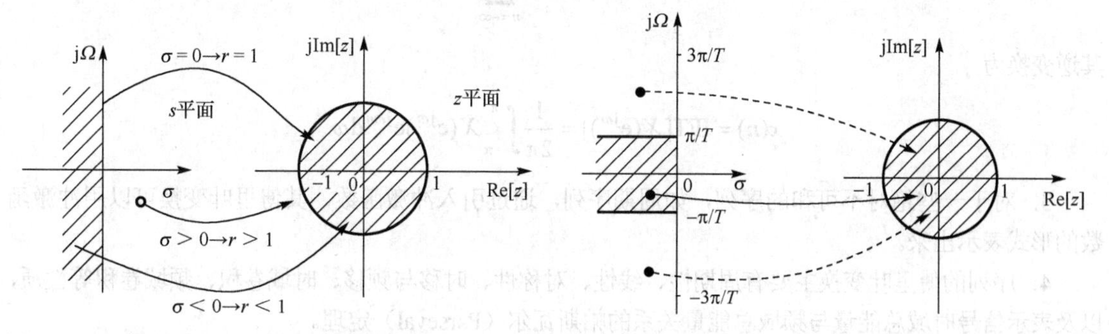

图 2-24　$\sigma=0$、$\sigma<0$、$\sigma>0$ 分别映射成 $r=1$、$r<1$、$r>1$

图 2-25　s 平面与 z 平面的多值映射关系

（3）由以上 $s\to z$ 的映射关系，利用理想采样的拉普拉斯变换 $\hat{X}_\mathrm{a}(s)$ 作为纽带，可以得到连续信号 $x_\mathrm{a}(t)$的拉普拉斯变换 $X_\mathrm{a}(s)$与采样序列 z 变换的关系：

$$X(z)\big|_{z=\mathrm{e}^{sT}}=\hat{X}_\mathrm{a}(s)=\frac{1}{T}\sum_{k=-\infty}^{\infty}X_\mathrm{a}(s-\mathrm{j}k\Omega_\mathrm{s})=\frac{1}{T}\sum_{k=-\infty}^{\infty}X_\mathrm{a}\left(s-\mathrm{j}\frac{2\pi}{T}k\right) \tag{2-89}$$

（4）傅里叶变换是双边拉普拉斯变换在虚轴（$\sigma=0$，$s=\mathrm{j}\Omega$）的特例，$\sigma=0$ 映射到 z 平面上为单位圆 $z=\mathrm{e}^{\mathrm{j}\omega}$，将此关系式代入式（2-89）可得

$$X(z)\big|_{z=\mathrm{e}^{\mathrm{j}\Omega T}}=\frac{1}{T}\sum_{k=-\infty}^{\infty}X_\mathrm{a}(\mathrm{j}\Omega-\mathrm{j}\Omega_\mathrm{s}k) \tag{2-90}$$

式（2-90）说明，采样序列 $x(n)$的频谱是连续信号 $x_\mathrm{a}(t)$的频谱 $X_\mathrm{a}(\mathrm{j}\Omega)$以 Ω_s 为周期重复的周期频谱，如图 2-26 所示。

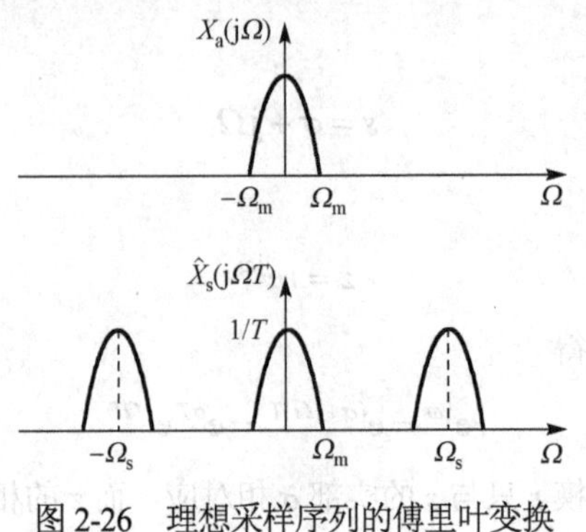

图 2-26　理想采样序列的傅里叶变换

小　结

1．时域分析法和频域分析法是分析信号和系统的两种方法；在时域离散信号和系统中，信号用序列表示，自变量只取整数，非整数时无定义，系统用差分方程描述。

2．序列 $x(n)$ 如果满足条件 $\sum_{n=-\infty}^{\infty}|x(n)|<\infty$，则其傅里叶变换存在，并可表示为

$$X(e^{j\omega}) = FT[x(n)] = \sum_{n=-\infty}^{\infty} x(n)e^{-j\omega n}$$

其逆变换为

$$x(n) = IFT[X(e^{j\omega})] = \frac{1}{2\pi}\int_{-\pi}^{\pi} X(e^{j\omega})e^{j\omega n}d\omega$$

3．对于一些绝对不可和的序列，如周期序列，通过引入冲激函数，其傅里叶变换可以用冲激函数的形式表示出来。

4．序列的傅里叶变换主要有周期性、线性、对称性、时移与频移、时域卷积、频域卷积等性质，以及表示信号时域总能量与频域总能量关系的帕斯瓦尔（Parseval）定理。

5．序列 $x(n)$ 如果满足条件 $\sum_{n=-\infty}^{\infty}|x(n)|<\infty$，则其 z 变换（称为双边 z 变换）存在，并可表示为

$$X(z) = ZT[x(n)] = \sum_{n=-\infty}^{\infty} x(n)z^{-n}$$

其逆变换为

$$x(n) = IZT[X(z)] = \frac{1}{2\pi j}\oint_c X(z)z^{n-1}dz$$

6．单边 z 变换的定义与双边 z 变换定义类似

$$X(z) = ZT[x(n)] = \sum_{n=0}^{\infty} x(n)z^{-n}$$

如无特别声明均指双边 z 变换。

7．z 变换的收敛域由序列的特性决定，右序列的收敛域为

$$R_{x-} < |z| \leqslant \infty$$

左序列的收敛域为

$$0 < |z| < R_{x+}$$

双边序列可分解为左序列与右序列之和，其收敛域由左序列与右序列收敛域的交决定。

8．z 逆变换的计算主要有三种方法：长除法、部分分式法和留数计算法。z 变换的主要性质和定理有：线性性质，序列移位性质，乘指数序列性质，复序列取共轭性质，序列卷积性质，复卷积性质，初值定理，终值定理和帕斯瓦尔（Parseval）定理。利用 z 变换的这些性质和定理可以方便地求解差分方程的稳态解和暂态解。

9．z 变换可以用于分析系统的频率特性，系统的单位脉冲响应 $h(n)$的 z 变换 $H(z)$称为系统函数，相应的傅里叶变换 $H(e^{j\omega})$称为传输函数。如果系统函数 $H(z)$的收敛域包括单位圆，那么传输函数与系统函数的关系为

$$H(e^{j\omega}) = H(z)|_{z=e^{j\omega}}$$

所以，对于系统函数和传输函数有时并不严格区分。

10．系统函数 $H(z)$所代表的系统不止一个，如果要确定 $H(z)$所代表的系统，必须同时指明 $H(z)$的收敛域。从系统函数的角度看，$H(z)$的极点不在 $H(z)$的收敛域内，$H(z)$的极点是系统收敛域的分界点，就是说系统函数的零极点分布情况决定系统的特性。对于具有因果性的系统收敛域在某个圆外，而具有稳定性的系统，其收敛域必定包括单位圆，因此，因果且稳定的系统，其系统函数的收敛域必同时满足上述要求。

思考练习题

1．对周期信号进行傅里叶级数展开时，被展开的函数应满足哪些充分条件？周期信号的频谱的主要特点是什么？

2．试根据傅里叶变换对及其性质，阐明时域与频域的内在联系。

3．周期信号的频谱与从该周期信号截取一个周期所得到的非周期信号频谱之间有何关系？

4．傅里叶变换的频移性质与调制性质（频域卷积）有何关系?为什么?

5．离散时间傅里叶级数与连续时间傅里叶级数有何不同?为什么?

6．离散时间周期信号的频谱与连续时间周期信号的频谱有什么异同点?能否从前者求出后者?

7．z 变换极点的位置与收敛域有何联系?如何确定两个序列相卷积的 z 变换的收敛域?

8．讨论在数字通信系统中消除码间串扰的方法。

9．系统函数 $H(z)$的极点距原点位置远近对系统稳定性能的影响是什么?

10．系统函数 $H(z)$的零极点相消对系统分析有何影响?

11．是否可以说，一个稳定的因果系统存在 $H(e^{j\omega}) = H(z)|_{z=e^{j\omega}}$?

12．递归系统与非递归系统的单位脉冲响应的长度有何不同?

13．判断以下 4 种说法正确与否，对的请在题后（　）里打“√”，错的打“×”，并说明理由。

（1）凡是稳定系统，其 z 变换在单位圆内不能有极点。（　）

（2）正弦序列 $\sin(n\omega_0)$不一定是周期序列。（　）

（3）有限长序列 z 变换的收敛域一定是 $0 < |z| < \infty$。（　）

（4）变换不一定非要用正弦余弦基，用其他正交完备群也行。（　）

14．下列各种说法均有概念错误，请指出错误原因或举出反例。

（1）一个系统的冲激响应 $h(n)=a^n$，只要参数 $|a|<1$，则该系统一定稳定。

（2）一个系统的输入 $x(n)$ 与输出 $y(n)$ 间存在关系：$y(n)=ax(n)+b$，则该系统是线性系统（a 和 b 为常数）。

习　题

1．已知 $x(n)$ 的傅里叶变换为 $X(\mathrm{e}^{\mathrm{j}\omega})$，用 $X(\mathrm{e}^{\mathrm{j}\omega})$ 表示下列信号的傅里叶变换：

（1）$x_1(n)=x(n-n_0)$　　（2）$x_1(n)=x^*(n)$

（3）$x_1(n)=x(-n)$　　（4）$x_1(n)=nx(n)$

（5）$x_1(n)=x(1-n)+x(-1-n)$　　（6）$x_2(n)=(n-1)^2x(n)$

（7）$x_3(n)=[x^*(-n)+x(n)]/2$　　（8）$x_1(n)=x(2n)$

（9）$x_1(n)=x(n/2)$，当 n 为偶数时；$x_1(n)=0$，当 n 奇数时。

2．已知 $x(n)=R_4(n)$：

（1）求 $x(n)=R_4(n)$ 的傅里叶变换；

（2）序列 $y(n)$ 的长度是序列 $x(n)$ 长度的两倍，当 $n<4$ 时，$y(n)=x(n)$；当 $4\leqslant n<7$ 时，$y(n)=0$。求 $y(n)$ 的傅里叶变换。

3．已知 $x(n)$ 的傅里叶变换为

$$X(\mathrm{e}^{\mathrm{j}\omega})=\begin{cases}1, & |\omega|<\omega_0\\ 0, & \omega_0\leqslant|\omega|\leqslant\pi\end{cases}$$

求 $x(n)$。

4．如图 2-27 所示，信号 $x(n)$ 的傅里叶变换是 $X(\mathrm{e}^{\mathrm{j}\omega})$，不求出 $X(\mathrm{e}^{\mathrm{j}\omega})$，完成下列计算：

（1）$X(\mathrm{e}^{\mathrm{j}0})$；

（2）$X(\mathrm{e}^{\mathrm{j}\pi})$；

（3）确定并画出傅里叶变换实部 $\mathrm{Re}[X(\mathrm{e}^{\mathrm{j}\omega})]$ 的时间序列 $x_\mathrm{e}(n)$；

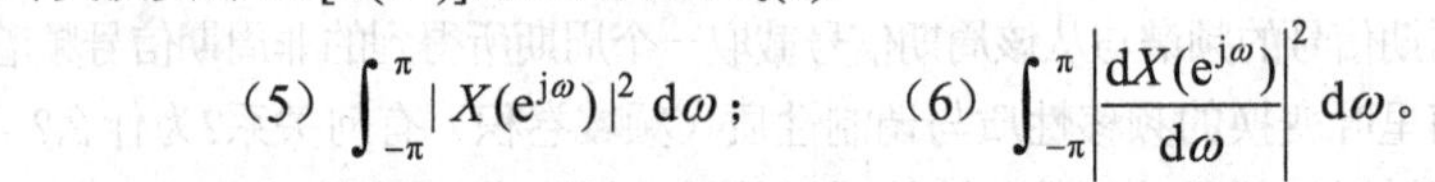

（4）$\int_{-\pi}^{\pi}X(\mathrm{e}^{\mathrm{j}\omega})\mathrm{d}\omega$；　（5）$\int_{-\pi}^{\pi}|X(\mathrm{e}^{\mathrm{j}\omega})|^2\,\mathrm{d}\omega$；　（6）$\int_{-\pi}^{\pi}\left|\dfrac{\mathrm{d}X(\mathrm{e}^{\mathrm{j}\omega})}{\mathrm{d}\omega}\right|^2\mathrm{d}\omega$。

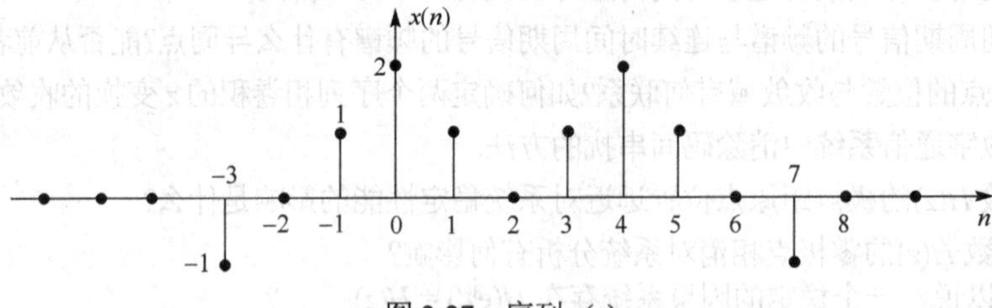

图 2-27　序列 $x(n)$

5．证明：若 $X(\mathrm{e}^{\mathrm{j}\omega})$ 是 $x(n)$ 的傅里叶变换，且当 $n/k=$ 整数时 $x_k(n)=x_k(n/k)$，$n/k\neq$ 整数时 $x_k(n)=0$，则 $X_k(\mathrm{e}^{\mathrm{j}\omega})=X(\mathrm{e}^{\mathrm{j}k\omega})$。

6．线性时不变系统的单位脉冲响应 $h(n)$ 为实数序列，其频率响应为 $H(\mathrm{e}^{\mathrm{j}\omega})=|H(\mathrm{e}^{\mathrm{j}\omega})|\mathrm{e}^{\mathrm{j}\theta(\omega)}$。证明：当输入为 $x(n)=A\cos(\omega_0 n+\varphi)$ 时，系统的稳态响应是 $y(n)=A|H(\mathrm{e}^{\mathrm{j}\omega_0})|\cos(\omega_0 n+\varphi+\theta(\omega_0))$。

7．求以下序列 $x(n)$ 的频谱 $X(\mathrm{e}^{\mathrm{j}\omega})$：

（1）$\delta(n-n_0)$　　（2）$\mathrm{e}^{-\alpha n}u(n)$

（3）$\mathrm{e}^{-(\sigma+\mathrm{j}\omega_0)n}u(n)$　　（4）$\mathrm{e}^{-\alpha n}u(n)\cos(\omega_0 n)$

（5）$x(n)=a^n u(n)$　　（6）$x(n)=u(n+3)-u(n-4)$

8．计算图 2-28 所示周期序列 $\tilde{x}(n)$ 的离散傅里叶级数 $\tilde{X}(k)$ 和傅里叶变换。

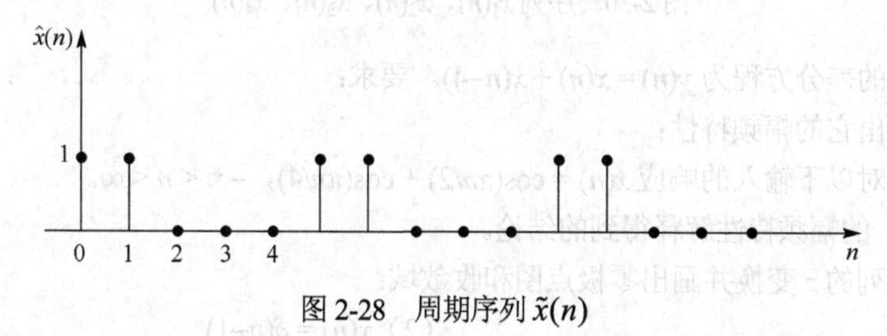

图 2-28　周期序列 $\tilde{x}(n)$

9．分别研究下列序列傅里叶变换的性质。

（1）$x(n)$是实偶函数；

（2）$x(n)$是实奇函数。

10．设 $x(n)=a^n u(n)$，$0<a<1$，分别求出其偶函数 $x_e(n)$和奇函数 $x_o(n)$的傅里叶变换。

11．设 $x(n)=u(n)$，证明 $x(n)$的 FT 为 $X(\mathrm{e}^{\mathrm{j}\omega})=\dfrac{1}{1-\mathrm{e}^{-\mathrm{j}\omega}}-\pi\sum\limits_{r=-\infty}^{\infty}\delta(\omega-2\pi r)$，$r$ 为整数。

12．已知图 2-29 所示序列 $x(n)=R_4(n)$。计算 $x(n)$的共轭对称序列 $x_e(n)$和共轭反对称序列 $x_o(n)$。

13．因果序列 $h(n)$，其傅里叶变换的实部为 $H_e(\mathrm{e}^{\mathrm{j}\omega})=1+\cos(\omega)$，求序列 $h(n)$及其傅里叶变换 $H(\mathrm{e}^{\mathrm{j}\omega})$。

14．$h(n)$是实因果序列，$h(0)=1$，其傅里叶变换的虚部为 $H_I(\mathrm{e}^{\mathrm{j}\omega})=-\sin(\omega)$。求序列 $h(n)$及其傅里叶变换 $H(\mathrm{e}^{\mathrm{j}\omega})$。

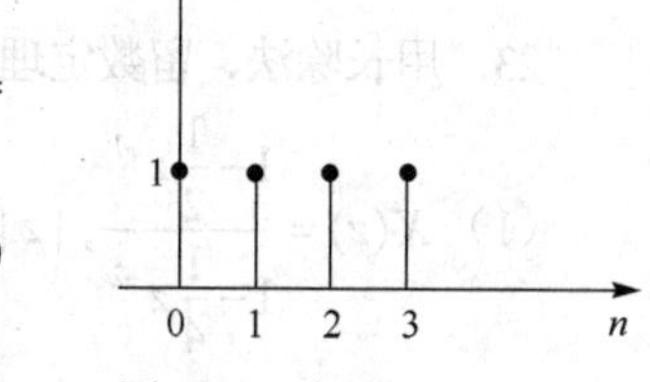

图 2-29　序列 $x(n)=R_4(n)$

15．有一连续信号 $x_a(t)=\cos(2\pi\times100t)$，以采样频率 $f_s=400\text{Hz}$ 对 $x_a(t)$进行采样，得到采样信号 $\hat{x}_a(t)$ 和时域离散信号 $x(n)$，要求：

（1）写出 $x_a(t)$的傅里叶变换表达式 $X_a(\mathrm{j}\Omega)$；

（2）写出 $\hat{x}_a(t)$ 和 $x(n)$的表达式；

（3）求出 $\hat{x}_a(t)$ 和 $x(n)$的傅里叶变换。

16．实序列 $x(n)$的 $\mathrm{FT}[x(n)]=H(\mathrm{e}^{\mathrm{j}\omega})$，证明 $H^*(\mathrm{e}^{\mathrm{j}\omega})=H(\mathrm{e}^{-\mathrm{j}\omega})$。

17．如果 $X(\mathrm{e}^{\mathrm{j}\omega})$表示实数序列 $x(n)$的傅里叶变换。又知 $y(n)$的傅里叶变换为

$$Y(\mathrm{e}^{\mathrm{j}\omega})=\mathrm{FT}[y(n)]=[X(\mathrm{e}^{\mathrm{j}\omega/2})+X(\mathrm{e}^{-\mathrm{j}\omega/2})]/2$$

试求序列 $y(n)$。

18．已知 $y(n)=x_1(n)*x_2(n)*x_3(n)$，证明：

（1）$\sum\limits_{n=-\infty}^{\infty}y(n)=\left[\sum\limits_{n=-\infty}^{\infty}x_1(n)\right]\left[\sum\limits_{n=-\infty}^{\infty}x_2(n)\right]\left[\sum\limits_{n=-\infty}^{\infty}x_3(n)\right]$；

（2）$\sum\limits_{n=-\infty}^{\infty}y(n)=\left[\sum\limits_{n=-\infty}^{\infty}(-1)^n x_1(n)\right]\left[\sum\limits_{n=-\infty}^{\infty}(-1)^n x_2(n)\right]\left[\sum\limits_{n=-\infty}^{\infty}(-1)^n x_3(n)\right]$。

19．假设序列 $x_1(n)$、$x_2(n)$、$x_3(n)$、$x_4(n)$分别如图 2-30 所示，其中 $x_1(n)$的傅里叶变换为 $X_1(\mathrm{e}^{\mathrm{j}\omega})$，试用 $X_1(\mathrm{e}^{\mathrm{j}\omega})$表示其他三个序列的傅里叶变换。

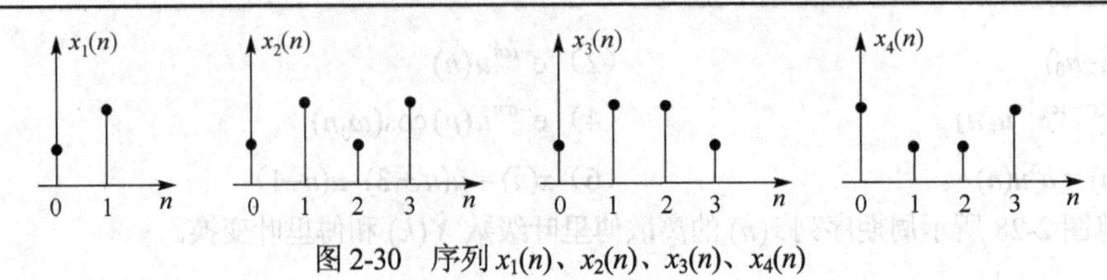

图 2-30　序列 $x_1(n)$、$x_2(n)$、$x_3(n)$、$x_4(n)$

20．已知系统的差分方程为 $y(n) = x(n) + x(n-4)$。要求：

（1）计算并画出它的幅频特性；

（2）计算系统对以下输入的响应 $x(n) = \cos(\pi n/2) + \cos(\pi n/4)$，$-\infty < n < \infty$。

（3）利用（1）的幅频特性解释得到的结论。

21．求以下序列的 z 变换并画出零极点图和收敛域：

（1）$\delta(n)$　　（2）$x(n) = \delta(n-1)$

（3）$x(n) = a^{|n|}$　　（4）$x(n) = 0.5^n u(n)$

（5）$x(n) = -0.5^n u(-n-1)$　　（6）$x(n) = (1/n)^n, n \geqslant 1$

（7）$x(n) = 2^{-n}[u(n) - u(n-10)]$　　（8）$x(n) = 2^{-n}u(-n)$

（9）$x(n) = n\sin(\omega_0 n)$，$n \geqslant 0$，ω_0 为常数　　（10）$x(n) = Ar^n\cos(\omega_0 n + \varphi)u(n)$，$0 < r < 1$

22．假如下式是 $x(n)$ 的 z 变换表达式，问 $X(z)$ 可能有多少不同的收敛域，它们分别对应什么序列?

$$X(z) = \frac{1-\frac{1}{4}z^{-1}}{\left(1+\frac{1}{4}z^{-2}\right)\left(1+\frac{5}{4}z^{-1}+\frac{3}{8}z^{-2}\right)}$$

23．用长除法、留数定理、部分分式法求以下 $X(z)$ 的 z 逆变换：

（1）$X(z) = \dfrac{1-\frac{1}{2}z^{-1}}{1-\frac{1}{4}z^{-2}}, |z| > \dfrac{1}{2}$　　（2）$X(z) = \dfrac{1-2z^{-1}}{1-\frac{1}{4}z^{-2}}, |z| < \dfrac{1}{4}$

（3）$X(z) = \dfrac{z-a}{1-az}, |z| > \dfrac{1}{2}$

24．已知线性因果网络用下面的差分方程描述：

$$y(n) = 0.9y(n-1) + x(n) + 0.9x(n-1)$$

（1）求网络的系统函数 $H(z)$ 及其单位脉冲响应 $h(n)$；

（2）写出网络传输函数 $H(e^{j\omega})$ 的表达式，并定性画出其幅频特性曲线；

（3）设输入 $x(n) = e^{j\omega_0 n}$，求输出 $y(n)$。

25．有一右序列 $x(n)$，其 z 变换为 $X(z) = \dfrac{1}{\left(1-\frac{1}{2}z^{-1}\right)(1-z^{-1})}$。

（1）将 $X(z)$ 做部分分式展开（用 z^{-1} 表示），由展开式求 $x(n)$；

（2）将 $X(z)$ 表示成 z 的多项式之比，再做部分分式展开，由展开式求 $x(n)$，并说明所得到的序列与（1）所得到的是一样的。

26．对因果序列，初值定理是 $x(n) = \lim\limits_{z\to\infty} X(z)$，如果序列为 $n > 0$ 时 $x(n) = 0$，问相应的定理是什么?讨论一个序列 $x(n)$，其 z 变换为

$$X(z)=\frac{\frac{7}{12}-\frac{19}{24}z^{-1}}{1-\frac{5}{2}z^{-1}+z^{-2}}$$

$X(z)$的收敛域包括单位圆，试求其$x(0)$（序列）值。

27．有一信号$y(n)$，它与另两个信号$x_1(n)$和$x_2(n)$的关系是

$$y(n)=x_1(n+3)*x_2(-n-1)$$

其中$x_1(n)=0.5^nu(n)$，$x(n)=(1/3)^nu(n)$，已知$\mathrm{ZT}[a^nu(n)]=1/(1-az^{-1})$，利用$z$变换性质求$y(n)$的$z$变换$Y(z)$。

28．若$x_1(n)$和$x_2(n)$是因果稳定的实序列，求证

$$\frac{1}{2\pi}\int_{-\pi}^{\pi}X_1(\mathrm{e}^{\mathrm{j}\omega})X_2(\mathrm{e}^{\mathrm{j}\omega})\mathrm{d}\omega=\left\{\frac{1}{2\pi}\int_{-\pi}^{\pi}X_1(\mathrm{e}^{\mathrm{j}\omega})\mathrm{d}\omega\right\}\left\{\frac{1}{2\pi}\int_{-\pi}^{\pi}X_2(\mathrm{e}^{\mathrm{j}\omega})\mathrm{d}\omega\right\}$$

29．求以下序列的z变换及其收敛域，并画出零极点分布图。

（1）$x(n)=R_N(n)$，$N=4$；

（2）$x(n)=Ar^n\cos(\omega_0n+\varphi)u(n)$，$0<r<1$（$r=0.9$，$\omega_0=0.5\pi\ \mathrm{rad}$，$\varphi=0.25\pi\ \mathrm{rad}$）；

（3）$x(n)=\begin{cases}n, & 0\leqslant n\leqslant N\\ 2N-1, & N+1\leqslant n\leqslant 2N\\ 0, & 其他\end{cases}$，式中，$N=4$。

30．已知$x(n)=a^nu(n)$，$0<a<1$，求：

（1）$x(n)$的z变换；

（2）$nx(n)$的z变换；

（3）$x(n)=a^{-n}u(-n)$的z变换。

31．已知用下列差分方程描述的一个线性时不变因果系统：

$$y(n)=y(n-1)+y(n-2)+x(n-1)$$

（1）求这个系统的系统函数$H(z)$，画出其零极点图并指出其收敛区域；

（2）限定系统是因果的，写出$H(z)$的收敛域，并求出系统的单位脉冲响应；

（3）限定系统是稳定的，写出$H(z)$的收敛域，并求出系统的单位脉冲响应。

32．一个输入为$x(n)$和输出为$y(n)$的时域线性离散移不变系统，已知它满足

$$y(n-1)-\frac{10}{3}y(n)+y(n+1)=x(n)$$

限定系统是稳定的。试求其单位脉冲响应。

33．研究一个满足下列差分方程的线性时不变系统，该系统不限定为因果、稳定系统。利用方程的零极点图，试求系统单位脉冲响应的三种可能选择方案。

$$y(n-1)-\frac{5}{2}y(n)+y(n+1)=x(n)$$

34．有一个用以下差分方程表示的线性时不变因果系统：

$$y(n)-2ry(n-1)\cos\theta+r^2y(n-2)=x(n)$$

当激励$x(n)=a^nu(n)$时，请用z变换法求解系统的响应。

35．图 2-31 所示为一个因果稳定系统的结构，试列出系统差分方程，求系统函数。当 $b_0 = 0.5$、$b_1 = 1$、$a_1 = 0.5$ 时，求系统单位脉冲响应，画出系统零极点图和频率响应曲线。

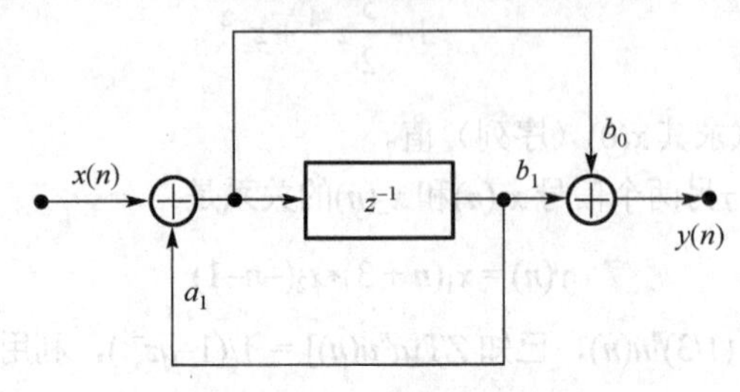

图 2-31　因果稳定系统

36．设 $x(n)$是一离散时间信号，其 z 变换为 $X(z)$，对下列信号利用 $X(z)$求它们的 z 变换：

（1）$x_1(n) = \nabla x(n)$，这里 ∇ 记为一次后向差分算子，定义为：

$$\nabla x(n) = x(n) - x(n-1)$$

（2）$x_2(n) = x(2n)$

（3）$x_3(n) = \begin{cases} x(n/2), & n为偶数 \\ 0 & n为奇数 \end{cases}$

37．若 $x(n)$是因果序列且$|x(n)| < M$，$X(z)$是 $x(n)$的 z 变换。试证初值定理：$\lim\limits_{z\to\infty} X(z) = x(0)$。

38．若 $X(z) = Z[x(n)]$，$Y(z) = Z[y(n)]$，请借助线性卷积与 z 变换的定义，证明：时域卷积对应于 z 域乘积，即 $Z[x(n)*y(n)] = X(z)Y(z)$。

39．图 2-32 所示为由采样器、压缩器和数字滤波器（FA 或 FB）组成的两种信号处理系统。

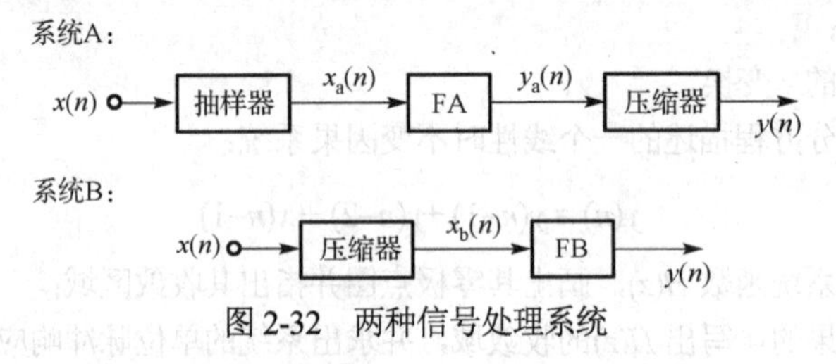

图 2-32　两种信号处理系统

（1）采样器完成下列运算：保留 $x(n)$的偶数点。

$x(n)$ → 抽样器 → $g_1(n) = \begin{cases} x(n), & n为偶数 \\ 0, & n为奇数 \end{cases}$

试求 $x(n)$经采样器输出 $g_1(n)$的傅里叶变换。

（2）压缩器对 $x(n)$进行序列偶数点的重排。

$x(n)$ → 压缩器 → $g_2(n) = x(2n)$

试求 $x(n)$经压缩器输出 $g_2(n)$的傅里叶变换。

（3）已知系统 A 中的数字滤波器 FA 的脉冲响应为

$$h_a(n) = a^n u(n) \qquad (0 < a < 1)$$

若要使系统 A 与系统 B 等效，求系统 B 中数字滤波器 FB 的频率响应 $H_B(e^{j\omega})$及其相应的脉冲响应 $h_b(n)$应为多少？

40．因果序列 $h(n)$其傅里叶变换的实部为

$$H_R(e^{j\omega})=\frac{1-a\cos\omega}{1-2a\cos\omega+a^2}，-1<a<1$$

求序列 $h(n)$及其傅里叶变换 $H(e^{j\omega})$。

41．因果序列 $h(n)$，$h(0)=1$，其傅里叶变换的虚部为

$$H_I(e^{j\omega})=\frac{-a\sin\omega}{1-2a\cos\omega+a^2}，-1<a<1$$

求序列 $h(n)$及其傅里叶变换 $H(e^{j\omega})$。

42．已知一个滤波器的系统函数为 $H(z)=\dfrac{0.8z^{-2}}{1-0.5z^{-1}+0.3z^{-2}}$。试判定系统是否稳定。如果该系统稳定，求出系统对于单位阶跃序列的稳态输出及稳定时间，并求出系统对于单位阶跃序列的全响应输出，并画出其波形，求出稳态输出及稳态时间。

43．下面二阶网络的系统函数

$$H_1(z)=\frac{1}{1-1.6z^{-1}+0.9425z^{-2}}$$

共有 4 种形式，给出其余三种形式，并研究 4 种形式零点分布对单位脉冲响应的影响。要求：

（1）分别画出个系统的零极点分布图；

（2）分别求出各系统的单位脉冲响应，并画出其波形；

（3）分析零点分布对单位脉冲响应的影响。

第3章

离散傅里叶变换

离散傅里叶变换（Discrete Fourier Transform，DFT）是数字信号处理中非常重要的一种数学变换，解决序列傅里叶变换和 z 变换结果都是连续函数，无法用计算机进行处理的问题。本章主要内容包括离散傅里叶变换的定义、物理意义、基本性质、频率采样和离散傅里叶变换应用举例。

3.1　离散傅里叶变换的定义

傅里叶变换和 z 变换是时域离散信号与系统分析、设计的重要工具。在实际工程中，这两种变换结果都是连续函数，不便于使用计算机进行处理，使它们的应用受到局限。周期序列 $\tilde{x}(n)$ 及其离散傅里叶级数 $\tilde{X}(k)$ 虽然都是离散序列，但在工程实际中更有应用意义的是有限长序列及其离散傅里叶变换。离散傅里叶变换是一种将有限长时域离散信号变换到频域的变换，但变换结果是对时域离散信号的频谱的等间隔采样。序列经过离散傅里叶变换后，所得频域函数也是离散化的。这就便于数字信号在频域运用计算机进行处理，大大增加了数字信号处理的灵活性，这正是该变换的重要意义所在。同时，离散傅里叶变换有多种快速算法，这些快速算法可以使很多工程领域的信号得到实时处理，因此具有重要的理论意义和应用价值。

3.1.1　离散傅里叶变换定义

设有限长序列 $x(n)$ 的长度为 M，定义 $x(n)$ 的 N（$N \geqslant M$）点离散傅里叶变换为

$$X(k) = \mathrm{DFT}[x(n)]_N = \sum_{n=0}^{N-1} x(n)\mathrm{e}^{-\mathrm{j}\frac{2\pi}{N}kn}\text{，} k = 0, 1, \cdots, N-1 \tag{3-1}$$

式中，N 称为离散傅里叶变换区间长度。记 $W_N = \mathrm{e}^{-\mathrm{j}\frac{2\pi}{N}}$，$W_N$ 有时也称为旋转因子。运用旋转因子，式（3-1）可表示为

$$X(k) = \mathrm{DFT}[x(n)]_N = \sum_{n=0}^{N-1} x(n)W_N^{kn}\text{，} k = 0, 1, \cdots, N-1 \tag{3-2}$$

定义 $X(k)$ 的 N 点离散傅里叶逆变换（Inverse Discrete Fourier Transform，IDFT）为

$$x(n) = \mathrm{IDFT}[X(k)]_N = \frac{1}{N}\sum_{k=0}^{N-1} X(k)W_N^{-kn}\text{，} n = 0, 1, \cdots, N-1 \tag{3-3}$$

不难发现，序列 $x(n)$ 及其 N 点离散傅里叶变换结果 $X(k)$ 都是长度为 N 的离散序列。式（3-3）和式（3-2）表明，由 $x(n)$ 能唯一确定 $X(k)$，反之亦然，这就为利用计算机进行信号处理奠定了理论基础。

3.1.2　离散傅里叶变换与 FT、ZT、离散傅里叶级数的关系

离散时间傅里叶变换及其与其他变换间的关系

1. 离散傅里叶变换与 FT、ZT 的关系

长度为 M 的有限长序列 $x(n)$的 N（$N \geqslant M$）点的离散傅里叶变换、傅里叶变换分别为

$$X(k)=\mathrm{DFT}[x(n)]_N=\sum_{n=0}^{N-1}x(n)W_N^{kn}\ ,\ k=0,1,\cdots,N-1$$

$$X(\mathrm{e}^{\mathrm{j}\omega})=\mathrm{FT}[x(n)]=\sum_{n=0}^{M-1}x(n)\mathrm{e}^{-\mathrm{j}\omega n}$$

比较以上两式，得

$$X(k)=X(\mathrm{e}^{\mathrm{j}\omega})\big|_{\omega=\frac{2\pi}{N}k}\ ,\ k=0,1,\cdots,N-1$$

考察上式，容易看出，序列的 N 点离散傅里叶变换是序列 FT 在频率区间[0, 2π]上采样频率间隔为 $2\pi/N$ 的等间隔采样。

将序列的 z 变换

$$X(z)=\mathrm{ZT}[x(n)]_N=\sum_{n=0}^{M-1}x(n)z^{-n}$$

与其离散傅里叶变换比较，得

$$X(k)=X(z)\big|_{z=\mathrm{e}^{\mathrm{j}\frac{2\pi}{N}k}}\ ,\ k=0,1,\cdots,N-1$$

可知序列的 N 点离散傅里叶变换是序列的 z 变换在单位圆上的采样频率间隔为 $2\pi/N$ 的等间隔采样。

以上两点结论的本质是一样的，因为序列的傅里叶变换就是序列在单位圆上的 z 变换。

2. 离散傅里叶变换与离散傅里叶级数的关系

对比离散傅里叶级数和离散傅里叶变换的定义，可以发现它们之间有着密切的联系。

假设用一个长度为 M 的有限长序列 $x(n)$构造一个周期序列，将 $x(n)$以 N（$N \geqslant M$）为周期进行周期延拓，就形成了以 N 为周期的周期序列 $\tilde{x}(n)$，将 $\tilde{x}(n)$ 表示为

$$\tilde{x}_N(n)=\sum_{m=-\infty}^{\infty}x(n+mN) \tag{3-4}$$

$$x_N(n)=\tilde{x}_N(n)R_N(n) \tag{3-5}$$

显然，上式中的 $x_N(n)$就是 $x(n)$，即 $x_N(n)=x(n)$。称 $x(n)$是 $\tilde{x}_N(n)$ 的主值序列，而 $\tilde{x}_N(n)$ 是 $x(n)$以 N 为周期的延拓序列（有时将 $\tilde{x}_N(n)=\sum\limits_{m=-\infty}^{\infty}x(n+mN)$ 用求余符号表示为 $x((n))_N$）。$x(n)$的离散傅里叶变换和 $\tilde{x}_N(n)$ 的离散傅里叶级数如下

$$X(k)=\mathrm{DFT}[x(n)]_N=\sum_{n=0}^{N-1}x(n)W_N^{kn}\ ,\ k=0,1,\cdots,N-1$$

$$\tilde{X}(k)=\text{DFS}[\tilde{x}_N(n)]=\sum_{n=0}^{M-1}\tilde{x}_N(n)W_N^{kn}=\sum_{n=0}^{M-1}x(n)W_N^{kn}\text{，}-\infty<k<\infty$$

比较上述两式，容易看出两个等号右边的函数形式一样，而定义域不同，$X(k)$正是$\tilde{X}(k)$的主值序列，或者说，$\tilde{X}(k)$是主值序列$X(k)$以N为周期进行延拓所得的序列，表示为

$$\tilde{X}(k)=\sum_{m=-\infty}^{\infty}X(k+mN) \tag{3-6}$$

$$X(k)=\tilde{X}(k)\,R_N(k) \tag{3-7}$$

式（3-6）和式（3-7）表明离散傅里叶变换和离散傅里叶级数之间的关系，即离散傅里叶变换的变换区间$N\geqslant M$，则长度为M的有限长序列$x(n)$的离散傅里叶变换值是$x(n)$以N为周期的延拓序列$\tilde{x}_N(n)$的离散傅里叶级数主值序列。如果$N<M$，同样对$x(n)$以N为周期的延拓，所形成的序列$\tilde{x}_N(n)$将发生时域混叠，这时上述离散傅里叶变换与离散傅里叶级数的关系不再成立。另外根据式（2-14），$\tilde{x}_N(n)$的频谱由$\tilde{x}_N(n)$的离散傅里叶级数系数确定，故$X(k)$表示的正是$\tilde{x}_N(n)$的频率特性，只是在幅度上相差一个常数因子$2\pi/N$。

3．离散傅里叶变换的矩阵表示

为便于利用计算机进行相关运算，将式（3-2）所示离散傅里叶变换写成矩阵形式

$$\boldsymbol{X}=\boldsymbol{D}_N\boldsymbol{x} \tag{3-8}$$

式中，$\boldsymbol{X}$是N点离散傅里叶变换频域序列向量

$$\boldsymbol{X}=[\,X(0)\quad X(1)\quad\cdots\quad X(N-2)\quad X(N-1)]^{\mathrm{T}} \tag{3-9}$$

$\boldsymbol{x}$是时域序列向量

$$\boldsymbol{x}=[x(0)\quad x(1)\quad\cdots\quad x(N-2)\quad x(N-1)]^{\mathrm{T}} \tag{3-10}$$

$\boldsymbol{D}_N$称为N点离散傅里叶变换矩阵，定义为

$$\boldsymbol{D}_N=\begin{bmatrix}1 & 1 & 1 & \cdots & 1\\ 1 & W_N^1 & W_N^2 & \cdots & W_N^{N-1}\\ 1 & W_N^2 & W_N^4 & \cdots & W_N^{2(N-1)}\\ \vdots & \vdots & \vdots & \ddots & \vdots\\ 1 & W_N^{N-1} & W_N^{2(N-1)} & \cdots & W_N^{(N-1)(N-1)}\end{bmatrix} \tag{3-11}$$

式（3-3）所示IDFT也可以写成矩阵形式

$$\boldsymbol{x}=\boldsymbol{D}_N^{-1}\boldsymbol{X} \tag{3-12}$$

$\boldsymbol{D}_N^{-1}$称为N点IDFT矩阵，定义为

$$\boldsymbol{D}_N^{-1}=\frac{1}{N}\begin{bmatrix}1 & 1 & 1 & \cdots & 1\\ 1 & W_N^{-1} & W_N^{-2} & \cdots & W_N^{-(N-1)}\\ 1 & W_N^{-2} & W_N^{-4} & \cdots & W_N^{-2(N-1)}\\ \vdots & \vdots & \vdots & \ddots & \vdots\\ 1 & W_N^{-(N-1)} & W_N^{-2(N-1)} & \cdots & W_N^{-(N-1)(N-1)}\end{bmatrix} \tag{3-13}$$

比较式（3-13）和式（3-11）可得

$$D_N^{-1} = \frac{1}{N} D_N^* \tag{3-14}$$

式中，*表示对 D_N 中各元素取复共轭。

4. 用 MATLAB 计算序列离散傅里叶变换

用 MATLAB 计算离散傅里叶变换主要调用函数 fft，其调用格式如下

```
xk = fft(xn,N);
```

其中，调用参数 xn 为被变换序列向量，N 是离散傅里叶变换的变换区间长度，当 N 大于 xn 的长度时，fft 函数按照式（3-10）自动在 xn 后面补零。调用函数 fft 返回 xn 的 N 点离散傅里叶变换向量 xk。当 N 小于 xn 的长度时，函数 fft 计算 xn 向量前面 N 个元素的 N 点离散傅里叶变换，忽略 N 点后 xn 的元素。

计算离散傅里叶逆变换调用函数 ifft，调用格式与函数 fft 相同。

【例 3-1】 分别计算 $X[R_8(n)]$在频率区间$[0, 2\pi]$上的 32 点和 64 点等间隔采样，并绘制频率特性图。

解　$X[R_8(n)]$在频率区间$[0, 2\pi]$上的 32 点和 64 点等间隔采样，分别是 $R_8(n)$的 32 点和 64 点离散傅里叶变换。计算程序如下

```
%fex3_1.m
xn = ones(1,8);                        %生成序列 R8(n)
xk32 = fft(xn,32);                     %计算 xn 的 32 点离散傅里叶变换
xk64 = fft(xn,64);                     %计算 xn 的 64 点离散傅里叶变换
%绘制 32 点等间隔采样频率特性
k = 0:31; wk = 2*k/32;                 %计算 32 点离散傅里叶变换对应的频率采样点
                                       %这里采用关于 pi 归一化值
subplot(221);stem(wk,abs(xk32),'.');         %绘制 32 点离散傅里叶变换幅频特性
title('32 点离散傅里叶变换幅频特性');
xlabel('\omega/\pi');ylabel('幅度');         %添加坐标名称
subplot(223);stem(wk,angle(xk32),'.');       %绘制 32 点离散傅里叶变换相频特性
title('32 点离散傅里叶变换相频特性');
xlabel('\omega/\pi');ylabel('相位');         %添加坐标名称
axis([0,2,-2.5,2.5]);                        %调整图形显示范围
%绘制 64 点等间隔采样频率特性
k = 0:63; wk = 2*k/64;    %计算 64 点离散傅里叶变换对应的频率采样点,关于 pi 归一化
subplot(222);stem(wk,abs(xk64),'.');         %绘制 64 点离散傅里叶变换幅频特性
title('64 点离散傅里叶变换幅频特性');
xlabel('\omega/\pi');ylabel('幅度');         %添加坐标名称
subplot(224);stem(wk,angle(xk64),'.');       %绘制 64 点离散傅里叶变换相频特性
title('64 点离散傅里叶变换相频特性');
xlabel('\omega/\pi');ylabel('相位');         %添加坐标名称
axis([0,2,-3,3]);                            %调整图形显示范围
```

程序运行结果如图 3-1 所示。

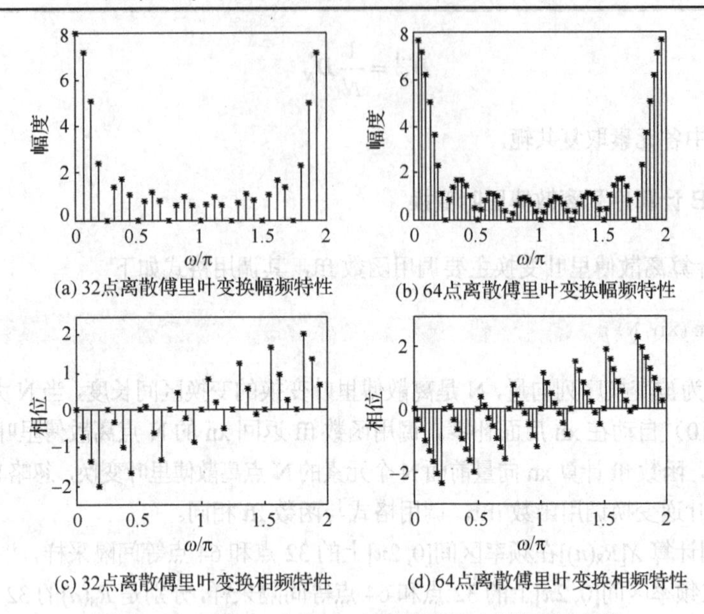

图 3-1 $R_8(n)$的 32 点和 64 点离散傅里叶变换频率特性

性质 1—循环反转

3.2 离散傅里叶变换的性质

本节讨论离散傅里叶变换的一些重要性质，其中一些性质在本质上与傅里叶变换的相应性质相同，其他性质稍有差别。

1．离散傅里叶变换隐含的周期性

长度为 M 的序列 $x(n)$，其离散傅里叶正、逆变换由式（3-2）和式（3-3）定义了 $X(k)$和 $x(n)$在变化区间（$0\leqslant n\leqslant N-1$）上的 N 个值。如果使$-\infty<k<\infty$，则有

$$X(k+mN)=X(k) \tag{3-15}$$

即 $X(k)$是以 N 为周期的，$X(k)$的这一特性为离散傅里叶变换隐含的周期性。证明如下

因为
$$X(k)=\mathrm{DFT}[x(n)]_N=\sum_{n=0}^{N-1}x(n)W_N^{kn}$$

而
$$X(k+mN)=\sum_{n=0}^{N-1}x(n)W_N^{(k+mN)n}=\sum_{n=0}^{N-1}x(n)W_N^{kn}=X(k)$$

实际上，因为式（3-2）表示对 $X(\mathrm{e}^{\mathrm{j}\omega})$在频率区间$[0, 2\pi]$上的 N 点等间隔采样，而 $X(\mathrm{e}^{\mathrm{j}\omega})$是以 2π 为周期的，因此，当 k 扩展到整数域时，$X(k)$表示在频率域$-\infty<k<\infty$上以 $2\pi/N$ 为采样间隔对 $X(\mathrm{e}^{\mathrm{j}\omega})$的等间隔采样，必然以 N 为周期。

2．线性性质

设 $x_1(n)$和 $x_2(n)$是两个有限长序列，长度分别为 N_1 和 N_2。若

$$x(n)=ax_1(n)+bx_2(n)$$

式中，a、b 为任意常数，取 $N\geqslant\max[N_1, N_2]$，则 $y(n)$的 N 点离散傅里叶变换为

$$X(k) = aX_1(k) + bX_2(k),\ 0 \leqslant k \leqslant N-1 \tag{3-16}$$

式中，$X_1(k)$和$X_2(k)$分别为$x_1(n)$和$x_2(n)$的N点离散傅里叶变换，即$X_1(k) = \mathrm{DFT}[x_1(n)]_N$，$X_2(k) = \mathrm{DFT}[x_2(n)]_N$。

作为练习，请读者直接用离散傅里叶变换定义证明该性质。

性质 2—序列的循环移位

3．循环移位性质

（1）序列的循环移位

设 $x(n)$为有限长序列，长度为 M，则 $x(n)$以 N 为周期进行延拓，得

$$\tilde{x}_N(n) = x((n))_N \tag{3-17}$$

将 $\tilde{x}_N(n)$ 移 m 位，并取主值序列，得 $x(n)$的循环移位序列为

$$y(n) = \tilde{x}_N(n + mN)R_N(n) = x((n+m))_N R_N(n) \tag{3-18}$$

$y(n)$是 $x(n)$以 N 为周期进行周期延拓得到，再左移 m 位，最后取主值序列得到的序列，称为循环移位序列，如图 3-2 所示。显然 $y(n)$仍是长度为 N 有限长序列。观察图 3-2 可见，循环移位的实质是将 $x(n)$左移 m 位，而左侧移出主值区（$0 \leqslant n \leqslant N-1$）的序列值又依次从右侧进入主值区。当 $m<0$ 时，上述操作变为右循环移位 m 个单位。

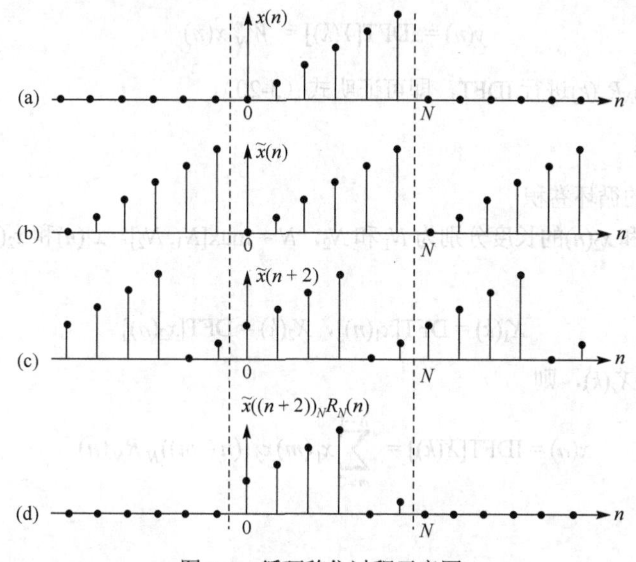

图 3-2　循环移位过程示意图

（2）时域循环移位定理

设 $x(n)$是长度为 M 的有限序列，$y(n)$为 $x(n)$的循环移位，即

$$y(n) = x((n+m))_N R_M(n), \quad N \geqslant M$$

$$X(k) = \mathrm{DFT}[x(n)]_N, \quad 0 \leqslant k \leqslant N-1$$

则

$$Y(k) = \mathrm{DFT}[y(n)]_N = W_N^{-km} X(k) \tag{3-19}$$

证明

$$Y(k) = \sum_{n=0}^{N-1} x((n+m))_N W_N^{kn},\ 0 \leqslant k \leqslant N-1$$

令 $l=n+m$，代入上式得

$$Y(k)=\sum_{l=m}^{N-1+m}x((l))_N W_N^{k(l-m)}=W_N^{-km}\sum_{l=m}^{N-1+m}x((l))_N W_N^{kl}$$

因为 $x((l))_N W_N^{kl}$ 是以 N 为周期的，对其在任何一个周期求和是相等的，因此

$$\sum_{l=m}^{N-1+m}x((l))_N W_N^{kl}=\sum_{l=m}^{N-1}x((l))_N W_N^{kl}=\sum_{l=0}^{N-1}x(l)W_N^{kl}=X(k)$$

所以

$$Y(k)=\mathrm{DFT}[y(n)]_N=W_N^{-km}X(k)$$

（3）频域循环移位定理

设 $X(k)=\mathrm{DFT}[x(n)]$，$0\leqslant k\leqslant N-1$，$Y(k)=X((k+l))_N R_N(k)$

则

$$y(n)=\mathrm{IDFT}[Y(k)]=W_N^{nl}x(n) \tag{3-20}$$

直接对 $Y(k)=X((k+l))_N R_N(k)$ 进行IDFT，即可证明式（3-20）。

性质3—循环卷积

4．循环卷积定理

（1）有限长序列的循环卷积

有限长序列 $x_1(n)$ 和 $x_2(n)$ 的长度分别为 N_1 和 N_2，$N=\max[N_1,N_2]$。$x_1(n)$ 和 $x_2(n)$ 的 N 点离散傅里叶变换分别为

$$X_1(k)=\mathrm{DFT}[x_1(n)]，X_2(k)=\mathrm{DFT}[x_2(n)]$$

如果 $X(k)=X_1(k)\cdot X_2(k)$，则

$$x(n)=\mathrm{IDFT}[X(k)]=\sum_{m=0}^{N-1}x_1(m)x_2((n-m))_N R_N(n) \tag{3-21}$$

或

$$x(n)=\mathrm{IDFT}[X(k)]=\sum_{m=0}^{N-1}x_2(m)x_1((n-m))_N R_N(n)$$

称式（3-21）所表示的运算为 $x_1(n)$ 和 $x_2(n)$ 的循环卷积，记为 $x_1(n)\otimes x_2(n)$。循环卷积也称为时域循环卷积或圆周卷积。

证明　直接对式（3-21）两边进行离散傅里叶变换

$$X(k)=\mathrm{DFT}[x(n)]=\sum_{n=0}^{N-1}\left[\sum_{m=0}^{N-1}x_1(m)x_2((n-m))_N R_N(n)\right]W_N^{kn}$$

$$=\sum_{m=0}^{N-1}x_1(m)\sum_{n=0}^{N-1}x_2((n-m))_N W_N^{kn}$$

令 $n-m=n'$，则有

$$X(k)=\sum_{m=0}^{N-1}x_1(m)\sum_{n'=-m}^{N-1-m}x_2((n'))_N W_N^{k(n'+m)}$$
$$=\sum_{m=0}^{N-1}x_1(m)W_N^{km}\sum_{n'=-m}^{N-1-m}x_2((n'))_N W_N^{kn'}$$

因为上式中 $x_2((n'))_N W_N^{kn'}$ 以 N 为周期，所以对其在任一周期上的求和结果不变，因此

$$X(k)=\sum_{m=0}^{N-1}x_1(m)W_N^{km}\sum_{n'=0}^{N-1}x_2((n'))_N W_N^{kn'}=X_1(k)X_2(k),\ 0\leqslant k\leqslant N-1 \tag{3-22}$$

可见，若式（3-21）成立，则式（3-22）必然成立，命题得证。式（3-21）称为循环卷积定理，其循环卷积过程如图 3-3 所示。循环卷积过程中，求和变量为 m，n 为参变量。先将 $x_2(m)$周期化，形成 $x_2((m))_N$，再反转形成 $x_2((-m))_N$，取主值序列则得到 $x_2((-m))_N R_N(m)$，通常称之为 $x_2(m)$的循环反转。对 $x_2(m)$的循环反转序列循环移位 n，形成 $x_2((n-m))_N R_N(m)$，当 $n=0, 1, \cdots, N-1$ 时，分别将 $x_1(m)$与 $x_2((n-m))_N R_N(m)$相乘，并对 m 在 $0\sim(N-1)$区间上求和，便得到 $x_1(n)$和 $x_2(n)$的循环卷积 $x(n)$，如图 3-3(f)所示。

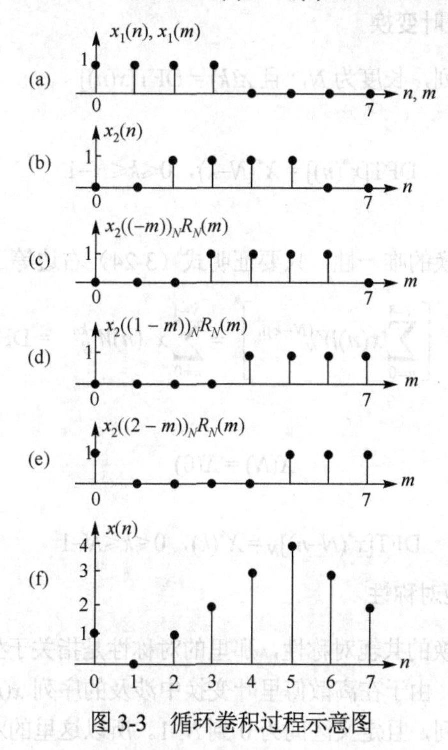

图 3-3　循环卷积过程示意图

由于循环卷积过程中，要求对 $x_2(m)$循环反转，循环移位，特别是两个 N 长的序列的循环卷积长度仍为 N。显然与一般的线性卷积不同，故称之为循环卷积，记为

$$x(n)=x_1(n)\otimes x_2(n)=\sum_{m=0}^{N-1}x_1(m)x_2((n-m))_N R_N(n)$$

由于

$$X(k)=\mathrm{DFT}[x(n)]=X_1(k)\cdot X_2(k)=X_2(k)\cdot X_1(k)$$

所以

$$x(n)=\text{IDFT}[X(k)]=x_1(n)\otimes x_2(n)=x_2(n)\otimes x_1(n)$$

即循环卷积亦满足交换率。

（2）频域循环卷积定理

如果

$$x(n)=x_1(n)\cdot x_2(n)$$

则

$$X(k)=\text{DFT}[x(n)]=\frac{1}{N}X_1(k)\otimes X_2(k)=\frac{1}{N}\sum_{l=0}^{N-1}X_1(l)X_2((k-l))_N R_N(k) \tag{3-23}$$

或

$$X(k)=\frac{1}{N}X_2(k)\otimes X_1(k)=\frac{1}{N}\sum_{l=0}^{N-1}X_2(l)X_1((k-l))_N R_N(k)$$

式（3-23）称为频域循环卷积定理。作为练习，请读者自己证明。

5．复共轭序列的离散傅里叶变换

设 $x^*(n)$是 $x(n)$的复共轭序列，长度为 N，且 $X(k)=\text{DFT}[x(n)]$

则

$$\text{DFT}[x^*(n)]=X^*(N-k)，0\leqslant k\leqslant N-1 \tag{3-24}$$

其中 $X(N)=X(0)$。

证明 根据离散傅里叶变换的唯一性，只要证明式（3-24）右边等于左边即可。

$$X^*(N-k)=\left[\sum_{n=0}^{N-1}x(n)W_N^{(N-k)n}\right]^*=\sum_{n=0}^{N-1}x^*(n)W_N^{kn}=\text{DFT}[x^*(n)]$$

又由 $X(k)$的隐含周期性有

$$X(N)=X(0)$$

用同样的方法可以证明

$$\text{DFT}[x^*(N-n)]_N=X^*(k)，0\leqslant k\leqslant N-1 \tag{3-25}$$

6．离散傅里叶变换的共轭对称性

前面讨论了序列傅里叶变换的共轭对称性，那里的对称性是指关于坐标原点的共轭对称性。离散傅里叶变换也有类似的对称性，由于在离散傅里叶变换中涉及的序列 $x(n)$及其离散傅里叶变换均为有限长序列，且定义区间为 0 到 $N-1$。所以这里的对称性是关于 $N/2$ 点的对称性。

性质 4—实值信号分解

（1）有限长共轭对称序列和共轭反对称序列

若有限长序列 $x_{ep}(n)$满足

$$x_{ep}(n)=x^*_{ep}(N-n)，0\leqslant n\leqslant N-1 \tag{3-26}$$

则称 $x_{ep}(n)$为共轭对称序列。如果有限长序列 $x_{op}(n)$满足

$$x_{op}(n)=-x^*_{op}(N-n)，0\leqslant n\leqslant N-1 \tag{3-27}$$

则称 $x_{op}(n)$为共轭反对称序列。二者均指序列对 $n=N/2$ 点共轭对称或共轭反对称。如图 3-4 所示，图中*表示对应点为序列取共轭后的值。

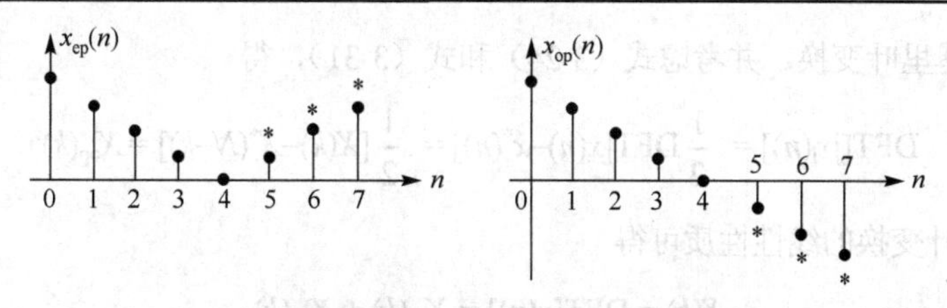

图 3-4　共轭对称与共轭反对称序列示意图

与任何实函数都可以分解成偶对称和奇对称分量的性质类似，任何有限长序列 $x(n)$都可以表示成其共轭对称分量和共轭反对称分量之和，即

$$x(n) = x_{ep}(n) + x_{op}(n),\ 0 \leqslant n \leqslant N-1 \tag{3-28}$$

将式中的 n 换成 $N-n$，并取复共轭，再将式（3-26）和式（3-27）代入得到

$$x^*(N-n) = x^*_{ep}(N-n) + x^*_{op}(N-n) = x_{ep}(n) - x_{op}(n) \tag{3-29}$$

式（3-28）加减式（3-29）可得

$$x_{ep}(n) = \frac{1}{2}[x(n) + x^*(N-n)] \tag{3-30}$$

$$x_{op}(n) = \frac{1}{2}[x(n) - x^*(N-n)] \tag{3-31}$$

（2）离散傅里叶变换的共轭对称性质

①若将序列 $x(n)$表示为实部与虚部之和，即

$$x(n) = x_r(n) + jx_i(n) \tag{3-32}$$

式中，$x_r(n) = \mathrm{Re}[x(n)]$，$x_i(n) = \mathrm{Im}[x(n)]$。将 $x(n)$的离散傅里叶变换表示为共轭对称和共轭反对称部分之和，即

$$X(k) = X_{ep}(k) + X_{op}(k)$$

则

$$X_{ep}(k) = \mathrm{DFT}[x_r(n)]_N \tag{3-33}$$

$$X_{op}(k) = \mathrm{DFT}[jx_i(n)]_N \tag{3-34}$$

证明　序列 $x(n)$总可以表示为式（3-32），对其取共轭得

$$x^*(n) = x_r(n) - jx_i(n) \tag{3-35}$$

式（3-32）和式（3-35）联立求解，得

$$x_r(n) = \mathrm{Re}[x(n)] = \frac{1}{2}[x(n) + x^*(n)] \tag{3-36}$$

$$jx_i(n) = j\mathrm{Im}[x(n)] = \frac{1}{2}[x(n) - x^*(n)] \tag{3-37}$$

式（3-36）求离散傅里叶变换，并考虑式（3-24）和式（3-30），得

$$\mathrm{DFT}[x_r(n)] = \frac{1}{2}\mathrm{DFT}[x(n) + x^*(n)] = \frac{1}{2}[X(k) + X^*(N-k)] = X_{ep}(k)$$

式（3-37）求离散傅里叶变换，并考虑式（3-24）和式（3-31），得

$$\mathrm{DFT}[\mathrm{j}x_i(n)]=\frac{1}{2}\mathrm{DFT}[x(n)-x^*(n)]=\frac{1}{2}[X(k)-X^*(N-k)]=X_{op}(k)$$

再由离散傅里叶变换的线性性质可得

$$X(k)=\mathrm{DFT}[x(n)]=X_{ep}(k)+X_{op}(k) \tag{3-38}$$

式中，$X_{ep}(k)=\mathrm{DFT}[x_r(n)]$是$X(k)$的共轭对称分量，$X_{op}(k)=\mathrm{DFT}[\mathrm{j}x_i(n)]$是$X(k)$的共轭反对称分量。

②如果将序列$x(n)$表示为共轭对称分量与共轭反对称分量和，即

$$x(n)=x_{ep}(n)+x_{op}(n) \tag{3-39}$$

$x(n)$的离散傅里叶变换表示为实部与虚部和，即

$$X(k)=X_r(k)+\mathrm{j}X_i(k)$$

式中，$X_r(k)=\mathrm{Re}[X(k)]$，$\mathrm{j}X_i(k)=\mathrm{Im}[X(k)]$。则

$$X_r(k)=\mathrm{DFT}[x_{ep}(n)]_N \tag{3-40}$$

$$\mathrm{j}X_i(k)=\mathrm{DFT}[x_{op}(n)]_N \tag{3-41}$$

证明 因为$x_{ep}(n)=\frac{1}{2}[x(n)+x^*(N-n)]$

所以

$$\mathrm{DFT}[x_{ep}(n)]_N=\frac{1}{2}\mathrm{DFT}[x(n)+x^*(N-n)]=\frac{1}{2}\{\mathrm{DFT}[x(n)]+\mathrm{DFT}[x^*(N-n)]\}$$

$$=\frac{1}{2}[X(k)+X^*(k)]=\mathrm{Re}[X(k)]=X_r(k)$$

用同样方法可以证明式（3-41）。

综上所述，若序列$x(n)$的离散傅里叶变换为$X(k)$，则$x(n)$的实部和虚部（包括j）的离散傅里叶变换分别为$X(k)$的共轭对称分量和共轭反对称分量；而$x(n)$的共轭对称分量和共轭反对称分量的离散傅里叶变换分别为$X(k)$的实部和虚部乘以j。

性质5—实序列的循环（圆周）共轭对称性

设$x(n)$是长度为N的实序列，且$X(k)=\mathrm{DFT}[x(n)]$，则

①$X(k)$共轭对称，即

$$X(k)=X^*(N-k),\quad 0\leqslant k\leqslant N-1 \tag{3-42}$$

②如果$x(n)=x(N-n)$，则$X(k)$实偶对称，即

$$X(k)=X(N-k) \tag{3-43}$$

③如果$x(n)=-x(N-n)$，则$X(k)$纯虚奇对称，即

$$X(k)=-X(N-k) \tag{3-44}$$

利用上述性质，对实际工程中经常遇到的实序列进行离散傅里叶变换，可提高运算效率，减少近一半的运算量。

利用离散傅里叶变换的共轭对称性，通过计算一个N点离散傅里叶变换，可以得到两个不同实序列的N点离散傅里叶变换，设$x_1(n)$和$x_2(n)$是两个实序列，构成新序列$x(n)$如下：

$$x(n)=x_1(n)+\mathrm{j}x_2(n)$$

对 $x(n)$进行离散傅里叶变换，得到

$$X(k)=\mathrm{DFT}[x(n)]=X_{\mathrm{ep}}(k)+X_{\mathrm{op}}(k)$$

由式（3-38）、式（3-30）和式（3-31）得到

$$X_{\mathrm{ep}}(k)=\mathrm{DFT}[x_1(n)]=\frac{1}{2}[X(k)+X^*(N-k)]$$

$$X_{\mathrm{op}}(k)=\mathrm{DFT}[\mathrm{j}x_2(n)]=\frac{1}{2}[X(k)-X^*(N-k)]$$

所以

$$X_1(k)=\mathrm{DFT}[x_1(n)]=\frac{1}{2}[X(k)+X^*(N-k)]$$

$$X_2(k)=\mathrm{DFT}[x_2(n)]=-\mathrm{j}\frac{1}{2}[X(k)-X^*(N-k)]$$

工程中经常用两个实序列分别作为一个序列的实部和虚部构造复序列，进行一次离散傅里叶变换完成两个序列的离散傅里叶变换运算，从而提高运算效率。

7．离散帕斯瓦尔定理

设 $x(n)$是长度为 N 的实序列，且 $X(k)=\mathrm{DFT}[x(n)]_N$，则

$$\sum_{n=0}^{N-1}|x(n)|^2=\frac{1}{N}\sum_{n=0}^{N-1}|X(k)|^2 \tag{3-45}$$

请读者自己证明该定理。

3.3　频率域采样

根据时域采样定理，若满足一定条件，可以通过时域离散采样序列恢复原来的连续信号。由傅里叶变换、z 变换等变换理论可知，时域和频域存在对偶关系，据此可以判定，通过对时域离散序列 $x(n)$的连续频谱在频域等间隔采样，所得离散频谱对应的时域序列必然是原时间序列 $x(n)$的周期延拓序列。

1．频率域采样

设任意序列 $x(n)$存在 z 变换，则

$$X(z)=\sum_{n=-\infty}^{\infty}x(n)z^{-n}$$

且 $X(z)$的收敛域包含单位圆（$x(n)$存在傅里叶变换）。在单位圆上以 $2\pi/N$ 为间隔对 $X(z)$进行等间隔采样得到

$$\tilde{X}_N(k)=X(z)\big|_{z=\mathrm{e}^{\mathrm{j}\frac{2\pi}{N}k}}=\sum_{n=-\infty}^{\infty}x(n)\mathrm{e}^{-\mathrm{j}\frac{2\pi}{N}kn} \tag{3-46}$$

$\tilde{X}_N(k)$ 是对 $x(n)$的频谱函数 $X(\mathrm{e}^{\mathrm{j}\omega})$的等间隔采样，因为 $X(\mathrm{e}^{\mathrm{j}\omega})$以 2π 为周期，所以采样所得 $\tilde{X}_N(k)$ 是以 N 为周期的频域序列。根据离散傅里叶级数理论，$\tilde{X}_N(k)$ 必然是一个周期序列 $\tilde{x}_N(n)$ 的离散傅里叶级数系数。

2．频域采样定理

频域采样定理

根据式（2-11）可得

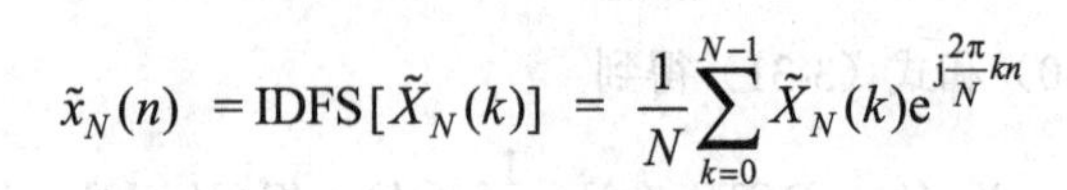

$$\tilde{x}_N(n) = \mathrm{IDFS}[\tilde{X}_N(k)] = \frac{1}{N}\sum_{k=0}^{N-1}\tilde{X}_N(k)\mathrm{e}^{\mathrm{j}\frac{2\pi}{N}kn}$$

将式（3-46）代入上式，得

$$\frac{1}{N}\sum_{k=0}^{N-1}\left[\sum_{m=-\infty}^{\infty}x(m)\mathrm{e}^{-\mathrm{j}\frac{2\pi}{N}m}\right]\mathrm{e}^{\mathrm{j}\frac{2\pi}{N}kn} = \sum_{m=-\infty}^{\infty}x(m)\frac{1}{N}\sum_{k=0}^{N-1}\mathrm{e}^{\mathrm{j}\frac{2\pi}{N}k(n-m)}$$

式中

$$\frac{1}{N}\sum_{k=0}^{N-1}W_N^{k(m-n)} = \begin{cases}1, & m = n + rN, r\text{为整数}\\ 0, & \text{其他}m\end{cases}$$

所以

$$\tilde{x}_N(n) = \mathrm{IDFS}[\tilde{X}_N(k)] = \sum_{r=-\infty}^{\infty}x(n+rN) \tag{3-47}$$

$$X_N(k) = \tilde{X}_N(k)R_N(k) = X(z)\big|_{z=\mathrm{e}^{\mathrm{j}\frac{2\pi}{N}}}，\ 0\leqslant k\leqslant N-1 \tag{3-48}$$

式（3-48）表明 $X_N(k)$是对 $X(z)$在单位圆上的 N 点等间隔采样，也是对 $X(\mathrm{e}^{\mathrm{j}\omega})$在频率区间[0, 2π]上的 N 点等间隔采样，所得采样序列的 IDFT 为原序列 $x(n)$以 N 为周期的周期延拓序列的主值序列。

综上所述，如果序列 $x(n)$的长度为 M，对 $X(\mathrm{e}^{\mathrm{j}\omega})$在频率区间[0, 2π]上的 N 点等间隔采样得到的采样序列 $X_N(k)$，则只有当频域采样点数 $N\geqslant M$ 时，才能由频域采样序列 $X_N(k)$恢复时域序列

$$x(n) = \mathrm{IDFT}[X(k)]$$

否则产生时域混叠现象，不能由频域采样 $X_N(k)$恢复原序列 $x(n)$。这就是所谓的频域采样定理。

3．频域内插公式

设序列 $x(n)$的长度为 M，在频域 0～2π 之间等间隔采样 N 点，$N\geqslant M$，则有

$$X(z) = \sum_{n=0}^{N-1}x(n)z^{-n} \text{ 和 } X(k) = X(z)\big|_{z=\mathrm{e}^{\mathrm{j}\frac{2\pi}{N}}}，\ 0\leqslant k\leqslant N-1$$

根据离散傅里叶逆变换，知 $x(n) = \mathrm{IDFT}[X(k)] = \frac{1}{N}\sum_{k=0}^{N-1}X(k)W_N^{-kn}$ 。将 $x(n)$代入 $X(z)$的表达式中得

$$X(z) = \sum_{n=0}^{N-1}x(n)z^{-n} = \sum_{n=0}^{N-1}\left[\frac{1}{N}\sum_{k=0}^{N-1}X(k)W_N^{-kn}\right]z^{-n} = \frac{1}{N}\sum_{k=0}^{N-1}X(k)\sum_{n=0}^{N-1}(W_N^{-k}z^{-1})^n$$

$$= \frac{1}{N}\sum_{k=0}^{N-1}X(k)\frac{1-W_N^{-kN}z^{-N}}{1-W_N^{-k}z^{-1}}$$

式中 $W_N^{-kN} = 1$，因此

$$X(z) = \frac{1-z^{-N}}{N}\sum_{k=0}^{N-1}\frac{X(k)}{1-W_N^{-k}z^{-1}} \tag{3-49}$$

令

$$\phi_k(z)=\frac{1}{N}\frac{1-z^{-N}}{1-W_N^{-k}z^{-1}} \tag{3-50}$$

则

$$X(z)=\sum_{k=0}^{N-1}X(k)\phi_k(z) \tag{3-51}$$

式（3-51）称为用 $X(k)$表示 $X(z)$的内插公式，$\varphi_k(z)$称为 z 域内插函数。当 $z=\mathrm{e}^{\mathrm{j}\omega}$ 时，式（3-52）和式（3-53）称为 $x(n)$的傅里叶变换 $X(\mathrm{e}^{\mathrm{j}\omega})$的内插函数和内插公式，即

$$X(\mathrm{e}^{\mathrm{j}\omega})=\sum_{k=0}^{N-1}X(k)\phi\left(\omega-\frac{2\pi}{N}k\right) \tag{3-52}$$

$$\phi(z)=\frac{1}{N}\frac{\sin(\omega N/2)}{\sin(\omega/2)}\mathrm{e}^{-\mathrm{j}\omega\frac{N-1}{2}} \tag{3-53}$$

在 FIR 数字滤波器的结构与设计中将会看到，频域采样理论及有关公式可提供一种有用的滤波器结构和滤波器设计途径。

快速傅里叶变换

3.4 快速傅里叶变换

离散傅里叶变换和卷积运算是信号处理中两个最基本、最常用的运算。除了卷积可化为离散傅里叶变换来实现外，其他许多算法，如相关、滤波、离散余弦变换、小波变换、谱估计等，也都可化为离散傅里叶变换来实现，这些算法之间有着互通的关系。影响信号处理发展的最主要因素之一是处理速度，从 1965 年第 1 篇实现离散傅里叶变换快速算法的论文发表以来，目前已研究出许许多多不同快速傅里叶变换算法，本节介绍最基本的 FFT 算法原理。

3.4.1 直接计算离散傅里叶变换的问题及改进的途径

1. 离散傅里叶变换的运算量

设 $x(n)$为 N 点有限长序列，其离散傅里叶变换为

$$X(k)=\sum_{n=0}^{N-1}x(n)\,W_N^{nk}\,,\ k=0,1,2,3,4,\cdots,N-1 \tag{3-54}$$

考察式（3-54）可知，每计算一个 $X(k)$值，需要 N 次复数乘法（$x(n)$与 W_N^{nk} 相乘）及 N–1 次复数加法。而 $X(k)$一共有 N 个点（k 从 0 取到 N–1），所以完成整个离散傅里叶变换运算总共需要 N^2 次复数乘法及 $N(N-1)$次复数加法。而复数运算实际上是由实数运算来完成的，式（3-54）可写成

$$\begin{aligned}X(k)&=\sum_{n=0}^{N-1}x(n)W_N^{nk}=\sum_{n=0}^{N-1}(\mathrm{Re}[x(n)]+\mathrm{j}\,\mathrm{Im}[x(n)])(\mathrm{Re}[W_N^{nk}]+\mathrm{j}\,\mathrm{Im}[W_N^{nk}])\\&=\sum_{n=0}^{N-1}\{(\mathrm{Re}[x(n)]\mathrm{Re}[W_N^{nk}]-\mathrm{Im}[x(n)]\mathrm{Im}[W_N^{nk}])+\\&\quad\mathrm{j}(\mathrm{Re}[x(n)]\mathrm{Im}[W_N^{nk}]+\mathrm{Im}[x(n)]\mathrm{Re}[W_N^{nk}])\}\end{aligned} \tag{3-55}$$

由式（3-55）可得，一次复数乘法需用四次实数乘法和二次实数加法；一次复数加法则需用二次实数加法。因而每运算一个 $X(k)$需要 $4N$ 次实数乘法及 $2N+2(N-1)=2(2N-1)$次实数加法。所以整个离散傅里叶变换运算共需要 $4N^2$ 次实数乘法和 $N\times2(2N-1)=2N(2N-1)$次实数加法。

根据以上分析，直接计算离散傅里叶变换，乘法次数和加法次数都是跟 N^2 呈正比的，当 N 很大时，运算量是很可观的。例如，当 $N=8$ 时，离散傅里叶变换需 64 次复乘，而当 $N=1024$ 时，离散傅里叶变换所需复乘为 1 048 576 次，即一百多万次复乘运算，这对实时性很强的信号处理来说，对计算速度要求太高了。

2. 减少运算工作量的途径

仔细观察离散傅里叶变换的运算可看出，减少离散傅里叶变换运算量的途径之一是将 N 点离散傅里叶变换分解为几个较短的离散傅里叶变换运算。例如，将 N 点离散傅里叶变换分解为 M 个 N/M 点离散傅里叶变换，则复数乘法运算量为$(N/M)^2M=N^2/M$，减少到原来的 $1/M$。

减少离散傅里叶变换运算量的途径之二是利用系数 W_N^{nk} 的两个固有特性（W_N^{nk} 的对称性和周期性）来有效地减少离散傅里叶变换的运算量。

（1）W_N^{nk} 的对称性

$$(W_N^{nk})^*=W_N^{-nk}$$

（2）W_N^{nk} 的周期性

$$W_N^{nk}=W_N^{(n+N)k}=W_N^{n(k+N)}$$

由此可得出

$$W_N^{n(N-k)}=W_N^{(N-n)k}=W_N^{-nk}，\ W_N^{\frac{N}{2}}=-1，\ W_N^{(k+N/2)}=-W_N^k$$

利用上述特性，使离散傅里叶变换运算中有些项可以合并；利用 W_N^{nk} 的对称性和周期性，可以将长序列的离散傅里叶变换分解为短序列的离散傅里叶变换。

快速傅里叶变换算法基本上可以分成两大类，即按时间抽取（Decimation In Time，DIT）快速算法和按频率抽取（Decimation In Frequency，DIF）快速算法。

3.4.2 DIT 基 2 FFT 算法

1. DIT 基 2 FFT 算法原理

设序列 $x(n)$的长度为 $N=2^L$，L 为整数。若不满足这个条件，可补加若干零值点来满足这一要求。这种 N 为 2 的整数幂的 FFT，也称基 2 FFT。

将 $N=2^L$ 的序列 $x(n)$（$n=0, 1, 2, 3, 4, \cdots, N-1$），先按 n 的奇偶分成两组

$$\left.\begin{aligned} x(2r)&=x_1(r)\\ x(2r+1)&=x_2(r)\end{aligned}\right\}\ r=0, 1, 2, 3, 4, \cdots, \frac{N}{2}-1 \tag{3-56}$$

得

$$X(k)=\mathrm{DFT}[x(n)]=\sum_{n=0}^{N-1}x(n)W_N^{nk}=\sum_{\substack{n=0\\ n\text{为奇数}}}^{N-1}x(n)W_N^{nk}+\sum_{\substack{n=0\\ n\text{为偶数}}}^{N-1}x(n)W_N^{nk}$$

$$=\sum_{r=0}^{\frac{N}{2}-1}x(2r)W_N^{2rk}+\sum_{r=0}^{\frac{N}{2}-1}x(2r+1)W_N^{(2r+1)\ k}$$

$$= \sum_{r=0}^{\frac{N}{2}-1} x_1(r)(W_N^2)^{rk} + W_N^k \sum_{r=0}^{\frac{N}{2}-1} x_2(r)(W_N^2)^{rk}$$

由于 $W_N^2 = \mathrm{e}^{-\mathrm{j}\frac{2\pi}{N}*2} = \mathrm{e}^{-\mathrm{j}2\pi/\left(\frac{N}{2}\right)} = W_{\frac{N}{2}}$，上式可表示成

$$X(k) = \sum_{r=0}^{\frac{N}{2}-1} x_1(r) W_{\frac{N}{2}}^{rk} + W_N^k \sum_{r=0}^{\frac{N}{2}-1} x_2(r) W_{\frac{N}{2}}^{rk} = X_1(k) + W_N^k X_2(k) \tag{3-57}$$

式中，$X_1(k)$及$X_2(k)$分别是$x_1(r)$及$x_2(r)$的$N/2$点离散傅里叶变换

$$X_1(k) = \sum_{r=0}^{\frac{N}{2}-1} x_1(r) W_{\frac{N}{2}}^{rk} = \sum_{r=0}^{\frac{N}{2}-1} x(2r) W_{\frac{N}{2}}^{rk} \tag{3-58}$$

$$X_2(k) = \sum_{r=0}^{\frac{N}{2}-1} x_2(r) W_{\frac{N}{2}}^{rk} = \sum_{r=0}^{\frac{N}{2}-1} x(2r+1) W_{\frac{N}{2}}^{rk} \tag{3-59}$$

由式（3-57）得，一个N点离散傅里叶变换已分解为两个$N/2$点离散傅里叶变换，它们按式（3-57）又组合成一新的离散傅里叶变换。但是，$x_1(r)$、$x_2(r)$及$X_1(k)$、$X_2(k)$都是$N/2$点的序列，即r、k满足r、$k = 0, 1, 2, \cdots, N/2-1$。而$X(k)$却有$N$点，用式（3-57）计算得到的只是$X(k)$的前一半项数的结果，要用$X_1(k)$、$X_2(k)$来表达全部$X(k)$值，还必须应用系数的周期性，即

$$W_{\frac{N}{2}}^{rk} = W_{\frac{N}{2}}^{r\left(\frac{N}{2}+k\right)}$$

这样可得

$$X_1\left(\frac{N}{2}+k\right) = \sum_{r=0}^{\frac{N}{2}-1} x_1(r) W_{\frac{N}{2}}^{r\left(\frac{N}{2}+k\right)} = \sum_{r=0}^{\frac{N}{2}-1} x_1(r) W_{\frac{N}{2}}^{rk} = X_1(k) \tag{3-60}$$

同理可得

$$X_2\left(\frac{N}{2}+k\right) = X_2(k) \tag{3-61}$$

式（3-60）和式（3-61）说明了后半部分k值（$N/2 \leqslant k \leqslant N-1$）所对应的$X_1(k)$和$X_2(k)$分别等于前半部分$k$值（$0 \leqslant k \leqslant N/2-1$）所对应的$X_1(k)$和$X_2(k)$。

再考虑W_N^k的周期性

$$W_N^{\left(\frac{N}{2}+k\right)} = W_N^{\frac{N}{2}} W_N^k = -W_N^k \tag{3-62}$$

这样，把式（3-60）、式（3-61）、式（3-62）代入式（3-57），可将$X(k)$表达为前后两部分：

前半部分

$$X(k) = X_1(k) + W_N^k X_2(k), \quad k = 0, 1, \cdots, \frac{N}{2}-1 \tag{3-63}$$

后半部分

$$X\left(k+\frac{N}{2}\right)=X_1\left(k+\frac{N}{2}\right)+W_N^{K+\frac{N}{2}}X_2\left(k+\frac{N}{2}\right)$$
$$=X_1(k)-W_N^kX_2(k),\ k=0,1,\ \cdots,\ \frac{N}{2}-1 \tag{3-64}$$

这样，只要求出 0～(N/2−1)区间的所有 $X_1(k)$和 $X_2(k)$值，即可求出 0～(N−1)区间内的所有 $X(k)$值，这就大大节省了运算。同时，式（3-63）和式（3-64）的运算可以用图 3-5 所示的蝶形信号流图表示。当支路上没有标出系数时，则该支路的传输系数为 1。

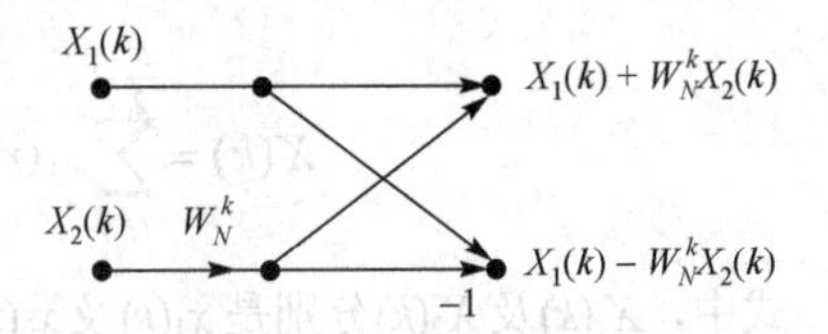

图 3-5　时间抽取法蝶形运算流图符号

采用这种表示法，可将上面讨论的分解过程表示于图3-6中，此图表示 $N=2^3=8$ 的情况，其中输出值 $X(0)$～$X(3)$是由式(3-63)给出的，而输出值 $X(4)$～$X(7)$是由式（3-64）给出的。

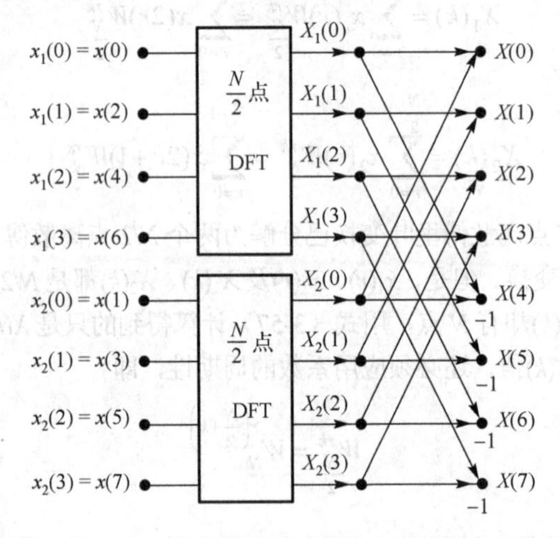

图 3-6　按时间抽取，将一个 N 点离散傅里叶变换分解为两个 N/2 点离散傅里叶变换

可以看出，每个蝶形运算，需要一次复数乘法（$X_2(k)W_N^k$）及两次复数加（减）法。据此，一个 N 点离散傅里叶变换分解为两个 N/2 点离散傅里叶变换后，如果直接计算 N/2 点离散傅里叶变换，则每一个 N/2 点离散傅里叶变换只需要 $\left(\frac{N}{2}\right)^2=\frac{N^2}{4}$ 次复数乘法和 $\frac{N}{2}\left(\frac{N}{2}-1\right)$ 次复数加法。两个 N/2 点离散傅里叶变换共需 $2\times\left(\frac{N}{2}\right)^2=\frac{N^2}{2}$ 次复乘法和 $N\left(\frac{N}{2}-1\right)$ 次复数加法。此外，把两个 N/2 点离散傅里叶变换合成 N 点离散傅里叶变换时，有 N/2 个蝶形运算，还需要 N/2 次复数乘法及 $2\times\frac{N}{2}=N$ 次复数加法。通过第一步分解后，总共需要 $\frac{N^2}{2}+\frac{N}{2}=\frac{N(N+1)}{2}\approx\ \frac{N^2}{2}$ 次复数乘法和 $N\left(\frac{N}{2}-1\right)+N=\frac{N^2}{2}$ 次复数加法，因此通过这样分解后运算工作量差不多减少到一半。

由于 $N=2^L$，因而 $\frac{N}{2}$ 仍是偶数，可以进一步把每个 $\frac{N}{2}$ 点子序列再按其奇偶部分分解为两个 $\frac{N}{2}$ 点的子序列。

$$\left.\begin{aligned}x_1(2l)&=x_3(l)\\x_1(2l+1)&=x_4(l)\end{aligned}\right\},\ l=0,1,\ \cdots,\ \frac{N}{4}-1 \tag{3-65}$$

$$X_1(k)=\sum_{i=0}^{\frac{N}{4}-1}x_1(2l)W_{N/2}^{2lk}+\sum_{i=0}^{\frac{N}{4}-1}x_1(2l+1)W_{N/2}^{(2l+1)k}=\sum_{i=0}^{\frac{N}{4}-1}x_3(l)W_{N/4}^{lk}+W_{N/2}^{lk}\sum_{i=0}^{\frac{N}{4}-1}x_4(l)W_{N/4}^{lk}$$

$$=X_3(k)+W_{N/2}^{k}X_4(k)\text{，}k=0,1,\cdots,\frac{N}{4}-1$$

且
$$X_1\left(\frac{N}{4}+k\right)=X_3(k)-W_{N/2}^{k}X_4(k),k=0,1,\cdots,\frac{N}{4}-1$$

其中

$$X_3(k)=\sum_{i=0}^{\frac{N}{4}-1}x_3(l)W_{N/4}^{lk}\tag{3-66}$$

$$X_4(k)=\sum_{i=0}^{\frac{N}{4}-1}x_4(l)W_{N/4}^{lk}\tag{3-67}$$

图 3-7 给出 $N=8$ 时，将一个 $N/2$ 点离散傅里叶变换分解成两个 $N/4$ 点离散傅里叶变换，由此两个 $N/4$ 点离散傅里叶变换组合成一个 $N/2$ 点离散傅里叶变换的流图。

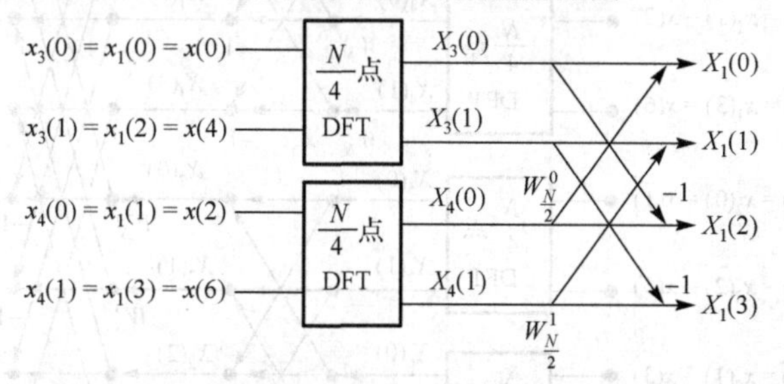

图 3-7　由两个 $N/4$ 点离散傅里叶变换组合成一个 $N/2$ 点离散傅里叶变换

$X_2(k)$也可进行同样的分解

$$X_2(k)=X_5(k)+W_{N/2}^{k}X_6(k),\quad k=0,1,\cdots,\frac{N}{4}-1$$

$$X_2\left(\frac{N}{4}+k\right)=X_5(k)-W_{N/2}^{k}X_6(k),\quad k=0,1,\cdots,\frac{N}{4}-1$$

式中

$$X_5(k)=\sum_{i=0}^{\frac{N}{4}-1}x_2(2l)W_{N/4}^{lk}=\sum_{i=0}^{\frac{N}{4}-1}x_5(l)W_{N/4}^{lk}\tag{3-68}$$

$$X_6(k)=\sum_{i=0}^{\frac{N}{4}-1}x_2(2l+1)W_{N/4}^{lk}=\sum_{i=0}^{\frac{N}{4}-1}x_6(l)W_{N/4}^{lk}\tag{3-69}$$

将系数统一为 $W_{N/2}^{k}=W_{N}^{2k}$，则一个 $N=8$ 点离散傅里叶变换就可以分解为 4 个 $N/4=2$ 点的离散傅里叶变换，这样可得如图 3-8 所示的流图。

根据同样的分析知道，利用 4 个 $N/4$ 点的离散傅里叶变换及两级蝶形组合运算来计算 N 点离散傅里叶变换，比只用一次分解蝶形组合方式的计算量又减少了大约一半。

最后剩下的是 2 点离散傅里叶变换，对此例 $N=8$，就是 4 个 $\frac{N}{4}=2$ 点的离散傅里叶变换，其输出为$X_3(k)$、$X_4(k)$、$X_5(k)$、$X_6(k)$，$k=0, 1$，由式（3-66）～式（3-69）可以计算出来，例如由式（3-67）可得

$$X_4(k)=\sum_{i=0}^{N/4-1} x_4(l)W_{N/4}^{lk}=\sum_{i=0}^{1} x_4(l)W_{N/4}^{lk} \qquad k=0, 1$$

即

$$X_4(0)=x_4(0)+W_2^0 x_4(1)=x(2)+W_2^0 x(6)=x(2)+W_N^0 x(6)$$
$$X_4(1)=x_4(0)+W_2^1 x_4(1)=x(2)+W_2^1 x(6)=x(2)-W_N^0 x(6)$$

式中，$W_2^1=\mathrm{e}^{-\mathrm{j}\frac{2\times 3.14}{2}\times 1}=\mathrm{e}^{-\mathrm{j}\times 3.14}=-1=-W_N^0$，故计算上式不需乘法。类似地可求出$X_3(k)$、$X_5(k)$、$X_6(k)$，这些两点离散傅里叶变换都可用一个蝶形结表示。由此可得出一个按时间抽取运算的完整的 8 点离散傅里叶变换流图，如图 3-9 所示。

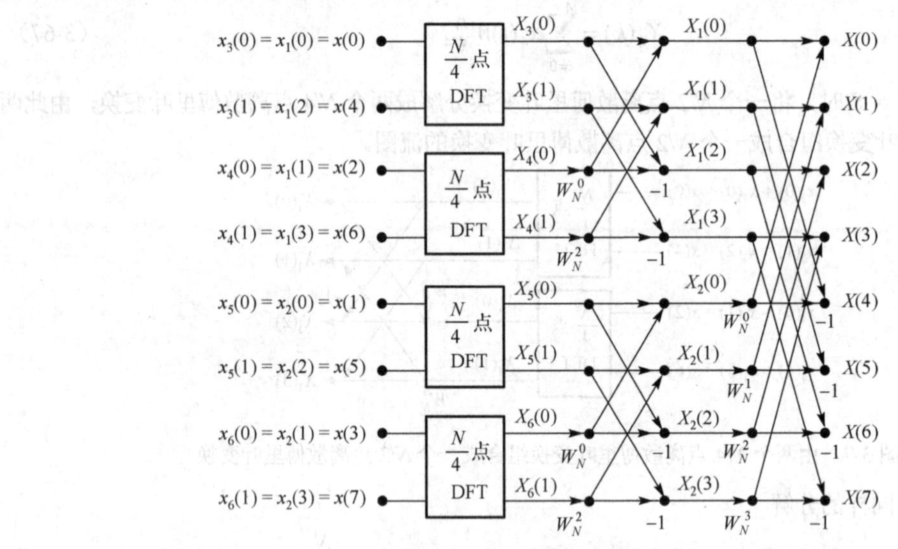

图 3-8　按时间抽取，将一个 N 点离散傅里叶变换分解为 4 个 $N/4$ 点离散傅里叶变换（$N=8$）

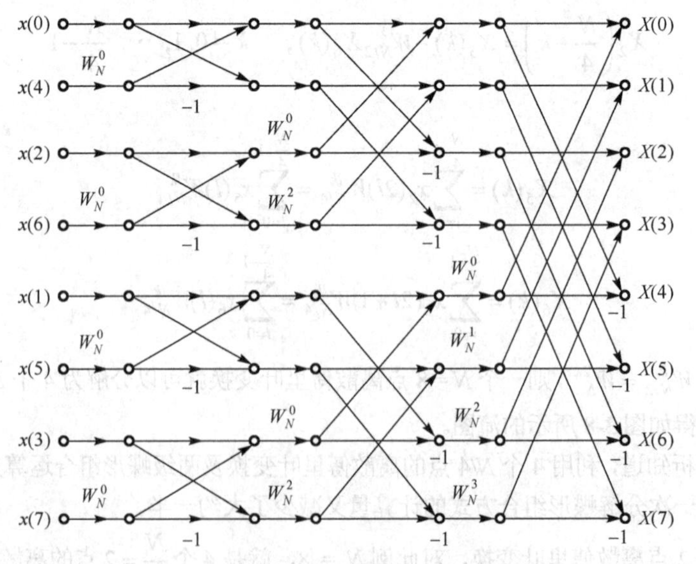

图 3-9　$N=8$ 按时间抽取法 FFT 运算图

这种方法的每一步分解都是按输入序列在时间上的次序是属于偶数还是属于奇数来分解为两个更短的子序列的，所以称为“按时间抽取法”（DIT）。

2．运算量

由按时间抽取法 FFT 的流图可见，当 $N=2^L$ 时，共有 L 级蝶形，每级都由 $N/2$ 个蝶形运算组成，每个蝶形有一次复乘、二次复加，因而每级运算都需 $N/2$ 次复乘和 N 次复加，这样 L 级运算总共需要

$$\text{复乘数 } m_{\mathrm{F}}=\frac{N}{2}L=\frac{N}{2}\log_2 N \tag{3-70}$$

$$\text{复加数 } a_{\mathrm{F}}=NL=N\log_2 N \tag{3-71}$$

实际计算量和这个数字稍有不同，因为 $W_N^0=1$（这样情况共有 $1+2+2^{L-1}=\sum_{i=0}^{L-1}2^i=2^L-1=N-1$），$W_N^{\frac{N}{4}}=-\mathrm{j}$，这几个系数都不用乘法运算，但是这些情况在直接计算离散傅里叶变换中也是存在的。此外，当 N 较大时，这些特例相对而言就很少。为了统一做比较，下面都不考虑这些特例。

由于计算机上乘法运算所需时间比加法运算所需时间多得多，故在表 3-1 中以乘法为例说明 FFT 算法与直接离散傅里叶变换算法运算量的比较，直接离散傅里叶变换复数乘法次数是 N^2，FFT 复数乘法次数是 $\frac{N}{2}\log_2 N$。

表 3-1　FFT 算法与直接离散傅里叶变换算法的比较

N	N^2	$\frac{N}{2}\log_2 N$	$N^2\Big/\left(\frac{N}{2}\log_2 N\right)$	N	N^2	$\frac{N}{2}\log_2 N$	$N^2\Big/\left(\frac{N}{2}\log_2 N\right)$
2	4	1	4.0	128	16 384	448	36.6
4	16	4	4.0	256	65 536	1024	64.0
8	64	12	5.4	512	262 144	2304	113.8
16	256	32	8.0	1024	1 048 576	5120	204.8
32	1024	80	12.8	2048	4 194 304	11 264	372.4
64	4096	192	21.3	4096	16 777 216	24 576	682.7

直接计算离散傅里叶变换与 FFT 算法的计算量之比为

$$\frac{N^2}{\frac{N}{2}L}=\frac{N^2}{\frac{N}{2}\log_2 N}=\frac{2N}{\log_2 N} \tag{3-72}$$

根据这一比值可以绘出直接计算离散傅里叶变换和 FFT 算法所需运算量与点数 N 的关系曲线，如图 3-10 所示。可以很直观地看出 FFT 算法的优越性，尤其是当点数 N 越大时，FFT 的优点就越突出。

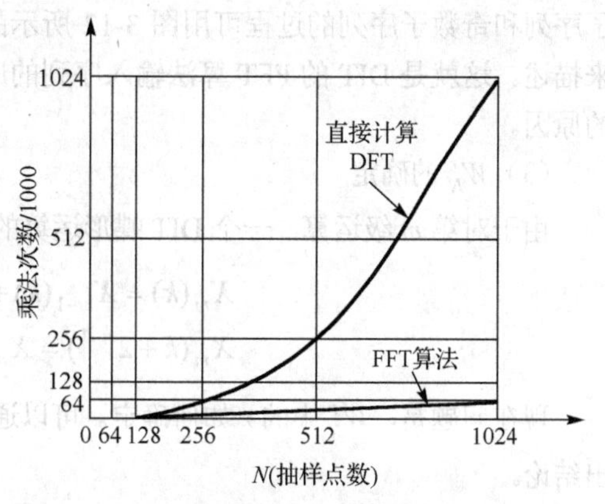

图 3-10　直接计算离散傅里叶变换与 FFT 算法所需乘法次数的比较

3．按时间抽取的 FFT 算法的特点

为了得出任何 $N=2^L$ 点的时间抽取基 2FFT 信号流图或设计出硬件实现电路，下面来考察这种按时间抽取法在运算方式上的特点。

（1）原位运算

从图 3-9 可以看出，这种运算的每级（每列）计算都是由 $N/2$ 个蝶形运算构成的，每一个蝶形结构完

成下述基本迭代运算：

$$\begin{cases} X_m(k) = X_{m-1}(k) + X_{m-1}(j)W_N^r \\ X_m(j) = X_{m-1}(k) - X_{m-1}(j)W_N^r \end{cases} \tag{3-73}$$

式（3-73）中 m 表示第 m 列迭代，k、j 为数据所在行数。式（3-73）的蝶形运算如图 3-11 所示，由一次复乘和两次复加（减）组成。

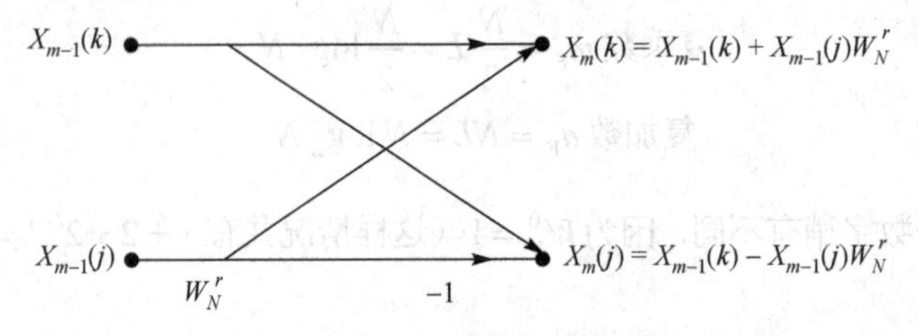

图 3-11　时间抽取法蝶形运算结构

由图 3-9 的流图看出，某一列的任何两个节点 k 和 j 的节点变量进行蝶形运算后，得到结果为下一列 k、j 两节点的节点变量，而和其他节点变量无关，因而可以采用原位运算，即某一列的 N 个数据送到存储器后，经蝶形运算，其结果为另一列数据，它们以蝶形为单位仍存储在同一组存储器中。每列的 $N/2$ 个蝶形运算全部完成后，再开始下一列的蝶形运算。这样存储数据只需 N 个存储单元。下一级的运算仍采用这种原位方式，只不过进入蝶形结的组合关系有所不同。这种原位运算结构可以节省存储单元，降低设备成本。

（2）倒位序规律

由图 3-9 可看出，按原位计算时，FFT 的输出 $X(k)$是按正常顺序排列在存储单元中的，即按 $X(0)$, $X(1)$, …, $X(7)$的顺序排列，但是这时输入 $x(n)$却不是按自然顺序存储的，而是按 $x(0)$，$x(4)$, …, $x(7)$的顺序存入存储单元，看起来是“混乱无序”的，实际上是有规律的，称之为倒位序。

造成倒位序的原因是输入 $x(n)$按标号 n 的偶奇不断分组。如果 n 用二进制数表示为$(n_2n_1n_0)_2$（当 $N=8$ 时，二进制为三位），第一次分组，由图 3-6 可看出，n 为偶数在上半部分，n 为奇数在下半部分，这可以观察 n 的二进制数的最低位 n_0，$n_0=0$ 则序列值对应于偶数抽样，$n_0=1$ 则序列值对应于奇数抽样。下一次则根据次低位 n_1 来分偶奇（而不管原来的子序列是偶序列还是奇序列）。这种不断分成偶数子序列和奇数子序列的过程可用图 3-12 所示的二进制树状图来描述。这就是 DIT 的 FFT 算法输入序列的序数成为倒位序的原因。

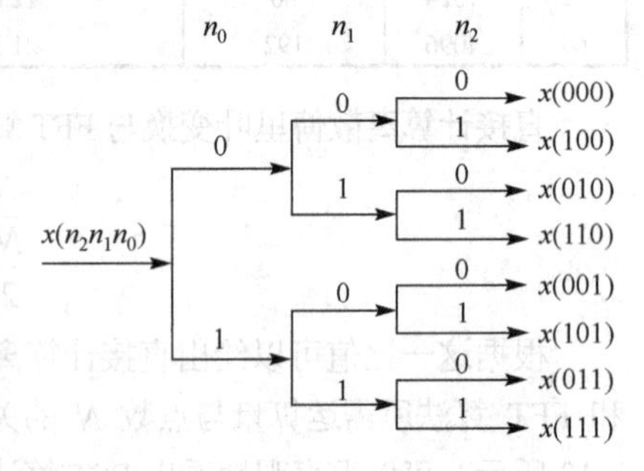

图 3-12　描述倒位序的树状图

（3）W_N^r 的确定

由于对第 m 级运算，一个 DIT 蝶形运算的两节点间“距离”为 2^{m-1}，因而式（3-73）可写成

$$\begin{aligned} X_m(k) &= X_{m-1}(k) + X_{m-1}(k+2^{m-1})W_N^r \\ X_m(k+2^{m-1}) &= X_{m-1}(k) - X_{m-1}(k+2^{m-1})W_N^r \end{aligned} \tag{3-74}$$

现在问题是，W_N^r 中的 r 如何确定。可以通过严格的数学推导得到 r，这里省略掉推导过程，只给出结论。

r 的求解方法为：①将式（3-74）中，蝶形运算两节点中的第一个节点标号值，即 k 值，表示成 L 位（注意 N 为 2^L）二进制数；②将此二进制数乘以 2^{L-m}，即将此 L 位二进制数左移 $L-m$ 位（注意 m

是第 m 级的运算），右边空出的位置补零，此数即为所求 r 的二进制数。

从图 3-9 看出，W_N^r 因子最后一列有 $\frac{N}{2}$ 种，顺序为 W_N^0，W_N^1，…，$W_N^{\left(\frac{N}{2}-1\right)}$，其余可类推。

按时间抽取的 FFT 还有其他形式的算法流图，请参考文献[18]。

3.4.3　DIF 基 2FFT 算法

按频率抽取（DIF）的 FFT 算法（桑德-图基算法）原理与 DIT 快速算法类似，也是通过不断的分组操作，将长序列分解为短序列再计算离散傅里叶变换来实现快速计算。不同之处是把待变换 $x(n)$ 按照前半部分和后半部分进行分组，从而达到快速计算目的。另外结果序列 $X(k)$（也是 N 点序列）是按其正顺序的输出序列。

但是，DIF 与 DIT 就运算量来说则是相同的，即都有 L 级（列）运算，每级运算需 $\frac{N}{2}$ 个蝶形运算来完成，总共需要 $m_{\mathrm{F}}=\frac{N}{2}\log_2 N$ 次复乘与 $a_{\mathrm{F}}=N\log_2 N$ 次复加，DIF 法与 DIT 法都可进行原位运算。

把图 3-9 的流图分别加以转置（参考第 4 章），就可得到各种 DIF 的 FFT 流图，作为练习，请读者自己来画出这些流图。

3.4.4　离散傅里叶逆变换的快速计算方法

上述快速傅里叶变换算法也可用于计算离散傅里叶逆变换。

离散傅里叶逆变换为

$$x(n)=\mathrm{IDFT}[X(k)]=\frac{1}{N}\sum_{k=0}^{N-1}X(k)W_N^{-kn} \tag{3-75}$$

离散傅里叶变换为

$$X(k)=\mathrm{DFT}[x(n)]=\sum_{k=0}^{N-1}x(n)W_N^{nk} \tag{3-76}$$

比较式（3-75）和式（3-76），只要把离散傅里叶变换运算中的每一个系数 W_N^{nk} 换成 W_N^{-kn}，并且最后再乘以常数 $1/N$，则以上所有时间抽取或频率抽取的快速傅里叶变换算法都可以用来计算离散傅里叶逆变换。

下面介绍一种直接调用快速傅里叶变换程序计算快速傅里叶逆变换的方法。

将 IDFT 式（3-72）取共轭

$$x^*(n)=\frac{1}{N}\left[\sum_{k=0}^{N-1}X^*(k)W_N^{nk}\right]$$

因而

$$x(n)=\frac{1}{N}\left[\sum_{k=0}^{N-1}X^*(k)W_N^{nk}\right]^*=\frac{1}{N}\{\mathrm{DFT}[X^*(k)]\}^* \tag{3-77}$$

式（3-77）说明，只要先将 $X(k)$ 取共轭，就可以直接利用 FFT 子程序，最后再将运算结果取一次共轭，并乘以 $1/N$，即得到 $x(n)$ 值。这样快速傅里叶变换和快速傅里叶逆变换运算就可很方便地公用一个子程序，大大方便了程序设计。

以上介绍了FFT的两种算法原理及算法流图。在工程实践中，还有许多其他算法，如离散哈特莱变换、基r FFT、混合基FFT、分裂基FFT等，请读者参考有关文献。

3.5　离散傅里叶变换的应用举例

离散傅里叶变换快速算法的出现使离散傅里叶变换在数字通信、语音信号处理、图像处理、功率谱估计、仿真、系统分析、雷达理论、光学、医学、地震及数值分析等各个领域都得到广泛应用。本节主要介绍用离散傅里叶变换计算线性卷积和频谱分析两方面的应用。

3.5.1　用离散傅里叶变换计算线性卷积

DFT计算卷积

在实际应用中，为了分析时域离散线性非时变系统或者对序列进行滤波处理等，需要计算两个序列的线性卷积。和计算循环卷积一样，为了提高运算速度，也希望找到用快速傅里叶变换计算线性卷积的方法。

若序列$y(n)$是序列$x_1(n)$和$x_2(n)$的循环卷积，那么

$$y(n)=x_1(n)\otimes x_2(n)=\sum_{m=0}^{L-1}x_1(m)x_2((n-m))_L R_L(n)$$

且

$$\begin{aligned}X_1(k)&=\mathrm{DFT}[x_1(n)]\\X_2(k)&=\mathrm{DFT}[x_2(n)]\end{aligned},\quad 0\leqslant k\leqslant L-1$$

则根据时域循环卷积定理有

$$Y(k)=\mathrm{DFT}[y(n)]=X_1(k)X_2(k),\quad 0\leqslant k\leqslant L-1$$

可见，循环卷积既可在时域直接计算，也可以按照图3-13所示的框图在频域计算。由于离散傅里叶变换有快速算法FFT，当N很大时，在频域计算的速度比在时域快得多，因而常用FFT计算循环卷积。

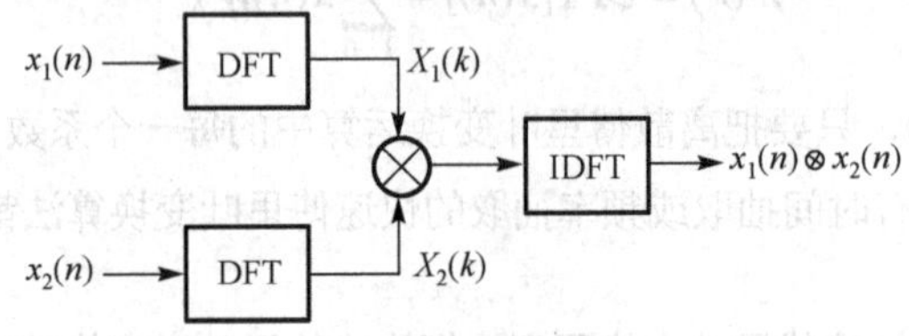

图3-13　用离散傅里叶变换计算循环卷积

对于线性时不变系统来说，设$h(n)$和$x(n)$都是有限长序列，长度分别是N和M。它们的线性卷积和循环卷积分别表示为

$$y_1(n)=h(n)*x(n)=\sum_{m=0}^{N-1}h(m)x(n-m)\tag{3-78}$$

$$y_{\mathrm{c}}(n)=h(n)\otimes x(n)=\sum_{m=0}^{N-1}h(m)x((n-m))_L R_L(n)\tag{3-79}$$

其中，$L\geqslant\max[N,M]$，$x((n))_L=\sum_{q=-\infty}^{\infty}x(n+qL)$，所以

$$y_{\mathrm{c}}(n)=\sum_{m=0}^{N-1}h(m)\sum_{q=-\infty}^{\infty}x(n-m+qL)R_L(n)$$

$$=\sum_{q=-\infty}^{\infty}\sum_{m=0}^{N-1}h(m)x(n+qL-m)R_L(n)$$

对照式（3-78）可以看出，上式中

$$\sum_{m=0}^{N-1}h(m)x(n+qL-m)=y_1(n+qL)$$

即

$$y_{\mathrm{c}}(n)=\sum_{q=-\infty}^{\infty}y_1(n+qL)R_L(n) \tag{3-80}$$

式（3-80）表明 $y_{\mathrm{c}}(n)$等于 $y_1(n)$以 L 为周期的周期延拓序列的主值序列。$y_1(n)$长度为 $N+M-1$，因此只有当循环卷积长度 $L\geqslant N+M-1$ 时，$y_1(n)$以 L 为周期进行周期延拓才无混叠现象。此时取主值序列显然满足 $y_{\mathrm{c}}(n)=y_1(n)$。因此，循环卷积与线性卷积相等的条件是 $L\geqslant N+M-1$。图 3-14 中画出了 $h(n)$、$x(n)$、$h(n)*x(n)$和 L 分别取 6、8、10 时 $h(n)\otimes x(n)$的波形。因为 $h(n)$长度 $N=4$，$x(n)$长度 $M=5$，$N+M-1=8$，所以只有 $L\geqslant 8$ 时，$h(n)\otimes x(n)$的波形才与 $h(n)*x(n)$相同。

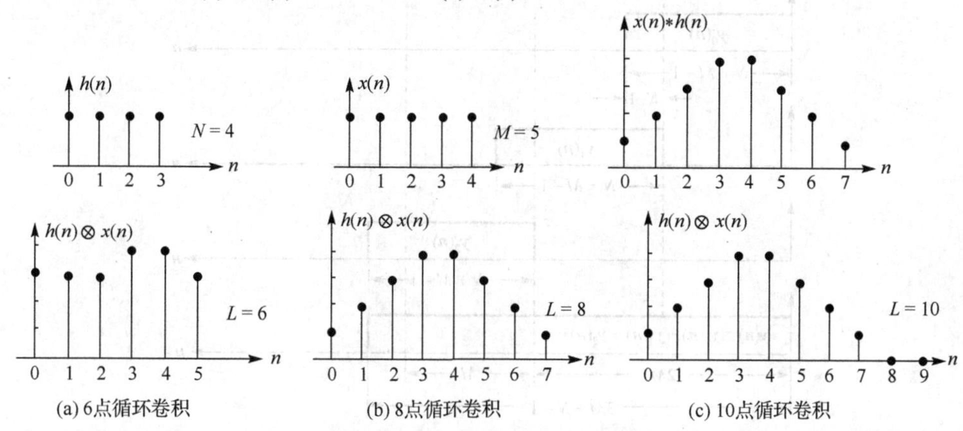

图 3-14　线性卷积与循环卷积

如果取 $L=N+M-1$，则可用离散傅里叶变换计算线性卷积，计算框图如图 3-15 所示。

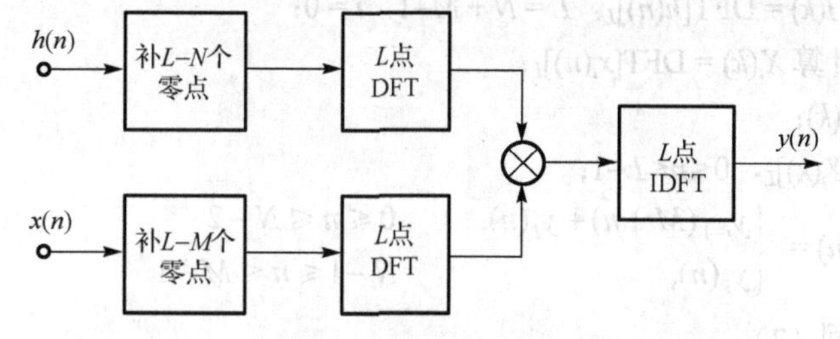

图 3-15　用离散傅里叶变换计算线性卷积框图

工程中信号处理系统的单位脉冲响应长度 N 常常是有限长的，但输入序列可能很长或者无限长。例如，监控系统的语音滤波等，语音信号序列的长度 M 远远大于系统的长度，即 $M\gg N$。解决这个问题的方法是将长序列分段处理计算。这种分段处理法有重叠相加法和重叠保留法两种，这里介绍重叠相加法。

重叠相加法

设序列$h(n)$长度为N，$x(n)$为无限长序列。将$x(n)$均匀分段，每段长度取M，则$x(n)=\sum_{k=0}^{\infty}x_k(n)$，$x_k(n)=x(n)\cdot R_M(n-kM)$。于是，$h(n)$与$x(n)$的线性卷积可表示为

$$y(n)=h(n)*x(n)=h(n)*\sum_{k=0}^{\infty}x_k(n)=\sum_{k=0}^{\infty}h(n)x_k(n)=-\sum_{k=-\infty}^{\infty}y_k(n) \tag{3-81}$$

式中，$y_k(n)=h(n)*x_k(n)$。式（3-81）说明，计算$h(n)$与$x(n)$的线性卷积时，可先进行分段线性卷积$y_k(n)=h(n)*x_k(n)$，然后再把分段卷积结果叠加起来即可，如图3-16所示。每一分段卷积$y_k(n)$的长度为$N+M-1$，$y_k(n)$与$y_{k+1}(n)$重叠点有$N-1$个，将其相加才能得到完整的卷积序列$y(n)$。由图3-16可以看出，当第二个分段卷积$y_1(n)$计算完后，叠加重叠点便可得输出序列$y(n)$的前$2M$个值。同理，分段卷积$y_i(n)$计算完后，就可得到$y(n)$第i段的M个序列值。因此，要求存储容量小，且运算量和延时也大大减少。

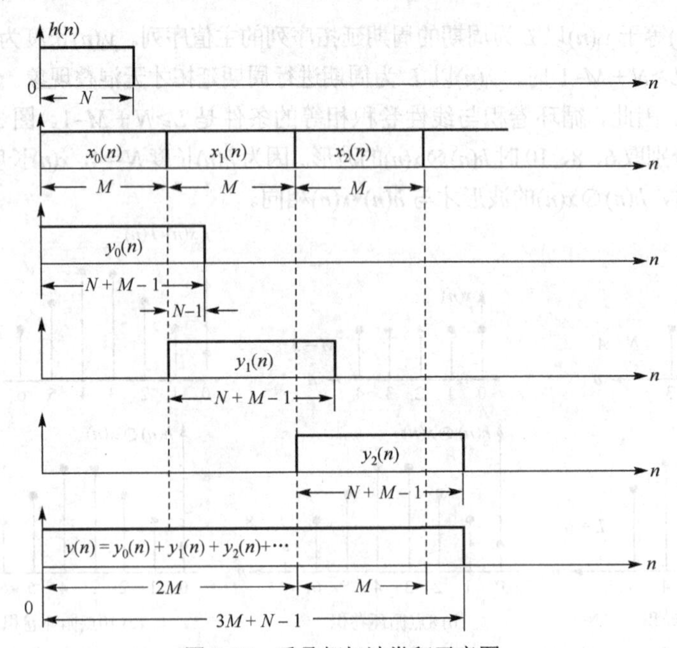

图3-16　重叠相加法卷积示意图

假设初始条件$y_{-1}(n)=0$，$x(n)$是因果序列，重叠相加法的计算步骤归纳如下：

（1）计算并保存$H(k)=\text{DFT}[h(n)]_L$，$L=N+M-1$，$i=0$；

（2）输入$x_i(n)$并计算$X_i(k)=\text{DFT}[x_i(n)]_L$；

（3）$Y_i(k)=H(k)X_i(k)$；

（4）$y_i(n)=\text{IDFT}[Y_i(k)]_L$，$0\leqslant n\leqslant L-1$；

（5）计算$y(iM+n)=\begin{cases}y_{i-1}(M+n)+y_i(n), & 0\leqslant n\leqslant N-2\\ y_i(n), & N-1\leqslant n\leqslant M-1\end{cases}$；

（6）$i=i+1$，返回（2）。

MATLAB提供的用于重叠相加法计算线性卷积的函数是fftfilt，其调用格式为

```
y = fftfilt(h,x,M)
```

其中，h是系统的单位脉冲响应，x是输入序列向量，y是h与x的卷积，即输出序列向量，M是输入序列x的分段长度，由用户指定，系统默认M＝512。

3.5.2　用离散傅里叶变换对信号进行谱分析

用DFT看频谱

信号的谱分析就是计算信号的傅里叶变换，可以用离散傅里叶变换对时域离散信号和连续信号进行谱分析。对连续信号和系统，可以通过时域采样，应用离散傅里叶变换进行谱分析。

已经知道单位圆上的z变换就是序列的傅里叶变换，即

$$X(e^{j\omega})=X(z)\big|_{z=e^{j\omega}}$$

$X(e^{j\omega})$是ω的连续周期函数。如果对序列$x(n)$进行N点离散傅里叶变换，得到$X(k)$，$X(k)$是在区间$[0,\ 2\pi]$上对$X(e^{j\omega})$的N点等间隔采样。因离散傅里叶变换有FFT算法，故常用离散傅里叶变换对有限长序列进行谱分析，实施方法如下。

（1）根据频率分辨率的要求确定离散傅里叶变换的变换区间长度N。谱分析的衡量指标之一是频率分辨率，它是频谱分析中能够分辨的两个相邻频率点谱线的最小间距。在数字频率域，N点离散傅里叶变换能够实现的频率分辨率是$2\pi/N$ rad，进行频谱分析时，要求$N\geqslant 2\pi/D$（D为要求的分辨率）。为了便于使用快速傅里叶变换，一般取$N=2^M$。

（2）计算N点离散傅里叶变换，并以自变量k所对应的数字频率$\omega_k=2\pi/N$为横坐标变量绘制频谱图。绘图时，建议用数字频率作为横坐标变量。

【例3-2】　设$x(n)=0.5^nR_{10}(n)$，用离散傅里叶变换分析$x(n)$的频谱，频率分辨率为0.02π rad，试画出频率特性曲线。

解　（1）根据频率分辨率求N。

因为$2\pi/N\leqslant 0.02\pi$，即$N\geqslant 100$，取$N=100$。

（2）计算$x(n)$的N点离散傅里叶变换

$$X(k)=\mathrm{DFT}[x(n)]_N=\sum_{n=0}^{N-1}x(n)W_N^{kn}\ ,\ \ k=0,1,\ \cdots,N-1$$

$$=\sum_{n=0}^{N-1}0.5^nW_{100}^{kn}=\frac{1-0.5^{10}W_{100}^{10k}}{1-0.5W_{100}^{k}}\ ,\ \ k=0,1,\ \cdots,99$$

$X(e^{j\omega})$的幅频特性和相频特性曲线如图3-17所示。从图中可见，N等于16时，频率分辨率为0.125π时，频率特性如图3-17(a)和(c)所示，与图3-17(b)和(d)所示N等于100时频率特性相差很小。表明用离散傅里叶变换对该信号进行谱分析时，频率分辨率低一些也可以得到正确的频谱。

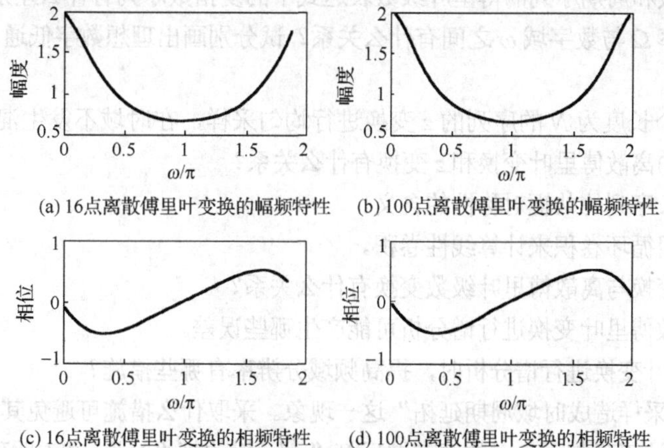

(a) 16点离散傅里叶变换的幅频特性　(b) 100点离散傅里叶变换的幅频特性

(c) 16点离散傅里叶变换的相频特性　(d) 100点离散傅里叶变换的相频特性

图3-17　$5^nR_{10}(n)$频率特性曲线

进行谱分析时，根据对频谱分析的分辨率要求确定 N。若不知道对分辨率的要求，可根据先验知识选择分辨率。如果知道信号中有两个峰值的间距为 B，可初选分辨率为 $B/2$，再根据实验进行调整。或者先任取一个 N 值做离散傅里叶变换，然后再适当增大 N，再做离散傅里叶变换后比较两次计算的频谱，如果相差较大，可再增大 N，重复上述步骤，直到分析点数增加前后频谱的差异满足要求为止。

小　结

1．周期序列的离散傅里叶级数正变换 $\tilde{X}(k)=\text{DFS}[\tilde{x}(n)]=\sum_{n=0}^{N-1}\tilde{x}(n)W_N^{kn}$，逆变换 $\tilde{x}(n)=\text{IDFS}[\tilde{X}(k)]=\frac{1}{N}\sum_{n=0}^{N-1}\tilde{X}(k)W_N^{-kn}$。

2．离散傅里叶级数的性质。

3．有限长序列的离散傅里叶变换正变换 $X(k)=\text{DFT}[x(n)]=\sum_{n=0}^{N-1}x(n)W_N^{kn}$，$0\leqslant n\leqslant N-1$。逆变换 $x(n)=\text{IDFT}[X(k)]=\frac{1}{N}\sum_{l=0}^{N-1}X(k)W_N^{-kn}$，$0\leqslant n\leqslant N-1$。

4．离散傅里叶变换的性质。

5．频域采样定理。如果序列 $x(n)$ 的长度为 N，则 $X(z)$ 在单位圆上的 N 个取样可完全确定 $X(z)$

$$X(z)=\frac{1-z^{-N}}{N}\sum_{k=0}^{N-1}\frac{\tilde{X}(k)}{1-W_N^{-k}z^{-1}}$$

6．用离散傅里叶变换计算线性卷积和谱分析。

思考练习题

1．试解释时间函数的“连续性”和“周期性”，分别与其频谱函数的“非周期性”和“离散化”相对应。

2．连续周期函数和周期序列的傅里叶级数表达式中的复指数序列有什么差别？

3．模拟域的频率 Ω 与数字域 ω 之间有什么关系？试分别画出理想数字低通、高通滤波器的幅频特性。

4．在频域对一个长度为 N 的序列的 z 变换进行均匀采样，在时域不发生混叠的条件是什么？

5．有限长序列的离散傅里叶变换和 z 变换有什么关系？

6．试解释有限长序列的共轭对称性的含义。

7．试说明如何用循环卷积来计算线性卷积。

8．离散傅里叶变换与离散傅里叶级数变换有什么关系？

9．试分析用离散傅里叶变换进行谱分析可能产生哪些误差。

10．用离散傅里叶变换进行谱分析时，提高频域分辨率有哪些措施？

11．解释“频域采样造成时域周期延拓”这一现象。采取什么措施可避免其负面影响？

12．判断以下说法正确与否，对的请在题后打“√”，错的打“×”，并说明理由。

（1）一个信号序列，如果能通过序列傅里叶变换对其进行分析，也就能通过离散傅里叶变换对其进行分析。（　）

（2）FFT 是序列傅里叶变换的快速算法。（　）

（3）如果离散傅里叶变换的运算量与点数 N 呈正比，那么就不会有现在这种 FFT 算法了。（　）

13．采用 FFT 算法，可用快速卷积完成线性卷积。试写出采用快速卷积计算线性卷积 $x(n)*h(n)$ 的步骤（注意说明点数）。

14．N 点时间抽取基 2FFT 流图中，每个输入信号共经过 $\log_2 N$ 级蝶形运算。请问从输出到输入各级，依次的每个蝶形运算距离（蝶形结跨过的线数）有什么规律？如何使顺序输入的信号序列符合时间抽取基 2FFT 要求的输入序列顺序？

15．FFT 主要利用了离散傅里叶变换定义中的正交完备基函数 W_N^n（$n=0, 1, \cdots, N-1$）的周期性和对称性，通过将大点数的离散傅里叶变换运算转换为多个小数点的离散傅里叶变换运算，实现计算量的降低。请写出 W_N 的周期性和对称性表达式。

16．FFT 算法中，将一个长序列分解为若干短序列来计算离散傅里叶变换可节省运算量，现有另一种变换，其运算量 M 与序列长度 N 的关系是 $M=aN+b$（a、b 是常数），可否借鉴 FFT 的思路？为什么？

习　　题

1．设 $x(n)=R_4(n)$，$\tilde{x}(n)=x((n))_6$，试求 $\tilde{X}(k)$，并作图表示 $\tilde{x}(n)$、$\tilde{X}(k)$。

2．设 $x(n)=\begin{cases} n+1, & 0\leqslant n\leqslant 4 \\ 0, & 其他 \end{cases}$，$h(n)=R_4(n-2)$，令 $\tilde{x}(n)=x((n))_6$，$\tilde{h}(n)=h((n))_6$。试求 $\tilde{x}(n)$ 与 $\tilde{h}(n)$ 的周期卷积并作图。

3．如图 3-18 所示，序列 $\tilde{x}(n)$ 是周期为 6 的周期性序列，试求其傅里叶级数的系数。

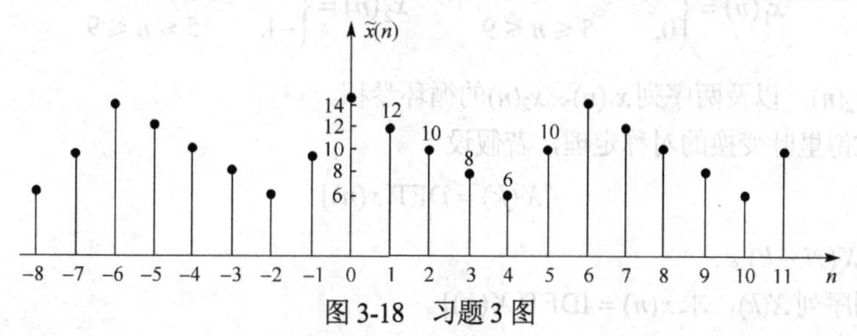

图 3-18　习题 3 图

4．图 3-19 所示几个周期序列 $\tilde{x}(n)$ 可以表示成傅里叶级数 $\tilde{x}(n)=\dfrac{1}{N}\sum_{k=0}^{N-1}\tilde{X}(k)\mathrm{e}^{\mathrm{j}\left(\frac{2\pi}{N}\right)nk}$。问：

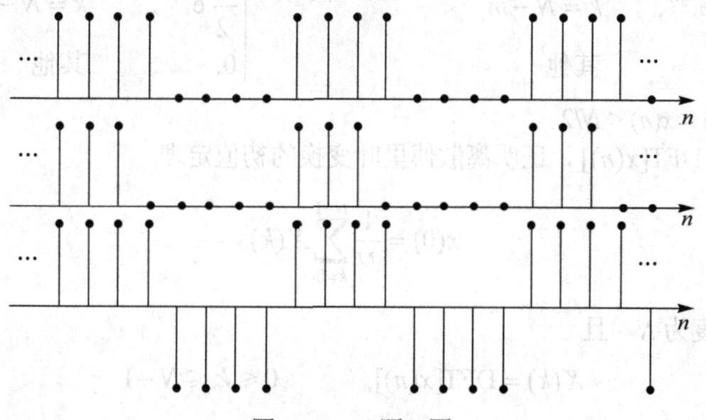

图 3-19　习题 4 图

（1）哪些序列能够通过选择时间原点使所有的 $\tilde{X}(k)$ 成为实数？

（2）哪些序列能够通过选择时间原点使所有的 $\tilde{X}(k)$（除 $\tilde{X}(0)$ 外）成为虚数？

（3）哪些序列能做到 $\tilde{X}(k)=0$，$k=\pm2,\pm4,\pm6,\cdots$？

5．图 3-20 所示为两个有限长序列，试画出它们的 6 点圆周卷积。

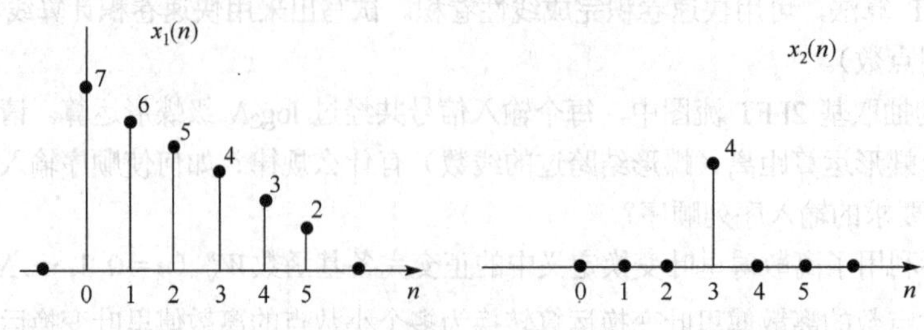

图 3-20　习题 5 图

6．计算以下序列的 N 点离散傅里叶变换，在变换区间 $0\leqslant n\leqslant N-1$ 内，序列定义为

（1）$x(n)=1$　　（2）$x(n)=\delta(n)$

（3）$x(n)=\delta(n-n_0),\quad 0<n_0<N$　　（4）$x(n)=R_m(n),\quad 0<m<N$

（5）$x(n)=\mathrm{e}^{\mathrm{j}\frac{2\pi}{N}nm},\quad 0<m<N$　　（6）$x(n)=\cos\left(\frac{2\pi}{N}nm\right),\quad 0<m<N$

（7）$x(n)=\mathrm{e}^{\mathrm{j}\omega_0 n}R_N(n)$　　（8）$x(n)=\sin(\omega_0 n)\cdot R_N(n)$

（9）$x(n)=\cos(\omega_0 n)\cdot R_N(n)$　　（10）$x(n)=nR_N(n)$

7．长度为 $N=10$ 的两个有限长序列

$$x_1(n)=\begin{cases}1, & 0\leqslant n\leqslant 4\\ 0, & 5\leqslant n\leqslant 9\end{cases}\qquad x_2(n)=\begin{cases}1, & 0\leqslant n\leqslant 4\\ -1, & 5\leqslant n\leqslant 9\end{cases}$$

作图表示 $x_1(n)$、$x_2(n)$，以及两序列 $x_1(n)$、$x_2(n)$的循环卷积。

8．证明离散傅里叶变换的对称定理，若假设

$$X(k)=\mathrm{DFT}[x(n)]$$

则 $\mathrm{DFT}[x(n)]=NX(N-k)$。

9．已知下列序列 $X(k)$，求 $x(n)=\mathrm{IDFT}[X(k)]$。

（1）$X(k)=\begin{cases}\dfrac{N}{2}\mathrm{e}^{\mathrm{j}\theta}, & k=m\\ \dfrac{N}{2}\mathrm{e}^{-\mathrm{j}\theta}, & k=N-m\\ 0, & \text{其他}\end{cases}$　　（2）$X(k)=\begin{cases}-\dfrac{N}{2}\mathrm{e}^{\mathrm{j}\theta}, & k=m\\ \dfrac{N}{2}\mathrm{e}^{-\mathrm{j}\theta}, & k=N-m\\ 0, & \text{其他}\end{cases}$

其中，m 为正整数，$0<x(n)<N/2$。

10．如果 $X(k)=\mathrm{DFT}[x(n)]$，证明离散傅里叶变换的初值定理

$$x(0)=\frac{1}{N}\sum_{k=0}^{N-1}X(k)$$

11．设 $x(n)$的长度为 N，且

$$X(k)=\mathrm{DFT}[x(n)],\qquad 0\leqslant k\leqslant N-1$$

令 $h(n)=x((n))_N \cdot R_{rN}(n)$

$$H(k)=\mathrm{DFT}[h(n)], \qquad 0 \leqslant k \leqslant rN-1$$

求 $X(k)$与 $H(k)$的关系式。

12．证明若 $x(n)$实偶对称，即 $x(n)=x(N-n)$，则 $X(k)$也实偶对称；若 $x(n)$实奇对称，即 $x(n)=-x(N-n)$，则 $X(k)$为纯虚函数并奇对称。

13．若 $X(k)=\mathrm{DFT}[x(n)]$，$Y(k)=\mathrm{DFT}[y(n)]$，$Y(k)=X((k+l))_N R_N(k)$。证明

$$y(n)=\mathrm{IDFT}[Y(k)]=W_N^{ln}x(n)$$

14．已知 $x(n)$长度为 N，$X(k)=\mathrm{DFT}[x(n)]$，

$$y(n)=\begin{cases} x(n), & 0 \leqslant n \leqslant N-1 \\ 0, & N \leqslant n \leqslant rN-1 \end{cases}$$

$$Y(k)=\mathrm{DFT}[y(n)], \qquad 0 \leqslant k \leqslant rN-1$$

求 $Y(k)$与 $X(k)$的关系式。

15．证明离散相关定理。若

$$X(k)=X_1^*(k) \cdot X_2(k)$$

则

$$x(n)=\mathrm{IDFT}[X(k)]=\sum_{l=0}^{N-1} x_1^*(l) \cdot x_2((l+n))_N R_N(n)$$

16．已知序列向量 $x(n)=\{\underline{1}，2，3，2，1\}$。

（1）求出 $x(n)$的傅里叶变换 $X(\mathrm{e}^{\mathrm{j}\omega})$，画出幅频特性和相频特性曲线；

（2）计算 $x(n)$的 N（$N \geqslant 5$）点离散傅里叶变换 $X(k)$，画出幅频特性和相频特性曲线；

（3）将 $X(\mathrm{e}^{\mathrm{j}\omega})$和 $X(k)$的幅频特性和相频特性曲线分别画在同一幅图中，验证 $X(k)$是 $X(\mathrm{e}^{\mathrm{j}\omega})$的等间隔采样，采样间隔为 $2\pi/N$；

（4）计算 $X(k)$的 N 点 IDFT，验证离散傅里叶变换和 IDFT 的唯一性。

17．设 $X(k)=\mathrm{DFT}[x(n)]_N$，用 $X(k)$表示下面两个序列的 N 点 DFT。

$$x_{\mathrm{c}}(n)=x(n)\cos\left(\frac{2\pi mn}{N}\right)R_N(n) \qquad x_{\mathrm{c}}(n)=x(n)\sin\left(\frac{2\pi mn}{N}\right)R_N(n)$$

18．$X(k)$为实序列 $x(n)$的 8 点离散傅里叶变换，其前 5 个值为 0.25，0.125–j0.3018，0，0.125–j0.0518，0。试计算：

（1）求 $X(k)$的其余 3 点的值；

（2）若 $x_1(n)=\sum\limits_{m=-\infty}^{\infty} x(n+5+8m)R_8(n)$，求 $X_1(k)=\mathrm{DFT}[x_1(n)]_8$；

（3）$x_2(n)=x(n)\mathrm{e}^{\mathrm{j}\pi n/4}$，求 $X_2(k)=\mathrm{DFT}[x_2(n)]_8$。

19．证明离散帕斯瓦尔定理。若 $X(k)=\mathrm{DFT}[x(n)]$，则

$$\sum_{n=0}^{N-1}|x(n)|^2=\frac{1}{N}\sum_{k=0}^{N-1}|X(k)|^2$$

20．已知 $f(n)=x(n)+\mathrm{j}y(n)$，$x(n)$ 与 $y(n)$ 均为 N 长实序列。设

$$F(k)=\mathrm{DFT}[f(n)], \qquad 0 \leqslant k \leqslant N-1$$

（1） $F(k)=\dfrac{1-a^N}{1-aW_N^k}+\mathrm{j}\dfrac{1-b^N}{1-bW_N^k}$

（2） $F(k)=1+\mathrm{j}N$

试求 $X(k)=\mathrm{DFT}[x(n)]$，$Y(k)=\mathrm{DFT}[y(n)]$ 及 $x(n)$ 和 $y(n)$。

21．已知序列 $x(n)=a^n u(n)$，$0<a<1$，对 $x(n)$ 的 z 变换 $X(z)$ 在单位圆上等间隔采样 N 点，采样值为

$$X(k)=X(z)\big|z=W_N^{-k},\qquad k=0,1,\cdots,N-1$$

求有限长序列 $X(k)$。

22．两个有限长序列 $x(n)$ 和 $y(n)$ 的零值区间为

$$x(n)=0,\qquad n<0,\ 8\leqslant n$$

$$y(n)=0,\qquad n<0,\ 20\leqslant n$$

对每个序列做 20 点离散傅里叶变换，即

$$X(k)=\mathrm{DFT}[x(n)],\qquad k=0,1,\cdots,19$$

$$Y(k)=\mathrm{DFT}[y(n)],\qquad k=0,1,\cdots,19$$

如果

$$F(k)=X(k)\cdot Y(k),\qquad k=0,1,\cdots,19$$

$$f(n)=\mathrm{IDFT}[F(k)],\qquad k=0,1,\cdots,19$$

试问在哪些点上 $f(n)=x(n)*y(n)$？为什么？

23．证明频域循环移位性质。设

$$X(k)=\mathrm{DFT}[x(n)]_N,\ Y(k)=\mathrm{DFT}[y(n)]_N=X((k+m))_N R_N(k)$$

证明：

$$y(n)=\mathrm{IDFT}[Y(k)]_N=\ W_N^{mn}x(n)$$

24．已知序列 $h(n)=R_4(n)$，$x(n)=nR_4(n)$。分别计算 4 点和 8 点循环卷积及其线性卷积，即

（1）计算 $y_c(n)=h(n)④x(n)$；（2）计算 $y_c(n)=h(n)⑧x(n)$；（3）$y(n)=h(n)*x(n)$。

25．试证：若 $x(n)$ 的频谱是 $X(\mathrm{e}^{\mathrm{j}\omega})$，则必定 $x(-n)$ 的频谱是 $X(\mathrm{e}^{-\mathrm{j}\omega})$。

26．证明：若 $x(n)$ 为实奇对称，即 $x(n)=-x(N-n)$，则其 $X(\mathrm{e}^{\mathrm{j}\omega})=\mathrm{DFT}[x(n)]$ 为纯虚数且奇对称。

27．若 $x(n)$ 为纯虚序列且偶对称，即 $x(n)=x(N-n)$。证明其离散傅里叶变换 $X(k)$ 为纯虚序列且偶对称。

28．用微处理机对实数序列做谱分析，要求谱分辨率 $F\leqslant 25\mathrm{Hz}$，信号最高频率为 1kHz，试确定以下各参数：

（1）最小记录时间 T_{Pmin}；（2）最大取样间隔 $T_{\max}$；（3）最少采样点数 $N_{\min}$；

（4）在频带宽度不变的情况下，要求谱分辨率提高一倍，重新计算（1）、（2）和（3）。

29．已知调幅信号的载波频率 $f_c=1\mathrm{kHz}$，调制信号频率 $f_m=100\mathrm{Hz}$，用 FFT 对其进行谱分析，试求：

（1）最小记录时间 T_P；（2）最低采样频率 f_s；（3）最少采样点数 N。

30．希望利用 $h(n)$ 长度为 $N=50$ 的 FIR 滤波器对一段很长的数据序列进行滤波处理，要求采用重叠保留法通过离散傅里叶变换（FFT）来实现。即对输入序列进行分段（假设每段长度为 $M=100$ 个

采样点），但相邻两段必须重叠 V 个点，然后计算各段与 $h(n)$的 L（假设 $L = 128$）点循环卷积，得到输出序列 $y_m(n)$，m 表示第 m 段计算输出。最后，从 $y_m(n)$取出 B 个，使每段取出的 B 个采样连接到滤波器输出 $y(n)$。

（1）求 V；（2）求 B；（3）确定取出的 B 个采样应为 $y_m(n)$中的哪些采样点。

31．假设一次复乘需要 1μs，而且假定计算一个离散傅里叶变换总共需要的时间由计算所有乘法所需的时间决定。

（1）直接计算一个 1024 点的离散傅里叶变换需多少时间？

（2）计算一个 FFT 需多少时间?

（3）对 4096 点离散傅里叶变换重复问题（1）和（2）。

32．已知 $X(k)$、$Y(k)$是两个 N 点实序列 $x(n)$、$y(n)$的离散傅里叶变换值，现需要从 $X(k)$、$Y(k)$求 $x(n)$、$y(n)$值，为了提高运算效率，试用一个 N 点 IFFT 运算一次完成。

33．$N = 16$ 时绘制基 2 按时间抽取法及按频率抽取法的 FFT 算法流图（按时间抽取采用输入倒位序，输出自然顺序，按频率抽取采用输入自然顺序，输出倒位序）。

34．$N = 16$，导出基 4FFT 公式，画出算法流图，并就运算量与基 2 的 FFT 相比较（不计乘±1 及乘±j 的运算量）。

35．试用 N 为组合数时 FFT 算法求 $N = 12$ 结果（采用混合基 3×4），并画出算法流图。

36．同上题导出 $N = 30 = 3×2×5$ 的结果，并画出算法流图。

37．$N = 10$ 的有限长序列 $x(n)$的傅里叶变换为 $X(e^{j\omega})$。试计算 $X(e^{j\omega})$在频率 $\omega_k = 2\pi k^2/100$（$k = 0, 1, \cdots, 9$）时的 10 个抽样。要求计算时不能采用先算出比要求数多的抽样，然后再丢掉一些的办法，并讨论采用下列各方法的可能性。

（1）直接利用 10 点快速傅里叶变换算法。

（2）利用线性调频 z 变换算法。

38．当 $N = 8$ 时，求基 2 按时间抽取 FFT 算法的流图，其中输入用正常顺序，输出用倒位序。

39．实现基 3 按时间抽取 FFT 算法的第一级结构。

40．当 $N = 9$ 时，求基 3 按时间抽取 FFT 算法的流图，其中输入为倒位序，输出为正常序。

41．画一个 10 点的 FFT 流图，按 $N = 2×5$ 两级分解；请在图上标明时域、频域各输入、输出项的排列顺序，并标出由第 4 根水平线（从上往下数）发出的所有支路的系数。

42．已知实序列 $x(n)$的长度为 16，$h(n)$的长度为 9，计算它们的线性卷积 $y(n) = x(n)*h(n)$。可按照下面的某种方法进行。

方法 1：直接计算线性卷积。

方法 2：通过一个圆周卷积计算线性卷积。

方法 3：用基 2 快速傅里叶变换算法计算线性卷积。

确定上述每一种方法所需的实数乘法的最小数目。对于基 2 快速傅里叶变换算法，在计算乘法时不包括乘±1、±j 和 W_N^0。

43．已知实序列 $x(n)$的长度为 16，$h(n)$的长度为 10，重做习题 42。

44．序列 $x(n) = \{1, 1, 0, 0\}$，其 4 点离散傅里叶变换$|X(k)|$如图 3-21 所示。现将 $x(n)$按下列（1）、（2）、（3）的方法扩展成 8 点，求它们 8 点的离散傅里叶变换各是什么形状?（画出时域图和频域图，尽量利用离散傅里叶变换的特性。）

（1）$y_1(n) = \begin{cases} x(n), & n = 0 \sim 3 \\ x(n-4), & n = 4 \sim 7 \end{cases}$

（2）$y_2(n)=\begin{cases}x(n), & n=0\sim3\\0, & n=4\sim7\end{cases}$

（3）$y_3(n)=\begin{cases}x(n/2), & n=\text{偶数}\\0, & n=\text{奇数}\end{cases}$

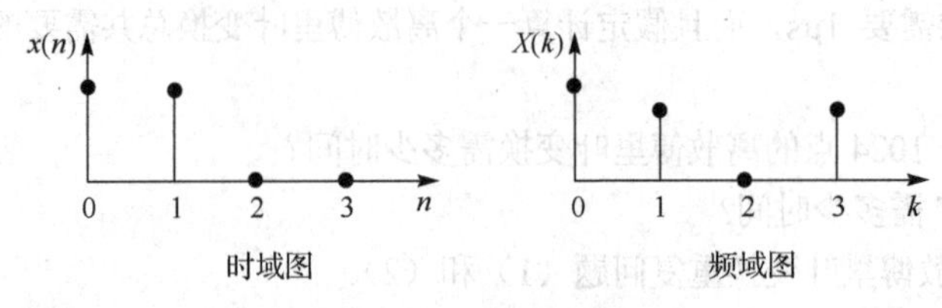

图 3-21 习题 44 图

45．将长度 2048 的输入序列 $x(n)$用长度为 72 的线性相位 FIR 滤波器 $h(n)$滤波。这个滤波过程为两个有限长序列的线性卷积。要求：

（1）确定适当的 2 的幂的变换长度，以得到最小数目的相乘，并计算可能需要的相乘总数量；

（2）若用直接卷积法，则乘法总数量可能是多少？

46．设 $x_a(t)=x_1(t)+x_2(t)+x_3(t)$，式中，$x_1(t)=\cos8\pi t$，$x_2(t)=\cos16\pi t$，$x_3(t)=\cos20\pi t$。

（1）如用 FFT 对 $x_a(t)$进行频谱分析，问采样频率 F_s 和采样点数 N 应如何选择，才能精确地求出 $x_1(t)$、$x_2(t)$和 $x_3(t)$的中心频率？为什么？

（2）按照所选择的 F_s 和 N，对 $x_a(t)$进行采样得到 $x(n)$，进行 FFT，得到 $X(k)$。画出$|X(k)|$的曲线图，并标出 $x_1(t)$、$x_2(t)$和 $x_3(t)$各自的峰值所对应的 k 值分别是多少？

47．假设模拟信号的最高频率为 $f=10\text{kHz}$，要求分辨率 $F=10\text{Hz}$，用 FFT 对其进行谱分析。试问：

（1）最小记录时间是多少？

（2）最大采样间隔是多少？

（3）最少的采样点数是多少？

48．假设模拟信号 $x_a(t)=\cos(2\pi ft+\varphi)$，其中，$f=4\text{kHz}$，$\varphi=\pi/8$。用 FFT 分析它的频谱，试问：

（1）采样频率取多高？

（2）观察时间取多长？

（3）FFT 的变换区间取多少？

（4）画出 $x_a(t)$的幅度谱。

49．假设模拟信号为 $x_a(t)=\cos(2\pi f_1t+\varphi_1)+\cos(2\pi f_2t+\varphi_2)$，其中，$f_1=4\text{kHz}$，$\omega_1=\pi/8$，$f_2=3\text{kHz}$，$\omega_2=\pi/4$。用 FFT 分析它的频谱，试问：

（1）采样频率取多高？

（2）观察时间取多长？

（3）FFT 的变换区间取多少？

（4）绘制 $x_a(t)$的幅频特性曲线。

50．已知调幅信号的载波频率 $f_c=12.5\text{kHz}$，调制信号频率 $f_m=1\text{kHz}$，用 FFT 对其进行谱分析，试求：

（1）最小记录时间 T_P；

（2）最低采样频率 f_s ；

（3）最少采样点数 N。

第4章

数字滤波器的算法结构

数字滤波器网络和结构设计是数字滤波器设计的一个非常重要的内容，稳定性、运算速度及系统的成本和体积等许多重要性能都取决于其网络结构。本章讨论数字滤波器的概念和数字滤波器的常用算法结构。

4.1 数字滤波器的基本概念

数字滤波器（Digital Filter，DF）与模拟滤波器的滤波概念相同，可以是一个频率选择器，将输入信号的某些频率成分或某个频带进行压缩、放大，从而改变输入信号的频谱结构。也可以是一个信号检测器或参数估计器，检测噪声中是否存在信号，或者估计某一个或几个参数，从而识别信号。

模拟滤波器和数字滤波器的滤波方法不同。模拟滤波器（Analog Filter，AF）的转移函数$H(s)$只能用电阻、电容、电感、运算放大器等有源或无源元件组成的硬件电路来实现，而数字滤波器既可以用硬件实现，也可以用软件来实现。数字滤波器用硬件实现时，所需的是延迟器、乘法器和加法器等器件；用软件实现时，数字滤波器即是一段线性卷积的程序。因此，数字滤波器无论在设计上还是在实现上，都比模拟滤波器灵活得多。

在数字信号处理系统中，如果一个离散时间系统用来对输入信号做滤波处理，则该系统称为数字滤波器。其输入$x(n)$、输出$y(n)$与系统$h(n)$的时域关系为$y(n)=h(n)*x(n)$，复频域关系为$Y(z)=H(z)X(z)$，其系统函数为$Y(e^{j\omega})=H(e^{j\omega})X(e^{j\omega})$，通过设计不同形状的$|H(e^{j\omega})|$，就可以得到不同的滤波结果。

建立在线性系统上实现的滤波方法又称为线性滤波。按照其频率特性不同，用于线性滤波的$H(z)$或$H(e^{j\omega})$分为低通（Low Pass，LP）、高通（High Pass，HP）、带通（Band Pass，BP）和带阻（Band Stop，BS）4种滤波器。本章主要讨论数字滤波器的算法结构，其设计问题将在第5章和第6章讨论。

4.2 时域离散系统的实现

前面分别用差分方程、单位取样响应、状态变量及系统函数等来表示线性时不变数字系统，重点讨论的是系统的输入/输出关系，系统设计就是确定系统的系统函数或者差分方程。完成系统设计后，还必须把系统函数或者差分方程描述的系统具体设计成一种算法，才能在通用数字计算机上用软件实现，或将算法转换为专用硬件上的算法结构实现数字信号处理系统。算法本质上由一组基本运算或基本单元规定，一般选择加法、延迟和乘以常数等，作为实现常系数线性差分方程描述的时域离散系统的基本运算单元。算法就是由这些基本运算组成的结构或网络。

4.2.1 系统分类

设一个系统具有下列形式的系统函数

$$H(z)=\frac{\sum_{k=0}^{M}b_k z^{-k}}{1-\sum_{k=1}^{N}a_k z^{-k}}=\frac{Y(z)}{X(z)} \tag{4-1}$$

表示该系统输入和输出关系的差分方程很容易直接从系统函数写出，为

$$y(n)=\sum_{k=1}^{N}a_k y(n-k)+\sum_{k=0}^{M}b_k x(n-k) \tag{4-2}$$

显然，可以将式（4-2）解释为下述算法，输入的延迟值乘以系数 b_k，输出的延迟乘以系数 a_k，再将所有的乘积加起来。研究数字滤波器的算法结构就是讨论式（4-1）和式（4-2）的不同实现方法。

按照不同的方法，式（4-2）可以排列成不同的等效差分方程组，实现不同的算法结构或网络结构。理论上同一差分方程采用不同的网络结构，其计算结果应该是一样的，但实际上不同网络结构可能有不同的计算误差，计算中要求的存储量不同，计算的复杂性和速度不同，设备成本也不同，所以，实现数字信号处理时要分析和选择合适的网络结构。

计算复杂性是指数字信号处理实现中涉及的乘法次数、加法次数、数据存取次数，以及数据之间比较运算次数。存储量是指计算过程中为存储系统参数、中间结果，以及输入/输出数据所要求的存储单元的数量。运算速度取决于硬件成本和计算的复杂性高低。

数字信号处理系统中计算误差主要来自有限字长效应，主要是由计算机采用的二进制编码长度有限所致，形成有限精度运算。

对于式（4-2）表示的系统来说，按照其系数向量 a_k、b_k 组成不同，其网络结构分为无限脉冲响应（IIR）网络和有限脉冲响应（FIR）网络两大类。式（4-2）一般情况下表示的系统称为无限脉冲响应系统（IIR 系统）。如果 a_k 全为零，式（4-2）表示的系统称为有限脉冲响应系统（FIR 系统）。若 IIR 系统中只有 b_0 项，该系统称为最小相位 IIR 系统。

4.2.2 系统结构的信号流图表示

式（4-2）描述的算法常用的表示方法有方框图法和信号流图法两种。方框图和信号流图表示的基本运算单元如图 4-1 所示。方框图的特点是较明显直观，用信号流图表示则更加简单方便。以二阶数字滤波器 $y(n)=a_1y(n-1)+a_2y(n-2)+b_0x(n)$ 为例，其方框图结构如图 4-2 所示，信号流图如图 4-3 所示。为了方便以后设计算法程序，绘制信号流图时通常将信号流线绘制成水平或垂直的流线。

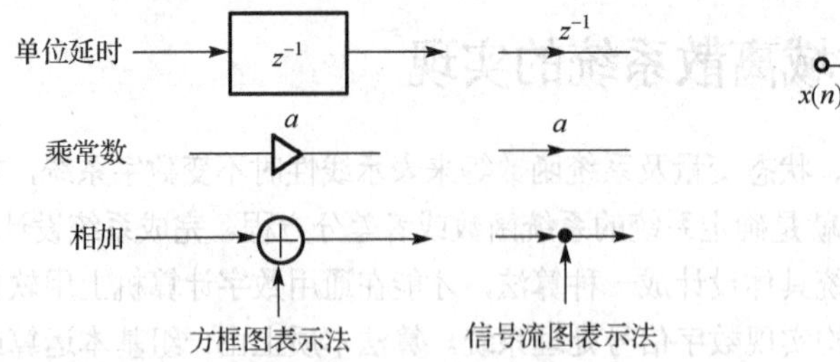

图 4-1 基本运算的方框图及信号流图表示图

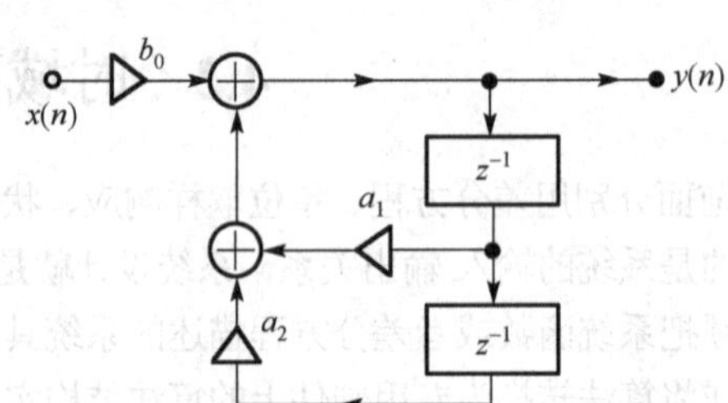

图 4-2 二阶数字滤波器的方框图结构

由图 4-3 可得各节点值为

$$\omega_2(n)=y(n)$$
$$\omega_3(n)=\omega_2(n-1)=y(n-1)$$

$$\omega_4(n)=\omega_3(n-1)=y(n-2)$$

$$\omega_5(n)=a_1\omega_3(n)+a_2\omega_4(n)=a_1y(n-1)+a_2y(n-2)$$

$$\omega_1(n)=b_0x(n)+\omega_5(n)=b_0x(n)+a_1y(n-1)+a_2y(n-2)$$

对分支节点 2，有 $y(n)=\omega_2(n)=\omega_1(n)$，从而得出

$$y(n)=b_0x(n)+a_1y(n-1)+a_2y(n-2)$$

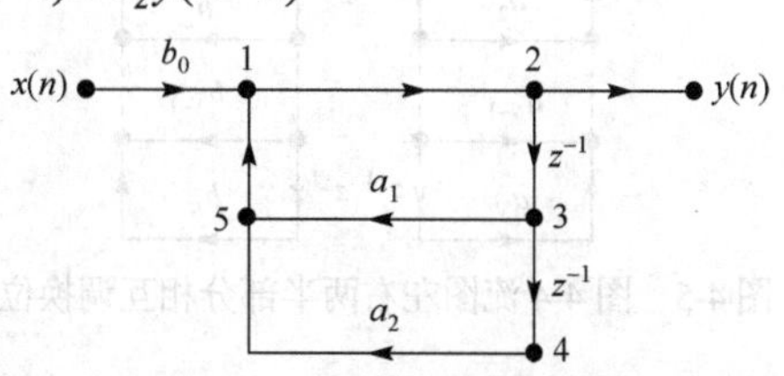

图 4-3　图 4-2 的二阶数字滤波器的信号流图结构

滤波器的运算结构非常重要，因为不同结构所需的存储单元及乘法次数不同，存储单元的数量影响滤波器的复杂程度，而乘法次数的多少影响运算速度和精度。在有限精度（有限字长）情况下，不同运算结构的误差、稳定性也是不同的。下面的讨论中主要采用信号流图来分析数字滤波器结构。

4.3　IIR 系统的基本结构

线性时不变离散系统视其用途不同，其名称称谓也有所不同，很多场合将其称为滤波器，有时也不加区分。例如，IIR 系统有时也称为无限脉冲响应滤波器（IIRF）。

如果系统的单位脉冲响应 $h(n)$是无限长的，也称其为 IIR 系统，其系统函数 $H(z)$在有限 z 平面上有极点存在，从其算法网络结构上看，存在输出到输入的反馈，也称具有递归结构。即使同一种 IIR 系统函数 $H(z)$，也可以有多种不同的结构，包括直接型、转置型、级联型和并联型四种。

IIR 直接型

4.3.1　直接型

假定式（4-2）中 $M=N$，直接画出该差分方程网络结构流图如图 4-4 所示。该流图分成两部分，分别对应和式 $\sum_{i=0}^{M}b_ix(n-i)$、$\sum_{k=1}^{N}a_ky(n-k)$。这种直接由差分方程画出的网络结构称为直接 I 型结构。为方便起见，假设 $M=N$，实际中若 $M\neq N$，则图 4-4 中某些支路增益将为零。

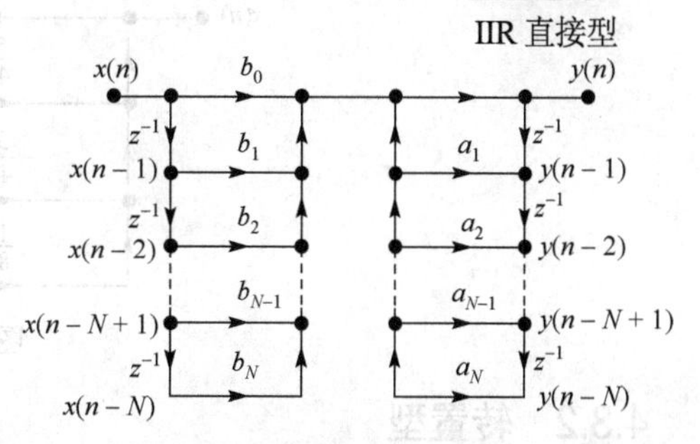

图 4-4　数字滤波网络直接 I 型网络结构流图

数字硬件或软件一般一次加法只能实现两个数的和，故流图中每个节点一般最多有两条输入支路。这样画出的流图便于计算机算法程序的设计，是与信号系统中流图画法不同的原因，但两种画法画出的系统是等价的。

若记图 4-4 中左半部分的系统函数为 $H_1(z)$，右半部分的系统函数为 $H_2(z)$，则

$$H(z)=H_1(z)H_2(z) \tag{4-3}$$

或者将 $H(z)$写成

$$H(z)=H_2(z)H_1(z) \tag{4-4}$$

按照式（4-4），相当于将图 4-4 中左右两半部分相互调换位置，如图 4-5 所示。由于该图中节点变量 w_1 和节点变量 w_2 相等，那么前后两部分对应的延时支路输出节点变量也相等，因此可以将前后两部分对应的延时支路合并，形成如图 4-6 所示的网络结构流图。对比直接 I 型结构，在 $M=N$ 的情况下，可减少一半的延时单元，通常将图 4-6 所示的网络结构流图称为直接Ⅱ型结构。

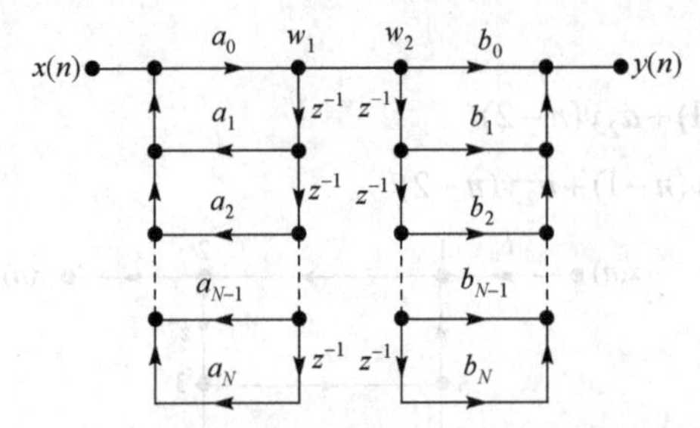

图 4-5 图 4-4 流图左右两半部分相互调换位置

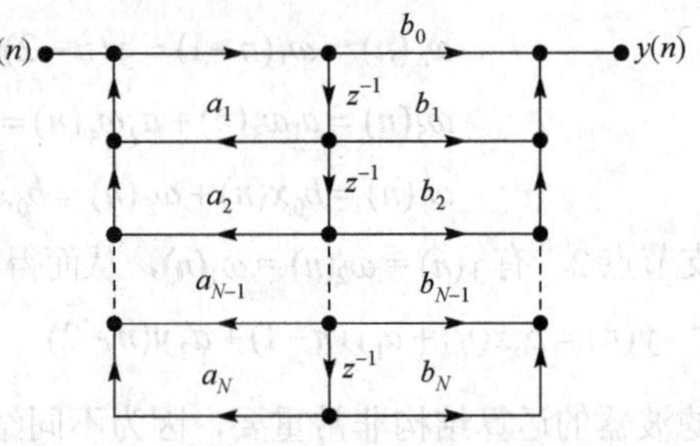

图 4-6 IIR 网络直接Ⅱ型网络结构流图

【例 4-1】 试画出 IIR 数字滤波器 $H(z)=\dfrac{8z^3-4z^2+11z-2}{\left(z-\dfrac{1}{4}\right)\left(z^2-z+\dfrac{1}{2}\right)}$ 直接Ⅱ型结构图。

解 先将 $H(z)$写成 z^{-1} 的多项式形式

$$H(z)=\frac{8-4z^{-1}+11z^{-2}-2z^{-3}}{1-\dfrac{5}{4}z^{-1}+\dfrac{3}{4}z^{-2}-\dfrac{1}{8}z^{-3}}$$

系统对应差分方程为

$$y(n)=8x(n)-4x(n-1)+11x(n-2)-2x(n-3)+\frac{5}{4}y(n-1)-\frac{3}{4}y(n-2)+\frac{1}{8}y(n-3)$$

根据上述差分方程画出直接Ⅱ型结构如图 4-7 所示。对照系统函数与差分方程的系数，不难发现其与结构图增益系数的关系，可直接画出直接Ⅱ型结构图。

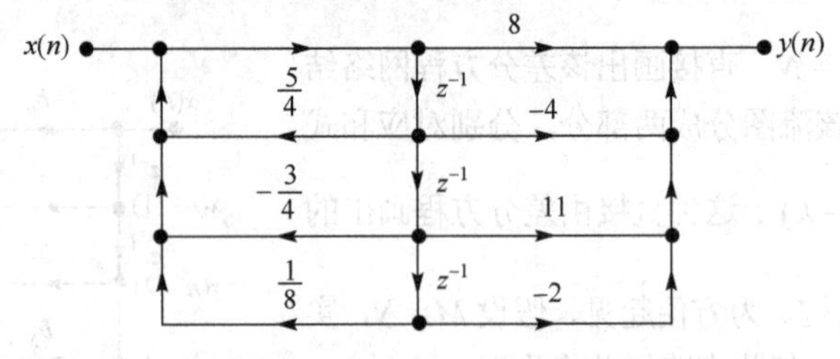

图 4-7 直接Ⅱ型结构

4.3.2 转置型

各种流图转置型结构都可用两个步骤实现转置，首先改变流图中所有支路信号的流向，支路增益不变，然后将输入 $x(n)$和输出 $y(n)$互换位置，就得到原流图的转置型结构。图 4-6 所示直接Ⅱ型网络结构的转置结构如图 4-8 所示，而对应例 4-1 的转置型结构图如图 4-9 所示。可以证明图 4-6 和图 4-8 所示的两个流图对应同一个数字滤波器。

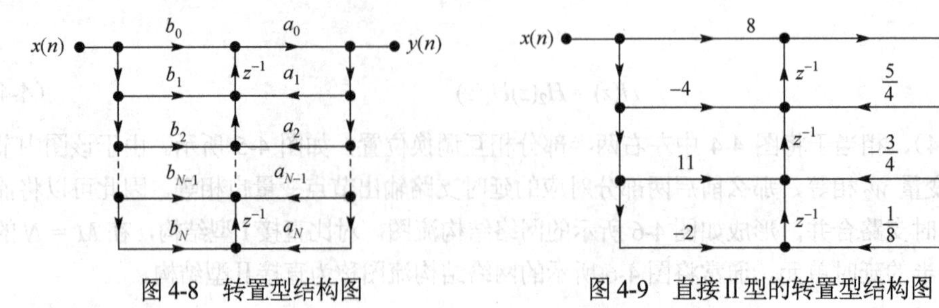

图 4-8 转置型结构图　　图 4-9 直接Ⅱ型的转置型结构图

4.3.3 级联型

IIR 离散系统在采用级联实现时，须将其系统函数表示为若干一阶或二阶系统的传输函数的乘积，即

$$H(z) = H_1(z)H_2(z)\cdots H_K(z) \tag{4-5}$$

$Y(z)$可表示为

$$Y(z) = H_1(z)H_2(z)\cdots H_K(z)X(z)$$

图 4-10 所示为这种级联型离散系统的方框图。其中每一级子系统 $H_i(z)$的形式为

$$H_i(z) = \frac{\beta_{0i} + \beta_{1i}z^{-1} + \beta_{2i}z^{-2}}{1 - \alpha_{1i}z^{-1} - \alpha_{2i}z^{-2}}, \qquad i = 1, 2, \cdots, K \tag{4-6}$$

若 $\alpha_{1i} = \alpha_{2i} = 0$，则 $H_i(z)$只包含零点；若 $\beta_{1i} = \beta_{2i} = 0$，则 $H_i(z)$只包含极点。

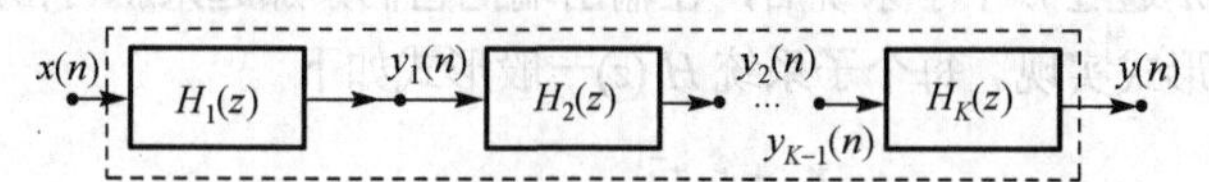

图 4-10 采用级联形式的 $H(z)$方框图

若 α_{2i} 和 β_{2i} 中有一个为零，或者两者都为零，则 $H_i(z)$或者包含单零点，或者包含单极点，或者仅含单零点和单极点，即每个 $H_i(z)$可以应用上面讨论的 4 种方法中的任一种实现。一般级联实现采用直接Ⅱ型结构作为子系统的网络结构，如图 4-11 所示。

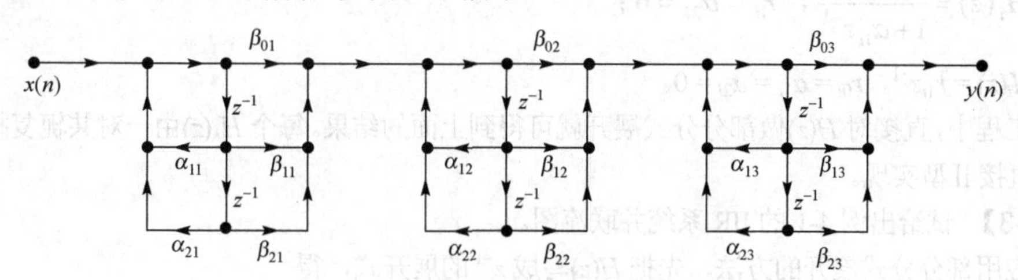

图 4-11 使用直接Ⅱ型的级联结构

在级联实现中，用极点和零点配对的方法，把共轭的零极点或相近的零极点组合在一个二阶系统中，这样既可避免系数中出现复数，又可十分有效地降低系数对有限字长的敏感程度。因此，在离散系统实现中，广泛采用了级联形式和零极点配对的方法。另外，交换级联次序也是减少有限字长效应的一种十分有效的方法。

【例 4-2】 画出例 4-1 中 IIR 系统的级联流图。

解 先把 $H(z)$分解为一阶或二阶数字滤波器传递函数的乘积，即

$$H(z) = \frac{8(z - 0.189)(z^2 - 0.310z + 1.316)}{(z - 0.25)(z^2 - z + 0.5)}$$

再将上式写成 z^{-1} 的形式

$$H(z) = \frac{(2 - 0.379z^{-1})}{(1 - 0.25z^{-1})} \cdot \frac{(4 - 1.24z^{-1} + 5.264z^{-2})}{(1 - z^{-1} + 0.5z^{-2})}$$

如图 4-12 所示为用直接Ⅱ型作为子滤波器结构的级联流图。

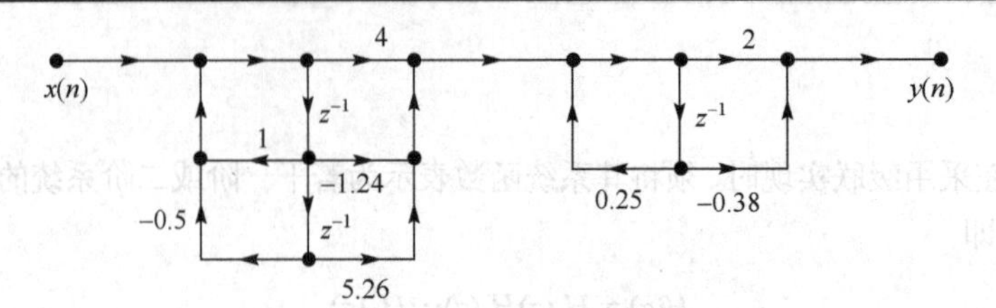

图 4-12　例 4-1 滤波器级联形式的流图

IIR 并联型

4.3.4　并联型

IIR 离散系统的传递函数 $H(z)$也可写成一组子系统的传递函数 $H_1(z), H_2(z), \cdots, H_K(z)$组成的和式

$$H(z)=H_1(z)+H_2(z)+\cdots+H_K(z) \tag{4-7}$$

因此，输出变换 $Y(z)$为

$$Y(z)=H_1(z)X(z)+H_2(z)X(z)+\cdots+H_K(z)X(z)$$

这表明输入序列 $x(n)$通过 k 个子系统后，在输出端把它们累加起来就可得到输出 $y(n)$。这种实现方法称为离散系统并联形式实现。每个子系统 $H_i(z)$一般形式如下

$$H_i(z)=\frac{r_{0i}+r_{1i}z^{-1}}{1-\alpha_{1i}z^{-1}-\alpha_{2i}z^{-2}},\qquad i=1,2,\cdots,K \tag{4-8}$$

式中，$H_i(z)$也包括下面几种特殊情况：

（1）$H_i(z)=c$，式中 $r_{0i}=c$，$r_{1i}=\alpha_{1i}=\alpha_{2i}=0$；

（2）$H_i(z)=\dfrac{r_{0i}}{1+\alpha_{1i}z^{-1}}$，$r_{1i}=\alpha_{2i}=0$；

（3）$H_i(z)=r_{1i}z^{-1}$，$r_{0i}=\alpha_{1i}=\alpha_{2i}=0$。

实际工程中，直接对 $H(z)$做部分分式展开就可得到上面的结果。每个 $H_i(z)$由一对共轭复极点产生，并且可用直接Ⅱ型实现。

【例 4-3】　试给出例 4-1 的 IIR 系统并联流图。

解　应用部分分式展开的方法，先把 $H(z)$写成 z^{-1} 的展开式，得

$$H(z)=\frac{8-4z^{-1}+11z^{-2}-2z^{-3}}{(1-0.25z^{-1})(1-z^{-1}+0.5z^{-2})}=\frac{A}{1-0.25z^{-1}}+\frac{Bz^{-1}+C}{1-z^{-1}+0.5z^{-2}}+D$$

可以求得 $A=8$、$B=20$、$C=-16$ 和 $D=16$，因此

$$H(z)=\frac{8}{1-0.25z^{-1}}+\frac{20z^{-1}-16}{1-z^{-1}+0.5z^{-2}}+16$$

可见，$H(z)$由三部分的和组成。若每一部分采用直接Ⅱ型实现的 $H(z)$，其流图如图 4-13 所示。

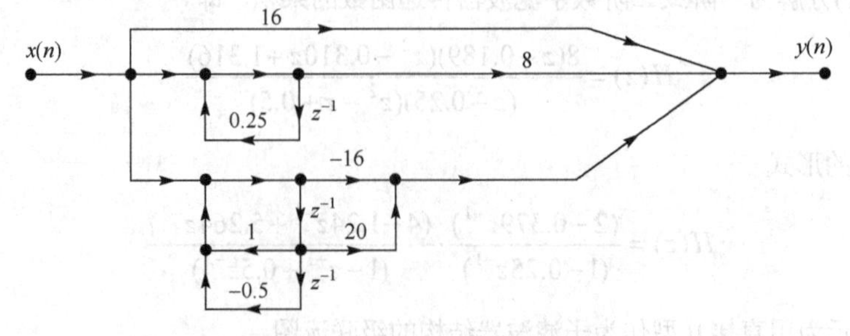

图 4-13　例 4-3 并联型结构流图

并联结构的优点是调整极点方便。因为，在这种流图中，每一个一阶网络单独决定一个实数极点，每一个二阶网络单独决定一对共轭极点，分别调整各自的系数，可以独立调整一个实数极点或一对共轭极点的位置。其次，各个基本环节是并联的，各自的运算误差互不影响，不像级联形式存在误差积累问题，因此并联形式运算的误差较级联形式要小。其缺点是调整零点不方便，在级联结构中调整系统的零点却非常方便。

4.4　FIR 系统的基本结构

FIR 系统的单位脉冲响应 $h(n)$为一个长度为 N 的有限序列，其系统函数为

$$H(z)=\sum_{n=0}^{N-1}h(n)z^{-n} \tag{4-9}$$

FIR 滤波器有以下几种基本结构。

FIR 直接型

4.4.1　FIR 直接型

系统函数式（4-9）对应的差分方程为

$$y(n)=\sum_{k=0}^{N-1}h(k)x(n-k) \tag{4-10}$$

易见，式（4-10）就是线性时不变系统的卷积和公式，也就是 $x(n)$的延时链的横向结构。其信号流图如图 4-14 所示。这种形式的网络流图对应了式中加法和乘法的排列次序，称为直接型结构，有时也称为横截型结构或卷积型结构。图 4-14 的转置结构如图 4-15 所示。

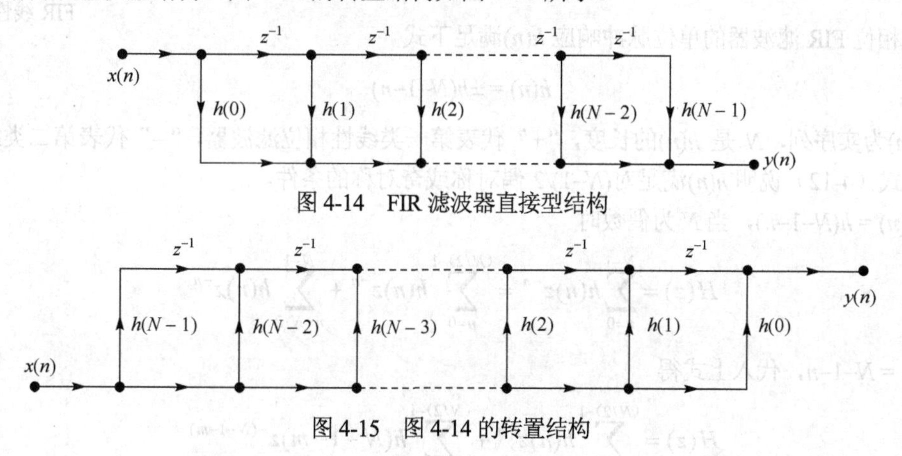

图 4-14　FIR 滤波器直接型结构

图 4-15　图 4-14 的转置结构

【例 4-4】　已知 FIR 数字滤波器的系统函数 $H(z)=0.96+2z^{-1}+2.8z^{-2}+1.5z^{-3}$。试画出该系统的直接型结构。

解　$H(z)$的直接型结构及状态变量如图 4-16 所示。

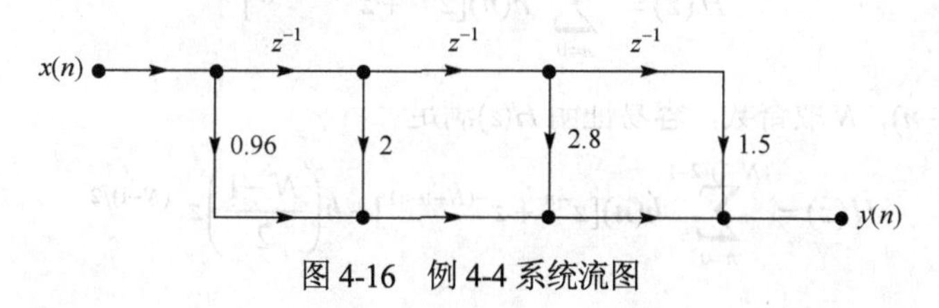

图 4-16　例 4-4 系统流图

4.4.2 FIR 级联型

将系统函数 $H(z)$写成几个实系数二阶因式的乘积形式，并将共轭零点放在一起，形成系数为实数的二阶网络，即 FIR 级联结构，称为级联型。其中每一个二阶网络都用直接型结构实现。

$$H(z)=\prod_{k=1}^{\left[\frac{N}{2}\right]}(\beta_{0k}+\beta_{1k}z^{-1}+\beta_{2k}z^{-2}) \tag{4-11}$$

其中[$N/2$]表示取整，若 N 为偶数，则系数 β_{2k} 中有一个为零，相当于在 N 为偶数时，$H(z)$有奇数个实根。与式（4-11)对应的结构如图 4-17 所示。

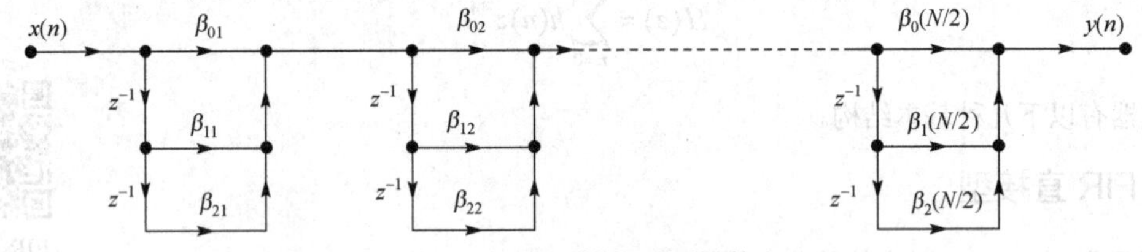

图 4-17 FIR 系统级联型结构

级联结构的每一节控制一对零点，在需要控制系统函数零点时采用它。这种结构所需要的系数 β_{ik}（$i=0, 1, 2$；$k=1, 2, \cdots, [N/2]$）比卷积型的系数 $h(n)$多，因而所需要的乘法次数也比卷积型的多。

4.4.3 线性相位型

1．FIR 系统线性相位条件

线性相位 FIR 滤波器的单位脉冲响应 $h(n)$满足下式

$$h(n)=\pm h(N-1-n) \tag{4-12}$$

式中，$h(n)$为实序列，N 是 $h(n)$的长度，“+”代表第一类线性相位滤波器，“−”代表第二类线性相位滤波器。式（4-12）说明 $h(n)$满足对$(N-1)/2$ 偶对称或奇对称的条件。

设 $h(n)=h(N-1-n)$，当 N 为偶数时

$$H(z)=\sum_{n=0}^{N-1}h(n)z^{-n}=\sum_{n=0}^{(N/2)-1}h(n)z^{-n}+\sum_{n=N/2}^{N-1}h(n)z^{-n}$$

令 $m=N-1-n$，代入上式得

$$H(z)=\sum_{n=0}^{(N/2)-1}h(n)z^{-n}+\sum_{m=0}^{(N/2)-1}h(N-1-m)z^{-(N-1-m)}$$

将式（4-12）代入上式，得到

$$H(z)=\sum_{n=0}^{(N/2)-1}h(n)[z^{-n}+z^{-(N-1-n)}] \tag{4-13}$$

设 $h(n)=h(N-1-n)$，N 取奇数，容易证明 $H(z)$满足

$$H(z)=\sum_{n=0}^{(N-1)/2-1}h(n)[z^{-n}+z^{-(N-1-n)}]+h\left(\frac{N-1}{2}\right)z^{-(N-1)/2} \tag{4-14}$$

式（4-13）和式（4-14）表明，当N取偶数时，实现$H(z)$只需要$N/2$次复数乘法；当N取奇数时，实现$H(z)$只需要$(N+1)/2$次复数乘法。按照式（4-13）画出N取偶数时线性相位 FIR 滤波器的结构如图 4-18(a)所示，当N取奇数时，按照式（4-14）画出其 FIR 系统结构如图 4-18(b)所示。

式（4-13）和式（4-14）中方括号中的“ + ”号改为“–”号，即对应$h(n)=-h(N-1-n)$这一种情况。

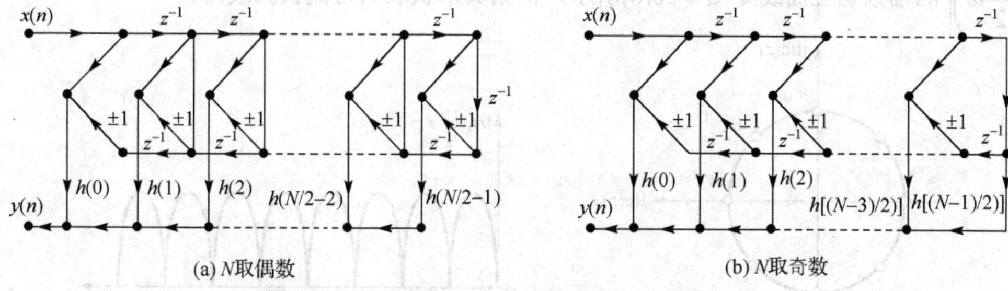

图 4-18　N取偶数、奇数线性相位 FIR 系统结构

4.4.4　频域采样型

1．FIR 系统频域采样结构

设 FIR 系统单位脉冲响应$h(n)$长度为M，$H(z)$为 FIR 系统的系统函数，即

$$H(z)=\mathrm{ZT}[h(n)]$$

根据频域采样定理，若在频率$[0,2\pi]$区间对$H(z)$在单位圆上等间隔采样N点，得到

$$H(k)=H(z)\big|_{z=\mathrm{e}^{\mathrm{j}\frac{2\pi}{N}k}},\qquad k=0,1,\cdots,N-1$$

只要满足$N\geqslant M$，则根据内插公式有

$$H(z)=(1-z^{-N})\frac{1}{N}\sum_{k=0}^{N-1}\frac{H(k)}{1-W_N^{-k}z^{-1}}\tag{4-15}$$

式（4-15）提供了实现 FIR 数字滤波器的另一种结构形式。

令$H_{\mathrm{c}}(z)=(1-z^{-N})$，$H_k(z)=\dfrac{H(k)}{1-W_N^{-k}z^{-1}}$，则式（4-15）可写成如下形式

$$H(z)=H_{\mathrm{c}}(z)\frac{1}{N}\sum_{k=0}^{N-1}H_k(z)\tag{4-16}$$

由式（4-16）可见，$H(z)$的网络结构由两部分级联构成，如图 4-19 所示。

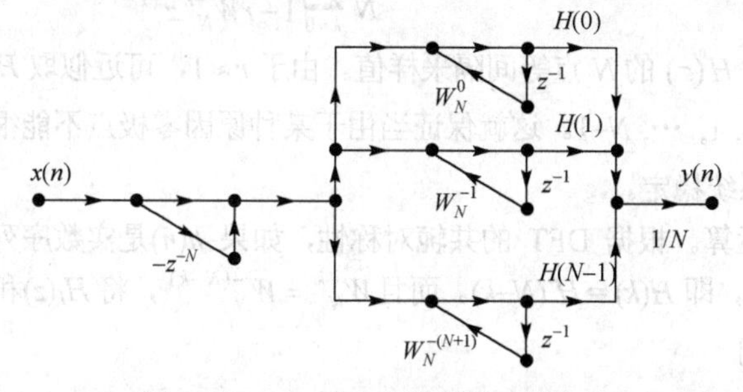

图 4-19　FIR 滤波器的频率采样结构

图中左边部分对应$H_{\mathrm{c}}(z)$，右边部分对应N个并联网络$H_k(z)$。$H_{\mathrm{c}}(z)$为全零点网络，其零点为

$$z_k = W_N^{-k} = \mathrm{e}^{\mathrm{j}\frac{2\pi}{N}k}, \qquad k = 0,1,2,\cdots,N-1 \tag{4-17}$$

是等间隔分布在 z 平面单位圆上，如图 4-20(a)所示。其频率响应为 $H_{\mathrm{c}}(\mathrm{e}^{\mathrm{j}\omega}) = 1 - \mathrm{e}^{-\mathrm{j}\omega N}$，$\left|H_0(\mathrm{e}^{\mathrm{j}\omega})\right| = 2\left|\sin\left(\frac{N}{2}\omega\right)\right|$ 的幅频响应曲线如图 4-20(b)所示，依据其形状取名为梳状滤波器。

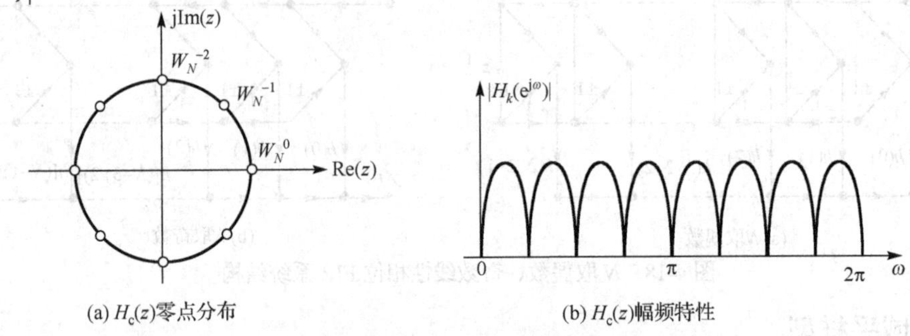

图 4-20 梳状滤波器零点分布及幅频特性

构成并联支路的任一 $H_k(z)$均是具有反馈支路的一阶网络，其极点为

$$z_k = W_N^{-k},\ k = 0, 1, 2, \cdots, N-1 \tag{4-18}$$

$H(z)$包含 N 个并联支路，所以包含 N 个等间隔分布在单位圆上的极点。比较式（4-17）和式（4-18），$H_{\mathrm{c}}(z)$的 N 个零点正好与 N 个并联支路的极点相互对消，因此保持 FIR 数字滤波器的稳定性。在采样点 $\omega_k = \frac{2\pi}{N}k$ 上，$H(\mathrm{e}^{\mathrm{j}\omega}) = H(k)$，即保证在采样点上，频响特性等于频率采样值 $H(k)$。

综上所述，理论上频率采样结构有两个主要优点。其一，在频率采样点 ω_k，$H(\mathrm{e}^{\mathrm{j}\omega}) = H(k)$，只要调整一阶网络 $H_k(z)$中乘法器的系数 $H(k)$就可以有效调整 $H(z)$的频率响应特性，使实际调整方便。其二，只要 $h(n)$长度 N 相同，对于任何频响形状，其梳状滤波器部分和 N 个一阶网络部分结构完全相同，只是各支路增益 $H(k)$不同，这些相同部分便于标准化、模块化。

实际工程中，直接应用上述采样结构亦有两点不足。其一，系统稳定是由位于单位圆上的 N 个零极点对消来保持的，而有限字长效应可能使零极点不能完全对消，从而影响系统稳定性。其二，$H(k)$和 W_N^{-k} 一般为复数，复数乘法运算对硬件实现不方便。

实际应用中采取的措施之一是对频率采样结构加以修正，使单位圆上的零极点向单位圆内收缩到半径为 r 的一个圆上，取 $r < 1$ 且 $r \approx 1$，此时 $H(z)$为

$$H(z) = (1 - r^N z^{-N})\frac{1}{N}\sum_{k=0}^{N-1}\frac{H_{\mathrm{r}}(k)}{1 - rW_N^{-k}z^{-1}} \tag{4-19}$$

式中，$H_{\mathrm{r}}(k)$是在 r 圆上对 $H(z)$ 的 N 点等间隔采样值。由于 $r \approx 1$，可近似取 $H_{\mathrm{r}}(k) = H(k)$。这样，零极点均为 $z_k = rW_N^{-k}$，$k = 0, 1, \cdots, N-1$。这就保证当由于某种原因零极点不能很好抵消时，极点位置仍在单位圆内，依然保持系统稳定。

措施二是避免复数运算。根据 DFT 的共轭对称性，如果 $h(n)$是实数序列，则其离散傅里叶变换 $H(k)$关于 $N/2$ 点共轭对称，即 $H(k) = H^*(N-k)$。而且 $W_N^{-k} = W_N^{-(N-k)}$，将 $H_k(z)$和 $H_{N-k}(z)$合并为一个二阶网络，并记为 $\hat{H}_k(z)$，则

$$\hat{H}_k(z) = H_k(z) + H_{N-k}(z) = \frac{H(k)}{1 - rW_N^{-k}z^{-1}} + \frac{H(N-k)}{1 - rW_N^{-(N-k)}z^{-1}}$$

$$=\frac{H(k)}{1-rW_N^{-k}z^{-1}}+\frac{H^*(k)}{1-rW_N^{-k}z^{-1}}=\frac{a_{0k}+a_{1k}z^{-1}}{1-2r\cos\left(\frac{2\pi}{N}k\right)z^{-1}+r^2z^{-2}} \tag{4-20}$$

式中，$a_{0k}=2\text{Re}[H(k)]$，$a_{1k}=-2\text{Re}[rH(k)W_N^{-k}]$。这样，二阶网络 $\hat{H}_k(z)$ 的系数都为实数，其结构如图 4-21 所示。当 N 为偶数时，$H(z)$可表示为

$$H(z)=(1-r^Nz^{-N})\frac{1}{N}\left[\frac{H(0)}{1-rz^{-1}}+\frac{H\left(\frac{N}{2}\right)}{1+rz^{-1}}+\sum_{k=1}^{N/2-1}\frac{a_{0k}+a_{1k}z^{-1}}{1-2r\cos\left(\frac{2\pi}{N}k\right)z^{-1}+r^2z^{-2}}\right] \tag{4-21}$$

式中，$H(0)$和 $H(N/2)$为实数。式（4-21）对应的频率采样结构由 $N/2-1$ 个二阶网络和两个一阶网络并联构成，如图 4-21(b)所示。图中 $H_k(z)$（$k=0, 1, \cdots, N/2-1$）对应的网络结构如图 4-21(a)所示。当为奇数时，只有一个采样值 $H(0)$为实数，$H(z)$可表示为

$$H(z)=(1-r^Nz^{-N})\frac{1}{N}\left[\frac{H(0)}{1-rz^{-1}}+\sum_{k=1}^{(N-1)/2}\frac{a_{0k}+a_{1k}z^{-1}}{1-2r\cos\left(\frac{2\pi}{N}k\right)z^{-1}+r^2z^{-2}}\right] \tag{4-22}$$

修正结构由一个一阶网络和$(N-1)/2$ 个二阶网络结构构成。

由图 4-21 可见，当采样点数 N 很大时，其结构显然很复杂，需要的乘法器和延时单元很多。但对于窄带滤波器，大部分频率采样值 $H(k)$为零，从而使二阶网络个数大大减少。所以频率采样结构适用于窄带滤波器。

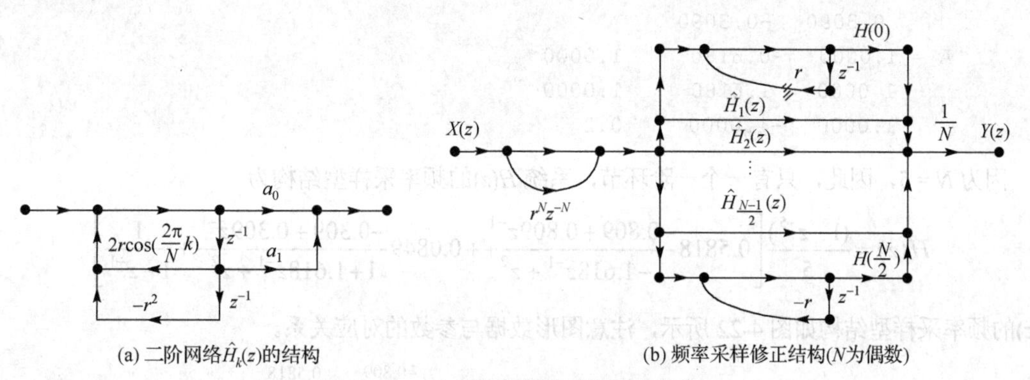

图 4-21　N 为偶数的频率采样修正结构

2．用 MATLAB 计算频域采样结构

根据 FIR 系统单位脉冲响应 $h(n)$设计频率采样结构，就是计算式（4-21）或式（4-22）中的系数，请参考文献[5，16]中的程序 tf2fs.m。程序 tf2fs.m 把直接型 FIR 系统的系数转换为频率采样结构系数，程序代码如下。

```
function [C,B,A] = tf2fs(h)
%C = 各并联部分增益的行向量 H(k)
%B = 按行排列的分子系数矩阵
%A = 按行排列的分母系数矩阵
% h(n)= 型 FIR 系统的系数,注意不包括 h(0)
```

```
N = length(h);H = fft(h,N);                   %用 FFT 计算 h(n)的频率响应
magH = abs(H);phaH = angle(H)';               %计算 H(k)各采样点的幅值和相位
if (N = = 2*floor(N/2))                       %N 为偶数
    L = N/2-1;A1 = [1,-1,0;1,1,0];            %设置 z = ±1 两个极点
    C1 = [real(H (1) ),real(H(L + 2))]        %及相应的系数
else                                          %N 为奇数
    L = (N-1)/2;A1 = [1,-1,0];                %设置 z = +1 实极点
    C1 = [real(H (1) )]                       %及相应的系数
end
k = [1:L]';
B = zeros(L,2);A = ones(L,3);                 %初始化 B 和 A 数组
A(1:L,2) = -2*cos(2*pi*k/N);A = [A;A1];       %计算分母系数,加上实极点系数
B(1:L,1) = cos(phaH(2:L + 1));                %计算分子系数
B(1:L,2) = -cos(phaH(2:L + 1)-(2*pi*k/N));
C = [2*magH(2:L + 1),C1]';                    %计算增益系数
```

【例 4-5】 已知 FIR 数字滤波器的系统函数

$$y(n)=x(n)+1/9x(n-1)+2/9x(n-2)+3/9x(n-3)+2/9x(n-4)+1/9x(n-5)$$

试画出系统 $H(z)$的频率采样型结构。

解 已知 $h(n)=\{1/9, 2/9, 3/9, 2/9, 1/9\}$，调用函数 ts2fs，得

```
C = 0.5818
0.0849
1.0000
B = -0.8090    0.8090
     0.3090   -0.3090
A = 1.0000   -0.6180     1.0000
    1.0000    1.6180     1.0000
    1.0000   -1.0000     0.2
```

因为 $N=5$，因此，只有一个一阶环节，系统 $H(z)$的频率采样型结构为

$$H(z)=\frac{(1-z^{-5})}{5}\left[0.5818\frac{-0.809+0.809z^{-1}}{1-1.618z^{-1}+z^{2}}+0.0849\frac{-0.309+0.309z^{-1}}{1+1.618z^{-1}+z^{2}}+\frac{1}{1-z^{-1}}\right]$$

$H(z)$的频率采样型结构如图 4-22 所示，注意图形数据与参数的对应关系。

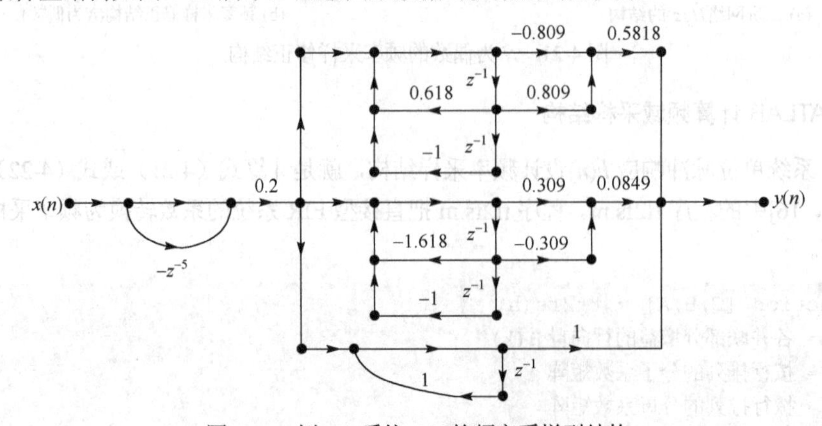

图 4-22 例 4-5 系统 $H(z)$的频率采样型结构

需要说明的是，对于前面讨论的 $r \approx 1$ 的情况下，因为可近似取 $H_r(k) = H(k)$，所以，依然可采用上述函数 tf2fs 计算 FIR 系统频率采样结构系数。

MATLAB 中的 tf2sos 函数可以用来求解级联型的结构问题。函数 tf2sos 的含义是 transfer function to second-order-section，即将传递函数（系统函数）转换为二阶环节。其调用格式为

```
[ss,g] = tf2sos(b,a)
```

其中，a、b 分别是负幂系统函数的分子、分母多项式系数向量；ss 是二阶环节的系数矩阵，每一行代表一个二阶环节，前三项为分子系数，后三项为分母系数，如下

$$\boldsymbol{ss} = \begin{bmatrix} b_{01} & b_{11} & b_{21} & 1 & a_{11} & a_{21} \\ b_{02} & b_{12} & b_{22} & 1 & a_{12} & a_{22} \\ \vdots & & \vdots & & & \vdots \\ b_{0L} & b_{1L} & b_{2L} & 1 & a_{1L} & a_{2L} \end{bmatrix} \tag{4-23}$$

对第 k 个环节，

$$H_k(z) = \frac{b_{0k} + b_{1k}z^{-1} + b_{2k}z^{-2}}{1 + a_{1k}z^{-1} + a_{2k}z^{-2}}，\ k = 1, 2, \cdots, L \tag{4-24}$$

函数 tf2sos 的解中，g 是整个系统归一化的增益。系统函数的解为

$$H(z) = gH_1(z)H_2(z)\cdots H_L(z)$$

下面通过例题说明如何利用 MATLAB 辅助绘制信号流图。

【例 4-6】 已知某系统的系统函数为 $H(z) = 1 + 16.0625z^{-4} + z^{-8}$，求出并画出它的直接型、线性相位性和级联型网络结构。

解　系统函数的系统差分方程为

$$y(n) = x(n) + 16.0625x(n-4) + x(n-8)$$

直接型结构图如图 4-23(a)所示。

差分方程 $y(n) = x(n) + 16.0625x(n-4) + x(n-8)$改写为

$$y(n) = [x(n) + x(n-8)] + 16.0625x(n-4)$$

线性相位型结构图如图 4-23(b)所示。

为求级联型的结构，编制如下 MATLAB 程序

```
%fex4_7.m,求全零点系统 y(n) = x(n) + 16.0625x(n-4) + x(n-8)的级联型解
b = [1 0 0 0 16.0625 0 0 0 1];
[tsos,g] = tf2sos(b,1)
```

程序运行结果为

$$\text{tsos} = \begin{bmatrix} 1.0000 & 2.8284 & 4.0000 & 1.0000 & 0 & 0 \\ 1.0000 & -2.8284 & 4.0000 & 1.0000 & 0 & 0 \\ 1.0000 & 0.7071 & 0.2500 & 1.0000 & 0 & 0 \\ 1.0000 & -0.7071 & 0.2500 & 1.0000 & 0 & 0 \end{bmatrix}，\ \text{g} = 1$$

对应的系统函数为

$$H(z) = (1 + 2.83z^{-1} + 4z^{-2})(1-2.83z^{-1} + 4z^{-2})(1 + 0.71z^{-1} + 4z^{-2})(1-0.71z^{-1} + 4z^{-2})$$

级联型结构图如图 4-23(c)所示。

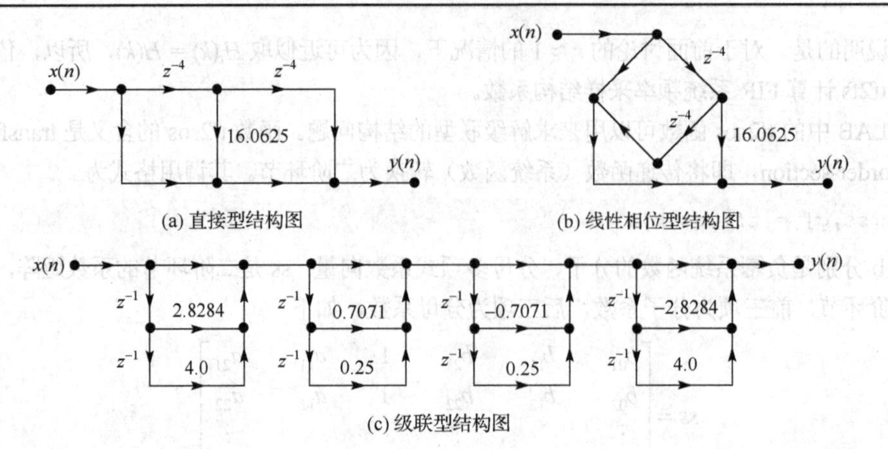

图 4-23　例 4-6 系统 $H(z)=1+16.0625z^{-4}+z^{-8}$ 的直接型、线性相位型和级联型网络结构图

【例 4-7】 设线性相位 FIR 滤波器频率采样值为

$$H\left(\frac{2\pi}{32}k\right)=\begin{cases}1, & k=0,1,2\\ 1/2, & k=3\\ 0, & k=4,5,\cdots,15\end{cases}$$

$N=32$。试画出系统的频率采样修正结构。

解　按照式（4-22）系统函数为

$$H(z)=(1-r^N z^{-N})\frac{1}{N}\left[\frac{H(0)}{1-rz^{-1}}+\sum_{k=1}^{(N-1)/2}\frac{a_{0k}+a_{1k}z^{-1}}{1-2r\cos\left(\frac{2\pi}{N}k\right)z^{-1}+r^2z^{-2}}\right]$$

用 $a_{0k}=2\mathrm{Re}[H(k)]$和 $a_{1k}=-2\mathrm{Re}[rH(k)W_N^{-k}]$计算得 a_{0k}和 a_{1k}。频率采样修正结构如图 4-24 所示。

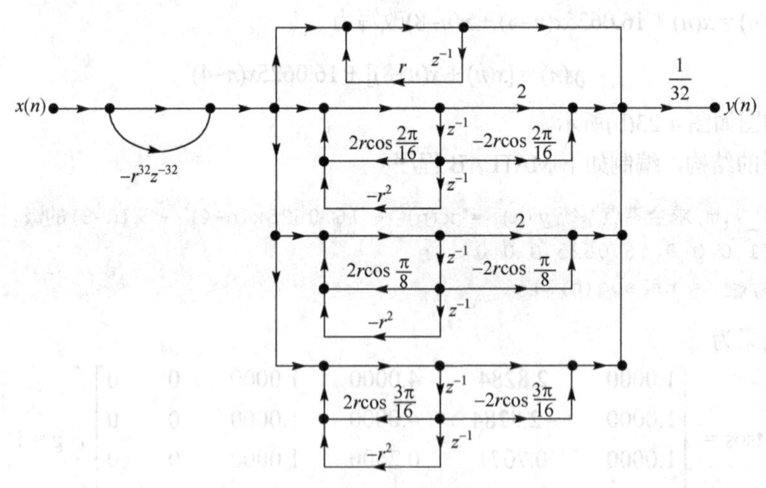

图 4-24　例 4-7 频率采样修正结构

4.4.5　快速卷积法

设 FIR 系统单位脉冲响应 $h(n)$长度为 N，若输入信号 $x(n)$是长度为 M 的序列，则输出 $y(n)$可表示为 $y(n)=h(n)*x(n)$。两个有限长度序列的线性卷积可用快速傅里叶变换计算，具体请参考第 3 章。

4.5　格 形 网 络

格形（Lattice）结构离散系统可以用于 IIR 系统，也可用于 FIR 系统。其独特优点是对有限字长效应不敏感且适合递推算法，便于用模块化结构实现高速并行处理；同时，一个 m 阶格形滤波器可以产生从 1 阶到 m 阶的 m 个横向滤波器的输出。这些优点使得这种结构在现代谱估计、语音信号处理、线性预测及自适应滤波等方面得到了广泛的应用。格形网络主要有全零点（FIR）格形网络和全极点（IIR）格形网络两类。

4.5.1　全零点（FIR）型

全零点格形网络的流图如图 4-25 所示。该流图只有由左向右的直通通路，没有反馈回路，也称为 FIR 格形网络结构。它可以视为由 N 个图 4-26 所示的格形网络单元级联而成。

全零点格形滤波器

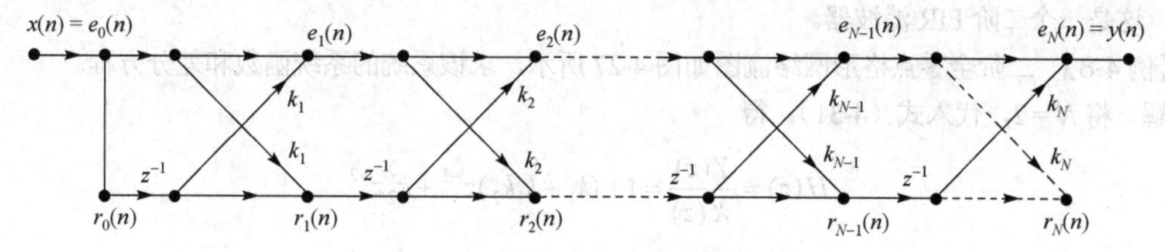

图 4-25　N 阶全零点格形网络

由图 4-26 可得 $e_l(n)$ 和 $r_l(n)$ 的差分方程

$$e_l(n) = e_{l-1}(n) + r_{l-1}(n-1)\cdot k_l \tag{4-25}$$

$$r_l(n) = e_{l-1}(n)\cdot k_l + r_{l-1}(n-1) \tag{4-26}$$

将上面两式进行 z 变换，得到

$$E_l(z) = E_{l-1}(z) + k_l z^{-1} R_{l-1}(z) \tag{4-27}$$

$$R_l(z) = k_l E_{l-1}(z) + z^{-1} R_{l-1}(z) \tag{4-28}$$

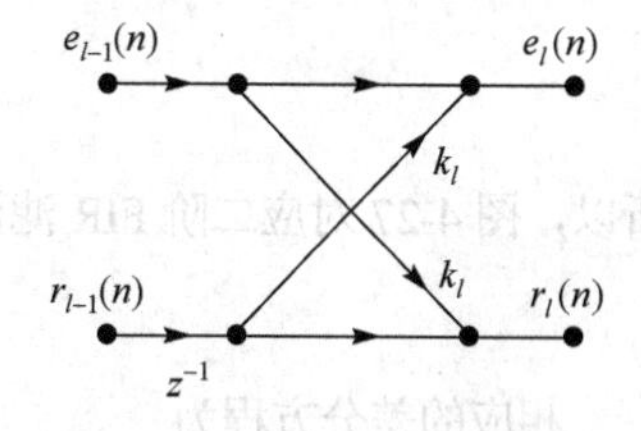

图 4-26　全零点格形网络单元

将上面两个 z 变换式用矩阵形式表示，得

$$\begin{bmatrix} E_l(z) \\ R_l(z) \end{bmatrix} = \begin{bmatrix} 1 & k_l z^{-1} \\ k_l & z^{-1} \end{bmatrix} \begin{bmatrix} E_{l-1}(z) \\ R_{l-1}(z) \end{bmatrix} \tag{4-29}$$

式（4-29）说明格形网络输出与前一级输出的递推关系。将 N 个基本单元级联后，得

$$\begin{bmatrix} E_N(z) \\ R_N(z) \end{bmatrix} = \begin{bmatrix} 1 & k_N z^{-1} \\ k_N & z^{-1} \end{bmatrix} \begin{bmatrix} 1 & k_{N-1} z^{-1} \\ k_{N-1} & z^{-1} \end{bmatrix} \cdots \begin{bmatrix} 1 & k_1 z^{-1} \\ k_1 & z^{-1} \end{bmatrix} \begin{bmatrix} E_0(z) \\ R_0(z) \end{bmatrix} \tag{4-30}$$

由于 $Y(z) = E_N(z)$，$X(z) = E_0(z) = R_0(z)$，故 $Y(z)$ 可表示成

$$Y(z) = \begin{bmatrix} 1 & 0 \end{bmatrix} \begin{bmatrix} E_N(z) \\ R_N(z) \end{bmatrix} = \begin{bmatrix} 1 & 0 \end{bmatrix} \left\{ \prod_{l=N}^{1} \begin{bmatrix} 1 & k_l z^{-1} \\ k_l & z^{-1} \end{bmatrix} \right\} \begin{bmatrix} 1 \\ 1 \end{bmatrix} X(z) \tag{4-31}$$

由式（4-31）得全零点格形网络的系统函数为

$$H(z) = \frac{Y(z)}{X(z)} = \begin{bmatrix} 1 & 0 \end{bmatrix} \left\{ \prod_{l=N}^{1} \begin{bmatrix} 1 & k_l z^{-1} \\ k_l & z^{-1} \end{bmatrix} \right\} \begin{bmatrix} 1 \\ 1 \end{bmatrix} \tag{4-32}$$

当 $N=2$ 时，由式（4-31）得

$$Y(z)=\begin{bmatrix}1 & 0\end{bmatrix}\begin{bmatrix}1 & k_2z^{-1}\\ k_2 & z^{-1}\end{bmatrix}\begin{bmatrix}1 & k_1z^{-1}\\ k_1 & z^{-1}\end{bmatrix}\begin{bmatrix}1\\ 1\end{bmatrix}X(z)$$

$$Y(z)=\left[1+(k_1+k_1k_2)z^{-1}+k_2z^{-2}\right]X(z)$$

由式（4-32）得

$$H(z)=\frac{Y(z)}{X(z)}=1+(k_1+k_1k_2)z^{-1}+k_2z^{-2}$$

相应差分方程为

$$y(n)=x(n)+(k_1+k_1k_2)x(n-1)+k_2x(n-2)$$

显然，这是一个二阶 FIR 滤波器。

【例 4-8】 二阶全零点格形网络流图如图 4-27 所示，求该系统的系统函数和差分方程。

解 将 $N=2$，代入式（4-31），得

$$H(z)=\frac{Y(z)}{X(z)}=1+(k_1+k_1k_2)z^{-1}+k_2z^{-2}$$

将已知参数代入上式，得

$$k_1+k_1k_2=\frac{1}{4}，\quad k_2=-\frac{1}{2}$$

所以，图 4-27 对应二阶 FIR 滤波器的传递函数为

$$H(z)=1+0.25z^{-1}-0.5z^{-2}$$

相应的差分方程为

$$y(n)=x(n)+0.25x(n-1)-0.5x(n-2)$$

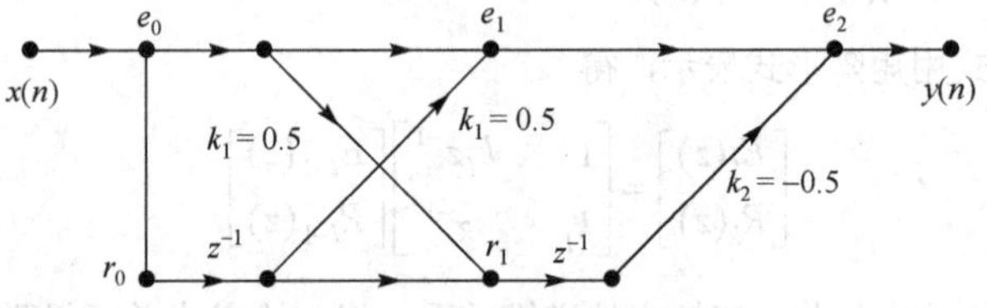

图 4-27　二阶全零点格形网络

【例 4-9】 求 FIR 滤波器 $y(n)=x(n)+\dfrac{13}{24}x(n-1)+\dfrac{5}{8}x(n-2)+\dfrac{1}{3}x(n-3)$ 的格形结构。

解 MATLAB 提供函数 tf2latc，利用直接型 FIR 系统的系数向量 b 计算格形滤波器的反射系数 K。要求函数 tf2latc 系数向量 b 归一化，即 K = tf2latc(b/b(1))。函数 tf2latc 的逆函数为函数 latc2tf，以格式 b = latc2tf(K)调用，用于根据反射系数 K 计算直接型系统的系数向量 b。

本题计算程序为

```
%fex4_9.m,由差分方程计算格形结构
b = [1,13/24,5/8,1/3];
K = tf2latc(b)
```

程序执行结果为

```
K
0.2500  0.5000   0.3333
```

即 $K_1 = 0.25$，$K_2 = 0.5$，$K_3 = 1/3$。所得系统结构图如图 4-28 所示。

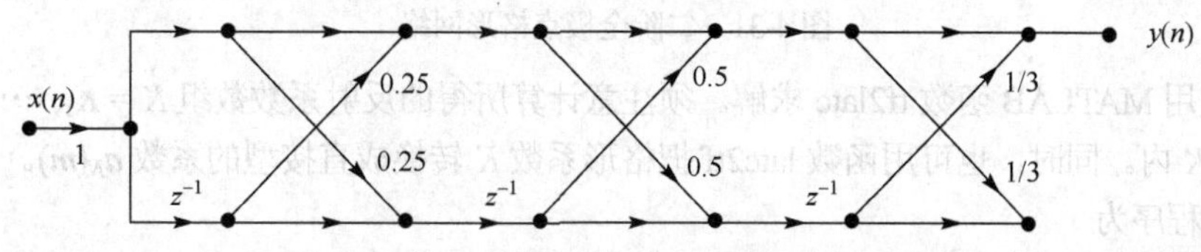

图 4-28　例 4-9 所求 FIR 滤波器格形结构

全极点格形滤波器

4.5.2　全极点（IIR）型

图 4-29 所示的是一个 N 阶全极点格形网络，该网络可视为图 4-30 所示的网络单元级联，并去掉 r_N 节点，将最右边的节点 r_0 与输出相连。

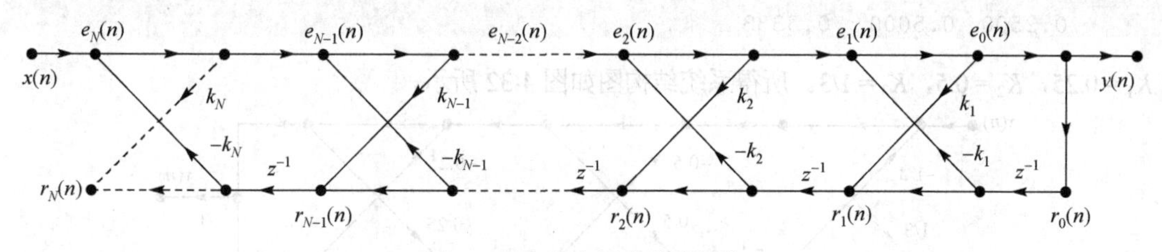

图 4-29　N 阶全极点格形网络

按照图 4-30 可以写出

$$E_{l-1}(z) = E_l(z) - k_l z^{-1} R_{l-1}(z)$$

$$R_l(z) = k_l E_{l-1}(z) + z^{-1} R_{l-1}(z)$$

写成矩阵形式

$$\begin{bmatrix} E_l(z) \\ R_l(z) \end{bmatrix} = \begin{bmatrix} 1 & k_l z^{-1} \\ k_l & z^{-1} \end{bmatrix} \begin{bmatrix} E_{l-1}(z) \\ R_{l-1}(z) \end{bmatrix} \tag{4-33}$$

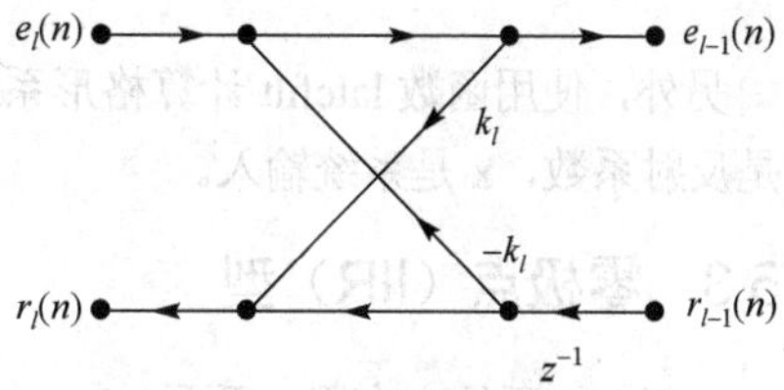

图 4-30　全极点格形网络单元

由于 $Y(z) = E_N(z)$，$X(z) = E_0(z) = R_0(z)$，那么

$$X(z) = \begin{bmatrix} 1 & 0 \end{bmatrix} \left\{ \prod_{l=N}^{1} \begin{bmatrix} 1 & k_l z^{-1} \\ k_l & z^{-1} \end{bmatrix} \right\} \begin{bmatrix} 1 \\ 1 \end{bmatrix} Y(z) \tag{4-34}$$

对比式（4-34）与式（4-31）可见，差别在于输入 $X(z)$与输出 $Y(z)$在公式中对调了位置。因此，全零点格形网络与全极点格形网络的系统函数互为倒数关系，或者说全极点格形滤波器是全零点格形滤波器的逆滤波器。按照“求逆准则”可以把一个全零点格形滤波器转换成全极点格形滤波器。

所谓“求逆准则”，就是将输入到输出的无延迟的通路全部反向，并将该通路的增益变成原来的倒数，再把指向这条新通路的各节点的其他支路增益乘以–1，最后将输入与输出交换位置。例如，按照“求逆准则”图 4-27 和图 4-31 可以相互转换。

【例 4-10】 求 IIR 滤波器 $H(z) = \dfrac{1}{1 + \dfrac{13}{24} z^{-1} + \dfrac{5}{8} z^{-2} + \dfrac{1}{3} z^{-3}}$ 的格形结构。

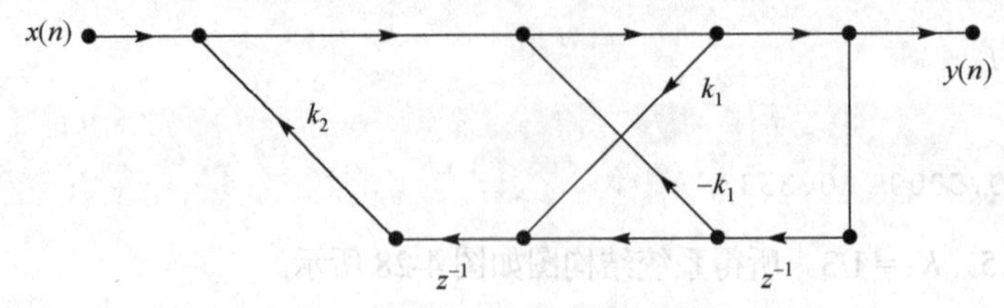

图 4-31　二阶全极点格形网络

解　仍使用 MATLAB 函数 tf2latc 求解。须注意计算所得的反射系数数组 $K = K_1, \cdots, K_{N-1}$，系数 K_0 不包括在 K 内。同时，也可用函数 latc2tf 把格形系数 K 转换成直接型的系数 $a_N(m)$。

本题计算程序为

```
%fex4_10.m,由差分方程计算格形结构
a = [1,13/24,5/8,1/3];
K = tf2latc(a)
```

程序执行结果为

```
K
0.2500  0.5000   0.3333
```

即 $K_1 = 0.25$，$K_2 = 0.5$，$K_3 = 1/3$。所得系统结构图如图 4-32 所示。

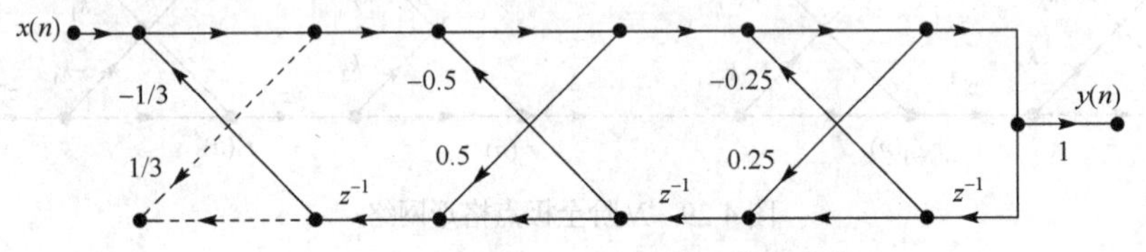

图 4-32　例 4-10 所求 IIR 滤波器格形结构

另外，使用函数 latcfilt 计算格形系统的输出，调用格式为 latcfilt(K，x)，其中 K 是反射系数，x 是系统输入。

零极点格形滤波器

4.5.3　零极点（IIR）型

一般 IIR 系统在有限 z 平面（$0 < z < \infty$），既有极点又有零点，它可用全极点格形系统实现。设 IIR 系统的系统函数 $H(z)$ 为

$$H(z) = \frac{B(z)}{A(z)} = \frac{\sum_{i=0}^{N} b_i^{(N)} z^{-i}}{1 + \sum_{i=1}^{N} a_i^{(N)} z^{-i}} \tag{4-35}$$

假设 $N \geqslant M$，为构造式（4-35）的格形结构，先根据其分母构造系数为 K_m（$1 \leqslant m \leqslant N$），实现全极点格形网络，如图 4-29 所示。然后增加一个梯形部分，将 $g_m(n)$（$1 \leqslant m \leqslant N$）的线性组合作为输出 $y(n)$，如图 4-33 所示为 $N = M$ 时的情况。

图 4-33 是具有零极点的 IIR 系统，其输出为

$$y(n) = \sum_{m=0}^{M} c_m g_m(m) \tag{4-36}$$

其中，c_m 系数确定系统函数的分子，也称梯形系数。

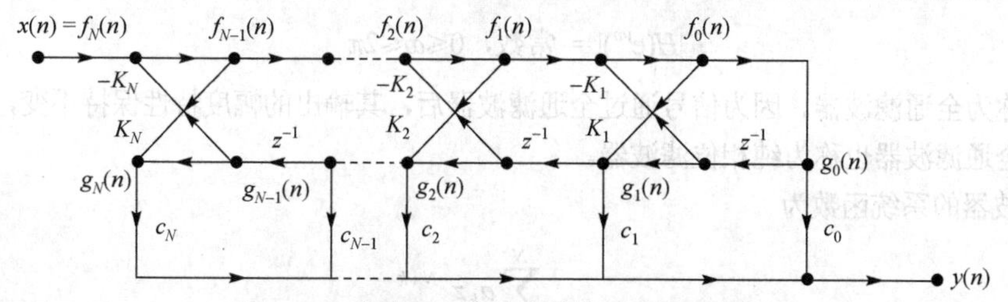

图 4-33　兼有零点和极点的格形滤波器结构

这种 IIR 系统的格形结构仍然用函数 tf2latc 计算，其调用格式为[K，C] = tf2latc(b，a)，其中 K 是反射系数向量，C 为梯形系数向量。IIR 系统的格形系数计算请看下面的例题。

【例 4-11】 把 IIR 滤波器

$$H(z)=\frac{1+2z^{-1}+2z^{-2}+z^{-3}}{1+\dfrac{13}{24}z^{-1}+\dfrac{5}{8}z^{-2}+\dfrac{1}{3}z^{-3}}$$

转换为格形梯形结构。

解本题计算程序为

```
%fex4_11.m,由差分方程计算格形梯形结构
a = [1,13/24,5/8,1/3];
b = [1,2,2,1];
[K,C] = tf2latc(b,a)
```

程序执行结果为

```
K
0.2500  0.5000   0.3333
C =
-0.26950.82811.45831.0000
```

即 $K_1 = 0.25$，$K_2 = 0.5$，$K_3 = 1/3$。所得系统结构图如图 4-34 所示。

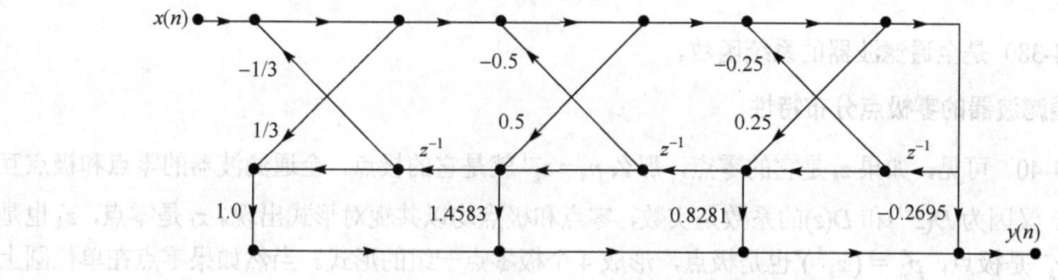

图 4-34　例 4-11 所求 FIR 滤波器格形结构

4.6　特殊滤波器

本节介绍几种非常有用的滤波器。

全通滤波器

4.6.1　全通滤波器

1．全通滤波器的定义及其一般形式

如果滤波器的幅度特性在整个频带[0, 2π]上均等于常数，即

$$|H(e^{j\omega})| = 常数，0\leqslant\omega\leqslant 2\pi \tag{4-37}$$

则该滤波器称为全通滤波器。因为信号通过全通滤波器后，其输出的幅度特性保持不变，仅相位发生变化，所以全通滤波器也称为纯相位滤波器。

全通滤波器的系统函数为

$$H(z)=\frac{\sum_{k=0}^{N}a_k z^{-N+k}}{\sum_{k=0}^{N}a_k z^{-k}} \tag{4-38}$$

其二阶滤波器形式为

$$H(z)=\prod_{i=1}^{L}\frac{z^{-2}+a_{1i}z^{-1}+a_{2i}}{a_{2i}z^{-2}+a_{1i}z^{-}1+1} \tag{4-39}$$

式（4-38）和式（4-39）的系数均是实数，且分子、分母的系数相同，排列顺序相反。

式（4-38）可进一步写成

$$H(z)=\frac{\sum_{k=0}^{N}a_k z^{-N+k}}{\sum_{k=0}^{N}a_k z^{-k}}=z^{-N}\frac{\sum_{k=0}^{N}a_k z^{k}}{\sum_{k=0}^{N}a_k z^{-k}}=z^{-N}\frac{D(z^{-1})}{D(z)} \tag{4-40}$$

因为式（4-40）中系数是实数，因此

$$D(z^{-1})\big|_{z=e^{j\omega}}=D(e^{-j\omega})=D^{*}(e^{j\omega})$$

而

$$|H(e^{j\omega})|=\left|\frac{D^{*}(e^{j\omega})}{D(e^{j\omega})}\right|=1 \tag{4-41}$$

所以，式（4-38）是全通滤波器的系统函数。

2．全通滤波器的零极点分布特性

从式（4-40）可见，如果 z_k 是它的零点，那么 $p_k=z_k^{-1}$ 就是它的极点，全通滤波器的零点和极点互成倒易关系。又因为 $D(z^{-1})$ 和 $D(z)$ 的系数是实数，零点和极点均以共轭对形式出现。z_k 是零点，z_k^{*} 也是零点，$p_k=z_k^{-1}$ 是极点，$p_k^{*}=(z_k^{-1})^{*}$ 也是极点，形成 4 个极零点一组的形式。当然如果零点在单位圆上或者零点是实数，则以两个一组的形式出现。

如果将零点 z_k 和极点 $p_k^{*}=(z_k^{-1})^{*}$ 组成一对，零点 z_k^{*} 和极点 $p_k=z_k^{-1}$ 组成一对，则零点和极点互为共轭倒易关系的全通滤波器的系统函数可以表示成

$$H(z)=\prod_{k=1}^{N}\frac{z^{-1}-z_k}{1-z_k^{*}z^{-1}} \tag{4-42}$$

式中，N 称为阶数。当 $N=1$ 时，零极点均为实数，系统函数为

$$H(z)=\frac{z^{-1}-a}{1-az^{-1}}，a 为实数$$

全通滤波器是纯相位系统，一般用做相位校正。如果要设计一个线性相位滤波器，可以直接设计一个线性相位 FIR 滤波器，也可以先设计一个满足幅频特性的 IIR 滤波器，再级联一个全通滤波器进行相位校正，使总的相位特性是线性的，但用后一种方法时，设计满足要求的全通滤波器并不是一件轻松的事情。

4.6.2　数字谐振器

数字谐振器

数字谐振器是具有特殊双极点的二阶带通滤波器，它的一对共轭极点为 $re^{\pm j\omega_0}(r\approx 1)$，其幅度特性在 ω_0 附近最大，相当于在该频率发生了谐振，故称为数字谐振器。数字谐振器适合用做带通滤波器及语音发生器等。

数字谐振器的零点可以放置在原点，或将两个零点放置在 $z=\pm 1$ 处。

1．零点在原点的数字谐振器

其系统函数为

$$H(z)=\frac{b_0}{(1-re^{j\omega_0}z^{-1})(1-re^{-j\omega_0}z^{-1})} \tag{4-43}$$

化简为

$$H(z)=\frac{b_0}{1-2rz^{-1}\cos\omega_0+r^2z^{-2}} \tag{4-44}$$

因为幅度特性在 ω_0 附近取最大值，取 b_0 使 $|H(e^{j\omega_0})|=1$，由式（4-43）得

$$H(e^{j\omega_0})=\frac{b_0}{(1-re^{j\omega_0}e^{-j\omega_0})(1-re^{-j\omega_0}e^{-j\omega_0})}=\frac{b_0}{(1-r)(1-re^{-j2\omega_0})}$$

则由

$$|H(e^{j\omega_0})|=\frac{b_0}{(1-r)\sqrt{1+r^2-2r\cos 2\omega_0}}=1$$

可得

$$b_0=(1-r)\sqrt{1+r^2-2r\cos 2\omega_0} \tag{4-45}$$

由式（4-43）得到幅度特性为

$$|H(e^{j\omega})|=\frac{b_0}{U_1(\omega)U_2(\omega)} \tag{4-46}$$

式中，$U_1(\omega)$ 和 $U_2(\omega)$ 分别是极点 p_1 和 p_2 到点 ω 的矢量长度，$U_1(\omega)$ 和 $U_2(\omega)$ 可以表示为

$$U_1(\omega)=\sqrt{1+r^2-2r\cos 2(\omega_0-\omega)}\text{，}\quad U_2(\omega)=\sqrt{1+r^2-2r\cos 2(\omega_0+\omega)} \tag{4-47}$$

对任意 r，可推导出 $U_1(\omega)$ 和 $U_2(\omega)$ 的乘积在 $\omega=\omega_r$ 处取最小值（请读者自己证明），即幅度取最大值。有

$$\omega_r=\arccos\left(\frac{1+r^2}{2r}\cos\omega_0\right) \tag{4-48}$$

$\omega=\omega_r$ 是谐振器精确的谐振频率。如果两个极点非常接近单位圆，则 $\omega_r\approx\omega_0$，它的 3dB 带宽为 $\Delta\omega\approx$

$2(1-r)$（请读者自己证明）。设 $\omega_0=\pi/3$，$r=0.8$ 和 0.95，零极点分布及幅度特性如图 4-35 所示。显然，极点越靠近单位圆，谐振峰越尖锐。

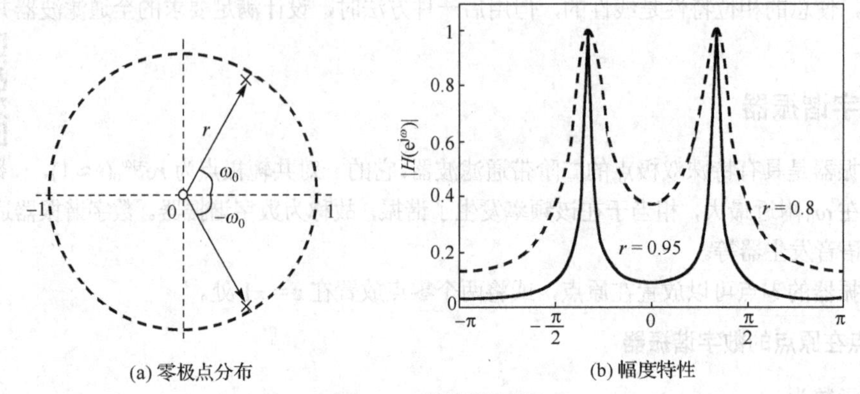

(a) 零极点分布　　(b) 幅度特性

图 4-35　数字谐振器

2．零点放置在 $z=\pm1$ 处的数字谐振器

其系统函数为

$$H(z)=\frac{b_0(1-z^{-1})(1+z^{-1})}{(1-re^{j\omega_0}z^{-1})(1-re^{-j\omega_0}z^{-1})}=\frac{b_0(1-z^{-2})}{(1-re^{j\omega_0}z^{-1})(1-re^{-j\omega_0}z^{-1})} \tag{4-49}$$

将 $z=e^{j\omega}$ 代入上式，得到传输函数为

$$H(e^{j\omega})=\frac{b_0(1-e^{-j2\omega})}{(1-re^{j(\omega_0-\omega)})(1-re^{-j(\omega_0+\omega)})}$$

它的幅度特性为

$$|H(e^{j\omega})|=\frac{N(\omega)}{U_1(\omega)U_2(\omega)} \tag{4-50}$$

式中，$N(\omega)=\sqrt{2(1-\cos2\omega)}$。$N(\omega)$是两个零点 $z=1$ 和 $z=-1$ 到点 ω 的矢量长度之积。比较零点在原点的情况，精确的谐振频率发生了变化。为简便起见，这里只和零点在原点的谐振器做定性的比较。

假设 $\omega_0=\pi/3$，$r=0.8$ 和 0.95，对应的零极点分布和幅度特性如图 4-36 所示。与图 4-35 相比可见，谐振频率有微小的变化，带宽略小一点。因此，当极点很靠近单位圆时，它的谐振频率仍然可用 ω_0 进行估计，3dB 带宽用 $\Delta\omega\approx2(1-r)$估计。其次，在 $\omega=\pi$、0、$-\pi$ 处的幅度为零。

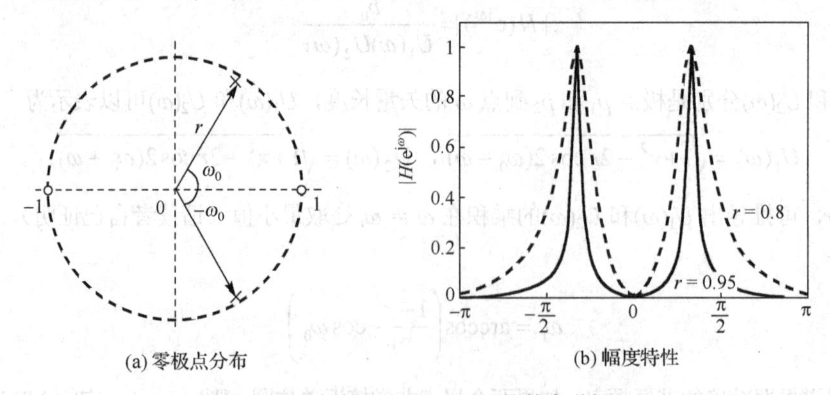

(a) 零极点分布　　(b) 幅度特性

图 4-36　零点在 $z=1$ 和 $z=-1$ 的数字谐振器

4.6.3　数字陷波器

数字陷波器

1．数字陷波器概念

陷波器仍然是一个二阶滤波器，其幅度特性在 $\omega=\pm\omega_0$ 处为零，在其他频率上接近于常数，是非常适合滤除单频干扰的滤波器。在中国、俄罗斯及欧洲的一些国家使用的是 50Hz 交流电（美日等国使用 60Hz 交流电），这些国家和地区信号中时常带有 50Hz 的干扰。希望将它滤除，又不影响正常信号，在设计和使用电子仪器设备时，可以用数字陷波器对信号进行滤波。

设零点为 $z=\mathrm{e}^{\pm\mathrm{j}\omega_0}$，希望幅度特性在 $\omega=\pm\omega_0$ 处为零，幅度离开 $\omega=\pm\omega_0$ 后迅速上升到一个常数。为此，将两个极点 $p_{1,2}=a\mathrm{e}^{\pm\mathrm{j}\omega_0}$ 放在很靠近零点的地方，如图 4-37(a)所示。

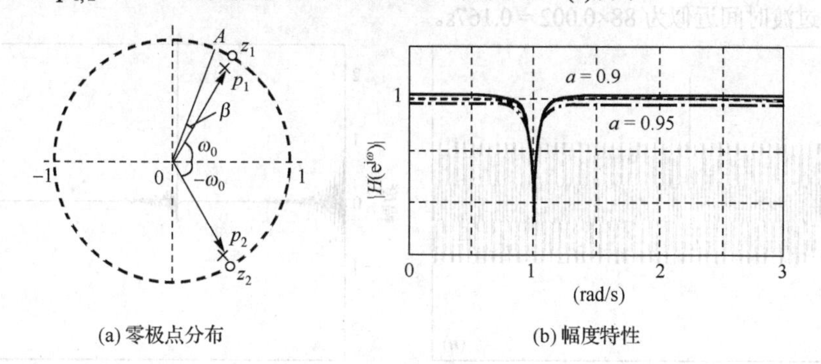

(a) 零极点分布　　(b) 幅度特性

图 4-37　数字陷波器

图 4-37(a)所示系统的系统函数为

$$H(z)=\frac{(z-\mathrm{e}^{\mathrm{j}\omega_0})(z-\mathrm{e}^{-\mathrm{j}\omega_0})}{(z-a\mathrm{e}^{\mathrm{j}\omega_0})(z-a\mathrm{e}^{-\mathrm{j}\omega_0})} \tag{4-51}$$

式中，$0\leqslant a<1$。如果 $a=0$，滤波器变成 FIR 滤波器，缺少极点的作用。如果 a 比较小，缺口将比较大，对 $\omega=\pm\omega_0$ 近邻的频率分量影响显著。

2．数字陷波器缺口的宽度和 a 的关系

陷波器的零极点距离很近，两个零点在单位圆上，两个极点的相角和两个零点的相角分别相同。令 $\beta=1-a$，并假设 β 很小。在单位圆上取一点 $A=\mathrm{e}^{(\mathrm{j}\omega_0+\beta)}$，如图 4-37(a)所示。从零点 $z_1=\mathrm{e}^{\mathrm{j}\omega_0}$ 到 A 点距离近似为 β，那么从极点 $p_1=a\mathrm{e}^{\mathrm{j}\omega_0}$ 到 A 点的距离为 $\sqrt{2}\beta$。而 $z_1=\mathrm{e}^{-\mathrm{j}\omega_0}$ 到 $z_2=\mathrm{e}^{\mathrm{j}\omega_0}$ 的距离相对较远，可以认为零点 $z=\mathrm{e}^{-\mathrm{j}\omega_0}$ 到 A 点的距离等于极点 $p_2=a\mathrm{e}^{-\mathrm{j}\omega_0}$ 到 A 点的距离，这样 A 点的幅度为 $(\beta/\sqrt{2}\beta)=1/\sqrt{2}$，即 A 点的幅度为 3dB，$\omega_0+\beta$ 就是 3dB 频率，使阻带的带宽为 $2\beta=2(1-a)$。当频率离开 $\omega_0+\beta$，不断增大时，可以认为从两个零点 $z_{1,2}=\mathrm{e}^{\pm\mathrm{j}\omega_0}$ 到 A 点的距离和两个极点 $p_{1,2}=a\mathrm{e}^{\pm\mathrm{j}\omega_0}$ 到 A 点的距离近似相等，这样幅度 $\left|H(\mathrm{e}^{\mathrm{j}(\omega_0+\beta)})\right|\approx 1$。据此分析得出结论，陷波器的 3dB 带宽为 $2\beta=2(1-a)$，a 越大，极点越靠近零点（越靠近单位圆），陷波器的 3dB 带宽越窄。陷波器的幅度特性如图 4-37(b)所示。

例如，信号 $x(t)=\sin(50\times2\pi t)+x_\mathrm{s}(t)$ 中，$x_\mathrm{s}(t)$ 是低于 50Hz 的低频信号。可按以下步骤设计一个陷波器将干扰滤除。

50Hz 信号的周期是 0.02s，按照采样定理，采样周期 T 应小于 0.01s，选 $T=0.002$s。给定 50Hz 信号对应的数字频率是 $2\pi\times50\times0.002=0.628$rad。选 $a=0.95$，则陷波器的系统函数为

$$H(z)=\frac{(z-\mathrm{e}^{\mathrm{j}0.628})(z-\mathrm{e}^{-\mathrm{j}0.628})}{(z-0.95\mathrm{e}^{\mathrm{j}0.628})(z-0.95\mathrm{e}^{-\mathrm{j}0.628})}=\frac{z^2-2z\cos 0.628+1}{z^2-2\times 0.95z\cos 0.628+0.95^2}$$

$$=\frac{z^2-1.618z+1}{z^2-1.537z+0.9025}=\frac{1-1.618z^{-1}+z^{-2}}{1-1.537z^{-1}+0.9025z^{-2}}$$

令 $x_s(t)=2\delta(n-200)$，加入噪声进行测试，检验所设计陷波器的特性。由

$$x(n)=x(t)|_{t=nT}=\sin(100\pi nT)+x_s(n)$$

得数字陷波器的输入信号波形如图 4-38(a)所示。由于输入信号是单位脉冲序列，并延时 200×0.002 = 0.4s，因此输入信号在 0.4s 处的尖峰是 $x_s(t)$。陷波器的输出波形如图 4-38(b)所示，0.4s 处的噪声 $x_s(t)$ 仍存在，50Hz 干扰没有了，但存在暂态效应，因为极点的模是 0.95。查表 2-5，过渡过程近似为 88 个采样间隔，过渡时间近似为 88×0.002 = 0.167s。

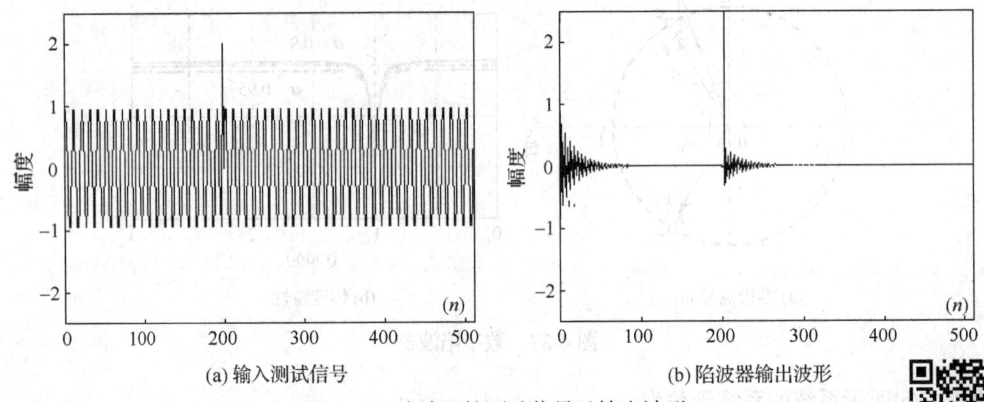

图 4-38 陷波器的测试信号及输出波形

最小相位滤波器

4.6.4 最小相位滤波器

因果稳定的滤波器的全部极点必须位于单位圆内，但零点可以位于任意位置。对于因果稳定滤波器中的一类滤波器，如果其全部零点位于单位圆内，则称为最小相位滤波器，系统函数用 $H_{\min}(z)$表示。对于全部零点位于单位圆外的因果稳定滤波器，称为最大相位滤波器，系统函数用 $H_{\max}(z)$表示。零点既不全在单位圆内，也不全在单位圆外的，称为混合相位滤波器。

最小相位滤波器重要性质如下。

（1）任何一个因果稳定的滤波器 $H(z)$均可以用一个最小相位滤波器 $H_{\min}(z)$和一个全通滤波器 $H_{\mathrm{ap}}(z)$级联构成，即

$$H(z)=H_{\min}(z)H_{\mathrm{ap}}(z) \tag{4-52}$$

证明 设题 $H(z)$仅有一个零点在单位圆外，零点为 $z=z_0^{-1}$，$|z_0|<1$，$H(z)$可用下式表示

$$H(z)=H_1(z)(z^{-1}-z_0) \tag{4-53}$$

式中用因式$(z^{-1}-z_0)$表示仅有的一个圆外零点，$H_1(z)$的全部零点一定都在单位圆内，所以 $H_1(z)$是一个最小相位滤波器。将上式的分子、分母同乘以$(1-z_0^*z^{-1})$，即

$$H(z)=H_1(z)(z^{-1}-z_0)\frac{1-z_0^*z^{-1}}{1-z_0^*z^{-1}}=H_1(z)(1-z_0^*z^{-1})\frac{z^{-1}-z_0}{1-z_0^*z^{-1}} \tag{4-54}$$

式中，等号右边$\frac{z^{-1}-z_0}{1-z_0^*z^{-1}}$是一个全通滤波器，$(1-z_0^*z^{-1})$的根在单位圆内，因此前半部分仍是最小相位

滤波器。将式（4-54）中的前半部分 $H_1(z)(1-z_0^*z^{-1})$ 和式（4-52）比较，它们的幅频特性一样。前者具有最小相位特性，后者没有，相当于将后者单位圆外的零点 $z=z_0^{-1}$ 以共轭倒易关系搬到单位圆内，零点变成 z_0^*。这就证明了式（4-52）的正确性。

综上所述，凡是将零点（或者极点）以共轭倒易关系从单位圆外（内）搬到单位圆内（外），滤波器的幅频特性都保持不变，而相位特性会发生变化。对于一般滤波器可以利用这一结论，用共轭倒易关系将所有单位圆外的零点搬到单位圆内，构成最小相位滤波器。

（2）对同一系统函数幅频特性相同的所有因果稳定系统中，最小相位系统的相位延迟最小。

利用共轭倒易关系，可以将同一个系统函数零点在单位圆内外进行相互转移，得到若干幅频特性相同的滤波器，但其中只有全部零点均在单位圆内的是最小相位系统。因为任一系统均可以用式（4-52）表示，而且可以证明式（4-52）中的全通滤波器 $H_{\text{ap}}(z)$ 在 $0\leqslant\omega<\pi$ 区间具有负相位[9]。因此，$H(z)$ 比 $H_{\min}(z)$ 多一个代表延迟的负相位，说明在幅度特性相同的条件下，最小相位滤波器具有最小的相位延迟。从这一点来说，把最小相位系统称为最小相位延迟系统更合适。

（3）最小相位系统的逆系统因果稳定。

给定一个因果稳定系统 $H(z)=B(z)/A(z)$，其逆系统定义为

$$H^{-1}(z)=\frac{1}{H(z)}=\frac{A(z)}{B(z)} \tag{4-55}$$

从式（4-55）易见，原系统的零极点变成了逆系统的极点、零点。因此只有当因果稳定系统 $H(z)$ 是最小相位系统时，它的逆系统 $H^{-1}(z)$ 才是因果稳定的，同时该逆系统也是一个最小相位系统。

【例 4-12】 指出下面 FIR 系统的零点，系统是最小、最大相位系统，还是混合相位系统。

$$H_1(z)=6+z^{-1}-z^{-2}\text{，}\quad H_2(z)=1-z^{-1}-6z^{-2}$$

$$H_3(z)=1-\frac{5}{2}z^{-1}-\frac{3}{2}z^{-2}\text{，}\quad H_4(z)=1-\frac{5}{2}z^{-1}+\frac{3}{2}z^{-2}$$

解　要判定系统的最小、最大相位性质，首先要确定系统的零点位置。本例中，可将各系统函数因式分解，从而得到它们的零点，然后依据系统的零点与单位圆的位置关系，即可判定系统的性质。

$H_1(z)$：$z_{1,2}=-1/2$，$1/3$，为最小相位系统。

$H_2(z)$：$z_{1,2}=-2$，3，为最大相位系统。

$H_3(z)$：$z_{1,2}=-1/2$，3，为混合相位系统。

$H_4(z)$：$z_{1,2}=-2$，$1/3$，为混合相位系统。

4.6.5　梳状滤波器

梳状滤波器

如果系统函数是 $H(z)$，其传输函数 $H(\mathrm{e}^{\mathrm{j}\omega})$ 以 2π 为周期。若将 $H(z)$ 的变量 z 用 z^N 代替，则得到 $H(z^N)$，传输函数为 $H(\mathrm{e}^{\mathrm{j}\omega N})$，以 $2\pi/N$ 为周期，相当于将原来的 $H(\mathrm{e}^{\mathrm{j}\omega})$ 压缩到 $0\sim2\pi/N$ 区间中，而且 N 个周期中的波形一样。梳状滤波器就是利用这种性质构成的滤波器。例如，心电仪设计中要滤除 50Hz 及其谐波 100Hz 干扰，采用梳状滤波器就是一种较好的设计方案。

【例 4-13】 已知 $H(z)=\dfrac{1-z^{-1}}{1-az^{-1}}$，$0<a<1$。利用该系统函数设计梳状滤波器，滤除心电图信号中的 50Hz 及其谐波 100Hz 干扰，设采样频率为 200Hz。

解　$H(z)$ 的零点是 1，极点是 a，是一个高通滤波器，将 $H(z)$ 的变量 z 用 z^N 代替，得到

$$H(z^N)=\frac{1-z^{-N}}{1-az^{-N}}$$

式中，零点为 $z_k=\mathrm{e}^{\mathrm{j}\frac{2\pi}{N}k}$，极点为 $p_k=\sqrt[N]{a}\mathrm{e}^{\mathrm{j}\frac{2\pi}{N}k}$，其中 $k=0, 1, \cdots, N-1$。N 的大小取决于要滤除的点频的位置，选择 a 要尽量靠近 1。由采样频率算出 50Hz 对应的数字频率为 $2\pi\times50\times1/200=\pi/2$，其谐波 100 Hz 所对应的数字频率为 $2\pi\times100\times1/200=\pi$，零点频率为 $2\pi k/N$，$k=0, 1, 2, 3$。由 $2\pi/N=\pi/2$，求出 $N=4$。设 $a=0.9$，梳状滤波器的幅频特性如图 4-39 所示。

还有一种梳状滤波器是由系统函数 $H(z)=(1-z^{-1})$，通过将其变量 z 用 z^N 代替得到的，其系统函数为 $H(z)=1-z^{-N}$。当 $N=4$ 时，该梳状滤波器的幅度特性如图 4-40 所示。比较这两种梳状滤波器的频率特性，形状都是梳状的，但例 4-13 中的滤波器具有更为理想的特性，其幅度特性的过渡带比较窄，比较陡峭，更有利于消除点频信号而又不损伤其他信号。这是因为系统函数中增加了 N 个很靠近零点的极点，使幅度在离开零点后迅速上升，很快达到最大值。

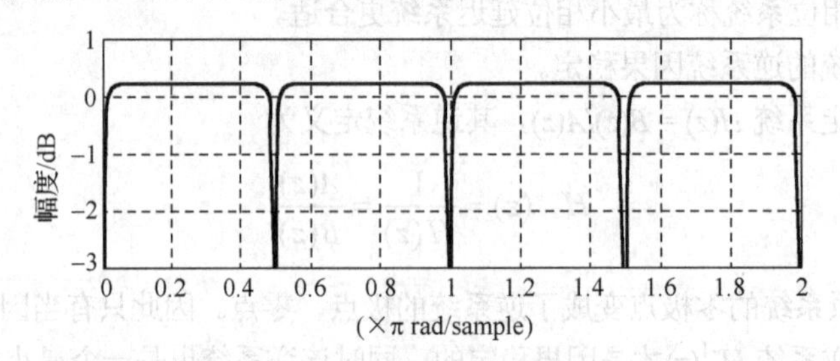

图 4-39 梳状滤波器的幅频特性

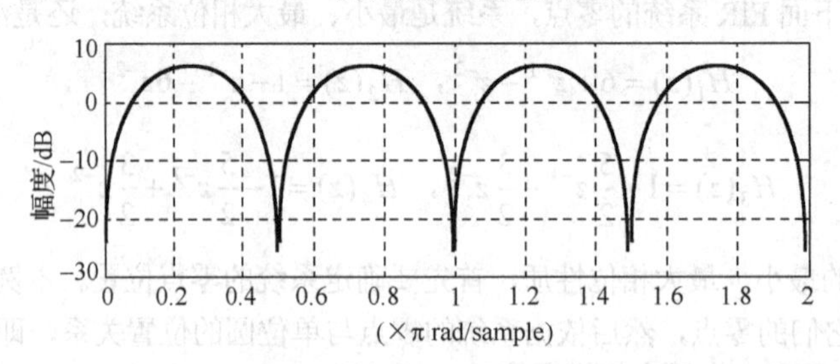

图 4-40 $N=4$ 时梳状滤波器（$H(z)=1-z^{-N}$）的幅频特性

4.6.6 正弦波发生器

为保证滤波器的因果稳定性，其系统函数的极点必须全部集中在单位圆内，否则因果稳定性不能保证。根据这一原理，如果有极点在单位圆上，则可以形成一个正弦波发生器。

假设有两个系统函数

$$H_1(z)=\frac{Y_1(z)}{X(z)}=\frac{z^{-1}\sin\omega_0}{1-2z^{-1}\cos\omega_0+z^{-2}} \tag{4-56}$$

$$H_2(z)=\frac{Y_2(z)}{X(z)}=\frac{1-z^{-1}\cos\omega_0}{1-2z^{-1}\cos\omega_0+z^{-2}} \tag{4-57}$$

令 $x(n)=A\delta(n)$，$X(z)=A$，得到

$$Y_1(z)=\frac{Az^{-1}\sin\omega_0}{1-2z^{-1}\cos\omega_0+z^{-2}},\quad Y_2(z)=\frac{A(1-z^{-1}\cos\omega_0)}{1-2z^{-1}\cos\omega_0+z^{-2}}$$

上面两式对应的时域信号分别为

$$y_1(n) = A\sin(\omega_0 n)u(n) \tag{4-58}$$

$$y_2(n) = A\cos(\omega_0 n)u(n) \tag{4-59}$$

表明系统函数 $H_1(z)$和 $H_2(z)$在 $x(n) = A\delta(n)$的激励下可以分别产生正弦波和余弦波。按照式（4-56）和式（4-57），系统的极点为 $p_{1,2} = \mathrm{e}^{\pm \mathrm{j}\omega_0}$，这正是在单位圆上相角为$\pm\omega_0$的两个极点。$H_1(z)$和 $H_2(z)$分别称为正弦波发生器和余弦波发生器。

数字正弦波发生器实现结构如图 4-41 所示，共需要两个乘法器、两个加法器和两个单位延时器。需要注意的是，运行时要用 $x(n) = A\delta(n)$作为激励，或者令图中 $v(n)$的起始条件为 $v(0) = A$，$v(-1) = 0$，$v(-2) = 0$，来代替输入信号 $x(n) = A\delta(n)$。也可以将 $H_1(z)$和 $H_2(z)$进行组合，同时产主正弦波和余弦波，实现结构如图 4-42 所示。当然，正弦波发生器除了上面介绍的方法以外，也可以用软件查表法实现，这里不再赘述。

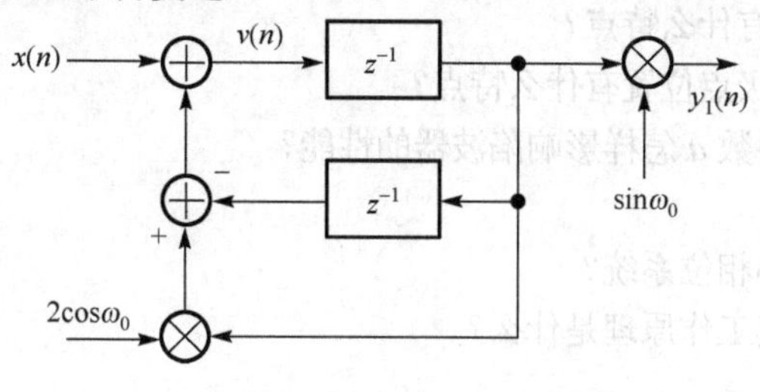

图 4-41　数字正弦波发生器

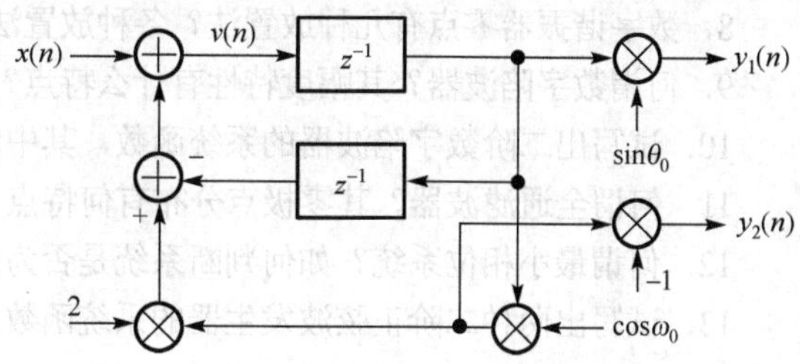

图 4-42　数字正弦波、余弦波发生器

4.6.7　数字信号处理系统结构的计算复杂度

上述几节讨论了数字信号处理系统的结构问题，不同的结构需要的乘法器和加法器的数量是不同的，因此，不同的结构就有不同的计算复杂度。表 4-1 分别给出了 IIR 系统和 FIR 系统的计算复杂度。当然，这些数据不是唯一的标准，所选用结构在实现时的性能应与实现成本等因素一并考虑。这里根据系统需要运算器的多少来衡量不同系统的计算复杂度，以供设计系统时参考。

表 4-1　不同结构系统的计算复杂度

N 阶 IIR 系统的计算复杂度			*N* 阶 FIR 系统的计算复杂度		
结　构	乘法器数量	两输入加法器数量	结　构	乘法器数量	两输入加法器数量
直接Ⅱ型	$2N+1$	$2N$	直接型	$N+1$	N
级联型	$2N+1$	$2N$	级联型	$N+1$	N
并联型	$2N+1$	$2N$	级联格形	$2(N+1)$	$2N+1$
			线性相位型	$(N+2)/2$	N

小　结

1．可以用三种基本运算乘法、加法和单位延迟的流图组合来表示数字滤波器的算法结构。

2．无限脉冲响应滤波器有直接Ⅰ、Ⅱ型结构，级联型结构和并联型结构，各有优缺点。

3．有限脉冲响应滤波器的基本结构有直接型（横截型、卷积型）结构，级联型结构，线性相位结构和频率抽样型结构。

4．IIR 和 FIR 滤波器还有格形结构。

5．对一些常用的数字谐振器、全通滤波器、数字陷波器、最小相位滤波器、梳状滤波器、正弦波发生器等特殊滤波器进行了介绍。

思考练习题

1．直接Ⅰ型、Ⅱ型结构的IIR滤波器各有什么优缺点？

2．级联型结构的IIR滤波器有什么优缺点？

3．并联型结构的IIR滤波器有什么优缺点？

4．级联型结构的FIR滤波器有什么优缺点？

5．什么是线性相位？单位脉冲响应$h(n)$满足$h(n)=\pm h(N-1-n)$的FIR滤波器为什么具有线性相位特性？

6．修正频率采样结构为什么可以克服频率采样结构FIR滤波器不稳定性？

7．“转置定理”与“求逆准则”有什么差别？

8．数字谐振器零点有几种放置法？各种放置法各有什么特点？

9．何谓数字陷波器？其幅度特性有什么特点？其极点位置有什么特点？

10．试写出二阶数字陷波器的系统函数，其中的参数a怎样影响陷波器的性能？

11．何谓全通滤波器？其零极点分布有何特点？

12．何谓最小相位系统？如何判断系统是否为最小相位系统？

13．试写出两种二阶正弦波发生器的系统函数，其工作原理是什么？

习　题

1．用直接Ⅰ型、直接Ⅱ型结构实现以下系统函数：

$$H(z)=\frac{3+4.2z^{-1}+0.8z^{-2}}{2+0.6z^{-1}-0.4z^{-2}}$$

2．用级联型结构实现以下系统函数：

$$H(z)=\frac{4(z+1)(z^2-1.4z+1)}{(z-0.5)(z^2+0.9z+0.8)}$$

试问一共能构成几种级联型结构。

3．已知系统用下面差分方程描述，试分别画出系统的直接型、级联型和并联型结构。

$$y(n)=\frac{3}{4}y(n-1)-\frac{1}{8}y(n-2)+x(n)+\frac{1}{3}x(n-1)$$

4．设$x(n)$和$y(n)$分别表示系统的输入和输出信号，$|a|<1$，$|b|<1$。系统的差分方程为

$$y(n)=(a+b)y(n-1)-aby(n-2)+(a+b)x(n-1)+x(n-2)+ab$$

试画出系统的直接型、级联型和并联型结构。

5．给出以下系统函数的并联型实现：

$$H(z)=\frac{5.2+1.58z^{-1}+1.41z^{-2}-1.6z^{-3}}{(1-0.5z^{-1})(1+0.9z^{-1}+0.8z^{-2})}$$

6．用横截型结构实现以下系统函数：

$$H(z)=\left(1-\frac{1}{2}z^{-1}\right)(1+6z^{-1})(1-2z^{-1})\left(1+\frac{1}{6}z^{-1}\right)(1-z^{-1})$$

7．已知 FIR 滤波器的单位脉冲响应为

$$h(n)=\delta(n)+0.3\delta(n-1)+0.72\delta(n-2)+0.11\delta(n-3)+0.12\delta(n-4)$$

试画出其级联型结构实现。

8．设某 FIR 数字滤波器的系统函数为

$$H(z)=\frac{1}{5}(1+3z^{-1}+5z^{-2}+3z^{-3}+z^{-4})$$

试画出该滤波器的线性相位结构。

9．用频率采样结构实现以下系统函数：

$$H(z)=\frac{5-2z^{-3}-3z^{-6}}{1-z^{-1}}$$

抽样点数 $N=6$，修正半径 $r=0.9$。

10．已知 FIR 滤波器系统函数在单位圆上的 16 个等间隔采样点为

$$H(0)=12，H(1)=-3-\mathrm{j}\sqrt{3}，H(1)=1+\mathrm{j}$$

$$H(3)\sim H(13)=0，H(14)=1-\mathrm{j}，H(15)=-3+\mathrm{j}\sqrt{3}$$

试画出该系统的频率采样结构。

11．设滤波器差分方程为

$$y(n)=x(n)+x(n-1)+\frac{1}{3}y(n-1)+\frac{1}{4}y(n-2)$$

（1）试用直接Ⅰ型、直接Ⅱ型及一阶的级联型、一阶的并联型结构实现该差分方程。

（2）求系统的频率响应（幅度及相位）。

（3）设抽样频率为 10kHz，输入正弦波幅度为 5，频率为 1kHz，试求稳态输出。

12．写出图 4-43 所示结构的系统函数及差分方程。

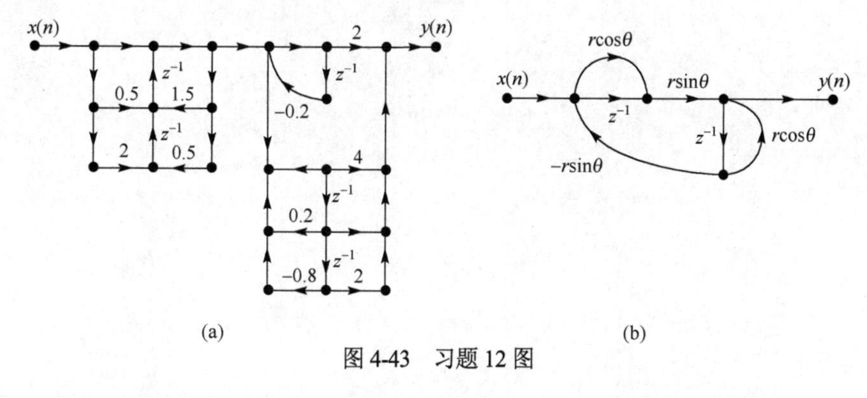

图 4-43　习题 12 图

13．已知 $H(z)=1-0.4z^{-1}-0.8z^{-2}+0.86z^{-3}$。试求该滤波器的格形结构各系数，并画出信号流图。

14．证明：线性相位 FIR 滤波器的零点必定要互为倒数的共轭对。（提示：$Z[x(n)]=X(z^{-1})$。）

15．已知 $H(z)=1-0.4z^{-1}-0.8z^{-2}+0.86z^{-3}$。试求此系统的格形结构，并画出信号流图。

16．已知$H(z)=\dfrac{1+0.85z^{-1}-0.42z^{-2}+0.34z^{-3}}{1-0.6z^{-1}-0.78z^{-2}+0.48z^{-3}}$。试求此系统的格形结构。

17．已知系统函数分别为$H_1(z)=1+2z^{-1}+z^{-2}$和$H_2(z)=1-0.6z^{-1}+0.825z^{-2}-0.9z^{-3}$的两个FIR滤波器，试分别画出它们的直接型结构和格形结构，并求出格形结构的有关参数。

18．已知FIR格形网络结构的参数$k_1=-0.08$，$k_2=0.217$，$k_3=1$，$k_4=0.5$，求系统的系统函数并画出它的直接型结构。

19．假设系统的系统函数为$H(z)=1+2.88z^{-1}+3.404z^{-2}+1.74z^{-3}+0.4z^{-4}$。

（1）求描述系统的差分方程，并画出系统的直接型结构。

（2）画出相应的格形结构，并求出它的系数。

（3）系统是最小相位吗？

第5章

无限脉冲响应数字滤波器的设计

本章将介绍无限脉冲响应数字滤波器（IIRDF）的设计问题，介绍模拟低通巴特沃思滤波器的设计，低通切比雪夫、椭圆和贝塞尔滤波器的设计，并介绍在模拟滤波器设计基础上，将其转换为数字滤波器的脉冲响应不变法和双线性变换法。

5.1 模拟滤波器设计

本节重点介绍低通模拟滤波器设计典型方法和公式。模拟滤波器的设计过程如下。

（1）根据信号处理要求确定设计指标。

（2）选择滤波器类型。

（3）计算滤波器阶数。

（4）通过计算或查表确定滤波器系统函数 $H_a(s)$；借助计算机的帮助可省去查表的麻烦。

（5）综合实现并调试。具体内容在网络综合课程中介绍。

5.1.1 模拟滤波器技术指标

滤波器一般属于选频滤波器，又常分为低通、高通、带通和带阻滤波器。各种滤波器设计都是基于低通滤波器设计，然后通过频率变换实现的。

设数字滤波器的系统函数 $H(e^{j\omega})$用下式表示

$$H(e^{j\omega})=|H(e^{j\omega})|e^{j\theta(\omega)}$$

式中，$|H(e^{j\omega})|$称为幅频特性，$\theta(\omega)$称为相频特性。幅频特性表示信号通过该滤波器后各频率成分衰减情况，相频特性反映各频率成分通过滤波器后在时间上的延时情况。即使两个滤波器幅频特性相同，而相频特性不一样，对相同的输入，滤波器输出的信号波形也是不一样的。

一般情况下滤波器的技术指标由幅频特性给出，相频特性一般不做要求。但如果对输出波形有要求，则需要考虑相频特性的技术指标。例如，语音合成、波形传输、图像信号处理等。如果对输出波形有严格要求，则需要设计线性相位数字滤波器，其内容将在第 6 章介绍。

图 5-1 所示为低通滤波器的幅度特性，Ω_p 和 Ω_s 分别称为通带截止频率和阻带截止频率，也称 Ω_p 为通带边界频率，Ω_s 为阻带边界频率。通带频率范围 $0\sim\Omega_p$ 内允许幅度有波动，最大逼近误差为

$$\frac{1}{\sqrt{1+\varepsilon^2}}\leqslant|H_a(j\Omega)|\leqslant 1,\quad |\Omega|\leqslant\Omega_p \tag{5-1}$$

阻带$[\Omega_s\sim\infty]$内幅度最大误差 $1/A$ 逼近零，即

$$H_a(j\Omega)|\leqslant\frac{1}{A},\quad \Omega_s\leqslant|\Omega|\leqslant\infty \tag{5-2}$$

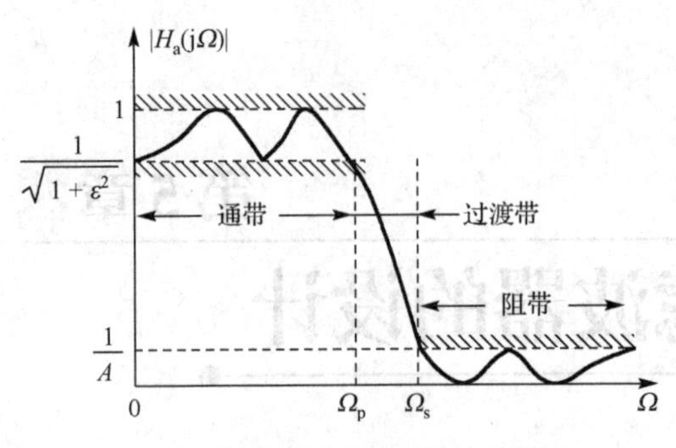

图 5-1　模拟低通滤波器的技术指标

通带和阻带内的最大误差称为波纹幅度，它们分别由参数 ε 和 A 决定。ε 越小，通带波纹越小。而 A 越大，阻带波纹越小。频率 Ω_p～Ω_s 区间称为过渡带，一般是单调下降的。

实用中通带和阻带都允许一定的误差容限，即通带不一定是完全水平的，阻带不一定都绝对衰减到零。此外，按照要求，在通带与阻带之间还应设置一定宽度的过渡带。

在实际应用中，通带内和阻带内允许的衰减一般用 dB 表示，α_p 表示通带内最大衰减，α_s 表示阻带内最小衰减，即

$$\alpha_p = -20\lg\left(\frac{1}{\sqrt{1+\varepsilon^2}}\right) = 10\lg(1+\varepsilon^2)\ \text{dB} \tag{5-3}$$

$$\alpha_s = -20\lg\left(\frac{1}{A}\right) = 20\lg A\ \text{dB} \tag{5-4}$$

由式（5-3）和式（5-4）可见，通带衰减 α_p 越小，通带内逼近误差就越小，阻带衰减 α_s 越大，阻带内逼近误差就越小。设计指标常以边界频率 Ω_p 和 Ω_s，以及其衰减值 α_p 和 α_s 给出。联立式（5-3）和式（5-4），可解得

$$\varepsilon = \sqrt{10^{\alpha_p/10}-1} \tag{5-5}$$

$$A = 10^{\alpha_s/20} \tag{5-6}$$

工程上习惯常用损耗函数 $\alpha(\Omega)$（或称衰减函数）描述滤波器的幅频响应特性，即

$$\alpha(\Omega) = 10\lg(P_1/P_2)$$

P_1 和 P_2 分别是滤波器输入和输出的功率，于是

$$\alpha(\Omega) = 10\lg(P_1/P_2) = 10\lg(|X(j\Omega)|^2/|Y(j\Omega)|^2) = -20\lg|H_a(j\Omega)| = -10\lg|H_a(j\Omega)|^2 \tag{5-7}$$

式中，$X(j\Omega)$ 和 $Y(j\Omega)$ 分别是输入和输出的傅里叶变换。当 $\alpha(\Omega) = 3\text{dB}$ 时，边界频率就是 3dB 截止频率 Ω_c。对比损耗函数和幅频响应函数 $|H_a(j\Omega)|$，前者是对后者的非线性压缩，有利于同时观察通带和阻带幅频特性的变化情况。与模拟滤波器设计相关的参数还有过渡比和偏离参数。

过渡比或选择性参数 k 为

$$k = \Omega_p/\Omega_s \tag{5-8}$$

显然，k 越接近于 1，选择性越好，也就是过渡带越窄。

偏离参数 k_1 为

$$k_1 = \frac{\varepsilon}{\sqrt{A^2-1}} \tag{5-9}$$

一般 $k_1 \ll 1$。偏离参数 k_1 表示滤波器通带和阻带偏离所逼近常数的精度，一般 $\varepsilon \ll 1$，ε 越小，同时 A 越大时，通带和阻带波纹就越小。

应当注意，对于给定的设计指标，滤波器的设计结果不是唯一的。

5.1.2　巴特沃思低通滤波器设计

模拟滤波器的理论和设计方法已发展得相当成熟，常用的典型模拟滤波器有巴特沃思

（Butterworth）滤波器、切比雪夫（Chebyshev）滤波器、椭圆（Ellipse）滤波器、贝塞尔（Bessel）滤波器等，这些滤波器都有严格的设计公式、现成的曲线和图表供设计人员使用。其中，巴特沃思滤波器具有单调下降的幅频特性，切比雪夫滤波器的幅频特性在通带或者在阻带有波动，可以提高选择性，贝塞尔滤波器在通带内有较好的线性相位特性，椭圆滤波器在通带和阻带内都有波纹，其选择性相对前三种是最好的。设计者可以根据需要选用不同类型的滤波器。

巴特沃思低通滤波器

1．巴特沃思模拟低通滤波器设计

巴特沃思低通滤波器设计

（1）幅度平方函数及其特点

巴特沃思模拟低通滤波器设计思想是，根据给定的滤波器技术指标，设计一个系统函数 $H_a(s)$，希望其幅度平方函数$|H_a(j\Omega)|^2$，满足给定的指标 α_p 和 α_s，由于滤波器的单位脉冲响应为实数，因此可将幅度平方函数$|H_a(j\Omega)|^2$ 表示为

$$|H_a(j\Omega)|^2=H_a(j\Omega)H_a^*(j\Omega)=H_a(j\Omega)H_a(-j\Omega)=H_a(s)H_a(-s)|_{s=j\Omega} \tag{5-10}$$

式中，$H_a(s)$是模拟滤波器的系统函数，它是 s 的有理函数，$H_a(j\Omega_s)$是滤波器的稳态幅度特性。

如果能由 α_p、Ω_p、α_s 和 Ω_s 求出$|H_a(j\Omega)|^2$，那么就可求得所需的 $H_a(s)$，因此幅度平方函数在模拟滤波器的设计中起着很重要的作用。

对于上面介绍的典型滤波器，其幅度平方函数都有各自的表达式，可以直接引用。

（2）巴特沃思幅度平方函数

巴特沃思低通滤波器的幅度平方函数$|H_a(j\Omega)|^2$ 为

$$A^2(\Omega)=\left|H_a(j\Omega)\right|^2=\frac{1}{1+(\Omega/\Omega_c)^{2N}} \tag{5-11}$$

式中，N 称为滤波器的阶数。当 $\Omega=0$ 时，$|H_a(j\Omega)|=1$，且这时$|H_a(j\Omega)|^2$ 的 n（$n<2N$）阶导数等于零，表明巴特沃思低通滤波器在该点有最大平坦幅度。其损耗函数为

$$\alpha(\Omega)=-20\lg|H_a(j\Omega)|=-10\lg|H_a(j\Omega)|^2=10\lg[1+(\Omega/\Omega_c)^{2N}] \tag{5-12}$$

显然，$\alpha(0)=0$，3dB 截止频率处 $\alpha(\Omega_c)=10\lg2=3.0103\approx3\text{dB}$。当 $\Omega>\Omega_c$ 时，随 Ω 加大，幅度迅速单调下降，其速度与阶数 N 有关，N 愈大，幅度下降的速度愈快，过渡带愈窄。幅度特性与 Ω 和 N 的关系如图 5-2 所示。

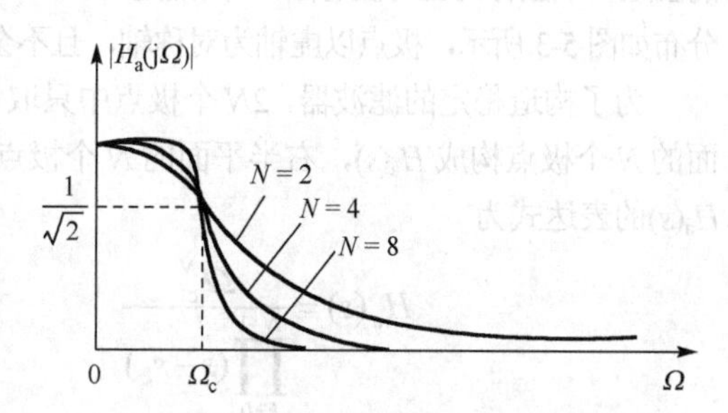

图 5-2　巴特沃思幅度特性与 Ω 和 N 的关系

因为巴特沃思低通滤波器频率响应随频率的增大而单调下降，通带边界频率 Ω_p 必然到达通带最小幅度 $1/\sqrt{1+\varepsilon^2}$，阻带边界频率 Ω_p 必然到达阻带最大幅度 $1/A$。将式（5-1）和式（5-2）分别代入式（5-11）得

$$\left|H_a(j\Omega_p)\right|^2=\frac{1}{1+(\Omega_p/\Omega_c)^{2N}}=\frac{1}{1+\varepsilon^2} \tag{5-13}$$

$$\left|H_a(j\Omega_s)\right|^2=\frac{1}{1+(\Omega_s/\Omega_c)^{2N}}=\frac{1}{A^2} \tag{5-14}$$

式（5-13）和式（5-14）联立求解，得

$$(\Omega_p/\Omega_s)^N=\frac{\varepsilon}{\sqrt{A^2-1}} \tag{5-15}$$

由式（5-15）得

$$N=\frac{\lg\left(\varepsilon/\sqrt{A^2-1}\right)}{\lg(\Omega_{\mathrm{p}}/\Omega_{\mathrm{s}})}=\frac{\lg k_1}{\lg k} \tag{5-16}$$

式（5-16）就是计算巴特沃思低通滤波器阶数的公式。设计滤波器时应取大于 N 计算值的整数作为滤波器的阶数。取整后的 N 值代入式（5-13）得 3dB 截止频率 Ω_{c}

$$\Omega_{\mathrm{c}}=\frac{\Omega_{\mathrm{p}}}{\sqrt[N]{\varepsilon}} \tag{5-17}$$

用式（5-17）设计滤波器时，通带指标刚好满足要求，阻带指标有富裕。

将 N 值代入式（5-14）得 3dB 截止频率 Ω_{c}

$$\Omega_{\mathrm{c}}=\frac{\Omega_{\mathrm{s}}}{\sqrt[2N]{A^2-1}} \tag{5-18}$$

用式（5-18）设计滤波器时，阻带指标刚好满足要求，通带指标有富裕。式（5-17）和式（5-18）求得的 Ω_{c} 均满足指标要求，应根据工程需要灵活选用。MATLAB 中函数 buttord 按照式（5-18）计算 Ω_{c}。

（3）巴特沃思幅度平方函数的极点分布及 $H_{\mathrm{a}}(s)$ 的构成

将巴特沃思幅度平方函数 $|H_{\mathrm{a}}(\mathrm{j}\Omega)|^2$ 写成 s 的函数

$$H_{\mathrm{a}}(s)H_{\mathrm{a}}(-s)=\left.\frac{1}{1+(\mathrm{j}\Omega/\mathrm{j}\Omega_{\mathrm{c}})^{2N}}\right|_{\mathrm{j}\Omega=s}=\frac{1}{1+(s/\mathrm{j}\Omega_{\mathrm{c}})^{2N}} \tag{5-19}$$

式（5-19）表明幅度平方函数有 $2N$ 个极点，极点 s_k 用下式表示

$$s_k=(-1)^{\frac{1}{2N}}(\mathrm{j}\Omega_{\mathrm{c}})=\mathrm{e}^{\mathrm{j}\pi\left(\frac{2k+1}{2N}\right)}\cdot\mathrm{e}^{\mathrm{j}\frac{\pi}{2}}\Omega_{\mathrm{c}}=\Omega_{\mathrm{c}}\mathrm{e}^{\mathrm{j}\pi\left(\frac{1}{2}+\frac{2k+1}{2N}\right)} \tag{5-20}$$

式中，$k=0,1,2,\cdots,(2N-1)$，$2N$ 个极点等间隔分布在半径为 Ω_{c} 的圆上（该圆称为巴特沃思圆），间隔是 π/N rad。$N=3$ 时极点分布如图 5-3 所示，极点以虚轴为对称轴，且不会落在虚轴上。

为了构造稳定的滤波器，$2N$ 个极点中只取 s 平面左半平面的 N 个极点构成 $H_{\mathrm{a}}(s)$，右半平面的 N 个极点构成 $H_{\mathrm{a}}(-s)$。$H_{\mathrm{a}}(s)$ 的表达式为

$$H_{\mathrm{a}}(s)=\frac{\Omega_{\mathrm{c}}^N}{\prod\limits_{k=0}^{N-1}(s-s_k)} \tag{5-21}$$

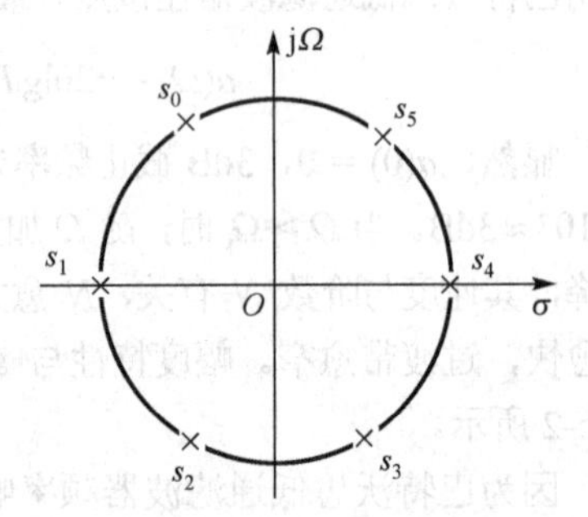

图 5-3 三阶巴特沃思滤波器极点分布

式（5-21）即为所求的系统函数，这里分子系数为 Ω_{c}^N，可由 $H_{\mathrm{a}}(s)$ 的低频特性决定，即代入 $H_{\mathrm{a}}(0)=1$，可求得分子系数为 Ω_{c}^N。

（4）频率归一化

从式（5-21）可见，$H_{\mathrm{a}}(s)$ 与 Ω_{c} 有关，即使滤波器的幅度衰减特性相同，只要 Ω_{c} 不同，$H_{\mathrm{a}}(s)$ 就不一样。为使设计统一，需将所有的频率归一化。通常采用 3dB 截止频率 Ω_{c} 归一化。归一化后的 $H_{\mathrm{a}}(s)$ 表示为

$$H_{\mathrm{a}}(s)=\frac{1}{\prod\limits_{k=0}^{N-1}\left(\frac{s}{\Omega_{\mathrm{c}}}-\frac{s_k}{\Omega_{\mathrm{c}}}\right)} \tag{5-22}$$

式中，$s/\Omega_c = \mathrm{j}\Omega/\Omega_c$。令 $\lambda = \Omega/\Omega_c$，$\lambda$ 称为归一化频率；令 $p = \mathrm{j}\lambda$，p 称为归一化复变量，这样归一化巴特沃思的系统函数为

$$H_a(p) = \frac{1}{\prod\limits_{k=0}^{N-1}(p - p_k)} \tag{5-23}$$

式中，p_k 为归一化极点

$$p_k = \frac{s_k}{\Omega_c} = \mathrm{e}^{\mathrm{j}\pi\left(\frac{1}{2}+\frac{2k+1}{2N}\right)}, \quad k = 0,1,\cdots,N-1 \tag{5-24}$$

只要根据技术指标求出阶数 N，便可按照式（5-24）求出 N 个极点，再按照式（5-23）得到归一化的系统函数 $H_a(p)$，整理后可得 $H_a(p)$的分母是 p 的 N 阶多项式，即

$$H_a(p) = \frac{1}{b_0 + b_1 p + b_2 p^2 + \cdots + b_{N-1}p^{N-1} + p^N} \tag{5-25}$$

归一化的系统函数 $H_a(p)$的系数 $b_k(k = 0,1,\cdots,N-1)$ 及极点，可以查表 5-1 得到。表 5-1 还给出了 $H_a(p)$的因式分解形式中的各系数。

表 5-1　巴特沃思归一化低通滤波器参数

阶数 N \ 极点位置	$p_{0,N-1}$	$p_{1,N-2}$	$p_{2,N-3}$	$p_{3,N-4}$	P_4				
1	−1.0000								
2	−0.7071±j0.7071								
3	−0.5000±j0.8660	−1.0000							
4	−0.3827±j0.9239	−0.9239±j0.3827							
5	−0.3090±j0.9511	−0.8090±j0.5878	−1.0000						
6	−0.2588±j0.9659	−0.7071±j0.7071	−0.9659±j0.2588						
7	−0.2225±j0.9749	−0.6235±j0.7818	−0.9010±j0.4339	−1.000					
8	0.1951±j0.9808	0.5556±j0.8315	−0.8315±j0.5556	− 0.9808±j0.1951					
9	−0.1736±j0.9848	−0.5000±j0.8660	−0.7660±j0.6428	−0.9397±j0.3420	−1.0000				
系数阶数 N \ 分母多项式	$B(p) = p^N + b_{N-1}p^{N-1} + b_{N-2}p^{N-2} + \cdots + b_1 p + b_0$								
	b_0	b_1	b_2	b_3	b_4	b_5	b_6	b_7	b_8
1	1.0000								
2	1.0000	1.4142							
3	1.0000	2.0000	2.0000						
4	1.0000	2.6131	3.4142	2.613					
5	1.0000	3.2361	5.2361	5.2361	3.2361				
6	1.0000	3.8637	7.4641	9.1416	7.4641	3.8637			
7	1.0000	4.4940	10.0978	14.5918	14.5918	10.0978	4.4940		
8	1.0000	5.1258	13.1371	21.8462	25.6884	21.8642	13.1371	5.1258	
9	1.0000	5.7588	16.5817	31.1634	41.9864	41.9864	31.1634	16.5817	5.7588
阶数 N \ 分母因式	$B(p) = B_1(p)B_2(p)B_3(p)B_4(p)B_5(p)$								
1	$(p+1)$								
2	$(p^2+1.4142p+1)$								
3	$(p^2+p+1)(p+1)$								

续表

阶数 N \ 分母因式	$B(p)=B_1(p)B_2(p)B_3(p)B_4(p)B_5(p)$
4	$(p^2+0.7654p+1)(p^2+1.8478p+1)$
5	$(p^2+0.6180p+1)(p^2+1.6180p+1)(p+1)$
6	$(p^2+0.5176p+1)(p^2+1.4142p+1)(p^2+1.9319p+1)$
7	$(p^2+0.4450p+1)(p^2+1.2470p+1)(p^2+1.8019p+1)(p+1)$
8	$(p^2+0.3902p+1)(p^2+1.1111p+1)(p^2+1.6629p+1)(p^2+1.9616p+1)$
9	$(p^2+0.3473p+1)(p^2+p+1)(p^2+1.5321p+1)(p^2+1.8794p+1)(p+1)$

在确定 Ω_c 后，还应去归一化，才能从 $H_a(p)$ 得到实际的系统函数 $H_a(s)$。即将 $p=\mathrm{j}\lambda=\dfrac{s}{\Omega_c}$ 代入 $H_a(p)$ 中，便得到 $H_a(s)$。

（5）设计步骤

综上所述，低通巴特沃思滤波器的设计步骤如下。

① 根据技术指标 Ω_p、α_p、Ω_s 和 α_s，用式（5-16）求出滤波器的阶数 N。

② 按照式（5-24），求出归一化极点 p_k，将 p_k 代入式（5-23），得到归一化系统函数 $H_a(p)$。也可根据阶数 N，直接查表 5-1，得到极点 p_k 和归一化系统函数 $H_a(p)$。

③ 将 $H_a(p)$ 去归一化。将 $p=s/\Omega_c$ 代入 $H_a(p)$，得到实际的滤波器系统函数 $H_a(s)$。这里 3dB 截止频率 Ω_c，如果技术指标没有给出，可以按照式（5-17）或式（5-18）求出。

【例 5-1】 已知通带截止频率 $f_p=5\text{kHz}$，通带最大衰减 $\alpha_p=2\text{dB}$，阻带截止频率 $f_s=12\text{kHz}$，阻带最小衰减 $\alpha_s=30\text{dB}$，按照以上技术指标设计巴特沃思低通滤波器。

解 设计滤波器时首先应确定所用滤波器类型，本题目已规定设计巴特沃思滤波器。

（1）确定阶数 N。由式（5-5）得

$$\varepsilon=\sqrt{10^{\alpha_p/10}-1}=\sqrt{10^{2/10}-1}=0.7648$$

由式（5-6）得

$$A=10^{\alpha_s/20}=10^{30/20}=31.6228$$

由式（5-8）得

$$k=\Omega_p/\Omega_s=0.4167$$

由式（5-9）得

$$k_1=\frac{\varepsilon}{\sqrt{A^2-1}}=\frac{0.7648}{\sqrt{31.6228^2-1}}=0.0242$$

再由式（5-16）得

$$N=\frac{\lg k_1}{\lg k}=\frac{\lg 0.0242}{\lg 0.4167}=4.2509\text{，取 }N=5$$

（2）求 $H_a(p)$

按照式（5-24），其极点为

$$p_0=\mathrm{e}^{\mathrm{j}\frac{3}{5}\pi},p_1=\mathrm{e}^{\mathrm{j}\frac{4}{5}\pi},p_2=\mathrm{e}^{\mathrm{j}\pi}$$

$$p_3=\mathrm{e}^{\mathrm{j}\frac{6}{5}\pi}=\mathrm{e}^{-\mathrm{j}\frac{4}{5}\pi},p_4=\mathrm{e}^{\mathrm{j}\frac{7}{5}\pi}=\mathrm{e}^{-\mathrm{j}\frac{3}{5}\pi}$$

按照式（5-23），归一化系统函数为

$$H_a(p)=\frac{1}{\prod_{k=0}^{4}(p-p_k)}$$

由 $N=5$，也可直接查表 5-1 得到极点为

$$-0.3090\pm j0.9511,\ -0.8090\pm j0.5878,\ -1.0000$$

归一化系统函数式分母可以展开成为五阶多项式，得

$$H_a(p)=\frac{1}{p^5+b_4p^4+b_3p^3+b_2p^2+b_1p+b_0}$$

式中，$b_0=1.0000$，$b_1=3.2361$，$b_2=5.2361$，$b_3=5.2361$，$b_4=3.2361$。或者将共轭极点放在一起，形成因式分解形式。

$$H_a(p)=\frac{1}{(p^2+0.6180p+1)(p^2+1.6180p+1)(p+1)}$$

$H_a(p)$共有 3 种表示形式，具体形式可根据后续的数字滤波器转换方式而定。

（3）$H_a(p)$去归一化。先求 3dB 截止频率 Ω_c

按照式（5-18），得到

$$\Omega_c=\frac{\Omega_s}{\sqrt[2N]{A^2-1}}=3.7792\text{e}+004\ \text{rad/s}$$

将 Ω_c 代入式（5-17），得到

$$\Omega_p=\Omega_c\sqrt[N]{\varepsilon}=3.5819\text{e}+004\ \text{rad/s}$$

此时算出的 Ω_p 比题目中给出的大，因此，过渡带小于允许值，即在 $f_p=5\text{kHz}$ 时衰减小于 2dB，所以说通带指标有裕量。

将 $p=s/\Omega_c$ 代入 $H_a(p)$中得到

$$H_a(s)=\frac{7.7094\times10^{22}}{s^5+1.2229\times10^5s^4+7.4784\times10^9s^3+2.8262\times10^{14}s^2+6.6012\times10^{18}s+7.7094\times10^{22}}$$

2．用 MATLAB 设计巴特沃思滤波器

用 MATLAB 设计巴特沃思滤波器主要用到函数 buttap、buttord 和 butter，其中函数 buttap 用于计算 N 阶归一化（$|H_a(\Omega_c)|=1$）巴特沃思模拟低通滤波器系统函数的零极点和增益因子，函数 buttord 用于计算巴特沃思滤波器的阶数 N 和 3dB 截止频率 Ω_c，函数 butter 用于计算归一化巴特沃思滤波器系统函数中分子多项式和分母多项式系数向量。它们的调用格式如下。

函数 buttap，调用格式为

```
[z,p,G] = buttap(N)
```

该函数调用结果返回下式中的参数

$$H_a(s)=G\frac{(s-z(1))(s-z(2))\cdots(s-z(N))}{(s-p(1))(s-p(2))\cdots(s-p(N))}\qquad(5\text{-}26)$$

式中，$z(k)$和$p(k)$分别为零极点向量 $\boldsymbol{z}$ 和 $\boldsymbol{p}$ 的第 k 个元素，G 是滤波器增益参数。调用函数 buttap 分别返回长度为 N 的零极点 z 和 p 各 N 个。

函数 buttord，调用格式为

```
[N,wc] = buttord(wp,ws,Rp,As)
```

该函数调用格式用于计算巴特沃思数字滤波器的阶数 N 和 3dB 截止频率 wc。调用参数 wp 和 ws 均是归一化参数，即 0≤wp≤1，0≤ws≤1，wp 和 ws 分别是数字滤波器的通带截止频率和阻带截止频率。Rp 和 As（Rp 和 As 的单位是 dB）分别是通带最大衰减和阻带最小衰减。当 wp≥ws 时为高通滤波器，wp 和 ws 为二元向量时，计算结果为带通或带阻滤波器，这时 wc 也是二元向量。

函数 buttord 的调用格式为

```
[N,wc] = buttord(wp,ws,Rp,As,'s')
```

该函数调用格式用于计算巴特沃思模拟滤波器的阶数 N 和 3dB 截止频率 wc。此时 wp、ws 和 wc 是实际模拟角频率。其他参数同上。

函数 butter，调用格式为

```
[B,A] = butter(N,wc,'filtertype')
```

该函数调用格式用于计算 N 阶巴特沃思数字滤波器的系统函数分子和分母多项式的系数向量 B 和 A、调用参数 N 和 3dB 归一化截止频率 wc。由系数向量 B 和 A 可以写出滤波器的系统函数为

$$H(z)=\frac{B(z)}{A(z)}=\frac{B(1)+B(2)z^{-1}+\cdots+B(N)z^{-(N-1)}+B(N+1)z^{-N}}{A(1)+A(2)z^{-1}+\cdots+A(N)z^{-(N-1)}+A(N+1)z^{-N}} \tag{5-27}$$

式中，$A(k)$和$B(k)$分别为系数向量 $\boldsymbol{A}$ 和 $\boldsymbol{B}$ 的第 k 个元素。可选参数 filtertype 可以选 low、high 和 stop，分别代表低通、高通和带阻滤波器。参数 filtertype 为 stop 时，wc 为二元向量[wcl，wch]，wcl 和 wch 分别为带阻滤波器通带的 3dB 下截止频率和上截止频率。该参数默认时为带通滤波器，wc 仍为二元向量[wcl，wch]，这时 wcl < ω < wch，wcl 和 wch 分别为带通滤波器通带的 3dB 下截止频率和上截止频率。

若函数 butter 的调用格式为

```
[B,A] = butter(N,wc,'filtertype','s')
```

该格式用于计算 N 阶巴特沃思模拟滤波器的系统函数分子和分母多项式的系数向量 B 和 A、调用参数 N 和 3dB 实际截止频率 wc。由系数向量 B 和 A 可以写出滤波器的系统函数为

$$H(s)=\frac{B(s)}{A(s)}=\frac{B(1)s^{N}+B(2)s^{-(N-1)}+\cdots+B(N)s+B(N+1)}{A(1)s^{N}+A(2)s^{-(N-1)}+\cdots+A(N)s+A(N+1)} \tag{5-28}$$

式中，$A(k)$和$B(k)$分别为系数向量 $\boldsymbol{A}$ 和 $\boldsymbol{B}$ 的第 k 个元素。注意事项同上。

【例 5-2】 已知通带截止频率 $f_p = 5\text{kHz}$，通带最大衰减 $\alpha_p = 2\text{dB}$，阻带截止频率 $f_s = 12\text{kHz}$，阻带最小衰减 $\alpha_s = 30\text{dB}$，按照给定技术指标调用 buttord 和 butter 函数设计巴特沃思低通滤波器。

解 设计程序 fex5_2.m 如下

```
%例 5-2,设计巴特沃思低通滤波器,用 MATLAB 重新计算例 5-1
wp = 2*pi*5000;ws = 2*pi*12000;          %输入设计指标
Rp = 2;As = 30;                          %同上
[N,wc] = buttord(wp,ws,Rp,As,'s');       %计算巴特沃思模拟低通滤波器阶数 N 和
                                         %3dB 截止频率
[B,A] = butter(N,wc,'s')                 %计算巴特沃思模拟低通滤波器系统函数系数
```

程序运行结果

```
    N =      5
    wc  =   3.7792e + 004
    B  =   7.7094e + 022
    A  = 1.0e + 022 * [0.0000   0.0000   0.0000   0.0000   0.0007   7.7094]
```

系数向量 $\boldsymbol{A}$ 的元素多数为零，这是由于 Ω_c 值太大，超出了数据表示范围造成的。为此，将程序中的语句[B，A] = butter(N，wc，'s')改为[B，A] = butter(N，1，'s')，即先计算归一化系数向量 $\boldsymbol{A}$，再计算实际系数向量。修改后程序运行结果 $\boldsymbol{A}$ 向量为

```
    A  = [1.0000   3.2361   5.2361   5.2361   3.2361   1.0000]
```

巴特沃思滤波器系统函数为

$$H_a(s)=\frac{1}{\left(\frac{s}{37792}\right)^5+3.2361\left(\frac{s}{37792}\right)^4+5.2361\left(\frac{s}{37792}\right)^3+5.2361\left(\frac{s}{37792}\right)^2+3.2361\left(\frac{s}{37792}\right)+1}$$

或者化简为

$$H_a(s)=\frac{7.7094\times10^{22}}{s^5+1.2229\times10^5s^4+7.4784\times10^9s^3+2.8262\times10^{14}s^2+6.6012\times10^{18}s+7.7094\times10^{22}}$$

与例 5-1 结果相同。

5.1.3　切比雪夫滤波器设计

巴特沃思滤波器的优点是其频率特性曲线在通带和阻带都是频率的单调函数，这导致通带边界处满足指标要求时，通带内肯定会有裕量。据此，更有效的设计方法是将精确度均匀地分布在整个通带内或整个阻带内，或者同时分布在两者之内。这就可以用阶数较低的系统满足指标要求，符合这一目的的逼近函数是具有等波纹特性的函数。

切比雪夫滤波器

1. 切比雪夫滤波器的幅度平方函数及其特点

切比雪夫滤波器的振幅特性具有等波纹特性，其设计原理也采用幅度平方函数逼近。其中切比雪夫 I 型滤波器的幅度特性在通带内是等波纹的、在阻带内是单调下降的。切比雪夫 II 型滤波器的幅度特性在通带内是单调的、在阻带内是等波纹的。

2. 切比雪夫 I 型逼近

（1）切比雪夫 I 型幅度平方函数及其特点

阶数 N 为奇数与偶数时的切比雪夫 I 型滤波器幅频特性如图 5-4 所示。其幅度平方函数为

$$A^2(\Omega)=\left|H_a(\mathrm{j}\Omega)\right|^2=\frac{1}{1+\varepsilon^2C_N^2(\Omega/\Omega_p)} \tag{5-29}$$

式中，ε 为小于 1 的正数，表示通带内幅度波动的程度，ε 愈大，波动幅度也愈大。这里称 Ω_p 为通带截止频率。可见，截止频率不一定总是 3dB 频率。

令 $\lambda=\Omega/\Omega_p$，称为对 Ω_p 的归一化频率。函数 $C_N(x)$称为 N 阶切比雪夫多项式，定义为

$$C_N(x)=\begin{cases}\cos(N\arccos x), & |x|\leqslant1\\ \mathrm{ch}(N\mathrm{Arch}x), & |x|\geqslant1\end{cases} \tag{5-30}$$

高阶切比雪夫多项式的递推公式为

$$C_{N+1}(x)=2xC_N(x)-C_{N-1}(x) \tag{5-31}$$

当阶数 $N=0,4,5$ 时，相应的切比雪夫多项式特性如图 5-5 所示。

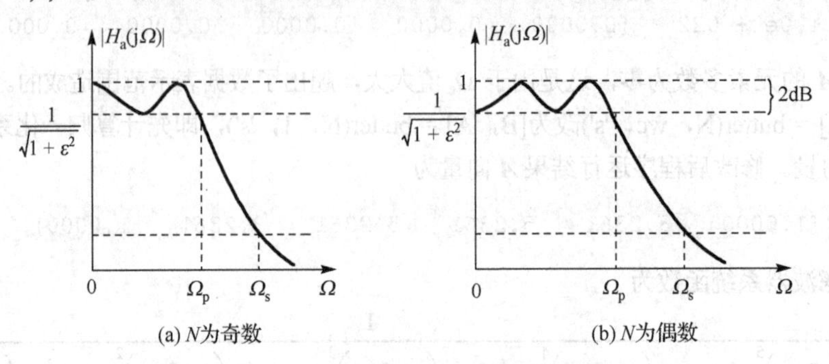

图 5-4 切比雪夫 I 型滤波器幅频特性

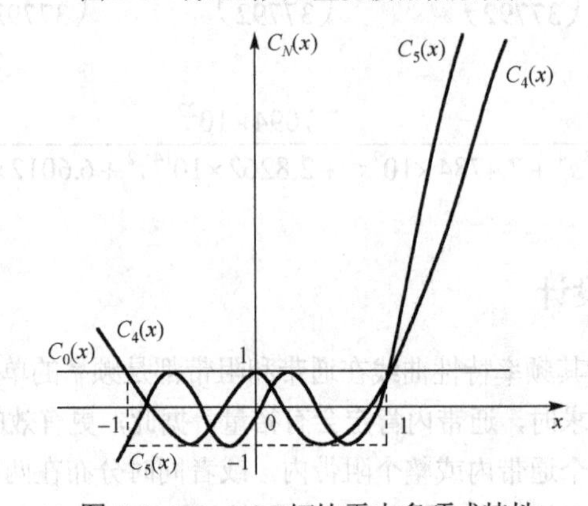

图 5-5 $N=0,4,5$ 切比雪夫多项式特性

可见切比雪夫多项式的零值点在$|x|\leqslant 1$ 间隔内。当$|x|\leqslant 1$ 时，$C_N(x)$是余弦函数，故

$$|C_N(x)|\leqslant 1$$

且多项式 $C_N(x)$在$|x|\leqslant 1$ 内具有等波纹幅度特性；当$|x|>1$ 时，$C_N(x)$是随 x 的增大而单调增大的双曲余弦函数。

综上所述，切比雪夫滤波器的幅度函数$|H_a(j\Omega)|$的特点如下。

① 当 $\Omega=0$，N 为偶数时，$H_a(j0)=1/\sqrt{1+\varepsilon^2}$；当 N 为奇数时，$H_a(j0)=1$。

② 当 $\Omega=\Omega_p$ 时，$H_a(j\Omega)=1/\sqrt{1+\varepsilon^2}$，即所有幅度函数曲线都通过$1/\sqrt{1+\varepsilon^2}$ 点，这也是把 Ω_p 定义为切比雪夫滤波器的截止频率的原因。显然，在这个截止频率，滤波器幅度函数不一定下降 3dB，可以是下降其他分贝值，例如 1dB 等。

③ 在通带内，即当 $\Omega<\Omega_p$ 时，$|H_a(j\Omega)|$在 $1\sim 1/\sqrt{1+\varepsilon^2}$ 之间等波纹地起伏。

④ 在通带之外，即当 $\Omega>\Omega_p$ 时，随着 Ω 的增大，$\varepsilon^2 C_N^2(\Omega/\Omega_p)\geqslant 1$，使$|H_a(j\Omega)|$迅速单调地趋近于零。

图 5-6 分别画出了切比雪夫 I 型和巴特沃思低通滤波器的幅频特性，可见切比雪夫滤波器与巴特沃思滤波器相比

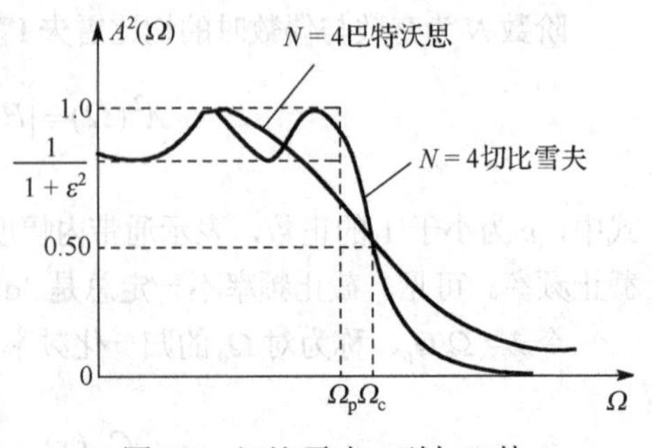

图 5-6 切比雪夫 I 型与巴特沃思低通的 $A^2(\Omega)$曲线

有较窄的过渡特性。在 Ω_p 处，巴特沃思滤波器的衰减比切比雪夫的大，换句话说，在相同通带衰减的情况下，采用切比雪夫滤波器的阶数较低。

（2）参量 ε、Ω_p 和 N 的确定

切比雪夫幅度平方函数与参数 ε、Ω_p 和 N 有关。其中 ε 与通带内允许的波动大小有关，定义允许的通带波纹 δ 用下式表示

$$\delta = 10\lg\frac{A^2(\Omega)_{\max}}{A^2(\Omega)_{\min}}\text{dB} \tag{5-32}$$

式中，$A^2(\Omega)_{\max}=1$，$A^2(\Omega)_{\min}=\dfrac{1}{1+\varepsilon^2}$。

因此

$$\delta = 10\lg(1+\varepsilon^2)$$

$$\varepsilon^2 = 10^{0.1\delta}-1 \tag{5-33}$$

由通带波纹 δ（dB）可以求出参数 ε。阶数 N 影响过渡带的宽度，同时也影响通带内波纹最大值与最小值的总个数。设阻带的起始点频率（阻带截止频率）为 Ω_s，在 Ω_s 处的 $A^2(\Omega_s)$用式（5-29）确定

$$A^2(\Omega_s)=\frac{1}{1+\varepsilon^2 C_N^2(\Omega_s/\Omega_p)}=\frac{1}{A^2} \tag{5-34}$$

求解式（5-34），得

$$N=\frac{\operatorname{arcosh}(\sqrt{A^2-1/\varepsilon})}{\operatorname{arcosh}(\Omega_s/\Omega_p)}=\frac{\operatorname{arcosh}(1/k_1)}{\operatorname{arcosh}(1/k)}$$

$$=\frac{\ln\sqrt{A^2-1}/\varepsilon+\sqrt{(A^2-1)/\varepsilon^2-1}}{\ln[\Omega_s/\Omega_p+\sqrt{\Omega_s^2/\Omega_p^2-1}]} \tag{5-35}$$

（3）切比雪夫幅度平方函数极点的分布及 $H_a(s)$的构成

Ω_p、ε 和 N 确定后，可以求出滤波器的极点，并确定 $H_a(p)$，$p=s/\Omega_p$。

设 $H_a(s)$的极点为 $s_i=\sigma_i+\mathrm{j}\Omega_i$，可得

$$\begin{cases}\sigma_i=-\Omega_p\operatorname{sh}\xi\sin\left(\dfrac{2i-1}{2N}\right)\\ \Omega_i=\Omega_p\operatorname{ch}\xi\cos\left(\dfrac{2i-1}{2N}\right)\end{cases},\quad i=1,2,3,\cdots,N\text{，其中 }\xi=\frac{1}{N}\operatorname{Arsh}\left(\frac{1}{\varepsilon}\right)$$

$$\frac{\sigma_i^2}{\Omega_p^2\operatorname{sh}^2\xi}+\frac{\Omega_i^2}{\Omega_p^2\operatorname{ch}^2\xi}=1 \tag{5-36}$$

式（5-36）是长半轴为 $\Omega_p\operatorname{ch}\xi$（在虚轴上），短半轴为 $\Omega_p\operatorname{sh}\xi$（在实轴上）的椭圆方程。长半轴和短半轴分别用 $b\Omega_p$ 和 $a\Omega_p$ 表示，可推导出

$$a=\frac{1}{2}\left(\beta^{\frac{1}{N}}-\beta^{-\frac{1}{N}}\right),\quad b=\frac{1}{2}\left(\beta^{\frac{1}{N}}+\beta^{-\frac{1}{N}}\right)$$

式中

$$\beta=\frac{1}{\varepsilon}+\sqrt{\frac{1}{\varepsilon^2+1}} \tag{5-37}$$

表明切比雪夫滤波器的极点就是一组分布在以 $b\Omega_p$ 为长半轴，$a\Omega_p$ 为短半轴的椭圆上的点。

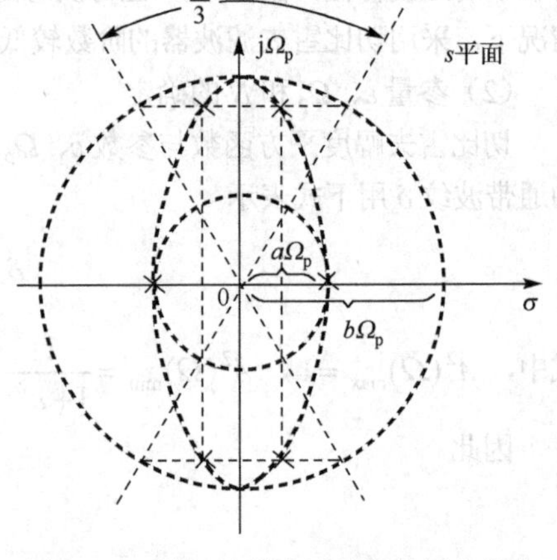

图 5-7　三阶切比雪夫滤波器的极点分布

设 $N = 3$ 时切比雪夫平方幅度函数的极点分布如图 5-7 所示。为保证系统稳定，用左半平面的极点构成 $H_{\mathrm{a}}(p)$，即

$$H_{\mathrm{a}}(p)=\frac{1}{c\prod_{i=1}^{N}(p-p_i)} \tag{5-38}$$

式中，c 是待定系数。由式（5-29）导出 $c=\varepsilon\times 2^{N-1}$，代入式（5-38），得到归一化的系统函数为

$$H_{\mathrm{a}}(p)=\frac{1}{\varepsilon\cdot 2^{N-1}\prod_{i=1}^{N}(p-p_i)} \tag{5-39}$$

（4）设计步骤

① 确定技术参数 α_{p}、Ω_{p}、α_{s} 和 Ω_{s}

α_{p} 是 $\Omega=\Omega_{\mathrm{p}}$ 时的衰减系数，α_{s} 是 $\Omega=\Omega_{\mathrm{s}}$ 时的衰减系数，它们分别为

$$\alpha_{\mathrm{p}}=10\lg\frac{1}{\left|A(\Omega_{\mathrm{p}})\right|^2} \tag{5-40}$$

$$\alpha_{\mathrm{s}}=10\lg\frac{1}{\left|A(\Omega_{\mathrm{s}})\right|^2} \tag{5-41}$$

这里 α_{p} 就是前面定义的通带波纹 δ，见式（5-32）。归一化频率

$$\lambda_{\mathrm{p}}=1,\quad \lambda_{\mathrm{s}}=\frac{\Omega_{\mathrm{s}}}{\Omega_{\mathrm{p}}}$$

② 求滤波器阶数 N 和参数 ε

由式（5-41），得到

$$\frac{1}{A^2(\Omega_{\mathrm{p}})}=1+\varepsilon^2C_N(\lambda_{\mathrm{p}})$$

$$\frac{1}{A^2(\Omega_{\mathrm{s}})}=1+\varepsilon^2C_N(\lambda_{\mathrm{s}})$$

将以上两式代入式（5-40）和式（5-41），得到

$$10^{0.1\alpha_{\mathrm{p}}}=1+\varepsilon^2C_N(\lambda_{\mathrm{p}})=1+\varepsilon^2\cos^2(n\arccos 1)=1+\varepsilon^2$$

$$10^{0.1\alpha_{\mathrm{s}}}=1+\varepsilon^2C_N(\lambda_{\mathrm{s}})=1+\varepsilon^2\mathrm{ch}^2(N\mathrm{Arch}\lambda_{\mathrm{s}})$$

$$\frac{10^{0.1\alpha_{\mathrm{s}}}-1}{10^{0.1\alpha_{\mathrm{p}}}-1}=\mathrm{ch}^2(N\mathrm{Arch}\lambda_{\mathrm{s}})$$

令

$$k_1^{-1}=\sqrt{\frac{10^{0.1\alpha_{\mathrm{s}}}-1}{10^{0.1\alpha_{\mathrm{p}}}-1}} \tag{5-42}$$

$$\mathrm{ch}[N\mathrm{Arch}\lambda_{\mathrm{s}}]=k_1^{-1}$$

因此

$$N=\frac{\mathrm{Arch}(k_1^{-1})}{\mathrm{Arch}(\lambda_{\mathrm{s}})} \tag{5-43}$$

按照式（5-33）求 ε，这里 $\delta=\alpha_{\mathrm{p}}$，

$$\varepsilon^2=10^{0.1\delta}-1$$

③ 求归一化系统函数 $H_{\mathrm{a}}(p)$

先计算出归一化极点 p_k，$k=1,2,\cdots,N$。

$$p_k=-\mathrm{sh}\xi\sin\left[\frac{(2k-1)\pi}{2N}\right]+\mathrm{jch}\zeta\cos\left[\frac{(2k-1)\pi}{2N}\right] \tag{5-44}$$

其中 $\xi=\frac{\gamma^2-1}{2\gamma}$，$\zeta=\frac{\gamma^2+1}{2\gamma}$，而 $\gamma=\left(\frac{1+\sqrt{1+\varepsilon^2}}{\varepsilon}\right)^{\frac{1}{N}}$。

将极点 p_k 代入式（5-38），得到

$$H_{\mathrm{a}}(p)=\frac{1}{\varepsilon\cdot 2^{N-1}\prod_{i=1}^{N}(p-p_i)}$$

④ $H_{\mathrm{a}}(p)$去归一化

将 $H_{\mathrm{a}}(p)$去归一化，得到实际的 $H_{\mathrm{a}}(s)$，即

$$H_{\mathrm{a}}(s)=H_{\mathrm{a}}(p)\Big|_{p=s/\Omega_{\mathrm{p}}} \tag{5-45}$$

3．切比雪夫 II 型逼近

切比雪夫 II 型幅度平方函数为

$$A^2(\Omega)=\left|H_{\mathrm{a}}(\mathrm{j}\Omega)\right|^2=\frac{1}{1+\varepsilon^2\left(\frac{C_N(\Omega/\Omega_{\mathrm{p}})}{C_N(\Omega_{\mathrm{s}}/\Omega)}\right)^2} \tag{5-46}$$

切比雪夫 II 型模拟低通滤波器系统函数的阶数 N 仍由 Ω_{p}、ε、Ω_{s} 和$(1/A)$确定，仍用式（5-44）计算。切比雪夫 II 型模拟低通滤波器的系统函数既有极点，又有零点，一般可以将其系统函数写为

$$H_{\mathrm{a}}(s)=C\frac{\prod_{k=1}^{N}(s-z_k)}{\prod_{k=1}^{N}(s-p_k)} \tag{5-47}$$

4．用 MATLAB 设计切比雪夫滤波器

切比雪夫滤波器设计

用 MATLAB 设计切比雪夫滤波器分为 I 型和 II 型设计。切比雪夫 I 型滤波器设计主要涉及函数 cheb1ap、cheb1ord 和 cheby1。上述函数常用的调用格式如下

```
[z,p,k] = cheb1ap(N,Rp);              %调用参数 N 和 Rp，返回切比雪夫 I 型滤波
                                      %器的零极点，k 为增益因子
```

```
[N,wpo] = cheb1ord(wp,ws,Rp,As);              %调用参数 wp,ws,Rp,As,返回切比雪
                                              %夫 I 型数字滤波器的阶数 N 和通带截止频率
[N,wpo] = cheb1ord(wp,ws,Rp,As,'s');          %调用参数 wp,ws,Rp,As,返回切比雪
                                              %夫 I 型模拟滤波器的阶数 N 和通带截止频率
[B,A] = cheby1(N,Rp,wpo,'filtertype');        %调用参数 N,Rp,wpo,返回切比雪夫 I
                                              %型数字滤波器的系统函数向量 B 和 A
[B,A] = cheby1(N,Rp,wpo,'filtertype','s');
                         %调用参数 N,Rp,wpo,返回切比雪夫 I 型模拟滤波器的系统函数向量 B 和 A
```

上述函数调用中，'filtertype'含义请参考 5.1.4 节巴特沃思滤波器设计相关内容。

切比雪夫滤波器 II 型滤波器设计主要涉及函数 cheb2ap、cheb2ord 和 cheby2。

函数 cheb2ap 用于计算 N 阶切比雪夫 II 型归一化（阻带截止频率 $\Omega_s = 1$）模拟低通滤波器系统函数的零极点（零极点长度分别为 N）和增益因子，调用格式如下

```
[z,p,k] = cheb2ap(N,Rp);        %调用参数 N 和 Rp,返回切比雪夫 II 型滤波器的零极点,
                                %k 为增益因子
```

函数 cheb2ord 用于计算 N 阶切比雪夫 II 型数字滤波器系统函数的阶数 N 和阻带截止频率（wso）。调用格式如下

```
[N,wso] = cheb2ord(wp,ws,Rp,As);
```

该函数调用参数 wp、ws、Rp、As，返回切比雪夫 II 型数字滤波器的阶数 N 和阻带截止频率 wso。调用参数 wp 和 ws 分别为数字滤波器的归一化通带边界频率和阻带边界频率，即 0≤wp≤1，0≤ws≤1，1 表示数字频率 π（π 对应模拟频率 Fs/2）。Rp 和 As 分别为通带最大衰减和阻带最小衰减（单位 dB），且当 ws≤wp 时为高通滤波器；当 wp 和 ws 为二元向量时为带通或带阻滤波器，注意这时 wso 也是二元向量。

```
[N,wso] = cheb2ord(wp,ws,Rp,As,'s');
```

该格式函数调用计算切比雪夫 II 型模拟滤波器的阶数 N 和阻带截止频率 wso。wp、ws 和 wso 是实际角频率（单位 rad/s），其他参数格式同上。

函数 cheby2 用于计算 N 阶切比雪夫 II 型滤波器系统函数向量 $\boldsymbol{B}$ 和 $\boldsymbol{A}$。调用格式

```
[B,A] = cheby2(N,As,wso,'filtertype');
```

该格式函数调用计算切比雪夫 II 型数字滤波器的系统函数向量 $\boldsymbol{B}$ 和 $\boldsymbol{A}$，调用参数 N 为滤波器的阶数，As 和 wso 分别为归一化（关于 π 归一化）N 阶切比雪夫 II 型数字滤波器的阻带最小衰减和阻带截止频率。调用格式

```
[B,A] = cheby2(N,As,wso,'filtertype','s');
```

该格式函数调用计算切比雪夫 II 型模拟滤波器的系统函数向量 $\boldsymbol{B}$ 和 $\boldsymbol{A}$，调用参数 N 为滤波器的阶数，As 和 wso 分别为 N 阶切比雪夫 II 型模拟滤波器的阻带最小衰减和阻带截止频率，这时 wso 为实际角频率。

上述函数调用中，'filtertype'的含义与巴特沃思滤波器设计中相关函数调用相同。不论是切比雪夫 I 型，还是切比雪夫 II 滤波器的设计，其数字滤波器系统函数系数向量 $\boldsymbol{B}$ 和 $\boldsymbol{A}$ 与系统函数表达式(5-27)相对应，而模拟滤波器系统函数系数向量 $\boldsymbol{B}$ 和 $\boldsymbol{A}$ 与系统函数表达式（5-28）相对应。

【例 5-3】 设计低通切比雪夫 I 型滤波器，要求通带截止频率 $f_p = 3\text{kHz}$，通带最大衰减 $\alpha_p = 0.1\text{dB}$，阻带截止频率 $f_s = 12\text{kHz}$，阻带最小衰减 $\alpha_s = 60\text{dB}$。

解　（1）滤波器的技术要求

$$\alpha_p = 0.1\text{dB}，\Omega_p = 2\pi f_p，\alpha_s = 60\text{dB}，\Omega_s = 2\pi f_s，\lambda_p = 1，\lambda_s = \frac{f_s}{f_p} = 4$$

（2）求阶数 N 和 ε

$$k_1^{-1} = \sqrt{\frac{10^{0.1\alpha_s}-1}{10^{0.1\alpha_p}-1}} = 6553$$

$$N = \frac{\text{Arch}(6553)}{\text{Arch}(4)} = \frac{9.47}{2.06} = 4.6，\text{取} N = 5$$

$$\varepsilon = \sqrt{10^{0.1\alpha_p}-1} = \sqrt{10^{0.01}-1} = 0.1526$$

（3）计算 $H_a(p)$

$$H_a(p) = \frac{1}{0.1526 \cdot 2^{(5-1)} \prod_{i=1}^{5}(p-p_i)}$$

由式（5-44）求出 $N=5$ 时的极点 p_i，代入上式，得

$$H_a(p) = \frac{1}{2.442(p+0.5389)(p^2+0.3331p+1.1949)} \cdot \frac{1}{p^2+0.8720p+0.6359}$$

（4）将 $H_a(p)$ 去归一化，得

$$H_a(s) = H_a(p)\big|_{p=s/\Omega_p} = \frac{0.4095 \times \Omega_p^5}{(s+0.5389\Omega_p)(s^2+0.3331\Omega_p+1.1949\Omega_p^2)(s^2+0.8720\Omega_p+0.6359\Omega_p^2)}$$

式中，$\Omega_p = 2\pi f_p \times 3\times 10^4 = 1.884\times 10^4$。

【例 5-4】 已知滤波器参数与例 5-3 相同，要求编写 MATLAB 程序，设计低通切比雪夫 I 型、II 型滤波器。

解　MATLAB 程序 fex5_4.m 如下。

```
%MATLAB 程序 fex5_4.m,根据滤波器指标要求设计切比雪夫滤波器
%滤波器参数:截止频率 fp = 3kHz,通带最大衰减 αp = 0.1dB,阻带截止频率 fs = 12kHz,
%阻带最小衰减 αs = 60dB
wp = 2*pi*3000;ws = 2*pi*12000;Rp = 0.1;As = 60; %输入设计参数
[N1,wp1] = cheb1ord(wp,ws,Rp,As,'s') %调用切比雪夫 I 型设计函数
[z1,p1,k1] = cheb1ap(N,Rp);           %调用切比雪夫 I 原型函数,得左半平面零极点
B1 = k1*real(poly(z1))                %根据零点计算分子多项式系数向量 B,并输出数据
A1 = real(poly(p1))                   %根据极点计算分母多项式系数向量 A,并输出数据
%切比雪夫 I 型滤波器参数计算完成,下面设计切比雪夫 II 型滤波器
[N2,wp2] = cheb2ord(wp,ws,Rp,As,'s'); %调用切比雪夫 II 型设计函数
[z2,p2,k2] = cheb2ap(N,Rp);           %调用切比雪夫 II 原型函数,得左半平面零极点
B2 = k2*real(poly(z2));               %根据零点计算分子多项式系数向量 B,并输出数据
A2 = real(poly(p2));                  %根据极点计算分母多项式系数向量 A,并输出数据
%切比雪夫 II 型滤波器参数计算完成
```

程序运行结果为

```
N1  =     5
wp1  =   1.8850e + 004
B1  =    0.4095
A1  =    1.0000    1.7440    2.7707    2.3970    1.4356    0.4095
```

切比雪夫 I 型模拟滤波器的系统函数为

$$H_a(s)=\frac{0.4095}{\left(\frac{s}{18850}\right)^5+1.744\left(\frac{s}{18850}\right)^4+2.7707\left(\frac{s}{18850}\right)^3+2.397\left(\frac{s}{18850}\right)^2+0.4095\left(\frac{s}{18850}\right)+1}$$

```
N2  =     5
wp2  =   6.4185e + 004
B2  =   32.7610         0  131.0441         0  104.8353
A2  =    1.0000   33.0451    9.3475  131.5517   10.3172  104.8353
```

切比雪夫 II 型模拟滤波器的系统函数为

$$H_a(s)=\frac{32.7610\left(\frac{s}{64185}\right)^5+131.0441\left(\frac{s}{64185}\right)^3+104.8353\left(\frac{s}{64185}\right)+1}{\left(\frac{s}{64185}\right)^5+33.0451\left(\frac{s}{64185}\right)^4+9.3475\left(\frac{s}{64185}\right)^3+131.5517\left(\frac{s}{64185}\right)^2+104.8353\left(\frac{s}{64185}\right)+1}$$

在本例中，利用多项式函数 poly 来计算系统函数多项式系数向量，避免了直接调用滤波器设计函数所得系数向量显示为零的不足。

5.1.4 椭圆滤波器设计

椭圆滤波器及设计

1. 椭圆滤波器幅度平方函数

椭圆（Elliptic）滤波器在通带和阻带内都具有等波纹的幅度响应特性，其另一个名称是考尔（Cauer）滤波器。对于给定的指标，与其他类型的滤波器相比较，椭圆滤波器的阶数 N 最小，即椭圆滤波器的过渡带最陡。椭圆滤波器的幅度平方函数为

$$A^2(\Omega)=\left|H_a(\mathrm{j}\Omega)\right|^2=\frac{1}{1+\varepsilon^2U_N^2(\Omega/\Omega_p)^2} \tag{5-48}$$

式中，N 是滤波器阶数，ε 是与 α_p 有关的通带波动，$U_M(\cdot)$是 N 阶雅可比椭圆函数，对此函数的逼近理论问题，请读者参考有关书籍。

式（5-48）与切比雪夫滤波器相似，其典型响应特性曲线如图 5-8 所示。其设计方法与前面介绍的几种滤波器相似，不同之处在于用到了更复杂的椭圆函数。滤波器阶数 N 的计算公式为

$$N=\frac{K(k)K(\sqrt{1-k_1^2})}{K(k_1)K(\sqrt{1-k^2})} \tag{5-49}$$

式中，$k=\Omega_p/\Omega_c$，$k_1=\varepsilon/\sqrt{A^2-1}$，$K(x)=\int_0^{\pi/2}\frac{\mathrm{d}\theta}{\sqrt{1-x^2\sin^2\theta}}$ 是椭圆积分。MATLAB 中提供相应的计算函数。

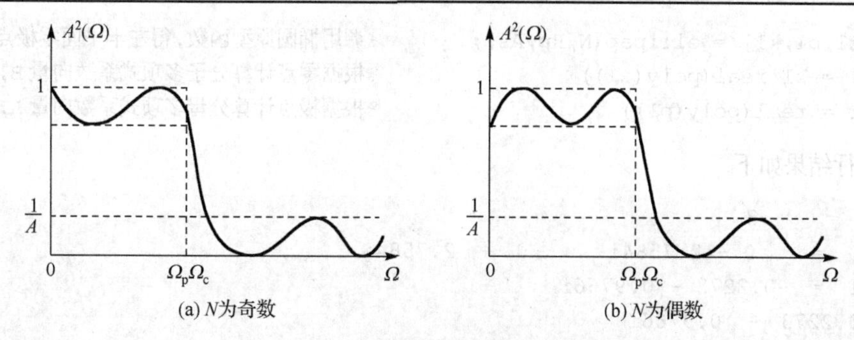

图 5-8　椭圆滤波器的幅频特性

2. 用 MATLAB 设计椭圆滤波器

用 MATLAB 设计椭圆滤波器主要涉及函数 ellipap、ellipord 和 ellip，函数常用的调用格式如下

```
[z,p,k] = ellipap(N,Rp,As);
```

函数 ellipap 调用参数 N、Rp 和 As，返回归一化（通带边界频率 wp＝1）椭圆模拟滤波器的零极点向量 z、p 和增益因子 k，Rp 和 As（单位的 dB）定义同前。零极点向量 z 和 p 的长度为 N，如果 N 是奇数，则 z 的长度是 N–1。系统函数由式（5-28）给出。

```
[N,wpo] = ellipord(wp,ws,Rp,As);
```

函数 ellipord 调用技术指标要求参数 wp、ws、Rp、As，设计满足技术指标要求的椭圆模拟滤波器的阶数 N 和通带截止频率 wpo。

```
[N,wpo] = ellipord(wp,ws,Rp,As,'s');
```

函数 ellipord 调用技术指标要求参数 wp、ws、Rp、As，设计满足技术指标要求的椭圆数字滤波器的阶数 N 和通带截止频率 wpo。

```
[B,A] = ellip(N,Rp,wpo,'filtertype');
```

调用参数 N、Rp、wpo，返回椭圆数字滤波器的系统函数分子、分母多项式系数向量 B 和 A，当 wpo 是表示带通滤波器边界频率的二元向量时，默认 filtertype，ellip 返回 2N 阶带通椭圆数字滤波器系统函数分子、分母多项式系数向量 B 和 A。filtertype 为 stop 时，返回 2N 阶带阻椭圆数字滤波器系统函数分子、分母多项式系数向量 B 和 A。系数向量 B 和 A 与式（5-27）相对应。

```
[B,A] = ellip(N,Rp,wpo,'filtertype','s');
```

调用参数 N、Rp、wpo，返回椭圆模拟滤波器的系统函数分子、分母多项式系数向量 B 和 A，此时频率参数均为模拟角频率（单位 rad/s），其他同上。

【例 5-5】 已知滤波器要求通带截止频率 f_p = 5kHz，通带最大衰减 α_p = 1dB，阻带截止频率 f_s = 12kHz，阻带最小衰减 α_s = 40dB。要求编写 MATLAB 程序，设计椭圆模拟低通滤波器。

解　MATLAB 程序 fex5_5.m 主要语句如下。

```
%MATLAB 程序 fex5_5.m,根据滤波器指标要求设计椭圆模拟低通滤波器
%设计参数:截止频率 fp = 5kHz,通带最大衰减 αp = 1dB,阻带截止频率 fs = 12kHz,
%阻带最小衰减 αs = 40dB
wp = 2*pi*3000;ws = 2*pi*12000;Rp = 1;As = 40;    %输入设计参数
[N,wpo] = ellipord(wp,ws,Rp,As,'s')               %调用椭圆滤波器设计函数
```

```
[z1,p1,k1] = ellipap(N,Rp,As);            %调用椭圆原型函数,得左半平面零极点
B1 = k1*real(poly(z1))                    %根据零点计算分子多项式系数向量B,并输出数据
A1 = real(poly(p1))                       %根据极点计算分母多项式系数向量A,并输出数据
```

程序运行结果如下

```
N  =     3
z1  =     0 - 2.7584i      0  +  2.7584i
p1  =  -0.2273 - 0.9766i
-0.2273  +  0.9766i
-0.5237
wpo  =   1.8850e + 004
B1  =     0.0692          0    0.5265
A1  =     1.0000    0.9782    1.2434    0.5265
```

得所设计滤波器的阶数 $N=3$，通带边界频率 wpo = 18850rad/s。系统函数直接型为

$$H_{\mathrm{a}}(s)=\frac{\left(\dfrac{s}{18850}\right)^2+0.5265}{\left(\dfrac{s}{18850}\right)^3+0.9782\left(\dfrac{s}{18850}\right)^2+1.2434\left(\dfrac{s}{18850}\right)+0.5265}$$

其幅频特性和极点分布如图 5-9 所示。

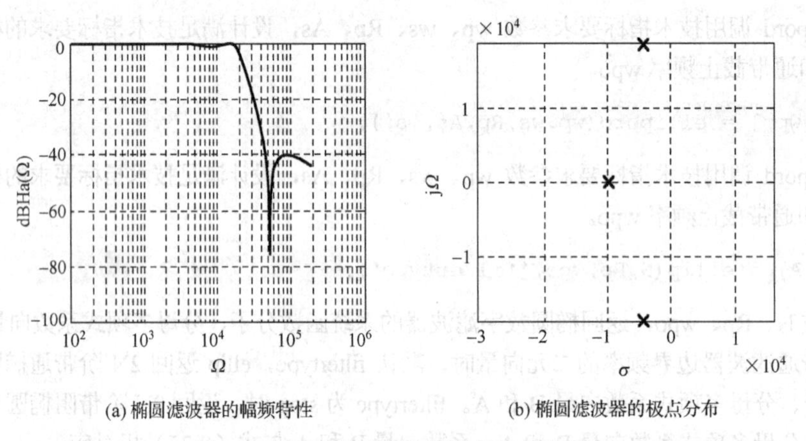

图 5-9　椭圆滤波器的幅频特性和极点分布

5.1.5　贝塞尔滤波器设计

贝塞尔滤波器设计

1．贝塞尔滤波器的特点

前面介绍的滤波器设计方法中，重点研究如何使滤波器的幅度特性满足指标要求，未考虑设计出的滤波器的相位特性，需要时可利用全通系统对相位进行校正，但这将使系统的复杂度增加，甚至难以实现。现代信号处理系统中，往往希望低通滤波器具有线性相位特性，贝塞尔滤波器具有在通带内逼近线性相位的特性。贝塞尔低通滤波器的系统函数为

$$H_{\mathrm{a}}(s)=\frac{d_0}{B_N(s)}=\frac{d_0}{b_0+b_1s+\cdots+b_{N-1}s^{N-1}+s^N} \tag{5-50}$$

$H_{\mathrm{a}}(s)$为全极点系统，式中分母多项式 $B_N(s)$称为贝塞尔多项式。在 $\Omega=0$ 处，有逼近最好的线性相位特

性。从 $B_1(s) = s + 1$，$B_2(s) = s^2 + 3s + 1$，通过直流标准群延时为 1 的迭代关系得到贝塞尔多项式 $B_N(s)$ 如下

$$B_N(s) = (2N-1)B_{N-1}(s) + s^2 B_{N-2}(s) \tag{5-51}$$

也可以用贝塞尔系数公式求得 $B_N(s)$，公式如下

$$b_k = \frac{(2N-k)!}{2^{N-k}k!(N-k)!}, \quad k = 0,1,\cdots,N-1 \tag{5-52}$$

2. 用 MATLAB 设计贝塞尔滤波器

用 MATLAB 设计贝塞尔滤波器主要涉及函数 besselap、besselord 和 bessel。函数 besselap 用于计算贝塞尔滤波器的零极点向量 z、p 和增益 k，零点是空向量。函数 besselord 用于计算系统函数阶数 N 和通带 3dB 截止频率。函数 bessel 返回滤波器系统函数分子和分母多项式系数向量 B 和 A。这些函数的调用格式与前面几种滤波器设计函数的调用格式大同小异，不再赘述。

3. 用 MATLAB 设计滤波器时应注意的问题

对于上述 5 种滤波器的设计，当滤波器阶数 $N \geq 15$ 时要注意，滤波器设计函数可能产生较大的计算误差。还要注意滤波器的形式对精度的影响，设计时尽量采用滤波器的零点、极点、增益形式，因为它比系统函数形式精确。

5.1.6　常用模拟滤波器的比较

前面介绍了 5 种类型的模拟低通滤波器设计方法，巴特沃思、切比雪夫 I 型、切比雪夫 II 型和椭圆滤波器主要考虑逼近幅度响应，贝塞尔滤波器主要考虑逼近线性相位特性。

从幅频特性上看，巴特沃思滤波器具有单调下降的幅频特性，过渡带最宽。两种类型的切比雪夫滤波器的过渡带宽度相等，比巴特沃思滤波器的过渡带窄，但比椭圆滤波器的过渡带宽。切比雪夫 I 型滤波器在通带具有等波纹特性，过渡带和阻带是单调下降的幅频特性。切比雪夫 II 型滤波器的通带响应几乎与巴特沃思滤波器相同，阻带是等波纹幅频特性。椭圆滤波器的通带和阻带均是等纹波幅频特性，过渡带最窄。

从相位特性上看，椭圆滤波器仅在大约二分之一通带上非常接近线性相位特性，巴特沃思和切比雪夫滤波器在大约四分之三的通带上非常接近线性相位特性。

贝塞尔滤波器的优点体现在其整个通带逼近线性相位特性，其幅频特性的过渡带比其他 4 种滤波器宽得多。

从满足相同的滤波器幅频响应指标要求的滤波器结构上看，巴特沃思滤波器阶数最高，而椭圆滤波器的阶数最低。仅就满足滤波器幅频响应指标而言，椭圆滤波器的性能价格比最高，应用较为广泛。

综上所述，5 种滤波器各具特点。工程实际中选择哪种滤波器，取决于对滤波器阶数和相位特性的具体要求。

5.1.7　模拟滤波器频率变换

实际工作中，高通、带通和带阻滤波器的设计主要通过对低通原型设计的转换得到。

常用的变换方法是把一个归一化原型模拟低通滤波器经模拟频带变换转换成所需要类型（包括高通、带通、带阻或另一截止频率的低通）的滤波器，如图 5-10 所示。

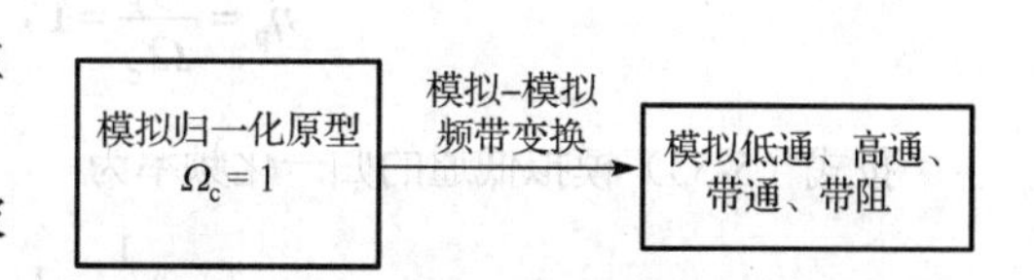

图 5-10　IIR 模拟滤波器的频率变换法

1．模拟高通滤波器设计

设低通系统函数为 $G(s)$，$s = \mathrm{j}\Omega$。归一化频率用 λ 表示，$p = \mathrm{j}\lambda$，p 称为归一化拉氏复变量。所求高通滤波器的系统函数用 $H(s)$表示，$s = \mathrm{j}\Omega$。归一化频率用 η 表示，令 $q = \mathrm{j}\eta$，q 称为归一化拉氏变量，$H(q)$称为归一化系统函数。

设低通滤波器 $G(\mathrm{j}\lambda)$和高通滤波器 $H(\mathrm{j}\eta)$的幅度特性如图 5-11 所示。图中 λ_p、λ_s 分别称为低通的归一化通带截止频率和归一化阻带截止频率，η_p 和 η_s 分别称为高通的归一化通带下限频率和归一化阻带上限频率。

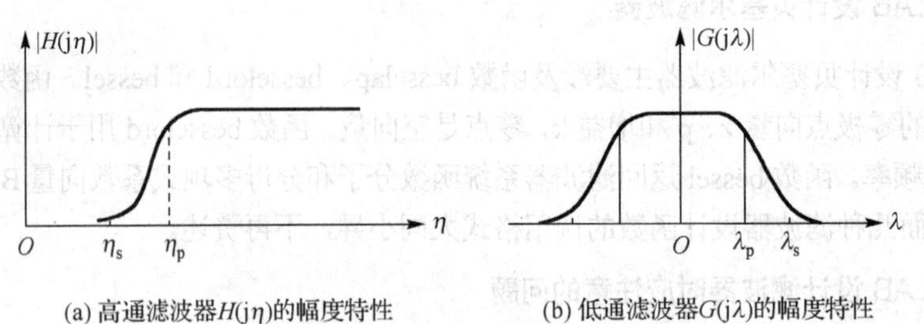

图 5-11　低通与高通滤波器的幅度特性

由于$|G(\mathrm{j}\lambda)|$和$|H(\mathrm{j}\eta)|$都是频率的偶函数，可以把$|G(\mathrm{j}\lambda)|$右边的曲线和$|H(\mathrm{j}\eta)|$曲线对应起来，低通的 λ 从∞经过 λ_s、λ_p 到 0 时，高通的 η 则从 0 经过 η_s 和 η_p 到∞，因此，λ 和 η 之间的关系为

$$\lambda = \frac{1}{\eta} \tag{5-53}$$

式（5-53）就是低通到高通的频率变换公式。若已知低通滤波器 $G(\mathrm{j}\lambda)$，则用下式转换得到高通滤波器 $H(\mathrm{j}\eta)$

$$H(\mathrm{j}\eta) = G(\mathrm{j}\lambda)\Big|_{\lambda=\frac{1}{\eta}} \tag{5-54}$$

通常先设计归一化的模拟低通 $G(p)$，需按式（5-53）将高通滤波器的边界频率 η_p 和 η_s 转换成低通滤波器的边界频率 λ_p 和 λ_s，通带最大衰减 α_p 和阻带最小衰减 α_s 保持不变。由上述指标可设计归一化模拟低通 $G(p)$，转换成归一化高通，$H(q) = G(p)\big|_{p=\frac{1}{q}}$。为去归一化，将 $q = \dfrac{s}{\Omega_c}$ 代入 $H(q)$中，得

$$H(s) = G(p)\Big|_{p=\frac{\Omega_c}{s}} \tag{5-55}$$

式（5-55）就是由归一化低通滤波器直接转换成模拟高通滤波器的转换公式。

【例 5-6】已知滤波器通带截止频率 $f_p = 100\mathrm{Hz}$，通带最大衰减 $\alpha_p = 3\mathrm{dB}$，阻带截止频率 $f_s = 50\mathrm{Hz}$，阻带最小衰减 $\alpha_s = 30\mathrm{dB}$。试设计巴特沃思高通模拟滤波器。

解　先将频率归一化。将 Ω_p 和 Ω_s 对 3dB 截止频率 Ω_c 归一化，这里 $\Omega_c = \Omega_p$，则模拟高通的归一化频率为

$$\eta_p = \frac{\Omega_p}{\Omega_c} = 1，\quad \eta_s = \frac{\Omega_s}{\Omega_c} = \frac{50}{100} = 0.5$$

按式（5-53）模拟低通的归一化频率为

$$\lambda_p = \frac{1}{\eta_p} = 1，\quad \lambda_s = \frac{1}{\eta_s} = \frac{1}{0.5} = 2$$

设计归一化模拟低通滤波器 $G(p)$。模拟低通滤波器的阶数 N 计算如下

$$N = \frac{\lg k_1}{\lg k} = 4.982$$

取 $N=5$，查表 5-1，得到归一化模拟低通系统函数 $G(p)$ 为

$$G(p) = \frac{1}{(p+1)(p^2+0.618p+1)(p^2+1.618p+1)}$$

最后计算高通滤波器的系统函数 $H(s)$。令 $p=\Omega_p/s=200\pi/s$，代入上式得

$$H(s) = \frac{1}{\left(\frac{628.32}{s}+1\right)\left[\left(\frac{628.32}{s}\right)^2+0.618\left(\frac{628.32}{s}\right)+1\right]\left[\left(\frac{628.32}{s}\right)^2+1.618\left(\frac{628.32}{s}\right)+1\right]}$$

求解本例题的 MATLAB 程序 fex5_6.m 如下。

```
%程序名:fex5_6.m
%例 5-6 设计巴特沃思高通模拟滤波器
wp = 1;ws = 2;Rp = 3;As = 30;                %设置滤波器指标参数
[N,wc] = buttord(wp,ws,Rp,As,'s');          %计算滤波器 G(p)阶数 N 和 3dB 截止频率
[B,A] = butter(N,wc,'s');        %计算低通滤波器 G(p)系统函数分子、分母多项式系数
wph = 2*pi*100;                  %高通模拟滤波器通带边界频率
[BH,AH] = lp2hp(B,A,wph);        %低通 G(p)到高通 H(s)转换
%绘制低通滤波器 G(p)损耗函数曲线
w = 0:0.01:10;
Hk = freqs(B,A,w);
subplot(2,2,1);
plot(w,20*log10(abs(Hk)));grid on
xlabel('归一化频率');ylabel('幅度(dB)')
axis([0,10,-80,5]);
title('归一化低通损耗函数')
%绘制高通滤波器 H(s)损耗函数曲线
k = 0:511;fk = 0:250/512:250;w = 2*pi*fk;
Hk = freqs(BH,AH,w);
subplot(2,2,2);
plot(fk,20*log10(abs(Hk)));grid on
xlabel('频率(Hz)');ylabel('幅度(dB)')
axis([0,250,-80,5]);
title('高通滤波器损耗函数')
```

绘制出滤波器的损耗函数曲线，如图 5-12 所示。

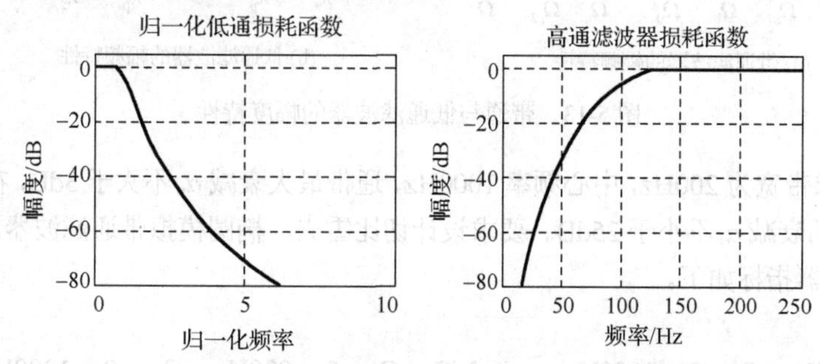

图 5-12　例 5-6 归一化低通滤波器与高通滤波器损耗函数曲线

程序 fex6_5.m 中用到函数 lp2hp，其功能是实现低通到高通的转换，其详细使用方法请用 MATLAB 帮助命令 help 查阅。如同在前面介绍巴特沃思滤波器设计函数中所述，直接调用函数 buttord 和 butter 可以设计更简洁的程序完成本题的设计任务，请读者自己完成。

2．模拟带通滤波器设计

考察如图 5-13 所示带通滤波器和低通滤波器的幅度特性，容易发现，低通滤波器的幅度特性的整体迁移所得就是带通滤波器的幅度特性。

图中 Ω_u 和 Ω_l 分别称为带通滤波器的通带上限频率和通带下限频率。令 $B=\Omega_u-\Omega_l$，B 称为通带带宽，一般作为归一化参考频率。Ω_{s1} 和 Ω_{s2} 分别称为下阻带上限频率和上阻带下限频率。定义 $\Omega_0^2=\Omega_l\Omega_u$，$\Omega_0$ 称为通带中心频率，归一化边界频率用下式计算

$$\eta_l=\Omega_l/B,\ \eta_u=\Omega_u/B,\ \eta_{s1}=\Omega_{s1}/B,\ \eta_{s2}=\Omega_{s2}/B \tag{5-56}$$

将带通和低通的幅度特性对应起来，得到 λ 和 η 的对应关系

$$\lambda=\frac{\eta^2-\eta_0^2}{\eta} \tag{5-57}$$

由图 5-13 可知，λ_p 对应 η_u，代入式（5-57）中，有

$$\lambda_p=\frac{\eta_u^2-\eta_0^2}{\eta_u}=\eta_u-\eta_l=1$$

式（5-57）就是低通到带通的频率变换公式，利用该式可将带通的边界频率转换成低通的边界频率。

由于 $p=j\lambda$，$q=j\eta$，代入式（5-57）得 $p=\dfrac{q^2+\eta_0^2}{q}$，为去归一化，将 $q=s/B$ 代入上式，得到

$$p=\frac{s^2+\Omega_l\Omega_u}{s(\Omega_u-\Omega_l)} \tag{5-58}$$

因此，由归一化低通滤波器直接转换成模拟带通滤波器的转换公式为

$$H(s)=G(p)\Big|_{p=\frac{s^2+\Omega_l\Omega_u}{s(\Omega_u-\Omega_l)}} \tag{5-59}$$

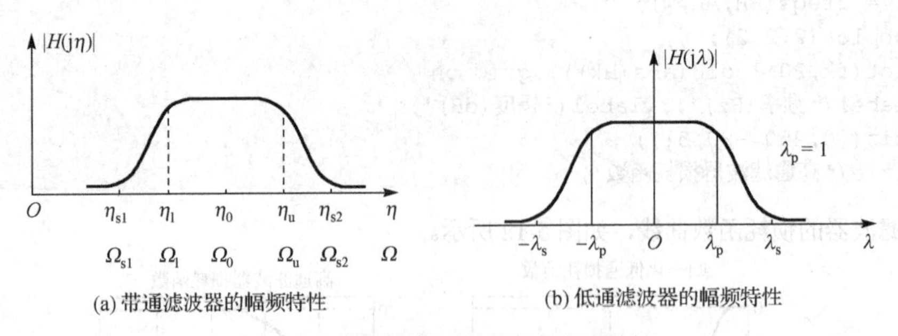

图 5-13 带通与低通滤波器的幅度特性

【例 5-7】要求带宽为 200Hz，中心频率 1000Hz，通带最大衰减 α_p 不大于 3dB，在频率小于 830Hz 或大于 1200Hz 处的衰减 α_s 不小于 25dB。要求设计切比雪夫、椭圆模拟带通滤波器。

解 带通滤波器指标如下。

带宽：

$\Omega_{BW}=2\pi\times200\text{Hz}$，$\Omega_0=2\pi\times1000\text{Hz}$，$\alpha_p=3\text{dB}$，$\Omega_{sl}=2\pi\times830\text{Hz}$，$\Omega_{su}=2\pi\times1200\text{Hz}$，$\alpha_s=25\text{dB}$。

将频率归一化：

$\eta_0^2=25$，$\eta_{s1}=4.15$，$\eta_{s2}=6$，$\eta_u-\eta_l=1$，由 $\eta_0^2=\eta_l\eta_u$ 可求出 $\eta_l=4.25$，$\eta_u=5.25$。

求低通滤波器指标：

$$\lambda_p=\frac{\eta_u^2-\eta_0^2}{\eta_u}=\eta_u-\eta_l=1\text{，}\lambda_s=\frac{\eta_{s2}^2-\eta_0^2}{\eta_{s2}}=1.833$$

设计切比雪夫滤波器

$$\varepsilon=0.997\,628\,3\text{，}N=3$$

$$G(p)=\frac{1}{\varepsilon\times 2^2(p+0.2986)(p^2+0.2986p+0.8392)}$$

求切比雪夫滤波器系统函数

$$H(s)=G(p)\big|_{p=\frac{s^2+\Omega_l\Omega_u}{s(\Omega_u-\Omega_l)}}=G(p)\big|_{p=\frac{s^2+4\pi^2\times1000^2}{s\times2\pi\times200}}$$

调用 MATLAB 函数 ellipord 和 ellip 直接设计切比雪夫和椭圆模拟带通滤波器，设计程序 fex5_7.m 如下。

```
%例 5-7 设计模拟带通滤波器程序 fex5_7.m
wp = 2*pi*[1000-100,1200-100];
ws = 2*pi*[830,1200];
Rp = 3;As = 25;                                %以上设置带通滤波器指标参数
%设计切比雪夫 I 型带通滤波器
[Nch,wpch] = cheb1ord(wp,ws,Rp,As,'s');   %计算带通滤波器阶数 N 和 3dB 截止频率
[Bch,Ach] = cheby1(Nch,Rp,wpch,'s');      %计算带通滤波器系统函数分子、分母
                                          %多项式系数，绘制切比雪夫带通滤波
                                          %器的损耗函数曲线
fk = 0:2000/512:2000;wk = 2*pi*fk;
Hk = freqs(Bch,Ach,wk);
subplot(2,2,1);
plot(fk,20*log10(abs(Hk)));grid on;
xlabel('频率(Hz)');ylabel('幅度(dB)')
axis([0,2000,-30,5]);title('切比雪夫带通滤波器损耗函数')
%设计椭圆带通滤波器
[Ne,wpe] = ellipord(wp,ws,Rp,As,'s');     %计算带通滤波器阶数 N 和 3dB 截止频率
[Be,Ae] = ellip(Ne,Rp,As,wpe,'s');        %计算带通滤波器系统函数分子、分母
                                          %多项式系数，绘制带通滤波器的损耗
                                          %函数曲线
fk = 0:2000/512:2000;wk = 2*pi*fk;
Hk = freqs(Be,Ae,wk);
subplot(2,2,2);
plot(fk,20*log10(abs(Hk)));grid on
xlabel('频率(Hz)');ylabel('幅度(dB)')
axis([0,2000,-30,5]);title('椭圆带阻滤波器损耗函数')
```

运行上述程序，得椭圆模拟带通滤波器阶数 Ne＝3。

椭圆模拟带通滤波器分子多项式向量

```
Be = 0  218.6508  2.0402e-010  1.7776e + 010   0.0017  3.3400e + 017 -1.4562e + 005
```

椭圆模拟带通滤波器分母多项式向量

```
    Ae = 1  737.0383  1.1881e + 008  5.8297e + 010  4.6435e + 015 1.1258e + 018
5.9701e + 022
```

由上述结果可知，带通滤波器是 $2N$ 阶的。6 阶切比雪夫 I 型带通滤波器和椭圆带通滤波器损耗函数曲线如图 5-14 所示。

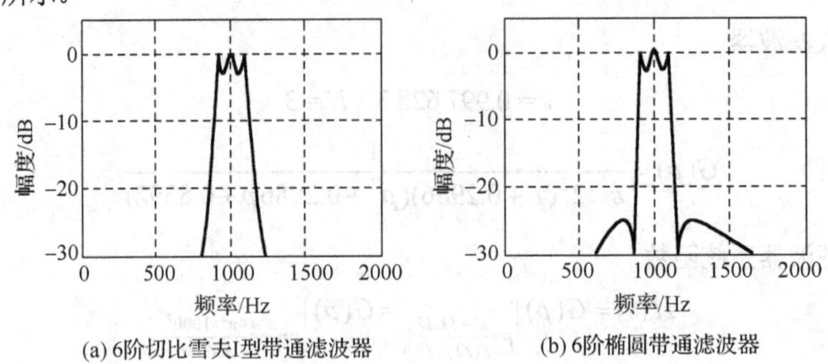

(a) 6阶切比雪夫I型带通滤波器 (b) 6阶椭圆带通滤波器

图 5-14 6 阶带通滤波器的损耗函数曲线

3. 模拟带阻滤波器设计

带阻滤波器与低通滤波器的幅频特性如图 5-15 所示。图中 Ω_l 和 Ω_u 分别是下通带截止频率和上通带截止频率，Ω_{s1} 和 Ω_{s2} 分别为阻带的下限频率和上限频率，Ω_0 为阻带中心频率，$\Omega_0^2=\Omega_l\Omega_u$，阻带带宽 $B=\Omega_u-\Omega_l$，B 作为归一化参考频率。相应的归一化边界频率为

$$\eta_l=\Omega_l/B,\ \eta_u=\Omega_u/B,\ \eta_{s1}=\Omega_{s1}/B,\ \eta_{s2}=\Omega_{s2}/B$$

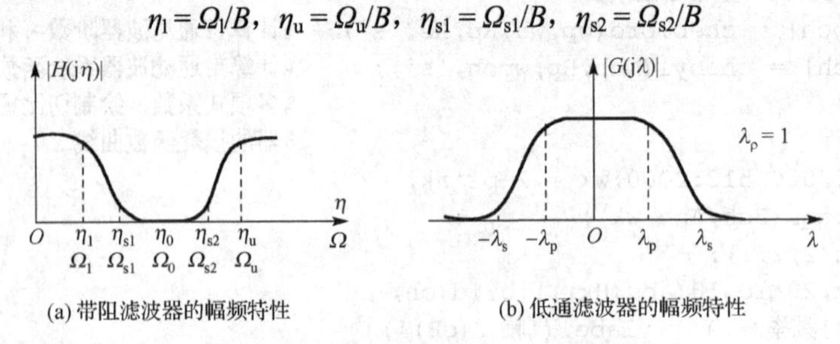

(a) 带阻滤波器的幅频特性 (b) 低通滤波器的幅频特性

图 5-15 带阻与低通滤波器的幅频特性

比较带阻和低通滤波器的幅度特性，得到 λ 和 η 的对应关系

$$\lambda=\frac{\eta}{\eta^2-\eta_0^2} \tag{5-60}$$

且 $\eta_u-\eta_l=1$，$\lambda_p=1$。式（5-60）就是低通到带阻的频率变换公式。将 $p=\mathrm{j}\lambda$ 代入，并去归一化，可得直接由归一化低通转换成带阻的频率变换公式为

$$p=\frac{sB}{s^2+\Omega_0^2}=\frac{s(\Omega_u-\Omega_l)}{s^2+\Omega_u\Omega_l} \tag{5-61}$$

对应的系统函数为

$$H(s)=G(p)\Big|_{p=\frac{sB}{s^2+\Omega_0^2}} \tag{5-62}$$

【例 5-8】要求带宽为 200Hz，中心频率 1000Hz，通带最大衰减 α_p 不大于 3dB，在频率大于 830Hz 或小于 1200Hz 处的衰减 α_s 不小于 25dB。要求设计切比雪夫、椭圆模拟带阻滤波器。

解　带阻滤波器指标如下。

带宽：

$\Omega_{BW}=2\pi\times200\text{Hz}$，$\Omega_0=2\pi\times1000\text{Hz}$，$\alpha_p=3\text{dB}$，$\Omega_{sl}=2\pi\times830\text{Hz}$，$\Omega_{su}=2\pi\times1200\text{Hz}$，$\alpha_s=25\text{dB}$。

将频率归一化：

$\eta_0^{\ 2}=25$，$\eta_{s1}=4.15$，$\eta_{s2}=6$，$\eta_u-\eta_l=1$，由 $\eta_0^{\ 2}=\eta_l\eta_u$ 可求出 $\eta_l=4.25$，$\eta_u=5.25$。

调用 MATLAB 函数直接设计切比雪夫 I 型和椭圆模拟带阻滤波器，主要程序语句如下。

```
%例 5-8 设计模拟带阻滤波器程序 fex5_8.m
wp = 2*pi*[1000-100,1200-100];
ws = 2*pi*[830,1200];
Rp = 3;As = 25;                                   %以上设置带阻滤波器指标参数
%设计切比雪夫 I 型带阻滤波器
[Nch,wpch] = cheb1ord(wp,ws,Rp,As,'s');           %计算带阻滤波器阶数 N 和 3dB 截止频率
[Bch,Ach] = cheby1(Nch,Rp,wpch,'stop','s');       %计算带阻滤波器系统函数分子、分母
                                                  %多项式系数,设计椭圆带通滤波器
[Ne,wpe] = ellipord(wp,ws,Rp,As,'s');             %计算带阻滤波器阶数 N 和 3dB 截止
                                                  %频率
[Be,Ae] = ellip(Ne,Rp,As,wpe,'s');                %计算带阻滤波器系统函数分子、分母
                                                  %多项式系数
```

运行上述程序，得椭圆模拟带阻滤波器阶数 Nch = Ne = 3。

切比雪夫 I 型模拟带阻滤波器分子多项式向量

```
    Bch = 1.0000   0  1.1725e + 008  0  4.5826e + 015  0  5.9701e + 022
```

切比雪夫 I 型模拟带阻滤波器分母多项式向量

```
    Ach = 1  4.6553e + 003  1.2101e + 008  3.7181e + 011  4.7297e + 015  7.1111e
+ 018  5.9701e + 022
```

椭圆模拟带阻滤波器分子多项式向量

```
    Be = 1  2.0236e-011  1.1805e + 008  0.0016  4.6137e + 015  3.0922e + 004  5.9701e + 022
```

椭圆模拟带通滤波器分母多项式向量

```
    Ae = 1  3.5903e + 003  1.1993e + 008  2.8639e + 011  4.6875e + 015  5.4842e
+ 018  5.9701e + 022
```

由上述结果可知，带阻滤波器也是 $2N$ 阶的。6 阶切比雪夫 I 型带阻滤波器和椭圆带阻滤波器损耗函数曲线如图 5-16 所示。

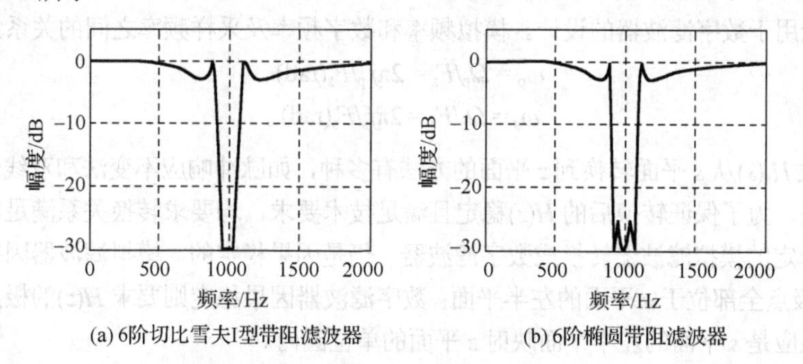

图 5-16　6 阶带阻滤波器的损耗函数曲线

5.2 IIR 数字滤波器设计

IIR 数字滤波器（IIR DF）的设计方法分为间接设计法和直接设计法。间接法设计 IIR 数字滤波器 $H(z)$的基本步骤如下。

（1）确定数字滤波器指标；

（2）将上述滤波器指标转换成对应的模拟滤波器 $H_a(s)$的指标；

（3）用 5.1 节介绍的方法设计满足上述指标要求的模拟滤波器 $H_a(s)$；

（4）将模拟滤波器 $H_a(s)$转换成数字滤波器 $H(z)$。

接下来的关键问题就是要找到一种转换关系，将 $H_a(s)$转换成数字低通滤波器的系统函数 $H(z)$，即将 s 平面上的 $H_a(s)$转换成 z 平面上的因果稳定的系统函数 $H(z)$。

描述模拟滤波器系统和数字滤波器系统的基本方法都有 4 种，如表 5-2 所示。

表 5-2　滤波器的描述方法

模拟滤波器	数字滤波器	模拟滤波器	数字滤波器
单位脉冲响应 $h_a(t)$	单位脉冲响应 $h(n)$	传输（系统）函数 $H_a(s)$	传输(系统)函数 $H(z)$
频率响应 $H_a(\mathrm{j}\Omega)$	频率响应 $H(\mathrm{e}^{\mathrm{j}\omega})$	微分方程	差分方程

由于数字滤波器的频率响应是以 2π 为周期的，所以其频率响应指标只在数字频率主值区间[−π, π]上描述。将图 5-1 中模拟频率 Ω 换成数字频率 ω，将幅频特性$|H_a(\mathrm{j}\Omega)|$换成数字滤波器的幅频特性$|H(\mathrm{e}^{\mathrm{j}\omega})|$，则得到图 5-17 所示归一化低通数字滤波器指标描述，通带为$[0,\omega_p]$，阻带为$[\omega_s,\pi]$，过渡带为$[\omega_p,\omega_s]$。

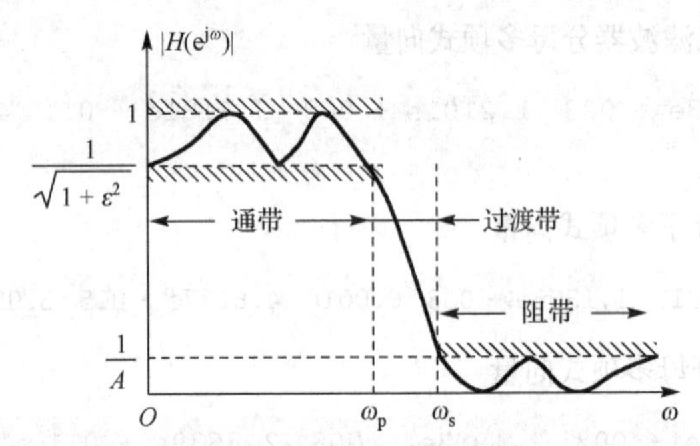

图 5-17　归一化数字低通滤波器的技术指标

在希望用数字滤波器进行模拟信号滤波处理时，滤波器的边界频率常以模拟频率 f（Hz）和采样频率 F_s 给出，由于数字滤波器的设计指标和设计方法都是以数字边界频率给出的，需要将其转换成数字边界频率才能用于数字滤波器的设计。模拟频率和数字频率及采样频率之间的关系为

$$\omega_p = \Omega_p/F_s = 2\pi f_p/F_s(\mathrm{rad}) \tag{5-63}$$

$$\omega_s = \Omega_s/F_s = 2\pi f_s/F_s(\mathrm{rad}) \tag{5-64}$$

将系统函数 $H_a(s)$从 s 平面转换到 z 平面的方法有多种，如脉冲响应不变法和双线性变换法。不论是哪种转换方法，为了保证转换后的 $H(z)$稳定且满足技术要求，均要求转换关系满足以下两点要求。

（1）因果稳定的模拟滤波器转换成数字滤波器，仍是因果稳定的。模拟滤波器因果稳定要求其系统函数 $H_a(s)$的极点全部位于 s 平面的左半平面；数字滤波器因果稳定则要求 $H(z)$的极点全部在单位圆内，即转换关系应是 s 平面的左半平面映射 z 平面的单位圆内。

（2）数字滤波器的频率响应模仿模拟滤波器频率响应，s 平面的虚轴映射为 z 平面的单位圆。

5.2.1　脉冲响应不变法

脉冲响应不变法

1．脉冲响应不变法的转换原理

脉冲响应不变法的原理是，通过对连续函数 $h_{\mathrm{a}}(t)$以等间隔 T 采样得到离散序列 $h_{\mathrm{a}}(nT)$，如图 5-18 所示。使 $h(n)=h_{\mathrm{a}}(nT)$，得 $H(z)=\mathrm{ZT}[h(n)]$。这就将模拟滤波器 $H_{\mathrm{a}}(s)$转换成数字滤波器 $H(z)$了。

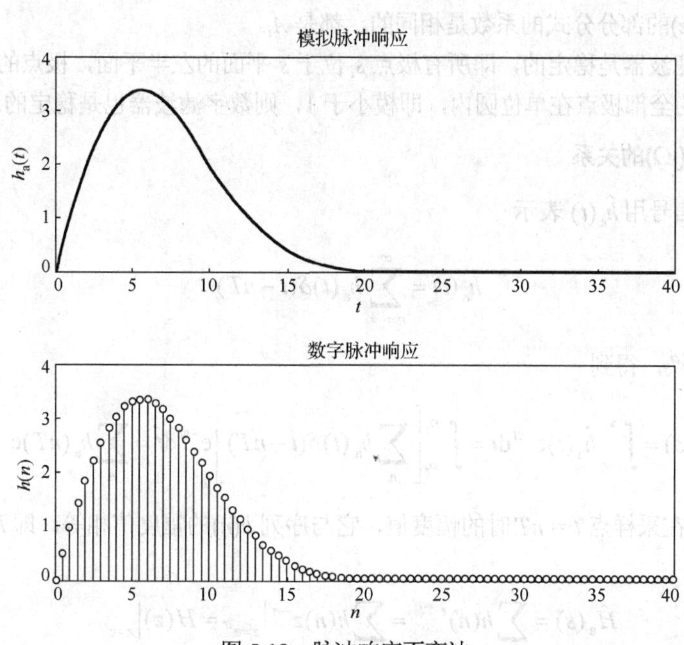

图 5-18　脉冲响应不变法

转换步骤如下

$$H_{\mathrm{a}}(s)\xrightarrow{\text{拉氏逆变换}}h_{\mathrm{a}}(t)\xrightarrow{\text{等间隔采样}}h_{\mathrm{a}}(nT)=h(n)\xrightarrow{z\text{变换}}H(z)$$

为方便讨论，设模拟滤波器 $H_{\mathrm{a}}(s)$只有单阶极点，且分母多项式的阶次高于分子多项式的阶次。$H_{\mathrm{a}}(s)$的部分分式表示为

$$H_{\mathrm{a}}(s)=\sum_{i=1}^{N}\frac{A_i}{s-s_i} \tag{5-65}$$

上式取拉氏逆变换得

$$h_{\mathrm{a}}(t)=\sum_{i=1}^{N}A_i\mathrm{e}^{s_i t}u(t)$$

对 $h_{\mathrm{a}}(t)$进行等间隔采样，采样间隔为 T，得

$$h(n)=h_{\mathrm{a}}(nT)=\sum_{i=1}^{N}A_i\mathrm{e}^{s_i nT}u(nT) \tag{5-66}$$

式（5-66）取 z 变换，得

$$H(z)=\sum_{i=1}^{N}\frac{A_i}{1-\mathrm{e}^{s_i T}z^{-1}} \tag{5-67}$$

从上述转换过程可见，该方法对于部分分式表达的模拟系统函数实现转换更为方便。对任一极点 s_i，$H_a(s)$到$H(z)$的转换可直接用下式完成

$$\frac{A_i}{s-s_i} \to \frac{A_i}{1-e^{s_iT}z^{-1}} \tag{5-68}$$

比较式（5-65）和式（5-67），可以得到以下结论。

（1）s 平面的单极点 $s=s_i$ 变换到 z 平面上 $z=e^{s_iT}$ 处的单极点。

（2）$H_a(s)$与$H(z)$的部分分式的系数是相同的，都是 A_i。

（3）如果模拟滤波器是稳定的，即所有极点 s_i 位于 s 平面的左半平面，极点的实部小于零，则变换后的数字滤波器的全部极点在单位圆内，即模小于 1，则数字滤波器也是稳定的。

2．$H(e^{j\omega})$与 $H_a(j\Omega)$的关系

将 $h_a(t)$的采样信号用 $\hat{h}_a(t)$ 表示

$$\hat{h}_a(t)=\sum_{n=-\infty}^{\infty}h_a(t)\delta(t-nT)$$

对 $\hat{h}_a(t)$ 进行拉氏变换，得到

$$\hat{H}_a(s)=\int_{-\infty}^{\infty}\hat{h}_a(t)e^{-st}dt=\int_{-\infty}^{\infty}\left[\sum_n h_a(t)\delta(t-nT)\right]e^{-st}dt=\sum_n h_a(nT)e^{-snT}$$

式中，$h_a(nT)$是 $h_a(t)$在采样点 $t=nT$ 时的幅度值，它与序列 $h(n)$的幅度值相等，即 $h(n)=h_a(nT)$，因此得到

$$\hat{H}_a(s)=\sum_n h(n)e^{-snT}=\sum_n h(n)z^{-n}\Big|_{z=e^{sT}}=H(z)\Big|_{z=e^{sT}} \tag{5-69}$$

上式表示采样信号的拉氏变换与相应序列的 z 变换之间的映射关系，可用下式表示

$$z=e^{sT} \tag{5-70}$$

模拟信号 $h_a(t)$的傅里叶变换 $H_a(j\Omega)$和其采样信号 $\hat{h}_a(t)$ 的傅里叶变换 $\hat{H}_a(j\Omega)$ 之间的关系满足

$$\hat{H}_a(j\Omega)=\frac{1}{T}\sum_{k=-\infty}^{\infty}H_a(j\Omega-jk\Omega_s) \tag{5-71}$$

其中 $\Omega_s=\frac{2\pi}{T}$，将 $s=j\Omega$ 代入上式，得

$$\hat{H}_a(s)=\frac{1}{T}\sum_k H_a(s-jk\Omega_s) \tag{5-72}$$

由式（5-69）和式（5-72）得

$$H(z)\Big|_{z=e^{sT}}=\frac{1}{T}\sum_k H_a(s-jk\Omega_s) \tag{5-73}$$

式(5-73)表明，模拟信号 $h_a(t)$的拉氏变换在 s 平面上沿虚轴按照周期 $\Omega_s=2\pi/T$ 延拓后，再按照式(5-70)映射关系映射到 z 平面上，就得到 $H(z)$。$z=e^{sT}$ 称为标准映射关系。设

$$s=\sigma+j\Omega,\quad z=re^{j\omega}$$

因此，得

$$\begin{cases} r = \mathrm{e}^{\sigma T} \\ \omega = \Omega T \end{cases} \tag{5-74}$$

那么

$$\sigma = 0,\ r = 1$$
$$\sigma < 0,\ r < 1$$
$$\sigma > 0,\ r > 1$$

上述关系式表明，s 平面左半平面（$\sigma < 0$）映射到 z 平面单位圆内（$r < 1$），s 平面的虚轴（$\sigma = 0$）映射到 z 平面的单位圆上（$r = 1$），s 平面右半平面映射到 z 平面单位圆外（$r > 1$）。因此，数字滤波器频率响应 $H(\mathrm{e}^{\mathrm{j}\omega})$模仿模拟滤波器的频率响应 $H_{\mathrm{a}}(\mathrm{j}\Omega)$。同时，如果 $H_{\mathrm{a}}(s)$因果稳定，转换后得到 $H(z)$仍是因果稳定的，转换关系满足模拟滤波器转换为数字滤波器的两点要求。

$H(\mathrm{e}^{\mathrm{j}\omega})$和 $H(\mathrm{j}\Omega)$二者关系可由式（5-73）导出。考虑 $s = \mathrm{j}\Omega$，且 $\omega = \Omega T$，则得到

$$H(\mathrm{e}^{\mathrm{j}\omega}) = \frac{1}{T}\sum_{k=-\infty}^{\infty} H_{\mathrm{a}}(\mathrm{j}\Omega - \mathrm{j}k\Omega_{\mathrm{s}}) = \frac{1}{T}\sum_{k=-\infty}^{\infty} H_{\mathrm{a}}\left(\mathrm{j}\frac{\omega - 2\pi k}{T}\right) \tag{5-75}$$

式（5-75）表明，数字滤波器的频率响应是模拟滤波器频率响应以 Ω_{s} 为周期的周期延拓。正如采样定理所讨论的，只有当模拟滤波器的频率响应是有限的，且带限于折叠频率以内时，即

$$H_{\mathrm{a}}(\mathrm{j}\Omega) = 0\ ,\ |\Omega| \geqslant \frac{\pi}{T} = \frac{\Omega_{\mathrm{s}}}{2} \tag{5-76}$$

才能使数字滤波器的频率响应在折叠频率以内重现模拟滤波器的频率响应而不产生混叠失真，即

$$H(\mathrm{e}^{\mathrm{j}\omega}) = \frac{1}{T}H_{\mathrm{a}}\left(\mathrm{j}\frac{\omega}{T}\right),\ |\omega| < \pi \tag{5-77}$$

3．频率混叠现象

由于实际的模拟滤波器频率响应都不是严格带限的，变换后必然会产生周期延拓分量的频谱交叠，形成混叠失真。如果原模拟信号 $h_{\mathrm{a}}(t)$的频带不是限于$\pm\pi/T$之间，则会在$\pm\pi/T$ 的奇数倍附近产生频率混叠，从而映射到 z 平面上，在 $\omega = \pm\pi$ 附近产生频率混叠，如图 5-19 所示。图中频率混叠现象会使设计出的数字滤波器在 $\omega = \pi$ 附近的频率特性，程度不同地偏离模拟滤波器在 π/T 附近的频率特性，严重时使数字滤波器不满足给定的技术指标。因此希望设计的滤波器是带限滤波器，如果不是带限的，例如高通滤波器、带阻滤波器，需要在高通、带阻滤波器之前加保护滤波器，滤除高于折叠频率 π/T 以上的频带，以免产生频率混叠现象。当然，这样会增加系统的成本和复杂性，故这种设计方法不适合高通与带阻滤波器设计。

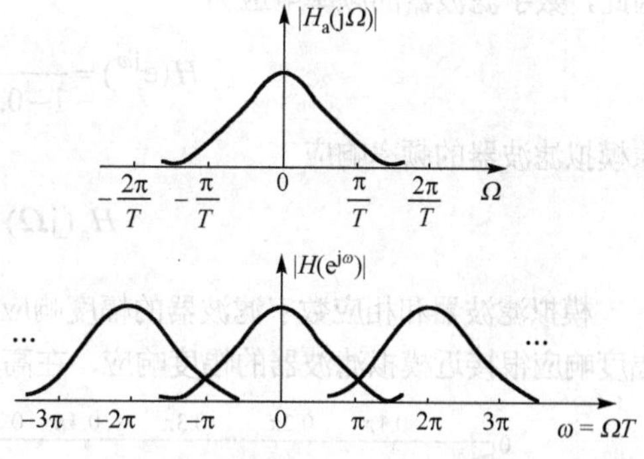

图 5-19　脉冲响应不变法的频率混叠现象

若设计带限滤波器，如低通或带通滤波器，且满足式（5-76）时，

$$H(\mathrm{e}^{\mathrm{j}\omega}) = \frac{1}{T}H_{\mathrm{a}}\left(\mathrm{j}\frac{\omega}{T}\right),\ |\omega| < \pi$$

上式说明用脉冲响应不变法设计的数字滤波器可以很好地重现原模拟滤波器的频响。式中 $H(\mathrm{e}^{\mathrm{j}\omega})$ 的幅度特性与采样间隔呈反比，当 T 较小时，$H(\mathrm{e}^{\mathrm{j}\omega})$就会有太高的增益，为避免这一现象，令

$$h(n)=Th_{\mathrm{a}}(nT)$$

那么

$$H(z)=\sum_{i=1}^{N}\frac{TA_i}{1-\mathrm{e}^{s_iT}z^{-1}} \tag{5-78}$$

此时

$$H(\mathrm{e}^{\mathrm{j}\omega})=H_{\mathrm{a}}(\mathrm{j}\omega/T),\quad |\omega|<\pi$$

综上所述，脉冲响应不变法的优点是频率坐标变换是线性的，即 $\omega=\Omega T$，如果不考虑频率混叠现象，这种方法设计的数字滤波器会很好地重现模拟滤波器的频率特性；其次，数字滤波器的单位脉冲响应完全模仿模拟滤波器的单位脉冲响应，时域特性逼近好。对于带通和低通滤波器，需充分限带，若阻带衰减越大，则混叠效应越小。该方法的缺点是会产生频率混叠现象，不适合高通、带阻滤波器的设计。

【例 5-9】 已知模拟滤波器的传递函数为 $H_{\mathrm{a}}(s)=\dfrac{2}{s^2+4s+3}$，试用脉冲响应不变法将其转换成数字滤波器的系统函数 $H(z)$。

解 将 $H_{\mathrm{a}}(s)$展开成部分分式得

$$H_{\mathrm{a}}(s)=\frac{2}{s^2+4s+3}=\frac{1}{s+1}-\frac{1}{s+3}$$

于是极点 $s_1=-1$，$s_2=-3$。直接使用式（5-78）得

$$H(z)=\frac{T}{1-\mathrm{e}^{-T}z^{-1}}-\frac{T}{1-\mathrm{e}^{-3T}z^{-1}}=\frac{Tz^{-1}(\mathrm{e}^{-T}-\mathrm{e}^{-3T})}{1-z^{-1}(\mathrm{e}^{-T}+\mathrm{e}^{-3T})+z^{-2}\mathrm{e}^{-4T}}$$

设 $T=0.1667\mathrm{s}$，则得

$$H(z)=\frac{0.0400z^{-1}}{1-0.2399z^{-1}+0.5133z^{-2}}$$

因此，数字滤波器的频率响应为

$$H(\mathrm{e}^{\mathrm{j}\omega})=\frac{0.0400\mathrm{e}^{-\mathrm{j}\omega}}{1-0.2399\mathrm{e}^{-\mathrm{j}\omega}+0.5133\mathrm{e}^{-\mathrm{j}2\omega}}$$

原模拟滤波器的频率响应

$$H_{\mathrm{a}}(\mathrm{j}\Omega)=\frac{2}{(3-\Omega^2)+\mathrm{j}4\Omega}$$

模拟滤波器和相应数字滤波器的幅度响应如图 5-20(a)所示。从图中可见，数字滤波器在低频段的幅度响应很接近模拟滤波器的幅度响应，在高频段有较大的失真。

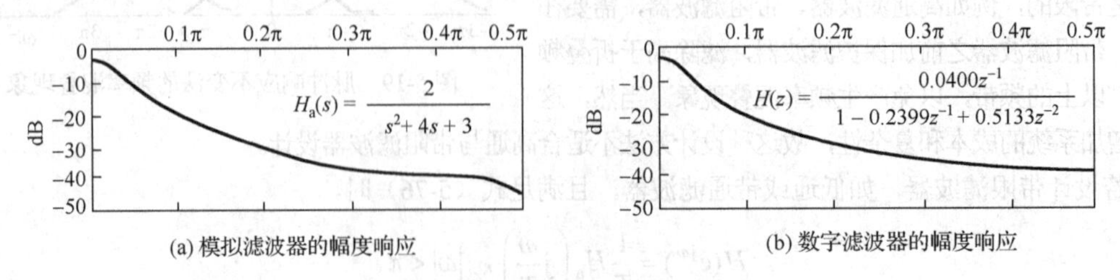

(a) 模拟滤波器的幅度响应　　(b) 数字滤波器的幅度响应

图 5-20　模拟和数字滤波器的幅度响应

【例 5-10】 已知滤波器的系统函数 $H_a(s)=\dfrac{0.5012}{s^2+0.6449s+0.7099}$，用脉冲响应不变法将 $H_a(s)$转换成数字滤波器的系统函数 $H(z)$。

解　首先将 $H_a(s)$写成部分分式

$$H_a(s)=\frac{-\text{j}0.3224}{s+0.3224+\text{j}0.7772}+\frac{\text{j}0.3224}{s+0.3224-\text{j}0.7772}$$

极点为

$$s_1=-(0.3224+\text{j}0.7772),\ s_2=-(0.3224-\text{j}0.7772)$$

那么 $H(z)$的极点为

$$z_1=\text{e}^{s_1T},\ z_2=\text{e}^{s_2T}$$

按照式（5-67），得

$$H(z)=\frac{-\text{j}0.3224}{1-\text{e}^{-(0.3224+\text{j}0.7772)T}z^{-1}}+\frac{\text{j}0.3224}{1-\text{e}^{-(0.3224-\text{j}0.7772)T}z^{-1}}$$

用欧拉公式合并成多项式形式，整理后得

$$H(z)=\frac{-2\text{e}^{-0.3224T}\cdot 0.3224\sin(0.7772T)z^{-1}}{1-2z^{-1}\text{e}^{-0.3224T}\cos(0.7772T)+\text{e}^{-0.6449}z^{-2}}$$

在 $H(s)$确定的情况下，T 的选取应按照滤波器最高截止频率的两倍以上选取，若 T 选取过大，则会使 $\omega=\pi$ 附近频率混叠现象严重。这里选取 $T=1\text{s}$ 和 $T=0.1\text{s}$ 两种情况进行比较。设 $T=1\text{s}$ 时用 $H_1(z)$表示，$T=0.1\text{s}$ 时用 $H_2(z)$表示，则

$$H_1(z)=\frac{0.3276z^{-1}}{1-1.0328z^{-1}+0.5247z^{-2}}$$

$$H_2(z)=\frac{0.0485z^{-1}}{1-1.9307z^{-1}+0.9375z^{-2}}$$

$H_a(\text{j}\Omega)$、$H_1(\text{e}^{\text{j}\omega})$和 $H_2(\text{e}^{\text{j}\omega})$的归一化幅度特性如图 5-21 所示。易见，图 5-21(a)模拟滤波器 $H_a(\text{j}\Omega)$通带很窄，拖了很长尾巴。若设 $H_a(\text{j}\Omega)$的阻带截止频率 $\Omega_s=30\text{rad/s}$，此时 $\alpha_s\approx 65\text{dB}$。图 5-21(b)表示的是两种采样频率，T = 0.1s、1s 转换成数字滤波器的幅频特性，它的横坐标是对 π 归一化的数字频率。图 5-21(a)和(b)中的横坐标服从线性关系 $\omega=\Omega T$，$T=0.1\text{s}$ 时，$H_1(\text{e}^{\text{j}\omega})$的阻带截止频率 $\omega_{1s}=\Omega T=3\text{rad}$，从图中看出 $\alpha_s\approx 58\text{dB}$，图 5-21(a)的 A、B、C、D、E 点对应图 5-21(b)的 a、b、c、d、e 点，它们的幅度特性很近似，只是在折叠频率 π（模拟频率是 10π = 31.42rad/s）附近有轻微的混叠现象。

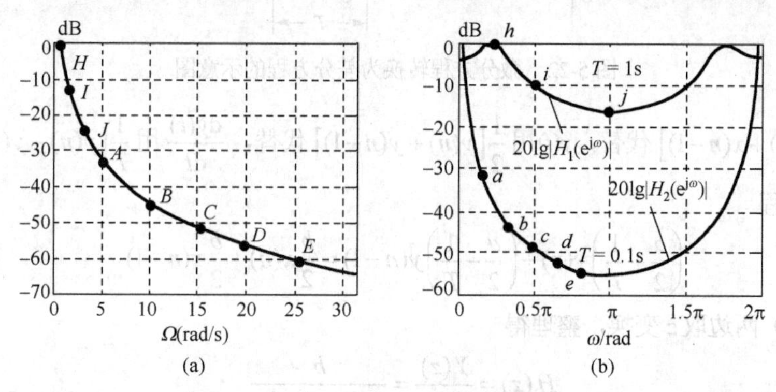

图 5-21　例 5-6 的幅度特性

脉冲响应不变法数字滤波器设计

而 $T=1\text{s}$ 时，$H_2(\mathrm{e}^{\mathrm{j}\omega})$的阻带截止频率 $\omega_{2\mathrm{s}}=\Omega_{\mathrm{s}}T=30\text{rad}$，已严重超过折叠频率 π，图 5-21(a)的 H、I、J 点对应图(b)的 h、i、j 点。频率混叠现象很严重，原模拟滤波器的 J 点幅度衰减近 26dB，而对应 j 点幅度衰减却只有 18dB，J 点以后失真更大。至于数字滤波器的幅度特性在 $\omega=\pi$ 以后又上升的特性，是由数字滤波器系统函数的周期性形成的。

5.2.2 双线性变换法

双线性变换法

双线性变换法可以克服脉冲响应不变法产生频率混叠这一缺点。

1. 双线性变换法的基本原理

从表 5-2 知，微分方程和差分方程也是描述滤波器的方法，从这一角度出发，也可完成模拟到数字的转换。转换步骤为

$$H_{\mathrm{a}}(s)\rightarrow \text{微分方程}\xrightarrow{\text{近似}}\text{差分方程}\rightarrow H(z)$$

以一阶微分方程为例，设

$$H_{\mathrm{a}}(s)=\frac{Y(s)}{X(s)}=\frac{b}{s+a} \tag{5-79}$$

式（5-79）对应的微分方程为

$$\frac{\mathrm{d}y(t)}{\mathrm{d}t}+ay(t)=bx(t) \tag{5-80}$$

对连续函数 $x(t)$和 $y(t)$进行等间隔采样（间隔为 T），得到离散值 $x(n)$、$x(n-1)$、$y(n)$、$y(n-1)$，如图 5-22 所示。利用数值分析中的标准方法，可得以下近似：

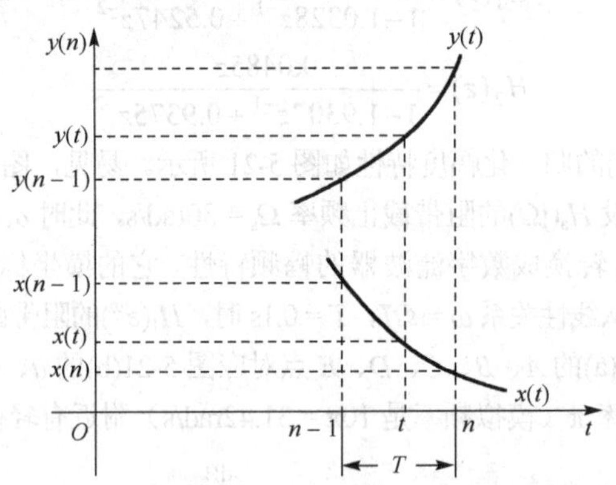

图 5-22 微分方程转换为差分方程的示意图

$x(t)$用$\frac{1}{2}[x(n)+x(n-1)]$代替，$y(t)$用$\frac{1}{2}[y(n)+y(n-1)]$代替，$\frac{\mathrm{d}y(t)}{\mathrm{d}t}$用$\frac{1}{T}[y(n)-y(n-1)]$代替，可得近似的差分方程

$$\left(\frac{a}{2}+\frac{1}{T}\right)y(n)+\left(\frac{a}{2}-\frac{1}{T}\right)y(n-1)=\frac{b}{2}x(n)+\frac{b}{2}x(n-1) \tag{5-81}$$

对式（5-81）两边取 z 变换，整理得

$$H(z)=\frac{Y(z)}{X(z)}=\frac{b}{\frac{2}{T}\frac{1-z^{-1}}{1+z^{-1}}+a} \tag{5-82}$$

比较式（5-79）和式（5-82），可得

$$H(z)=H_{\mathrm{a}}(s)\Big|_{s=\frac{2}{T}\frac{1-z^{-1}}{1+z^{-1}}} \tag{5-83}$$

式（5-83）就是 $H(z)$和 $H_{\mathrm{a}}(s)$的变换关系式。由于任意高阶的 $H_{\mathrm{a}}(s)$都可分解为一阶系统的并联，所以任何阶数的 $H_{\mathrm{a}}(s)$都可用式（5-83）转换成 $H(z)$，采样间隔 T 越小，近似程度越好。

s 平面与 z 平面的转换关系为

$$s=\frac{2}{T}\frac{1-z^{-1}}{1+z^{-1}} \tag{5-84}$$

$$z=\frac{2/T+s}{2/T-s} \tag{5-85}$$

式（5-84）和式（5-85）称为双线性变换。

2．转换关系分析

（1）s 平面到 z 平面的映射关系

设 $s=\sigma+\mathrm{j}\varOmega$，$z=r\mathrm{e}^{\mathrm{j}\omega}$，由式（5-85）得

$$z=\frac{\frac{2}{T}+\sigma+\mathrm{j}\varOmega}{\frac{2}{T}-\sigma-\mathrm{j}\varOmega}，\quad r=\sqrt{\frac{\left(\frac{2}{T}+\sigma\right)^2+\varOmega^2}{\left(\frac{2}{T}-\sigma\right)^2+\varOmega^2}}$$

当 $\sigma=0$ 时，$r=1$，s 平面虚轴映射为 z 平面的单位圆；当 $\sigma<0$ 时，$r<1$，s 的左半平面映射为 z 平面的单位圆内；当 $\sigma>0$ 时，$r>1$，s 的右半平面映射为 z 平面的单位圆外。因此，若 $H_{\mathrm{a}}(s)$因果稳定，$H(z)$也因果稳定，数字滤波器的 $H(\mathrm{e}^{\mathrm{j}\omega})$模仿模拟滤波器的 $H_{\mathrm{a}}(\mathrm{j}\varOmega)$，说明双线性变换法满足 s 到 z 的两个转换条件。

（2）消除频率混叠的原因

将 $s\to z$ 的转换分成两步，即 $s\to s_1\to z$。设

$$z=\mathrm{e}^{s_1T} \tag{5-86}$$

则由式（5-84）得

$$s=\frac{2}{T}\frac{1-\mathrm{e}^{-s_1T}}{1+\mathrm{e}^{-s_1T}} \tag{5-87}$$

第一步：$s\to s_1$ 的转换

将 $s=\mathrm{j}\varOmega$、$s_1=\mathrm{j}\varOmega_1$ 代入式（5-87），得

$$\mathrm{j}\varOmega=\frac{2}{T}\frac{1-\mathrm{e}^{-\mathrm{j}\varOmega_1T}}{1+\mathrm{e}^{-\mathrm{j}\varOmega_1T}}=\mathrm{j}\frac{2}{T}\frac{\sin\frac{1}{2}\varOmega_1T}{\cos\frac{1}{2}\varOmega_1T}$$

$$\varOmega=\frac{2}{T}\tan\left(\frac{1}{2}\varOmega_1T\right) \tag{5-88}$$

当 $\varOmega_1$ 从$-\pi/T$ 经过 0 变化到 π/T 时，$\varOmega$ 由$-\infty$经过 0 变化到 $+\infty$，实现了 s 平面上整个虚轴完全压缩到 s_1 平面上虚轴的$\pm\pi/T$ 之间的转换。

第二步：$s_1 \to z$ 的转换

将 $s_1 = \sigma_1 + \mathrm{j}\Omega_1$、$z = r\mathrm{e}^{\mathrm{j}\omega}$ 代入式（5-86）得

$$\begin{cases} r = \mathrm{e}^{\sigma_1 T} \\ \omega = \Omega_1 T \end{cases} \tag{5-89}$$

当 Ω_1 从 $-\dfrac{\pi}{T}$ 经过 0 变化到 $\dfrac{\pi}{T}$ 时，ω 则由 $-\pi$ 经过 0 变化到 π，实现 s_1 平面的 $\pm\dfrac{\pi}{T}$ 之间水平带的左半部分映射为 z 平面的单位圆内部，虚轴映射为单位圆。$s \to s_1 \to z$ 的映射情况如图 5-23 所示。

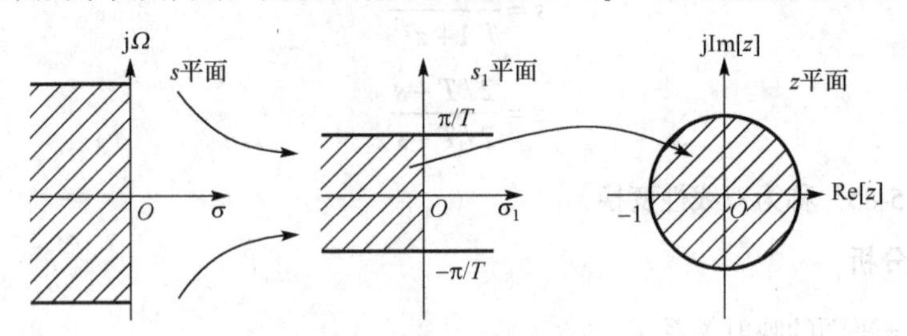

图 5-23　$s \to s_1 \to z$ 的映射情况

综上所述，$s \to s_1$ 的转换起非线性频率压缩的作用，即使 s 平面上的 $H_a(\mathrm{j}\Omega)$ 没有带限在 $(-\dfrac{\pi}{T}, \dfrac{\pi}{T})$ 间，经过压缩，s_1 平面上的 $H_a(\mathrm{j}\Omega_1)$ 一定带限在 $(-\dfrac{\pi}{T}, \dfrac{\pi}{T})$ 间，所以，进行 $s_1 \to z$ 的转换时，一定不会产生频率混叠现象。

（3）模拟频率 Ω 和数字频率 ω 之间的关系

由式（5-88）和式（5-89）得

$$\Omega = \frac{2}{T}\tan\frac{1}{2}\omega \tag{5-90}$$

式（5-90）说明 s 平面上 Ω 与 z 平面的 ω 呈非线性正切关系，如图 5-24 所示。在 $\omega = 0$ 附近接近线性关系；当 ω 增大时，Ω 增大得愈来愈快；当 ω 趋近 π 时，Ω 趋近于 ∞。正是因为这种非线性关系，消除了频率混叠现象。

ω 与 Ω 之间的非线性关系是双线性变换法的缺点，它直接影响数字滤波器频响模仿模拟滤波器的频率响应的逼真程度，双线性变换法幅频特性和相频特性失真的情况如图 5-25 所示。这种非线性影响的实质是：如果 Ω 的刻度是均匀的，则映射到 z 平面 ω 的刻度不是均匀的，而是随 ω 的增大愈来愈密。

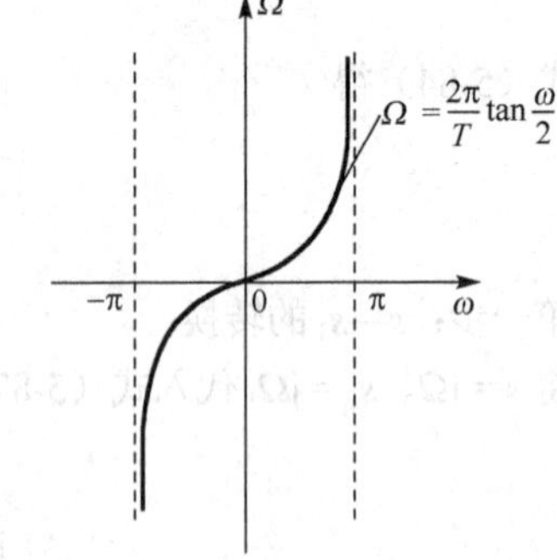

图 5-24　双线性变换法的频率变换关系

这种频率之间的非线性变换关系导致的结果是：一个线性相位的模拟滤波器经双线性变换后就得到非线性相位的数字滤波器，不再保持原有的线性相位；其次，这种非线性关系要求模拟滤波器的幅频响应必须是分段常数型的，即某一频率段的幅频响应近似等于某一常数（这正是一般典型的低通、高通、带通、带阻型滤波器的响应特性），否则变换所得数字滤器幅频响应相对于原模拟滤波器的幅频响应会有较大畸变，例如，一个模拟微分器将不能变换成数字微分器。

分段常数的滤波器经双线性变换后，仍得到各个分段边缘的临界频点产生了畸变的幅频特性。这种频率的畸变，可通过频率预畸变加以校正。

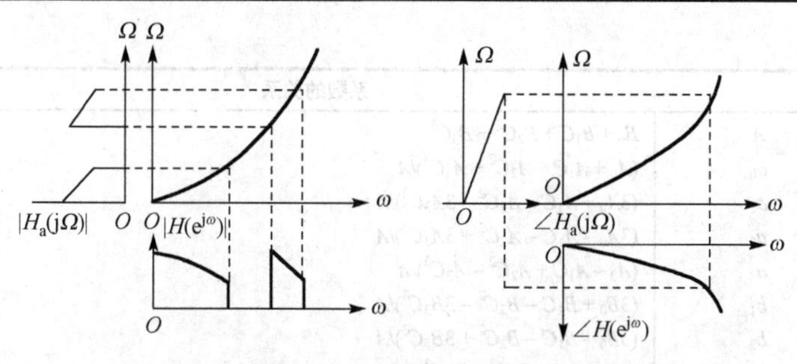

图 5-25　双线性变换法幅频和相频特性的非线性映射

设所求的数字滤波器的通带和阻带的截止频率分别为 ω_p 和 ω_s，按式（5-90）进行频率变换得对应模拟滤波器的截止频率 Ω_p 和 Ω_s 为

$$\begin{cases} \Omega_p = \dfrac{2}{T}\tan\left(\dfrac{\omega_p}{2}\right) \\ \Omega_s = \dfrac{2}{T}\tan\left(\dfrac{\omega_s}{2}\right) \end{cases}$$

若模拟滤波器按这两个预畸变频率 Ω_p 和 Ω_s 来设计，用双线性变换所得到的数字滤波器便具有所希望的截止频率特性。

综上所述，双线性变换最大的优点是避免了频率响应的混叠现象，其缺点是数字频率 ω 和模拟频率 Ω 之间的非线性关系限制了它的应用范围，只有当非线性失真是允许的或能被补偿时，才能采用双线性变换。低通、高通、带通和带阻等滤波器具有分段恒定的频率特性，可以采用预畸变的方法来补偿频率畸变，因此可以采用双线性变换设计方法。对于频率响应起伏较大的系统，如模拟微分器等，就不能使用双线性变换使之数字化。此外，如果希望获得严格线性相位的数字滤波器，也不能使用双线性变换设计方法。

双线性变换法可由简单的代数公式（5-84）将 $H_a(s)$ 直接转换成 $H(z)$，这是该变换法的优点。但当阶数稍高时，将 $H(z)$ 整理成需要的形式，也是一件繁杂的工作。为了简化设计，将模拟滤波器系数和经双线性变化得到的数字滤波器的系数之间的关系，列成表格供设计时使用。

设

$$H_a(s) = \frac{A_0 + A_1 s + A_2 s^2 + \cdots + A_k s^k}{B_0 + B_1 s + B_2 s^2 + \cdots + B_k s^k}, \quad H(z) = H_a(s)\Big|_{s=C\frac{1-z^{-1}}{1+z^{-1}}}, \quad C = \frac{2}{T}$$

$$H(z) = \frac{a_0 + a_1 z^{-1} + a_2 z^{-2} + \cdots + a_k z^{-k}}{1 + b_1 z^{-1} + b_2 z^{-2} + \cdots + b_k z^{-k}}$$

系数 A_k、B_k 和 a_k、b_k 之间关系列于表 5-3 中。

表 5-3　系数 A_k、B_k 和 a_k、b_k 关系表

阶　数	系数的关系	
$k=1$	A	$B_0 + B_1C$
	a_0	$(A_0 + A_1C)/A$
	a_1	$(A_0 - A_1C)/A$
	b_1	$(B_0 - B_1C)/A$
$k=2$	A	$B_0 + B_1C + B_2C^2$
	a_0	$(A_0 + A_1C + A_2C^2)/A$
	a_1	$(2A_0 - 2A_2C^2)/A$
	a_2	$(A_0 - A_1C + A_2C^2)/A$
	b_1	$(2B_0 - 2B_2C^2)/A$
	b_2	$(B_0 - B_1C + B_2C^2)/A$

续表

阶　数	系数的关系	
$k=3$	A	$B_0+B_1C+B_2C^2+B_3C^3$
	a_0	$(A_0+A_1C+A_2C^2+A_3C^3)/A$
	a_1	$(3A_0+A_1C-A_2C^2-3A_3C^3)/A$
	a_2	$(3A_0-A_1C-A_2C^2+3A_3C^3)/A$
	a_3	$(A_0-A_1C+A_2C^2-A_3C^3)/A$
	b_1	$(3B_0+B_1C-B_2C^2-3B_3C^3)/A$
	b_2	$(3B_0-B_1C-B_2C^2+3B_3C^3)/A$
	b_3	$(B_0-B_1C+B_2C^2-B_3C^3)/A$
$k=4$	A	$B_0+B_1C+B_2C^2+B_3C^3+B_4C^4$
	a_0	$(A_0+A_1C+A_2C^2+A_3C^3+A_4C^4)/A$
	a_1	$(4A_0+2A_1C-2A_3C^3-4A_4C^4)/A$
	a_2	$(6A_0-2A_2C^2+6A_4C^4)/A$
	a_3	$(4A_0-2A_1C+2A_3C^3-4A_4C^4)/A$
	a_4	$(A_0-A_1C+A_2C^2-A_3C^3+A_4C^4)/A$
	b_1	$(4B_0+2B_1C-2B_3C^3-4B_4C^4)/A$
	b_2	$(6B_0-2B_2C^2+6B_4C^4)/A$
	b_3	$(4B_0-2B_1C+2B_3C^3-4B_4C^4)/A$
	b_4	$(B_0-B_1C+B_2C^2-B_3C^3+B_4C^4)/A$
$k=5$	A	$B_0+B_1C+B_2C^2+B_3C^3+B_4C^4+B_5C^5$
	a_0	$(A_0+A_1C+A_2C^2+A_3C^3+A_4C^4+A_5C^5)/A$
	a_1	$(5A_0+3A_1C+A_2C^2-A_3C^3-3A_4C^4-5A_5C^5)/A$
	a_2	$(10A_0+2A_1C-2A_2C^2-2A_3C^3+2A_4C^4+10A_5C^5)/A$
	a_3	$(10A_0-2A_1C-2A_2C^2+2A_3C^3+2A_4C^4-10A_5C^5)/A$
	a_4	$(5A_0-3A_1C+A_2C^2+A_3C^3-3A_4C^4+5A_5C^5)/A$
	a_5	$(A_0-A_1C+A_2C^2-A_3C^3+A_4C^4-A_5C^5)/A$
	b_1	$(5B_0+3B_1C+B_2C^2-B_3C^3-3B_4C^4-5B_5C^5)/A$
	b_2	$(10B_0+2B_1C-2B_2C^2-2B_3C^3+2B_4C^4+10B_5C^5)/A$
	b_3	$(10B_0-2B_1C-2B_2C^2+2B_3C^3+2B_4C^4-10B_5C^5)/A$
	b_4	$(5B_0-3B_1C+B_2C^2+B_3C^3-3B_4C^4+B_5C^5)/A$
	b_5	$(B_0-B_1C+B_2C^2-B_3C^3+B_4C^4-B_5C^5)/A$

3．双线性变换法设计IIR数字滤波器的步骤

双线性变换法数字滤波器设计

综上所述，用双线性变换法设计IIR数字滤波器的步骤如下。

（1）确定数字滤波器的指标频率 ω_p 和 ω_s，衰减指标 α_p 和 α_s；

（2）按照式（5-90）进行非线性预畸变校正，将数字滤波器指标转换为过渡模拟滤波器指标，即

$$\Omega_\mathrm{p}=\frac{2}{T}\tan\frac{\omega_\mathrm{p}}{2}，\ \Omega_\mathrm{s}=\frac{2}{T}\tan\frac{\omega_\mathrm{s}}{2}$$

（3）设计满足指标要求的过渡模拟滤波器 $H_\mathrm{a}(s)$；

（4）用双线性变换公式（5-84）将转换成数字滤波器 $H(z)$，即

$$H(z)=H_\mathrm{a}(s)\Big|_{s=\frac{2}{T}\frac{1-z^{-1}}{1+z^{-1}}}$$

4．间接设计法中参数 T 的选取

容易发现，脉冲响应不变法和双线性变换法两种间接设计法中，T 的取值对数字滤波器的设计结果影响很大，T 取值不同，则 $H(z)$不同，相应的频率响应也不同。尤其是对脉冲响应不变法，T 取值越大，频谱混叠失真越严重。因此，在设计低通滤波器时，一般要求 $\pi/T>\Omega_\mathrm{s}$。

对于给定数字滤波器指标的情况，由于数字滤波器最高频率为 π，其阻带截止频率 $\omega_s < \pi$，T 值可任意选取。对于存在频谱混叠失真的脉冲响应不变法，相应的模拟滤波器的阻带截止频率 $\Omega_s = \omega_s/T < \pi/T$，只要阻带衰减足够大，则频谱失真就足够小，设计满足数字滤波器指标要求，为便于计算，一般取 $T = 1$s。由于双线性变换法无频率混叠，T 值可任意选取，为了计算方便，一般取 $T = 2$s。

【例 5-11】 分别用脉冲响应不变法和双线性变换法将 $H_a(s) = \dfrac{a}{a+s}$ 的模拟滤波器转换成数字滤波器。

解　极点 $s = -a$。

用脉冲响应不变法，数字滤波器的系统函数 $H_1(z)$ 为

$$H_1(z) = \frac{a}{1 - \mathrm{e}^{-aT} z^{-1}}$$

用双线性变换法，数字滤波器的系统函数 $H_2(z)$ 为

$$H_2(z) = \frac{a}{a + \dfrac{2}{T}\dfrac{1 - z^{-1}}{1 + z^{-1}}} = \frac{a_1(1 + z^{-1})}{1 + a_2 z^{-1}}$$

$$a_1 = \frac{aT}{aT + 2},\quad a_2 = \frac{aT - 2}{aT + 2}$$

设 $a = 1000$，$T = 0.001$ 和 0.002，$H_1(z)$和 $H_2(z)$的归一化幅频特性分别如图 5-26 所示。

图 5-26(a)是模拟低通滤波器幅频特性，拖了很长的尾巴。采用脉冲响应不变法转换成的数字滤波器幅频特性如图 5-26(b)所示。$\omega/\pi = 1$ 处对应的模拟频率与采用间隔 T 有关，当 $T = 0.001$ 时，对应的模拟频率为 500Hz；当 $T = 0.002$ 时，对应的模拟频率为 250Hz，对照图 5-26(a)，由于频率混叠现象，均和原模拟滤波器的幅度特性有较大差别，且频率愈高，差别愈大，$T = 0.001$ 的情况相对说混叠少一些。

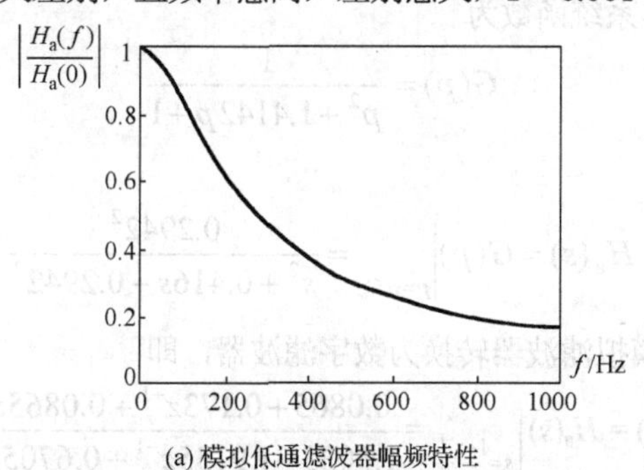

(a) 模拟低通滤波器幅频特性

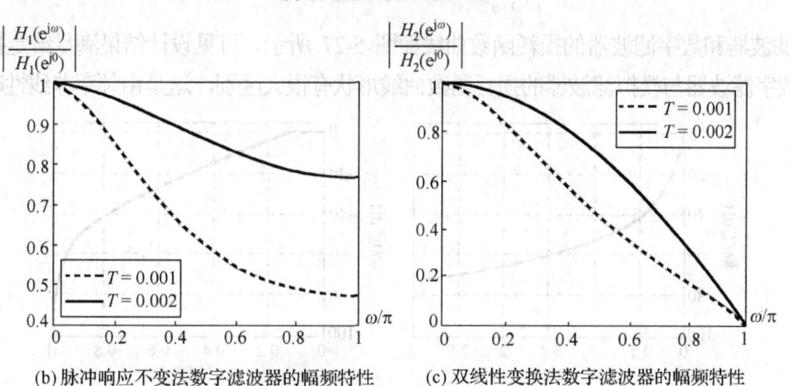

(b) 脉冲响应不变法数字滤波器的幅频特性　　(c) 双线性变换法数字滤波器的幅频特性

图 5-26　数字滤波器 $H_1(z)$和 $H_2(z)$的幅频特性

双线性变换法转换成的数字滤波器的幅频特性如图 5-26(c)所示，因为该转换法的频率压缩作用，使 $\omega/\pi = 1$ 处的幅度降为零。又由于该转换法的非线性，造成曲线的形状偏离原模拟滤波器幅度特性曲线的形状较大，T 的取值小一些，非线性的影响也少一些。

【例 5-12】 用双线形变换法设计数字低通滤波器，指标参数为

$$\omega_p = 0.1\pi\ \text{rad}，\alpha_p = 1\ \text{dB}，\omega_s = 0.3\pi\ \text{rad}，\alpha_s = 10\ \text{dB}$$

要求滤波器通带和阻带具有单调下降特性。

解 （1）做非线性预畸变校正，将数字滤波器指标转换为相应模拟滤波器指标。设采样周期为 $T=2\text{s}$。由式（5-90）得

$$\Omega_p = \tan(\omega_p/2) = \tan(0.1\pi/2) = 0.1584\ \text{rad/s}，\alpha_p = 0.1\ \text{dB}$$
$$\Omega_s = \tan(\omega_s/2) = \tan(0.3\pi/2) = 0.5095\text{rad/s}，\alpha_s = 10\ \text{dB}$$

（2）设计相应模拟滤波器，求得 $H_a(s)$。由式（5-5）和式（5-6）得

$$\varepsilon = \sqrt{10^{\alpha_p/10}-1} = \sqrt{10^{1/10}-1} = 0.5088，A = 10^{\alpha_s/20} = 3.1623$$

由式（5-8）和式（5-9）得

$$k = \Omega_p/\Omega_s = 1/3，k_1 = \varepsilon/\sqrt{A^2-1} = 0.1696$$

由式（5-16）和式（5-18）得

$$N = \lg k_1/\lg k = 1.6150，取 N = 2$$
$$\Omega_c = \frac{\Omega_s}{(A^2-1)^{1/2N}} = \frac{0.5095}{(3.1623^2-1)^{1/4}} = 0.2942\ \text{rad/s}$$

（3）设计相应的过渡模拟滤波器 $H_a(s)$。根据单调下降幅频特性要求，应选择巴特沃思滤波器。查表 5-1 得 2 阶巴特沃思滤波器系统函数为

$$G(p) = \frac{1}{p^2+1.4142p+1}$$

去归一化得

$$H_a(s) = G(p)\Big|_{p=s/\Omega_c} = \frac{0.2942^2}{s^2+0.416s+0.2942^2}$$

（4）用双线性变换法将模拟滤波器转换为数字滤波器，即

$$H(z) = H_a(s)\Big|_{s=\frac{1-z^{-1}}{1+z^{-1}}} = \frac{0.0865+0.173z^{-1}+0.0865z^{-2}}{1.5025-1.9135z^{-1}+0.6705z^{-2}}$$

过渡模拟滤波器和数字滤波器的损耗函数曲线如图 5-27 所示。可见设计结果满足给定指标要求，没有频谱混叠。但数字滤波器与模拟滤波器的损耗函数曲线形状有很大区别，这是由频率非线性畸变产生的。

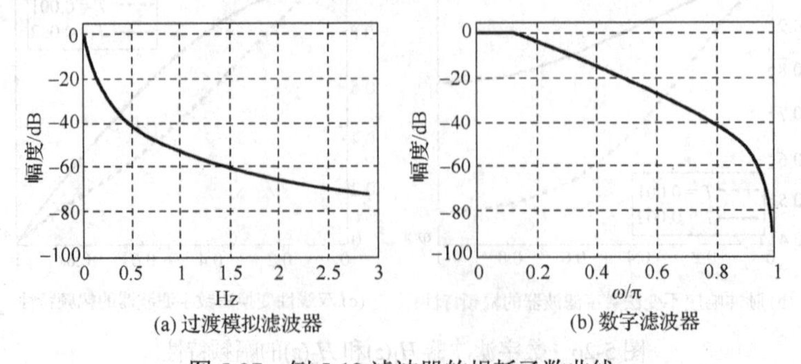

(a) 过渡模拟滤波器　(b) 数字滤波器

图 5-27　例 5-12 滤波器的损耗函数曲线

5.2.3　低通、高通、带通及带阻 IIR 数字滤波器的设计

IIR 数字低通滤波器设计

1. 数字低通滤波器的设计

总结 5.2.1~5.2.2 节的讨论，利用模拟滤波器设计 IIR 数字低通滤波器的方法是先设计一个合适的模拟滤波器，然后采用脉冲响应不变法或者双线性变换法将其变成数字滤波器。基本步骤如下。

（1）确定数字低通滤波器通带截止频率 ω_p、通带衰减 α_p、阻带截止频率 ω_s、阻带衰减 α_s 等技术指标。

（2）将数字低通滤波器的技术指标转换成模拟低通滤波器的技术指标。即将边界频率 ω_p 和 ω_s 转换成模拟的边界频率 Ω_p 和 Ω_s。对 α_p 和 α_s 指标不变。采用脉冲响应不变法时，边界频率的转换关系为

$$\Omega = \frac{\omega}{T}$$

采用双线性变换法时，边界频率转换关系为

$$\Omega = \frac{2}{T}\tan\left(\frac{1}{2}\omega\right)$$

（3）按照模拟低通滤波器的技术指标设计模拟低通滤波器。设计方法及设计步骤参考 5.1 节。

（4）将模拟滤波器 $H_\mathrm{a}(s)$从 s 平面转换到 z 平面，得到数字低通滤波器系统函数 $H(z)$。

采用脉冲响应不变法

$$\frac{A_i}{s-s_i} \to \frac{A_i}{1-\mathrm{e}^{s_i T}z^{-1}}$$

采用双线性变换法

$$H(z) = H_\mathrm{a}(s)\Big|_{s=\frac{2}{T}\frac{1-z^{-1}}{1+z^{-1}}}$$

（5）画出频率响应 $H(\mathrm{e}^{\mathrm{j}\omega}) = H(z)\big|_{z=\mathrm{e}^{\mathrm{j}\omega}}$，校核是否满足设计指标。

【例 5-13】 设计低通数字滤波器，要求在通带内频率低于 0.2π rad 时，容许幅度误差在 1dB 以内；在频率 0.3π 到 π 之间的阻带衰减大于 15dB。指定模拟滤波器采用巴特沃思低通滤波器。试分别用脉冲响应不变法和双线性变换法设计滤波器。

解　（1）用脉冲响应不变法设计数字低通滤波器。

① 数字低通的技术指标为

$$\omega_\mathrm{p} = 0.2\pi\ \mathrm{rad},\ \alpha_\mathrm{p} = 1\mathrm{dB},\ \omega_\mathrm{s} = 0.3\pi\ \mathrm{rad},\ \alpha_\mathrm{s} = 15\mathrm{dB}$$

② 模拟低通的技术指标为（设 $T=1\mathrm{s}$）

$$\Omega_\mathrm{p} = 0.2\pi\ \mathrm{rad/s},\ \alpha_\mathrm{p} = 1\mathrm{dB},\ \Omega_\mathrm{s} = 0.3\pi\ \mathrm{rad/s},\ \alpha_\mathrm{s} = 15\mathrm{dB}$$

③ 设计巴特沃思低通滤波器。为此，先计算阶数 N 及 3dB 截止频率 Ω_c。

$$N = \frac{\lg k_1}{\lg k} = \frac{\lg 1.5}{\lg 0.092} = 5.884$$

取 $N=6$。为求 3dB 截止频率 Ω_c，将 α_p 代入式（5-5），求得 ε，再将 Ω_p 和 ε 代入式（5-17），得到 $\Omega_\mathrm{c} = 0.7032\mathrm{rad/s}$，显然此值满足通带技术要求，同时给阻带衰减留一定裕量，这对防止频率混叠有一定好处。

根据阶数 $N=6$，查表 5-1，得到归一化系统函数为

$$H_a(p)\frac{1}{(p^2+0.5176p+1)(p^2+1.414p+1)(p^2+1.932p+1)}$$

为去归一化，将$p=s/\Omega_c$代入$H_a(p)$中，得到实际的系统函数$H_a(s)$

$$H_a(s)=\frac{\Omega_c^6}{(s^2+0.5176\Omega_c s+\Omega_c^2)(s^2+1.414\Omega_c s+\Omega_c^2)(s^2+1.932\Omega_c s+\Omega_c^2)}$$

$$=\frac{0.12093}{(s^2+0.3640s+0.4945)(s^2+0.9945s+0.4945)(s^2+1.3585s+0.4945)}$$

④ 用脉冲响应不变法将$H_a(s)$转换成$H(z)$。首先将$H_a(s)$进行部分分式展开，经整理后得到

$$H(z)=\frac{0.2871-0.4466z^{-1}}{1-0.1297z^{-1}+0.6949z^{-2}}+\frac{-2.1428+1.1454z^{-1}}{1-1.0691z^{-1}+0.3699z^{-2}}+\frac{1.8558-0.6304z^{-1}}{1-0.9972z^{-1}+0.2570z^{-2}}$$

由设计得到的$H(z)$表明，脉冲响应不变法适合于并联型网络结构。如果需要采用级联型或直接型结构，还需对$H(z)$做进一步整理。

⑤ 验证所得到的数字滤波器是否达到设计指标。将$z=e^{j\omega}$代入系统函数$H(z)$表达式，计算幅度响应$|H(e^{j\omega})|$和相位响应$\arg|H(e^{j\omega})|$，如图5-28(a)所示。

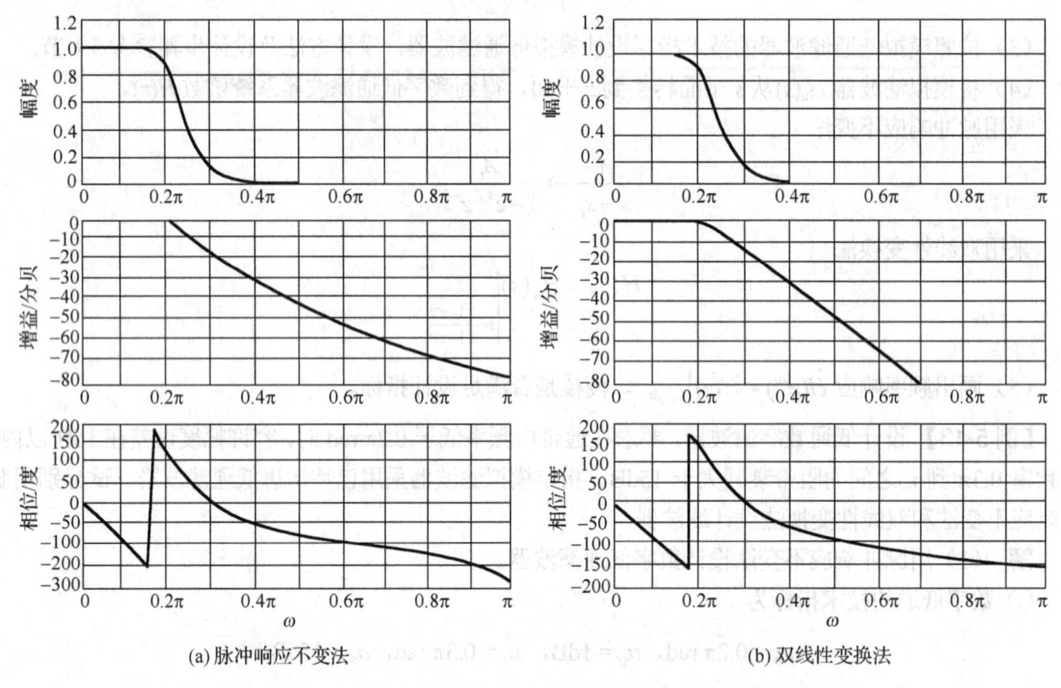

图5-28　两种方法设计的6阶巴特沃思数字滤波器的频率响应

从图中可见，滤波器在通带边缘（$\omega=0.2\pi$）处恰好满足衰减小于1dB的要求，而在阻带边缘（$\omega=0.3\pi$）处，衰减则大于15dB，超过性能要求，这表明此滤波器是充分带限的，故混叠效应可以忽略。若得出的数字滤波器不满足指标要求，则可采用更高阶的滤波器，或调整滤波器参数而维持N不变，再进行计算。

（2）用双线性变换法设计数字低通滤波器。

① 数字低通技术指标仍不变。

② 模拟低通的技术指标为（设$T=1$）

$$\Omega_p = 2\tan 0.1\pi = 0.65\text{rad/s}，\alpha_p = 1\text{dB}$$

$$\Omega_s = 2\tan 0.15\pi = 1.019\text{rad/s}，\alpha_s = 15\text{dB}$$

③ 设计巴特沃思低通滤波器。阶数 N 计算如下

$$N = \frac{\lg k_1}{\lg k} = \frac{\lg 1.568}{\lg 0.092} = 5.306$$

取 $N=6$。将 Ω_s 和 α_s 代入式（5-18），得到 $\Omega_c = 0.7662\text{rad/s}$。阻带技术指标满足要求，通带指标已经超过。

根据 $N=6$，查表 5-1 得到的归一化系统函数 $H_a(p)$ 与脉冲响应不变法得到的相同。为去归一化，将 $p = s/\Omega_c$ 代入 $H_a(p)$，得实际的 $H_a(s)$。

$$H_a(s) = \frac{0.2024}{(s^2 + 0.396s + 0.5871)(s^2 + 1.083s + 0.5871)(s^2 + 1.480s + 0.5871)}$$

④ 用双线性变换法将 $H_a(s)$ 转换成数字滤波器 $H(z)$

$$H(z) = H_a(s)\Big|_{s=2\frac{1-z^{-1}}{1+z^{-1}}} = \frac{0.000\,737\,8(1+z^{-1})^6}{(1-1.268z^{-1}+0.7051z^{-2})(1-1.010z^{-1}+0.358z^{-2})} \cdot \frac{1}{1-0.9044z^{-1}+0.2155z^{-2}}$$

⑤ 将 $z = e^{j\omega}$ 代入系统函数 $H(z)$ 表达式，并用计算机算出幅度响应 $|H(e^{j\omega})|$ 和相位响应 $\arg|H(e^{j\omega})|$，如图 5-28(b)所示，表明数字滤波器满足技术指标要求。

【例 5-14】 采用脉冲响应不变法设计数字切比雪夫低通滤波器。在通带截止频率 $\omega_p = 0.2\pi$ 处的衰减 α_p 不大于 1dB，在阻带截止频率 $\omega_s = 0.3\pi$ 处的衰减 α_s 不小于 15dB。

解　（1）根据滤波器的指标求 ε、Ω_c 和 N

设 $T=1$，则 $\Omega_p = \dfrac{\omega_p}{T} = 0.2\pi$，$\Omega_s = \dfrac{\omega_s}{T} = 0.3\pi$，因此，有效通带截止频率 $\Omega_c = 0.2\pi$。

$$\varepsilon = (10^{0.1\alpha_p} - 1)^{\frac{1}{2}} = (10^{0.1} - 1)^{\frac{1}{2}} = 0.50885$$

$$N \geqslant \frac{\text{ch}^{-1}\left[(A-1)^{1/2}/\varepsilon\right]}{\text{ch}^{-1}(\Omega_s/\Omega_c)} = 3.19767$$

其中，$A = 10^{0.1\alpha_s}$，取 $N=4$。验算表明通带内满足技术指标，在阻带截止频率 $\Omega_s = 0.3\pi$ 处的幅度响应衰减为 $20\lg|H_a(j0.3\pi)| = -21.5834\text{dB}$，满足要求。

（2）求滤波器的极点

$$\alpha = 0.508\,85^{-1} + \sqrt{0.508\,85^{-2} + 1} = 4.170\,226$$

$$a = \frac{1}{2}(\alpha^{\frac{1}{N}} - \alpha^{-\frac{1}{N}}) = \frac{1}{2}[(4.170\,226)^{\frac{1}{4}} - (4.170\,226)^{-\frac{1}{4}}] = 0.364\,623\,5$$

$$b = \frac{1}{2}(\alpha^{\frac{1}{N}} + \alpha^{-\frac{1}{N}}) = \frac{1}{2}[(4.170\,226)^{\frac{1}{4}} + (4.170\,226)^{-\frac{1}{4}}] = 1.064\,401\,5$$

因此得到

$$a\Omega_c = 0.2291，b\Omega_c = 0.6688$$

由 $a\Omega_c$ 和 $b\Omega_c$ 求得 s 平面左半平面的共轭极点对为：$-0.0877 \pm j0.6177$，$-0.2117 \pm j0.2558$。

（3）由左半平面极点构成 $H_a(s)$，可得滤波器的系统函数

$$H_a(s) = \frac{B}{(s^2 + 0.1753s + 0.3894)(s^2 + 0.4234s + 0.1103)}$$

系数 B 由 $s = 0$ 时滤波器的幅度响应确定。因 N 为偶数，所以$|H_a(0)| = 1/\sqrt{1+\varepsilon^2}$，可以得到 $B = 0.03828$，因此

$$H_a(s) = \frac{0.038\,28}{(s^2+0.1753s+0.3984)(s^2+0.4234s+0.1103)}$$

（4）用脉冲响应不变法将 $H_a(s)$转换成 $H(z)$，得

$$H(z) = \frac{0.083\,27+0.023\,39z^{-1}}{1-1.5658z^{-1}+0.6549^{-2}} - \frac{0.083\,27+0.0246z^{-1}}{1-1.4934z^{-1}+0.8392z^{-2}}$$

将 $z = e^{j\omega}$ 代入上式，得到滤波器的幅度响应和相位响应，如图 5-29 所示。阻带边缘 $\omega_s = 0.3\pi$ 处的衰减要比模拟滤波器稍差一些，这是由于混叠现象造成的。因为模拟滤波器设计中 N 要取成整数，使 ω_s 处的衰减比指标规定的大，所以设计出来的数字滤波器的衰减仍然能够满足技术指标的要求。

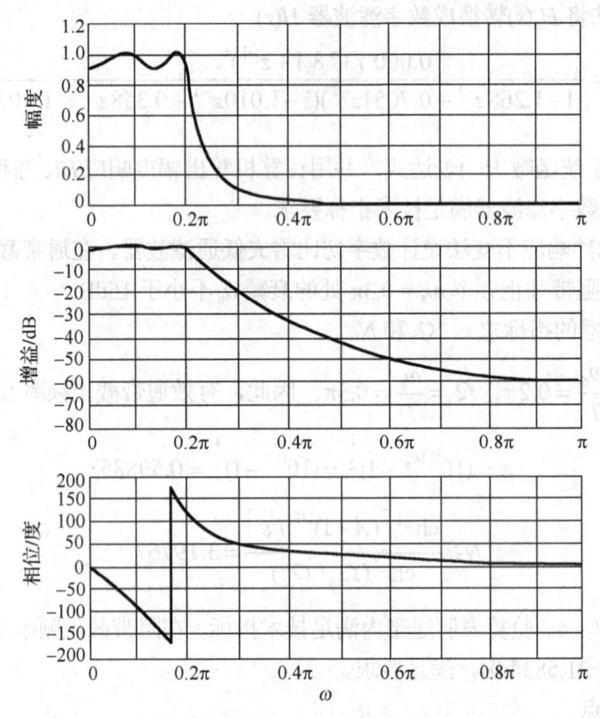

图 5-29　用脉冲响应不变法设计的 4 阶切比雪夫低通数字滤波器的频率响应

比较例 5-14 和例 5-13，对于相同的设计指标，巴特沃思滤波器和切比雪夫滤波的阶数分别是 6 和 4，显然，后者结构较简单，但设计过程较复杂。

2．模拟域频率变换设计高通、带通及带阻数字滤波器的步骤

高通、带通和带阻滤波器的设计是低通滤波器通过频率变换实现的。频率变换可以在模拟域完成，也可以在数字域完成，这就形成了两种设计高通、带通和带阻滤波器的频率变换方法。

（1）在模拟域频率变换设计高通、带通及带阻数字滤波器的步骤如下。

① 按照式（5-90）对需要设计的数字滤波器 $H(z)$的数字边界频率预畸变，得到相应模拟滤波器 $H_a(s)$的边界频率。

② 按照 5.1.8 节的模拟与频率变换方法，将 $H_a(s)$设计指标转换成相对应的模拟低通滤波器 $G(p)$的设计指标。

③ 设计模拟低通滤波器 $G(p)$。

④ 将模拟低通滤波器 $G(p)$转换成所希望的模拟滤波器 $H_a(s)$。

⑤ 将 $H_a(s)$用双线性变换法转换成希望的 IIR 数字滤波器 $H(z)$。

（2）在数字域频率变换设计高通、带通及带阻数字滤波器的步骤如下。

①按照式（5-90）对需要设计的数字滤波器 $H(z)$的数字边界频率预畸变，得到相应模拟滤波器 $H_a(s)$的边界频率。

② 按照 5.1.7 节模拟与频率变换方法，将 $H_a(s)$设计指标转换成相对应的模拟低通滤波器 $G(p)$的设计指标。

③ 设计模拟低通滤波器 $G(p)$。

④ 将模拟低通滤波器 $G(p)$转换成数字低通滤波器 $H_{LP}(z)$。

⑤ 在数字域频率变换，将 $H_{LP}(z)$转换成希望的 IIR 数字滤波器 $H(z)$。

【例 5-15】 设计一个数字高通滤波器，要求通带截止频率 $\omega_p = 0.8\pi$ rad，通带衰减不大于 3dB，阻带截止频率 $\omega_s = 0.44\pi$ rad，阻带衰减不小于 15dB。希望采用巴特沃思滤波器。

解 （1）数字高通的技术指标为

$$\omega_p = 0.8\pi \text{ rad}，\alpha_p = 3\text{dB}，\omega_s = 0.44\pi \text{ rad}，\alpha_s = 15\text{dB}$$

（2）令 $T=1$，模拟高通的技术指标计算如下

$$\Omega_p = 2\tan\frac{1}{2}\omega_p = 6.155\text{rad/s}，a_p = 3\text{dB}，\Omega_s = 2\tan\frac{1}{2}\omega_s = 1.655\text{rad/s}，a_s = 15\text{dB}$$

（3）模拟低通滤波器的技术指标计算如下

将 Ω_p 和 Ω_s 对 3dB 截止频率 Ω_c 归一化，这里 $\Omega_c = \Omega_p$，则模拟高通的归一化频率为

$$\eta_p = \frac{\Omega_p}{\Omega_c} = 1，\ \eta_s = \frac{\Omega_s}{\Omega_c} = \frac{1.655}{6.155} = 0.269$$

按式（5-84）计算模拟低通滤波器的归一化频率为

$$\lambda_p = \frac{1}{\eta_p} = 1，\ \lambda_s = \frac{1}{\eta_s} = \frac{1}{0.269} = 3.71$$

（4）设计归一化模拟低通滤波器 $G(p)$。先计算模拟低通滤波器的阶数 N

$$N = \frac{\lg k_1}{\lg k} = 1.31$$

取 $N=2$，查表 5-1，得到归一化模拟低通系统函数 $G(p)$为

$$G(p) = \frac{1}{p^2 + \sqrt{2}p + 1}$$

（5）将 $G(p)$直接转换成数字高通滤波器 $H_{HP}(z)$

$$H_{HP}(Z) = G(p)\Big|_{p=\frac{\Omega_c}{2}\frac{1+z^{-1}}{1-z^{-1}}} = \frac{1}{\left(\dfrac{\Omega_c}{2}\dfrac{1+z^{-1}}{1-z^{-1}}\right)^2 + \sqrt{2}\left(\dfrac{\Omega_c}{2}\dfrac{1+z^{-1}}{1-z^{-1}}\right) + 1} = \frac{0.0653(1-z^{-1})^2}{1 + 1.199z^{-1} + 0.349z^{-2}}$$

【例 5-16】 设计一个数字带通滤波器，通带范围为 0.3π～0.4π rad，通带内最大衰减为 3dB，0.2π rad 以下和 0.5π rad 以上为阻带，阻带内最小衰减为 18dB。采用巴特沃思模拟低通滤波器。

解 （1）数字带通滤波器技术指标为

通带上截止频率 $\omega_{\mathrm{u}}=0.4\pi$ rad，通带下截止频率 $\omega_{\mathrm{l}}=0.3\pi$ rad。

阻带上截止频率 $\omega_{\mathrm{s2}}=0.5\pi$ rad，阻带下截止频率 $\omega_{\mathrm{s1}}=0.3\pi$ rad。

通带内最大衰减 $\alpha_{\mathrm{p}}=3\mathrm{dB}$，阻带内最小衰减 $\alpha_{\mathrm{s}}=18\mathrm{dB}$。

（2）模拟带通滤波器技术指标如下（设 $T=1$）

$$\Omega_{\mathrm{u}}=2\tan\frac{1}{2}\omega_{\mathrm{u}}=1.453\mathrm{rad/s},\quad \Omega_{1}=2\tan\frac{1}{2}\omega_{1}=1.019\mathrm{rad/s}$$

$$\Omega_{\mathrm{s2}}=2\tan\frac{1}{2}\omega_{\mathrm{s2}}=2\mathrm{rad/s},\quad \Omega_{\mathrm{s1}}=2\tan\frac{1}{2}\omega_{\mathrm{s1}}=0.650\mathrm{rad/s}$$

$$\Omega_{0}=\sqrt{\Omega_{\mathrm{u}}\Omega_{1}}=1.217\mathrm{rad/s}\ （通带中心频率），\quad B=\Omega_{\mathrm{u}}-\Omega_{1}=0.434\mathrm{rad/s}\ （带宽）$$

将以上边界频率对带宽 B 归一化，得到

$$\eta_{\mathrm{u}}=3.348,\ \eta_{\mathrm{l}}=2.348,\ \eta_{\mathrm{s1}}=1.498,\ \eta_{\mathrm{s2}}=4.608,\ \eta_{0}=2.804$$

（3）模拟归一化低通滤波器技术指标

归一化阻带截止频率 $\lambda_{\mathrm{s}}=\dfrac{\eta_{\mathrm{s2}}^{2}-\eta_{0}^{2}}{\eta_{\mathrm{s2}}}=2.902$，归一化通带截止频率 $\lambda_{\mathrm{p}}=1$

$$\alpha_{\mathrm{p}}=3\mathrm{dB},\ \alpha_{\mathrm{s}}=18\mathrm{dB}$$

（4）设计模拟低通滤波器

$$N=\frac{\lg k_{1}}{\lg k}=\frac{\lg 2.902}{\lg 0.127}=1.940$$

取 $N=2$，查表 5-1，得到归一化低通系统函数 $G(p)$

$$G(p)=\frac{1}{p^{2}+\sqrt{2}p+1}$$

（5）将 $G(p)$ 直接转换成数字带通滤波器 $H_{\mathrm{BP}}(z)$

$$H_{\mathrm{BP}}(z)=\left.\frac{1}{p^{2}+\sqrt{2}p+1}\right|_{p=\frac{5.48-4.5z^{-1}+7.481z^{-2}}{0.868(1-z^{-2})}}=\frac{0.021(1-2z^{-2}+z^{-4})}{1-1.491z^{-1}+2.848z^{-2}-1.68z^{-3}+1.273z^{-4}}$$

这里用到了变换关系 $p=\dfrac{5.48-4.5z^{-1}+7.481z^{-2}}{0.868(1-z^{-2})}$，即

$$p=\frac{4(1-z^{-1})^{2}+\Omega_{0}^{2}(1+z^{-1})^{2}}{2(\Omega_{\mathrm{u}}-\Omega_{1})(1-z^{-2})} \tag{5-91}$$

式（5-91）是将归一化模拟滤波器的频率变换与数字变换结合在一起的结果。与此相仿，带阻滤波器的变换公式为

$$p=\frac{2(\Omega_{\mathrm{u}}-\Omega_{1})(1-z^{-2})}{4(1-z^{-1})^{2}+\Omega_{0}^{2}(1+z^{-1})^{2}} \tag{5-92}$$

【例 5-17】 设计一个数字带阻滤波器，要求通带下限频率 $\omega_{\mathrm{l}}=0.19\pi$ rad。阻带下截止频率 $\omega_{\mathrm{s1}}=0.198\pi$ rad，阻带上截止频率 $\omega_{\mathrm{s2}}=0.202\pi$ rad，通带上限频率 $\omega_{\mathrm{u}}=0.21\pi$ rad，阻带最小衰减 $\alpha_{\mathrm{s}}=13\mathrm{dB}$，$\omega_{\mathrm{l}}$ 和 ω_{u} 处衰减 $\alpha_{\mathrm{p}}=3\mathrm{dB}$。要求采用巴特沃思型滤波器。

解（1）数字带阻滤波器技术指标

$$\omega_{\rm l}=0.19\pi\,{\rm rad},\ \omega_{\rm u}=0.21\pi\,{\rm rad},\ \alpha_{\rm p}=3{\rm dB}$$

$$\omega_{\rm s1}=0.198\pi\,{\rm rad},\ \omega_{\rm s2}=0.202\pi\,{\rm rad},\ \alpha_{\rm s}=13{\rm dB}$$

（2）设 $T=1$，计算模拟带阻滤波器的技术指标为

$$\Omega_{1}=2\tan\frac{1}{2}\omega_{\rm l}=0.615{\rm rad/s},\ \Omega_{\rm u}=2\tan\frac{1}{2}\omega_{\rm u}=0.685{\rm rad/s}$$

$$\Omega_{\rm s1}=2\tan\frac{1}{2}\omega_{\rm s1}=0.643{\rm rad/s},\ \Omega_{\rm s2}=2\tan\frac{1}{2}\omega_{\rm s2}=0.657{\rm rad/s}$$

阻带中心频率平方为 $\Omega_0^2=\Omega_{\rm l}\Omega_{\rm u}=0.421{\rm rad}$

阻带带宽为 $B=\Omega_{\rm u}-\Omega_{\rm l}=0.07{\rm rad}$

将上述边界频率对 B 归一化

$$\eta_{\rm l}=8.786,\ \eta_{\rm u}=9.786,\ \eta_{\rm s1}=9.186,\ \eta_{\rm s2}=9.386\ \eta_0^2=\eta_{\rm l}\eta_{\rm u}=85.98$$

（3）模拟归一化低通滤波器的技术指标

按照式（5-60），有

$$\lambda_{\rm p}=1,\ \alpha_{\rm p}=3{\rm dB},\ \lambda_{\rm s}=\frac{\eta_{\rm s2}}{\eta_{\rm s2}^2-\eta_0^2}=4.434,\ \alpha_{\rm s}=13{\rm dB}$$

（4）设计模拟低通滤波器

$$N=\frac{\lg 4.434}{\lg 0.229}=0.99$$

取 $N=1$，查表 5-1，得到归一化模拟低通系统函数

$$G(p)=\frac{1}{1+p}$$

（5）将 $G(p)$ 直接转换成数字带阻滤波器 $H_{\rm BR}(z)$，得

$$H_{\rm BR}(z)=\left.\frac{1}{1+p}\right|_{p=\frac{2(1-z^{-2})\ B}{4(1-z^{-1})^2+\Omega_0^2(1+z^{-1})^2}}=\frac{0.969(1-1.619z^{-1}+z^{-2})}{1-1.569z+0.939z^{-2}}$$

可见，数字带通（或带阻）滤波器的极点数（或阶数）是模拟低通滤波器极点数的两倍。

5.2.4　IIR 数字滤波器的频率变换

IIR 数字低通滤波器的频率变换

IIR 数字滤波器的频率变换是指将数字低通滤波器变换成数字低通、高通、带通和带阻滤波器的数字域频率变换。对已设计好的滤波器进行修正，使之符合新的指标要求，可避免从头设计滤波器。故这种变换有重要的实用意义。

设 z_1 表示数字低通原型滤波器 $H_{\rm LP}(z_1)$ 的复变量，z 表示目标数字滤波器 $H(z)$ 的复变量。ω_1 和 ω 分别表示 z_1 平面和 z 平面的数字频率。从 z_1 域到 z 域的变换记为

$$z_1=F(z) \tag{5-93}$$

则从 $H_{\rm LP}(z_1)$ 到 $H(z)$ 的变换可表示为

$$H(z)=H_{\rm LP}(z_1)\big|_{z_1^{-1}=1/F(z)} \tag{5-94}$$

为保证将有理函数 $H_{\rm LP}(z_1)$ 变换成有理函数 $H(z)$，$F(z)$ 必须是 z 的有理函数，并且要求将 z_1 平面单

位圆上的点映射到 z 平面单位圆上，以确保将低通幅频响应映射成低通、高通、带通和带阻这4种幅频响应之一。即要求式（5-94）满足

$$|F(z)|\begin{cases}>1,|z|>1\\=1,|z|=1\\<1,|z|<1\end{cases} \tag{5-95}$$

1. 低通到低通变换

将通带截止频率为 ω_{p1} 的数字低通滤波器 $H_{LP}(z_1)$ 变换成通带截止频率为 ω_p 的数字低通滤波器 $H(z)$ 的变换函数为

$$z_1=F(z)=\frac{z-\alpha}{1-\alpha z}\quad（\alpha \text{ 是实数}） \tag{5-96}$$

式（5-96）在单位圆上变成 $e^{j\omega_1}=\frac{e^{j\omega}-\alpha}{1-\alpha e^{j\omega}}$，整理后得 $\alpha[1-e^{j(\omega_1+\omega)}]=e^{j\omega}-e^{j\omega_1}$，再利用欧拉公式整理该式，得

$$\tan\frac{\omega_1}{2}=\frac{1+\alpha}{1-\alpha}\tan\frac{\omega}{2} \tag{5-97}$$

式（5-97）表明，当 $\alpha=0$ 时，$\omega_1=\omega$，无频率变换作用。当 $\alpha\neq0$ 时，ω_1 与 ω 是非线性关系。当 $\alpha<0$ 时，$\omega_1<\omega$，通带变宽，反之 $\omega_1>\omega$，通带变窄。利用该式得 ω_{p1} 和 ω_p 的关系为

$$\alpha=\frac{\tan(\omega_{p1}/2)-\tan(\omega_p/2)}{\tan(\omega_{p1}/2)+\tan(\omega_p/2)}=\frac{\sin[(\omega_{p1}-\omega_p)/2]}{\sin[(\omega_{p1}+\omega_p)/2]} \tag{5-98}$$

综上所述，将通带截止频率为 ω_{p1} 的数字低通滤波器 $H_{LP}(z_1)$ 变换成通带截止频率为 ω_p 的数字低通滤波器 $H(z)$ 的步骤是：

（1）用式（5-98）计算 α；

（2）将 α 代入式（5-96），并将所得代入式（5-94）得 $H(z)$。

2. 低通到高通、带通和带阻变换

直接给出截止频率为 ω_c 的低通数字滤波器到高通、带通和带阻滤波器的变换公式如下。

低通数字滤波器到高通数字滤波器频率变换公式

$$\frac{1}{z_1}=\frac{z+\alpha}{1+\alpha z},\quad \alpha=\frac{\cos[(\omega_{c1}+\omega_c)/2]}{\cos[(\omega_{c1}-\omega_c)/2]} \tag{5-99}$$

低通数字滤波器到带通数字滤波器频率变换公式

$$\frac{1}{z_1}=\frac{z^{-2}-\frac{2\alpha\beta}{\beta+1}z^{-1}+\frac{\beta-1}{\beta+1}}{\frac{\beta-1}{\beta+1}z^{-2}-\frac{2\alpha}{\beta+1}z^{-1}+1},\quad \alpha=\frac{\cos[(\omega_{cu}+\omega_{cl})/2]}{\cos[(\omega_{cu}-\omega_{cl})/2]},\quad \beta=\cot\left(\frac{\omega_{cu}-\omega_{cl}}{2}\right)\tan\frac{\omega_{c1}}{2} \tag{5-100}$$

式中，ω_{cu} 和 ω_{cl} 是目标滤波器的上截止频率和下截止频率。

低通数字滤波器到带阻数字滤波器频率变换公式

$$\frac{1}{z_1}=\frac{z^{-2}-\frac{2\alpha\beta}{\beta+1}z^{-1}+\frac{1-\beta}{\beta+1}}{\frac{1-\beta}{\beta+1}z^{-2}-\frac{2\alpha}{\beta+1}z^{-1}+1},\quad \alpha=\frac{\cos[(\omega_{cu}+\omega_{cl})/2]}{\cos[(\omega_{cu}-\omega_{cl})/2]},\quad \beta=\tan\left(\frac{\omega_{cu}-\omega_{cl}}{2}\right)\tan\frac{\omega_{c1}}{2} \tag{5-101}$$

其中，ω_{cu} 和 ω_{cl} 是目标滤波器的上截止频率和下截止频率。

【例 5-18】 设计数字椭圆带通滤波器，要求滤除 0～1500Hz 和 2700Hz 以上频率成分，衰减大于 40dB，保留 2025～2225Hz 的频率成分，幅度失真小于 1dB。已知系统采样频率 $F_s = 8\text{kHz}$。

解 确定数字滤波器技术指标为

$$\omega_{pl} = 2\pi f_{pl}/F_s = 2\pi\times2025/8000 = 0.5062\pi,\ \omega_{pu} = 2\pi f_{pu}/F_s = 2\pi\times2225/8000 = 0.5563\pi$$

$$\omega_{sl} = 2\pi f_{sl}/F_s = 2\pi\times1500/8000 = 0.3750\pi,\ \omega_{su} = 2\pi f_{su}/F_s = 2\pi\times2700/8000 = 0.6750\pi$$

$$\alpha_p = 1\text{dB},\ \alpha_s = 40\text{dB}$$

设计程序 fex5_18.m 如下

```
%例 5-18 设计数字椭圆滤波器程序 fex5_18.m
%滤波器指标参数为
fpl = 2025;  fpu = 2225;  fsl = 1500;  fsu = 2700;  Fs = 8000
%边界频率参数为
wp = [2*fpl/Fs,2*fpu/Fs] ;  ws = [2*fsl/Fs,2*fsu/Fs] ;  rp = 1 ;  rs = 40 ;
[N,wpo] = ellipord(wp,ws,rp,rs);         %计算滤波器阶数 N 和通带截止频率 wpo
[B,A] = ellip(N,rp,rs,wpo) ;             %计算带通滤波器系统函数向量 B 和 A
                                         %绘制频率特性
[H,w] = freqz(B,A);                      %计算系统频率响应
subplot(221);                            %打开绘图子窗口
plot(w/pi,20*log10(abs(H)));             %在绘图窗口绘制系统函数幅频特性
xlabel('\omega/\pi'); ylabel('幅度(dB)');          %填写横轴名称
grid on                                  %显示坐标网格
axis([0 1  -60  5]);                     %调整坐标
subplot(222);                            %打开新的绘图子窗口
plot(w/pi,angle(H)*180/pi);              %在右边绘图窗口绘制系统函数相频特性
xlabel('\omega/ \pi');                   %填写横轴名称
ylabel('\phi(\omega)');                  %填写纵轴名称
axis([0,1,-190,190]);                    %调整坐标
grid on
```

程序运行结果如下

```
N  =  3
wpo  =  [0.5062    0.5563]
ws  =  [0.3750    0.6750]
B  = [0.0053    0.0020    0.0045   -0.0000   -0.0045   -0.0020   -0.0053]
A  = [1.0000    0.5730    2.9379    1.0917    2.7919    0.5172    0.8576]
```

6 阶椭圆数字滤波器频率特性如图 5-30 所示。经校验，符合设计要求。

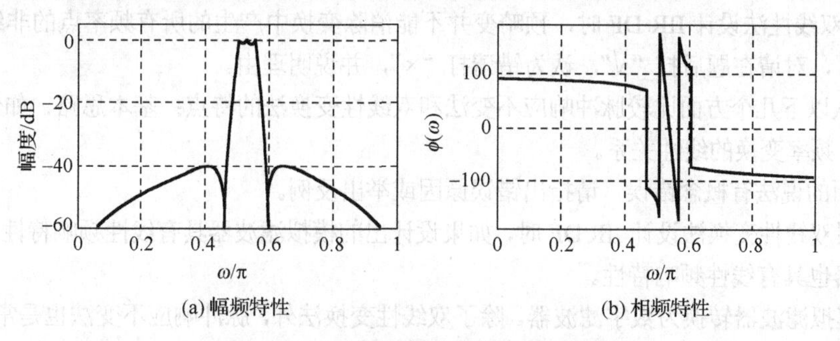

图 5-30　6 阶椭圆数字滤波器频率特性

小　结

1．IIR 滤波器的差分方程是递归的，脉冲响应为无限长，不能保证无相位失真。IIR 滤波器往往通过将模拟滤波器转换为数字滤波器进行设计。

2．最常见的滤波器原型是巴特沃思、切比雪夫 I 型、切比雪夫 II 型和椭圆型。对相同的滤波器技术指标，切比雪夫 I 型的阶数比巴特沃思少，但设计过程较复杂。

3．可用脉冲响应不变法或双线性变换法将模拟滤波器 $H_a(s)$转换为数字滤波器 $H(z)$。该方法的优点是数字频率与模拟频率呈线性关系 $\omega=\Omega T$；缺点是会产生频率混叠现象，只适合低通和带通滤波器设计。

4．双线性变换法的转换公式为 $s=\dfrac{2}{T}\dfrac{1-z^{-1}}{1+z^{-1}}$，该方法的优点是不会产生频率混叠现象，因为实现了频率压缩；缺点是数字频率与模拟频率呈非线性关系 $\Omega=\dfrac{2}{T}\tan\dfrac{1}{2}\omega$。

5．数字低通滤波器的设计指标通常有 4 项 ω_p、ω_s、α_p、α_s。

6．数字高通、带通和带阻 IIR 滤波器的系统函数可由低通滤波器的系统函数通过频率变换得到。

思考练习题

1．数字滤波器从结构上分为哪两类？它们用差分方程来描述时有什么不同？各有什么特性？

2．数字滤波器的技术要求有哪几项？

3．IIR 滤波器的主要设计方法是什么？

4．巴特沃思和切比雪夫模拟滤波器的幅度平方函数各具有什么特点？

5．巴特沃思和切比雪夫模拟滤波器的极点分布各有什么特点？

6．简述脉冲响应不变法的优缺点和适用范围。

7．简述双线性变换法的优缺点和适用范围。

8．用脉冲响应不变法和双线性变换法设计 IIR 滤波器时，在从模拟滤波器到数字滤波器转换过程中，其幅度响应和相位响应各有什么样的特性？

9．试写出利用模拟滤波器设计 IIR 数字低通滤波器的步骤。

10．数字高通、带通和带通滤波器的设计方法是什么？

11．若要设计一数字高通滤波器，试写出具体的设计步骤。

12．IIR 滤波器的直接设计法主要有哪些？适用范围如何？

13．用双线性法设计 IIR 数字滤波器时，为什么要“预畸”?如何“预畸”？

14．“用双线性法设计 IIR DF 时，预畸变并不能消除变换中产生的所有频率点的非线性畸变”的说法正确与否，对请在题后打“√”，认为错请打“×”，并说明理由。

15．试从以下几个方面比较脉冲响应不变法和双线性变换法的特点：基本思路，如何从 s 平面映射到 z 平面，频率变换的线性关系。

16．下面的说法有概念错误，请指出错误原因或举出反例。

（1）采用双线性变换法设计 IIR DF 时，如果设计出的模拟滤波器具有线性频响特性，那么转换后的数字滤波器也具有线性频响特性。

（2）将模拟滤波器转换为数字滤波器，除了双线性变换法外，脉冲响应不变法也是常用方法之一，它可以用来将模拟低通、带能和高通滤波器转换成相应的数字滤波器。

习　题

1．递归滤波器的差分方程为

$$y(n)=-0.8\,y(n-1)+0.1\,y(n-2)+x(n)$$

（1）求滤波器的脉冲响应。

（2）脉冲响应中有多少非零项？

2．求下面递归滤波器的滤波器形状，它的系统函数为

$$H(z)=\frac{1}{1-0.5z^{-6}}$$

3．已知模拟滤波器的系统函数为

$$H_1(s)=\frac{a}{s+a}，\ a>0$$

计算其 3dB 截止频率 Ω_c。证明该滤波器具有单调下降的低通幅频响应特性，且$|H_l(j0)|=1$，$|H_l(j\infty)|=0$。

4．已知模拟滤波器的系统函数为

$$H_h(s)=\frac{s}{s+a}，\ a>0$$

计算其 3dB 截止频率 Ω_c。证明该滤波器具有单调上升的高通幅频响应特性，且$|H_h(j0)|=0$，$|H_h(j\infty)|=1$。

5．习题 3 中的低通滤波器系统函数 $H_l(s)$和习题 4 中的高通滤波器系统函数 $H_h(s)$也可以分别表示成如下形式：

$$H_l(s)=[A_1(s)-A_2(s)]/2，H_h(s)=[A_1(s)+A_2(s)]/2$$

其中，$A_1(s)$和 $A_2(s)$是模拟全通滤波器系统函数。求出 $A_1(s)$和 $A_2(s)$。

6．已知模拟滤波器系统函数

$$H_{bp}(s)=\frac{bs}{s^2+bs+\Omega_0^2}，\ b>0$$

（1）验证 $H_{bp}(s)$表示带通滤波器，且$|H_{bp}(j0)|=|H_{bp}(j\infty)|=0$，$|H_{bp}(j\Omega_0)|=1$；

（2）确定上、下 3dB 截止频率 Ω_{cl} 和 Ω_{cu}，验证关系 $\Omega_{cl}\Omega_{cu}=\Omega_0^2$ 和 3dB 带宽为 $b=\Omega_{cu}-\Omega_{cl}$。

7．已知模拟滤波器系统函数

$$H_{bs}(s)=\frac{s^2+\Omega_0^2}{s^2+bs+\Omega_0^2}，\ b>0$$

（1）验证 $H_{bs}(s)$表示带阻滤波器，且$|H_{bs}(j0)|=|H_{bs}(j\infty)|=1$，$|H_{bs}(j\Omega_0)|=0$；

（2）确定上、下 3dB 截止频率 Ω_{cl} 和 Ω_{cu}，验证关系 $\Omega_{cl}\Omega_{cu}=\Omega_0^2$ 和 3dB 凹口带宽为 $b=\Omega_{cu}-\Omega_{cl}$。

8．习题 6 中的低通滤波器系统函数 $H_{bp}(s)$和习题 7 中的高通滤波器系统函数 $H_{bs}(s)$也可以分别表示成如下形式

$$H_{bp}(s)=[B_1(s)-B_2(s)]/2，H_{bs}(s)=[B_1(s)+B_2(s)]/2$$

其中，$B_1(s)$和 $B_2(s)$是模拟全通滤波器系统函数。求出 $B_1(s)$和 $B_2(s)$。

9．设计一个模拟巴特沃思低通滤波器，要求通带截止频率 $f_p=6\text{kHz}$，通带最大衰减 $\alpha_p=3\text{dB}$，阻

带截止频率 $f_s = 12\text{kHz}$，阻带最小衰减 $\alpha_s = 25\text{dB}$。求出滤波器归一化系统函数 $H_a(p)$及实际的 $H_a(s)$。

10．设计一个模拟切比雪夫低通滤波器，要求通带截止频率 $f_p = 3\text{kHz}$，通带最大衰减 $\alpha_p = 0.2\text{dB}$，阻带截止频率 $f_s = 12\text{kHz}$，阻带最小衰减 $\alpha_s = 50\text{dB}$。求出归一化系统函数 $H_a(p)$及实际的 $H_a(s)$。

11．已知模拟滤波器的系统函数 $H_a(s)$为（1）$H_a(s) = \dfrac{s+a}{(s+a)^2+b^2}$；（2）$H_a(s) = \dfrac{b}{(s+a)^2+b^2}$。式中，$a$、$b$ 为常数，设 $H_a(s)$因果稳定，采样周期为 T，试采用脉冲响应不变法和双线性变换法，分别将其转换成数字滤波器 $H(z)$。

12．已知模拟滤波器的系统函数为（1）$H_a(s) = \dfrac{1}{s^2+s+1}$；（2）$H_a(s) = \dfrac{1}{2s^2+3s+1}$。试采用脉冲响应不变法和双线性变换法分别将其转换为数字滤波器，设 $T = 2\text{s}$。

13．要求从二阶巴特沃思模拟滤波器用双线性变换导出一低通数字滤波器，已知 3dB 截止频率为 100Hz，系统采样频率为 1kHz。

14．设 $h_a(t)$表示一模拟滤波器的单位脉冲响应，即

$$h_a(t) = \begin{cases} e^{-0.9t}, & t \geqslant 0 \\ 0, & t < 0 \end{cases}$$

用脉冲响应不变法将此模拟滤波器转换成数字滤波器，$h(n)$表示单位脉冲响应，即 $h(n) = h_a(nT)$。确定系统函数 $H(z)$，并把 T 作为参数，证明无论 T 为任何值时，数字滤波器都是稳定的，并说明数字滤波器近似为低通滤波器还是高通滤波器。

15．假设某模拟滤波器 $H_a(s)$是一个低通滤波器，又知 $H(z) = H_a(s)\Big|_{s=\frac{z+1}{z-1}}$，数字滤波器 $H(z)$的通带中心位于下面哪种情况？并说明原因。

（1）$\omega = 0$（低通）；（2）$\omega = \pi$（高通）；（3）除 0 或 π 以外的某一频率（带通）。

16．用双线性变换法设计一个三阶巴特沃思数字带通滤波器，采样频率为 $f_s = 500\text{Hz}$，上、下边带截止频率分别为 $f_2 = 150\text{Hz}$、$f_1 = 30\text{Hz}$。

17．要求模拟低通滤波器的通带边界频率为 2.1kHz，通带最大衰减为 0.5dB，阻带截止频率为 8kHz，阻带最小衰减为 30dB。求满足要求的最低阶数 N、滤波器系统函数 $H_a(s)$及其极点的位置。要求分别用巴特沃思滤波器、切比雪夫 I 型滤波器和椭圆滤波器进行设计。

18．模拟高通滤波器的通带边界频率为 8kHz，通带最大衰减为 0.5dB，阻带截止频率为 2.1kHz，阻带最小衰减为 30dB。求满足要求的最低阶数 N、滤波器系统函数 $H_a(s)$及其极点的位置。要求分别用巴特沃思滤波器、切比雪夫 I 型滤波器和椭圆滤波器进行设计。

19．设模拟滤波器的系统函数为 $H_a(s) = \dfrac{A}{s+a}$。试用脉冲响应不变法将 $H_a(s)$变换成数字滤波器的系统函数 $H(z)$，并确定数字滤波器在 $\omega = \pi$ 处的频谱混叠失真幅度与采样间隔 T 的关系。

20．证明：用脉冲响应不变法将 $H_a(s) = \dfrac{\Omega_1}{(s+\rho_1)^2+\Omega_1^2}$ 变换成数字滤波器

$$H(z) = \frac{z^{-1}e^{-\rho_1 T}\sin\Omega_1 T}{1-2z^{-1}e^{-\rho_1 T}\cos\Omega_1 T + z^{-2}e^{-2\rho_1 T}}$$

21．证明：用脉冲响应不变法将 $H_a(s) = \dfrac{s+\Omega_1}{(s+\rho_1)^2+\Omega_1^2}$ 变换成数字滤波器

$$H(z) = \frac{z^{-1}e^{-\rho_1 T}\cos\Omega_1 T}{1-2z^{-1}e^{-\rho_1 T}\cos\Omega_1 T + z^{-2}e^{-2\rho_1 T}}$$

22．用双线性变换法将理想模拟积分器的系统函数 $H_a(s) = 1/s$ 变换成数字积分器为

$$H(z) = H_a(s)\Big|_{z=\frac{2}{T}\frac{1-z^{-1}}{1+z^{-1}}} = \frac{T}{2}\frac{1+z^{-1}}{1-z^{-1}}$$

（1）写出数字积分器的差分方程。

（2）求出模拟积分器的数字积分器的频率响应函数 $H_a(j\Omega)$和 $H(e^{j\omega})$，并画出其幅频特性和相频特性曲线，比较数字积分器的逼近误差。

（3）数字积分器在 $z = 1$ 处有一个极点，如果在通用计算机上编程实现数字积分器，为了避免计算的困难，对输入信号 $x(n)$有什么限制？

23．设计低通数字滤波器，要求通带内频率低于 0.2π rad 时，容许幅度误差在 1dB 之内，频率在 0.3π～π 之间的阻带衰减大于 10dB；试采用巴特沃思模拟滤波器进行设计，用脉冲响应不变法进行转换，采样间隔 $T = 1\text{ms}$。

24．要求同习题 11，试采用双线性变换法设计数字低通滤波器。

25．请用两种方法证明：对具有同样截止频率 ω_0 的理想低通和理想高通滤波器，它们的脉冲响应序列之和等于冲激序列 $\delta(n)$。

26．设计一个数字高通滤波器，要求通带截止频率 $\omega_p = 0.8\pi$ rad，通带衰减不大于 3dB，阻带截止频率 $\omega_s = 0.5\pi$ rad，阻带衰减不小于 18dB，希望采用巴特沃思滤波器。

27．设计一个数字带通滤波器，通带范围为 0.25π～0.45π rad，通带内最大衰减为 3dB，0.15π rad 以下和 0.55π rad 以上为阻带，阻带内最小衰减为 15dB，试采用巴特沃思模拟低通滤波器。

28．图 5-31 所示为一个数字滤波器的频率响应。

（1）用脉冲响应不变法，试求原型模拟滤波器频率响应。

（2）当用双线性变换法时，试求原型模拟滤波器频率响应。

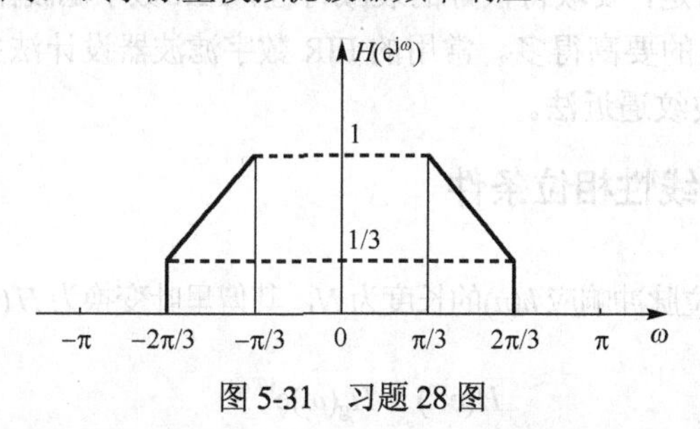

图 5-31　习题 28 图

29．分别用脉冲响应不变法和双线性变换法设计巴特沃思数字低通滤波器，要求通带边界频率为 0.2rad，通带最大衰减为 1dB，阻带边界频率为 0.3rad，阻带最小衰减为 10dB。调用 MATLAB 工具箱函数 buttord 和 butter 进行设计，计算数字滤波器系统函数 $H(z)$的系数，绘制损耗函数和相频特性曲线。这种设计对应于脉冲响应不变法还是双线性变换法？

30．设计一个工作于采样频率 80kHz 的切比雪夫 I 型数字低通滤波器，要求通带边界频率为 4kHz，通带最大衰减为 0.5dB，阻带边界频率为 20kHz，阻带最小衰减为 45dB。调用 MATLAB 工具箱函数进行设计，计算数字滤波器系统函数 $H(z)$的系数，绘制损耗函数和相频特性曲线。

31．设计一个工作于采样频率 5000kHz 的椭圆数字高通滤波器，要求通带边界频率为 325kHz，通带最大衰减为 1.2dB，阻带边界频率为 225kHz，阻带最小衰减为 25dB。调用 MATLAB 工具箱函数进行设计，计算数字滤波器系统函数 $H(z)$的系数，绘制损耗函数和相频特性曲线。

第 6 章

FIR 数字滤波器的设计

常用的有限长脉冲响应数字滤波器（FIRDF）设计思路有两类，一类是基于逼近理想滤波器特性设计法，包括窗函数法、频率采样法和等波纹最佳逼近法，另一类是最优设计法。本章主要介绍线性相位 FIR 数字滤波器的特点，及其第一类设计方法。

线性 FIR 数字滤波器特点

6.1 线性 FIR 数字滤波器的特点

FIR 数字滤波器的单位脉冲响应 $h(n)$是有限长的$(0 \leqslant n \leqslant N-1)$，其 z 变换 $H(z)=\sum_{n=0}^{N-1} h(n) z^{-n}$ 是 z^{-1} 的$(N-1)$阶多项式，在有限z平面（$0<z<\infty$）上有（$N-1$）个零点，在z平面原点$z=0$处有（$N-1$）阶极点。

FIR 数字滤波器最突出的两个优点是易获得严格的线性相位特性，始终满足稳定条件。此外，由于 FIR 数字滤波器的单位脉冲响应是有限长的，可以用快速傅里叶变换算法来实现信号过滤，从而大大提高运算效率。不利的是，要取得很好的衰减特性，FIR 数字滤波器的系统函数 $H(z)$的阶次比相同衰减特性的 IIR 滤波器的要高得多。常用的 FIR 数字滤波器设计法主要有三种，即窗函数法、频率采样法和切比雪夫等波纹逼近法。

6.1.1 FIR 数字滤波器线性相位条件

设 FIR 数字滤波器的单位脉冲响应 $h(n)$的长度为 N，其傅里叶变换为 $H(\mathrm{e}^{\mathrm{j}\omega})=\sum_{n=0}^{N-1} h(n) \mathrm{e}^{-\mathrm{j}\omega n}$ ，可得

$$H(\mathrm{e}^{\mathrm{j}\omega})=H_{\mathrm{g}}(\omega) \mathrm{e}^{\mathrm{j}\theta(\omega)} \tag{6-1}$$

式中，$H_{\mathrm{g}}(\omega)$称为幅度函数，$\theta(\omega)$称为相位特性。用 $H_{\mathrm{g}}(\omega)$定义的幅度特性不同于$|H(\mathrm{e}^{\mathrm{j}\omega})|$定义的幅度特性，它是 ω 的实函数，而$|H(\mathrm{e}^{\mathrm{j}\omega})|$总是正值。$H(\mathrm{e}^{\mathrm{j}\omega})$的线性相位是指 $\theta(\omega)$是 ω 的线性函数，即

$$\theta(\omega)=-\tau\omega，\tau \text{ 为常数} \tag{6-2}$$

若 $\theta(\omega)$满足

$$\theta(\omega)=\theta_0-\tau\omega，\theta_0 \text{ 是起始相位} \tag{6-3}$$

此时 $\theta(\omega)$不具纯线性相位，但因为满足群时延为常数，即

$$\frac{\mathrm{d}\theta(\omega)}{\mathrm{d}\omega}=-\tau$$

故这种情况也称为线性相位。式（6-2）和式（6-3）分别称为第一类线性相位和第二类线性相位。

1．第一类线性相位条件

用欧拉公式将式（6-1）展开，得

$$H(\mathrm{e}^{\mathrm{j}\omega})=\sum_{n=0}^{N-1}h(n)\cos(\omega n)-\mathrm{j}\sum_{n=0}^{N-1}h(n)\sin(\omega n)$$

因 $h(n)$为实序列，由上式可得相频特性，并同时考虑线性相位特性 $\theta(\omega)=-\tau\omega$，得

$$\theta(\omega)=\arctan\frac{-\sum_{n=0}^{N-1}h(n)\sin(\omega n)}{\sum_{n=0}^{N-1}h(n)\cos(\omega n)}=-\tau\omega \tag{6-4}$$

$$\tan(\omega\tau)=\frac{\sin(\omega\tau)}{\cos(\omega\tau)}=\frac{\sum_{n=0}^{N-1}h(n)\sin(\omega n)}{\sum_{n=0}^{N-1}h(n)\cos(\omega n)} \tag{6-5}$$

因而

$$\sum_{n=0}^{N-1}h(n)\sin(\omega\tau)\cos(\omega n)-\sum_{n=0}^{N-1}h(n)\cos(\omega\tau)\sin(\omega n)=0$$

即

$$\sum_{n=0}^{N-1}h(n)\sin[(\tau-n)\omega]=0 \tag{6-6}$$

要使式（6-6）成立，正弦函数应在 $\tau=n$ 处奇对称，令 $\tau=(N-1)/2$，则正弦函数以$(N-1)/2$ 为中心奇对称。同时，为使求和式为零，$h(n)$必须以$(N-1)/2$ 为中心偶对称，即式（6-6）必须满足

$$\begin{cases}\tau=\dfrac{N-1}{2}\\ h(n)=h(N-1-n),\quad 0\leqslant n\leqslant N-1\\ \theta(\omega)=-\dfrac{N-1}{2}\omega\end{cases} \tag{6-7}$$

式（6-7）是 FIR 数字滤波器具有线性相位的必要且充分条件，此时时间延时 τ 等于 $h(n)$长度 $N-1$ 的一半，即为 $\tau=(N-1)/2$ 个采样周期。$\theta(\omega)$是通过坐标原点的斜直线，斜率为$-(N-1)/2$。

2．第二类线性相位条件

对第二类线性相位，仿第一类线性条件推导可知，必须要求

$$\sum_{n=0}^{N-1}h(n)\sin[(\tau-n)\omega-\theta_0]=0 \tag{6-8}$$

要使式（6-8）成立，必须满足

$$\begin{cases}\tau=\dfrac{N-1}{2}\\ \theta_0=\pm\dfrac{\pi}{2}\\ h(n)=-h(N-1-n),\quad 0\leqslant n\leqslant N-1\\ \theta(\omega)=\pm\dfrac{\pi}{2}-\dfrac{N-1}{2}\omega\end{cases} \tag{6-9}$$

式（6-9）是 FIR 数字滤波器具有第二类线性相位的必要且充分条件，即单位脉冲响应序列 $h(n)$以

$n=(N-1)/2$ 为中心奇对称，此时延时 τ 等于 $(N-1)/2$ 个采样周期。$h(n)$ 在这种奇对称情况下，满足 $h((N-1)/2)=-h((N-1)/2)$，因而 $h((N-1)/2)=0$。除了产生线性相位外，还有 $\pm\pi/2$ 的固定相移。

由于线性相位滤波器的单位脉冲响应 $h(n)$ 有上述奇对称和偶对称两种，而 $h(n)$ 的点数 N 又有奇数、偶数两种情况，因而 $h(n)$ 共有 4 种类型，如图 6-1 和图 6-2 所示，分别对应 4 种线性相位 FIR 数字滤波器。

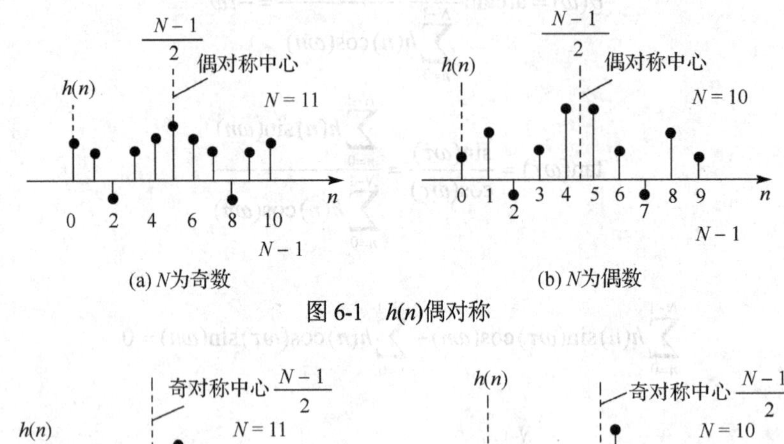

图 6-1　$h(n)$ 偶对称

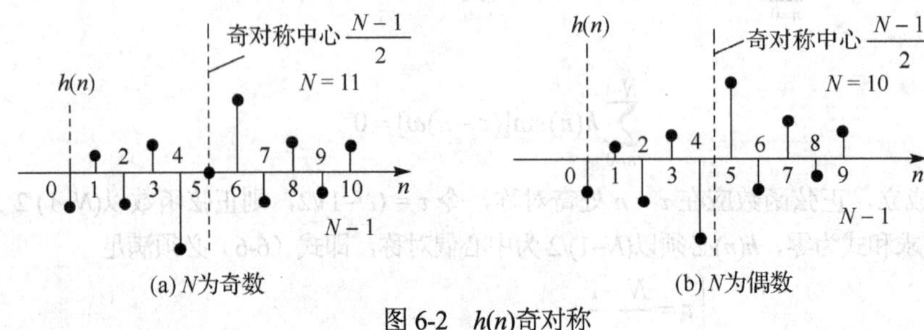

图 6-2　$h(n)$ 奇对称

6.1.2　FIR 数字滤波器幅度特性

线性相位 FIR 数字滤波器的脉冲响应满足式（6-7）或式（6-9），即

$$h(n)=\pm h(N-1-n)$$

因而系统函数可表示为

$$\begin{aligned}H(z)&=\sum_{n=0}^{N-1}h(n)z^{-n}=\sum_{n=0}^{N-1}\pm h(N-1-n)z^{-n}\\&=\sum_{m=0}^{N-1}\pm h(m)z^{-(N-1-m)}=\pm z^{-(N-1)}\sum_{m=0}^{N-1}h(m)z^{m}\end{aligned}$$

即

$$H(z)=\pm z^{-(N-1)}H(z^{-1}) \tag{6-10}$$

进一步写成

$$\begin{aligned}H(z)&=\frac{1}{2}\sum_{n=0}^{N-1}h(n)[z^{-n}\pm z^{-(N-1)}z^{n}]\\&=\frac{1}{2}z^{-\left(\frac{N-1}{2}\right)}\sum_{N=0}^{N-1}h(n)\left[z^{\left(\frac{N-1}{2}-n\right)}\pm z^{-\left(\frac{N-1}{2}-n\right)}\right]\end{aligned} \tag{6-11}$$

式中，当方括号内“±”号取“+”号时，$h(n)$满足 $h(n)=h(N-1-n)$偶对称；当取“−”号时，$h(n)$满足 $h(n)=-h(N-1-n)$奇对称，分别对应图 6-1 和图 6-2 的 4 种情况。

1．$h(n)=h(N-1-n)$，N 为奇数

由式（6-11）可知

$$H(e^{j\omega})=H(z)\big|_{z=e^{j\omega}}=e^{-j\left(\frac{N-1}{2}\right)\omega}\sum_{n=0}^{N-1}h(n)\cos\left[\left(\frac{N-1}{2}-n\right)\omega\right] \tag{6-12}$$

幅度函数为

$$H_g(\omega)=\sum_{n=0}^{N-1}h(n)\cos\left[\left(n-\frac{N-1}{2}\right)\omega\right]$$

式中，$h(n)$关于$(N-1)/2$ 偶对称，余弦项也关于$(N-1)/2$ 偶对称，因此以$(N-1)/2$ 为中心，把两两相等的项进行合并，由于 N 是奇数，故余下 $n=(N-1)/2$ 的中间项 $h[(N-1)/2]$。这样幅度函数表示为

$$H_g(\omega)=h\left(\frac{N-1}{2}\right)+\sum_{n=0}^{(N-3)/2}2h(n)\cos\left[\left(n-\frac{N-1}{2}\right)\omega\right]$$

令 $m=(N-1)/2-n$，则有

$$H_g(\omega)=h\left(\frac{N-1}{2}\right)+\sum_{m=1}^{(N-1)/2}2h\left(\frac{N-1}{2}-m\right)\cos m\omega=\sum_{n=0}^{(N-1)/2}a(n)\cos n\omega \tag{6-13}$$

式中，$\begin{cases}a(0)=h\left(\dfrac{N-1}{2}\right)\\ a(n)=2h\left(\dfrac{N-1}{2}-n\right),\ n=1,2,3,\cdots,\dfrac{N-1}{2}\end{cases}$。

由于式(6-13)中 $\cos\omega n$ 项关于 $\omega=0,\pi,2\pi$ 皆为偶对称，因此幅度特性 $H_g(\omega)$的特点是关于 $\omega=0,\pi,2\pi$ 偶对称的。这是表 6-1 中的情况 1，可以设计低通、高通、带通、带阻滤波器中的任何一种滤波器。

表 6-1　线性相位 FIR 数字滤波器的幅度特性与相位特性一览表

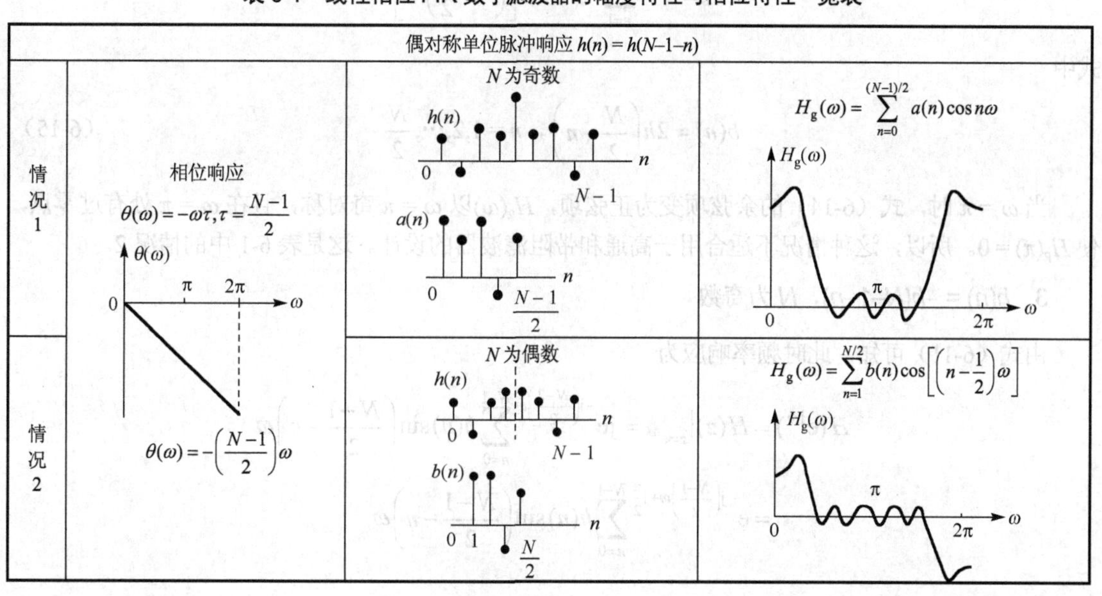

续表

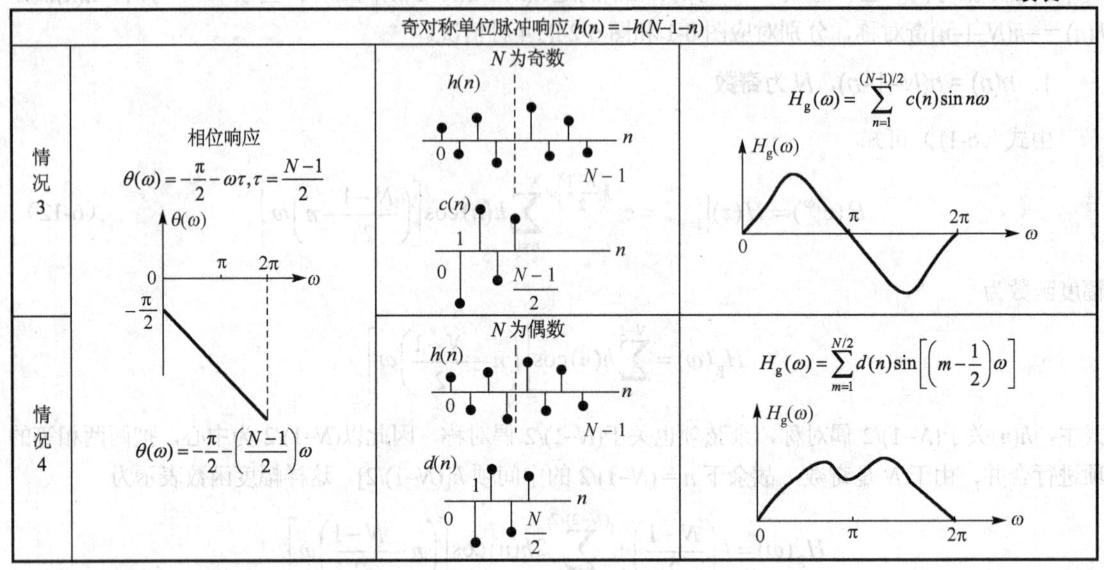

2．$h(n)=h(N\text{–}1\text{–}n)$，$N$ 为偶数

$H_g(\omega)$推导情况和前面 N 为奇数相似。由于 N 为偶数，$H_g(\omega)$中没有单独项，相等的项合并成 $N/2$ 项，即

$$H_g(\omega)=\sum_{n=0}^{N-1}h(n)\cos\left[\left(\frac{N-1}{2}-n\right)\omega\right]=\sum_{n=0}^{N/2-1}2h(n)\cos\left[\left(\frac{N-1}{2}-n\right)\omega\right]$$

令 $m=N/2-n$，则有

$$H_g(\omega)=\sum_{m=1}^{N/2}2h\left(\frac{N}{2}-m\right)\cos\left[\left(m-\frac{1}{2}\right)\omega\right]$$

$$H_g(\omega)=\sum_{n=1}^{N/2}b(n)\cos\left[\left(n-\frac{1}{2}\right)\omega\right] \tag{6-14}$$

式中

$$b(n)=2h\left(\frac{N}{2}-n\right),\quad n=1,2,\cdots,\frac{N}{2} \tag{6-15}$$

当 $\omega=\pi$ 时，式（6-14）的余弦项变为正弦项，$H_g(\omega)$以 $\omega=\pi$ 奇对称，且在 $\omega=\pi$ 处有过零点，使 $H_g(\pi)=0$。所以，这种情况不适合用于高通和带阻滤波器的设计。这是表 6-1 中的情况 2。

3．$h(n)=-h(N\text{–}1\text{–}n)$，$N$ 为奇数

由式（6-11）可知，此时频率响应为

$$H(e^{j\omega})=H(z)\big|_{z=e^{j\omega}}=je^{-j\left(\frac{N-2}{2}\right)\omega}\sum_{n=0}^{N-1}h(n)\sin\left(\frac{N-1}{2}-n\right)\omega$$

$$=e^{-j\left(\frac{N-1}{2}\right)\omega+j\frac{\pi}{2}}\sum_{n=0}^{N-1}h(n)\sin\left(\frac{N-1}{2}-n\right)\omega$$

$$H_g(\omega)=\sum_{n=0}^{N-1}h(n)\sin\left(\frac{N-1}{2}-n\right)\omega \tag{6-16}$$

由于 $h(n)=-h(N-1-n)$，$n=(N-1)/2$ 时

$$h\left(\frac{N-1}{2}\right)=-h\left(N-\frac{N-1}{2}-1\right)=-h\left(\frac{N-1}{2}\right)$$

因此 $h[(N-1)/2]=0$。在 $H_g(\omega)$中 $h(n)$关于$(N-1)/2$ 奇对称，正弦项也关于该点奇对称，因此在式（6-16）中第 n 项和第$(N-1-n)$项是相等的，将其中相同的项合并为$(N-1)/2$ 项，即

$$H_g(\omega)=\sum_{n=0}^{(N-3)/2}2h(n)\sin\left[\left(\frac{N-1}{2}-n\right)\omega\right]$$

令 $m=(N-1)/2-n$，则有

$$H_g(\omega)=\sum_{m=1}^{(N-1)/2}2h\left(\frac{N-1}{2}-m\right)\sin m\omega$$

$$H_g(\omega)=\sum_{n=1}^{(N-1)/2}c(n)\sin n\omega \tag{6-17}$$

式中

$$c(n)=2h\left(\frac{N-1}{2}-n\right),\ n=1,2,\cdots,\frac{N-1}{2} \tag{6-18}$$

因为在 $\omega=0,\pi,2\pi$ 时正弦项为零，因此幅度特性 $H_g(\omega)$在 $\omega=0,\pi,2\pi$ 处为零，且 $H_g(\omega)$关于 $\omega=0,\pi,2\pi$ 呈奇对称。这是表 6-1 中的情况 3，此种情况只能用于带通滤波器的设计，由于有 90° 相移，亦可用于设计离散希尔伯特变换器及微分器，其他类型均不适用。

4．$h(n)=-h(N-1-n)$，N 为偶数

类似情况 3 的推导，此时频率响应为

$$H_g(\omega)=\sum_{n=0}^{N-1}h(n)\sin\left[\left(\frac{N-1}{2}-n\right)\omega\right]=\sum_{n=0}^{N/2-1}2h(n)\sin\left[\left(\frac{N-1}{2}-n\right)\omega\right]$$

令 $m=(N-1)/2-n$，则有

$$H_g(\omega)=\sum_{m=1}^{N/2}2h\left(\frac{N}{2}-m\right)\sin\left[\left(m-\frac{1}{2}\right)\omega\right]$$

$$H_g(\omega)=\sum_{m=1}^{N/2}d(n)\sin\left[\left(m-\frac{1}{2}\right)\omega\right] \tag{6-19}$$

式中

$$d(n)=2h\left(\frac{N}{2}-n\right),\ n=1,2,\cdots,\frac{N}{2} \tag{6-20}$$

从式（6-19）可以看出，正弦项在 $\omega=0,2\pi$ 处为零，因此 $H_g(\omega)$在 $\omega=0,2\pi$ 处为零，且对 $\omega=0,2\pi$ 奇对称；当 $\omega=\pi$ 时，正弦项变为余弦项，$H_g(\omega)$对 $\omega=\pi$ 呈偶对称。这种情况适合高通或带通滤波器的设计，由于有 90° 相移，亦可用于设计离散希尔伯特变换器及微分器，不能设计低通和带阻滤波器。

4 种线性相位 FIR 数字滤波器幅度特性中，有些情况在 $\omega=0$ 或 π 点处 $H_g(\omega)=0$，所以在设计时，要注意选择合适的 $h(n)$对称形式（奇或偶）和 $h(n)$长度 N（奇数或偶数）。设计高通滤波器只能选情况 1 和情况 4；而设计低通滤波器只能选情况 1 和情况 2。表 6-1 给出了 4 种情况的幅度特性，以及 $h(n)$需满足的条件和其相位特性。

6.1.3　FIR 数字滤波器零点分布特点

当 $h(n)=h(N-1-n)$时

$$H(z)=\sum_{n=0}^{N-1}h(n)z^{-n}=\sum_{n=0}^{N-1}h(N-1-n)z^{-n}$$

令 $m=N-1-n$

$$H(z)=\sum_{m=0}^{N-1}h(m)z^{-(N-1-m)}=z^{-(N-1)}\sum_{m=0}^{N-1}h(m)z^{m}=z^{-(N-1)}H(z^{-1}) \tag{6-21}$$

当 $h(n)=-h(N-1-n)$时，可以推导出

$$H(z)=-z^{-(N-1)}H(z^{-1}) \tag{6-22}$$

由式（6-22）可见，若 $z=z_i$ 是零点，则它的倒数也必定是零点。又由于 $h(n)$是实数，$H(z)$的零点又必定以共轭对出现，这样，若零点既不在实轴又不在单位圆上，那么必然是 4 个互为倒数的两组共轭对，如图 6-3 中的 z_1、$1/z_1$、z_1^*、$1/z_1^*$所示；若零点 z_i 是单位圆上的复零点，其共轭倒数就是其本身，如图 6-3 中的 z_3、z_3^*所示；若零点 z_i 是实数又不在单位圆上，其共轭就是其本身，如图 6-3 中的 z_2、$1/z_2$ 所示；若零点 z_i 既在单位圆上又在实轴上，则 4 个互为倒数共轭的零点合为一点，因此呈单点出现，如图 6-3 中 z_4 所示。

与上述零点组合方式相对应，$H(z)$也可分解成一阶、二阶和四阶因式的乘积。

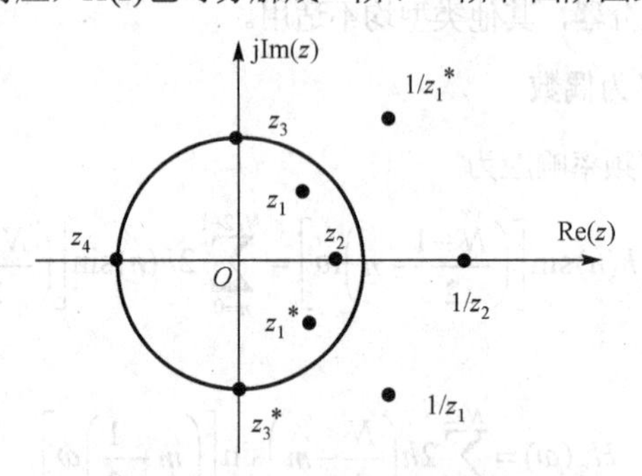

图 6-3　线性相位 FIR 滤波器零点的对称性

6.2　窗函数法设计 FIR 数字滤波器

窗函数设计法的基本思想是通过逼近理想滤波器特性，以获得高性能的 FIR 数字滤波器。设希望逼近的理想滤波器的频率响应为 $H_d(e^{j\omega})$，但其单位脉冲响应为 $h_d(n)$是无限长非因果序列，因此，$h_d(n)$不能直接作为 FIR 数字滤波器的单位脉冲响应 $h(n)$，必须从 $h_d(n)$截取有限长的一段因果序列，并用适当的窗函数加权处理才能作为 FIR 数字滤波器的单位脉冲响应 $h(n)$。显然，FIR 数字滤波器的逼近精度与截取 $h_d(n)$的有限长序列 $h(n)$的长度 N 和加权窗函数密切相关。

6.2.1　FIR 数字滤波器窗函数设计方法

1. 窗函数设计法原理

图 6-4(a)所示为截止频率 ω_c 的理想低通滤波器的幅度响应，其相频特性 $\theta(\omega)=0$，如图 6-4(b)所示。

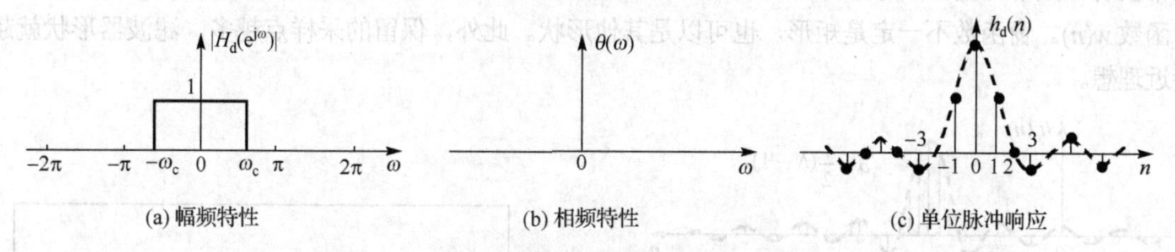

图 6-4　理想低通滤波器的频率响应和脉冲响应

该理想低通滤波器的频率响应为

$$H_d(e^{j\omega})=\begin{cases}1, & |\omega|\leqslant\omega_c\\ 0, & \omega_c<|\omega|<\pi\end{cases}\tag{6-23}$$

对应的单位脉冲响应为

$$h_d(n)=\frac{1}{2\pi}\int_{-\omega_c}^{\omega_c}e^{j\omega n}d\omega=\frac{\sin(\omega_c n)}{\pi n}\tag{6-24}$$

如图 6-4(c)所示，显然这是一个非因果序列。

很容易想到的一个近似方法是把图 6-4(c)脉冲响应两边响应值很小的采样点截去，这样所设计的 FIR 数字滤波器的单位脉冲响应 $h(n)$就为有限长，再通过移位操作使序列 $h(n)$具有因果性，并用 $h(n)$逼近理想低通滤波器。这就是利用窗函数法设计 FIR 数字滤波器的基本原理。

如图 6-5(a)所示，先将 $h_d(n)$右移 a 点，此理想低通滤波器的频率响应为

$$H_d(e^{j\omega})=\begin{cases}e^{-j\omega a}, & |\omega|\leqslant\omega_c\\ 0, & \omega_c<|\omega|\leqslant\pi\end{cases}\tag{6-25}$$

对应的单位脉冲响应为

$$h_d(n)=\frac{1}{2\pi}\int_{-\omega_c}^{\omega_c}e^{-j\omega a}\cdot e^{j\omega n}\cdot d\omega=\frac{\sin[\omega_c(n-a)]}{\pi(n-a)}\tag{6-26}$$

取 $a=\dfrac{N-1}{2}$，$h_d(n)$是以 a 为中心的无限长非因果序列。取

$$h(n)=\begin{cases}h_d(n), & 0\leqslant n\leqslant N-1\\ 0, & 其他\end{cases}$$

则截短后的序列 $h(n)$的长度为 N，选 $a=(N-1)/2$ 是为了满足 FIR 数字滤波器偶对称的要求。也可以把 $h(n)$视为图 6-5(b)所示 $h_d(n)$与一矩形序列 $w_R(n)$相乘的结果，即

$$h(n)=h_d(n)w_R(n)\tag{6-27}$$

其中

$$w_R(n)=\begin{cases}1, & 0\leqslant n\leqslant N-1\\ 0, & 其他\end{cases}$$

$h(n)$如图 6-5(c)所示。$w_R(n)$称为矩形窗函数。

理想低通滤波器的单位脉冲响应 $h_d(n)$截短后所得序列 $h(n)$的频率特性自然会产生变化，滤波器形状不再是理想矩形。图 6-6 给出了 N 取 21 项因果脉冲响应的幅度响应，图中虚线为理想低通滤波器的形状。截短的主要影响是在滤波器通带和阻带内有波动、过渡带变宽。综上所述，必须从降低通带和阻带波动、减小过渡带上考虑，才能使所设计的滤波器逼近理想低通滤波器，其中起关键作用的就是窗函数 $w(n)$。窗函数不一定是矩形，也可以是其他形状。此外，保留的采样点越多，滤波器形状就越接近理想。

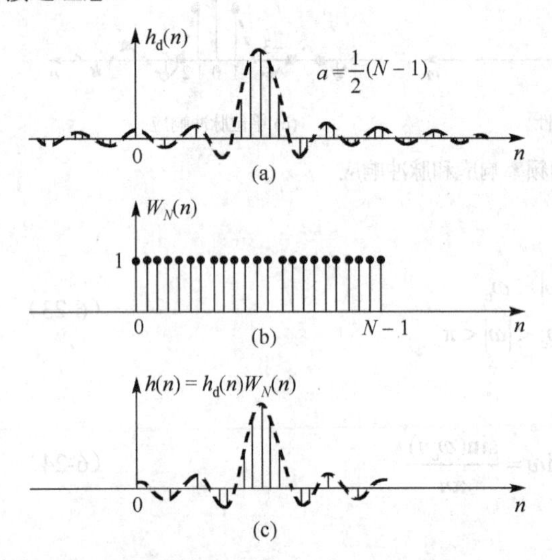

图 6-5　理想低通脉冲响应的直接截取

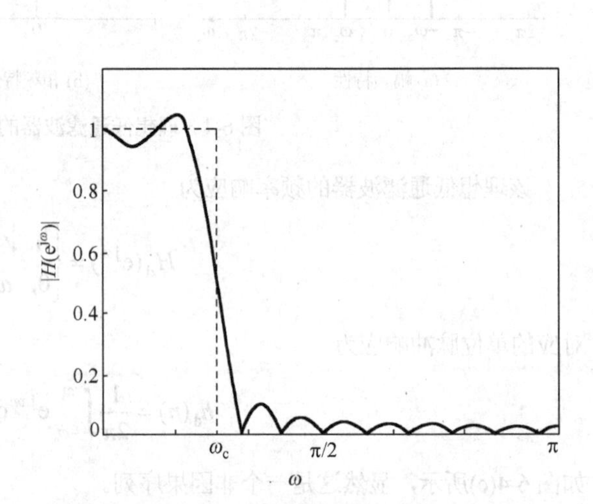

图 6-6　非理想低通滤波器的幅度响应

2．窗函数设计法的性能

式（6-27）说明 $h(n)$与窗函数 $w(n)$的直接关系，逼近误差的实质就是加窗产生的影响，其大小与窗函数的形状和长度有关。

设窗函数为矩形窗函数 $w_R(n)=R_N(n)$。因为 $h(n)=h_d(n)w_R(n)$，所以

$$H(e^{j\omega})=\mathrm{FT}[h(n)]=\frac{1}{2\pi}H_d(e^{j\omega})*W_R(e^{j\omega}) \tag{6-28}$$

$$W_R(e^{j\omega})=\mathrm{FT}[w_R(n)]=\frac{\sin(\omega N/2)}{\sin(\omega/2)}e^{-j\omega(N-1)/2}=W_{Rg}(\omega)e^{-j\omega\tau}，\ \tau=(N-1)/2 \tag{6-29}$$

式中，$W_{Rg}(\omega)$为矩形窗函数的幅度特性函数，如图 6-7(b)所示。图 6-7(a)为期望逼近的理想滤波器幅频特性。图中 $W_{Rg}(\omega)$在 $\omega=0$ 附近两个零点之间的部分称为主瓣，其余部分称为旁瓣。矩形窗函数幅度特性 $W_{Rg}(\omega)$的主瓣宽度为 $4\pi/N$，每个旁瓣的宽度为 $2\pi/N$。

定义 α_n（单位 dB）为窗函数的幅频特性$|W_{Rg}(\omega)|$的最大旁瓣的最大值相对于主瓣的衰减，ΔB 为该窗函数设计的 FIR 数字滤波器的过渡带宽度。

将 $H_d(e^{j\omega})$也表示为幅度函数与相位因子的乘积，即

$$H_d(e^{j\omega})=H_{dg}(\omega)e^{j\omega\tau}，\ \tau=(N-1)/2 \tag{6-30}$$

将式（6-29）和式（6-30）代入式（6-28）得

$$H(e^{j\omega})=\frac{1}{2\pi}H_d(e^{j\omega})*W_R(e^{j\omega})=\frac{1}{2\pi}\int_{-\pi}^{\pi}H_d(e^{j\theta})W_R(e^{j(\omega-\theta)})d\theta$$

$$=\frac{1}{2\pi}\int_{-\pi}^{\pi}H_{dg}(\theta)e^{-j\theta\tau}W_{Rg}(\omega-\theta)e^{-j(\omega-\theta)\tau}d\theta$$

$$=e^{-j\omega\tau}\frac{1}{2\pi}\int_{-\pi}^{\pi}H_{dg}(\theta)W_{Rg}(\omega-\theta)d\theta$$

$$=e^{-j\omega\tau}\frac{1}{2\pi}H_{dg}(\omega)*W_{Rg}(\omega)=e^{j\theta(\omega)}H_g(\omega)$$

式中

$$H_g(\omega)=\frac{1}{2\pi}H_{dg}(\omega)*W_{Rg}(\omega) \tag{6-31}$$

$$\theta(\omega)=-\omega(N-1)/2 \tag{6-32}$$

式（6-32）表明，在窗函数设计法中，相位保持严格线性相位，只需要分析幅度逼近误差就可以了。

根据式（6-31）可知，滤波器的幅度特性函数 $H_g(\omega)$等于希望逼近的滤波器的幅度特性函数 $H_{dg}(\omega)$与窗函数的幅度特性函数 $W_{dg}(\omega)$的卷积，卷积过程如图 6-7 所示。

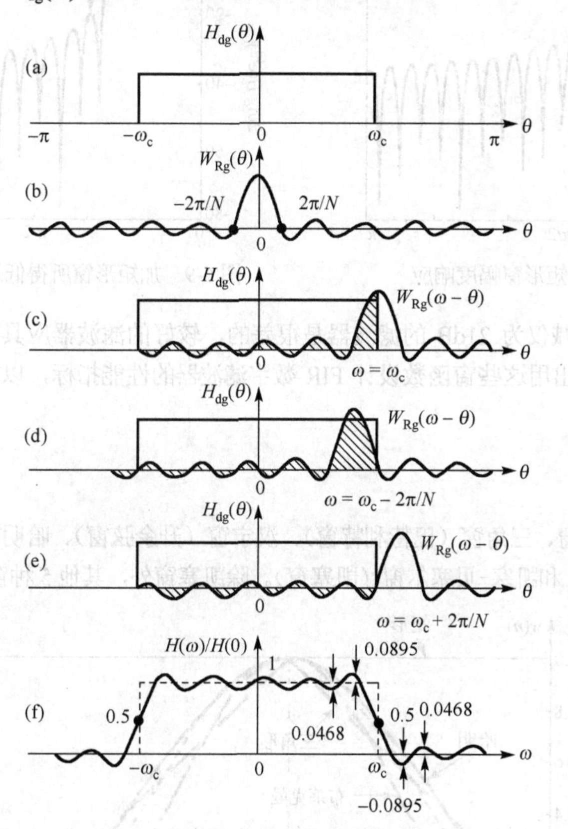

图 6-7　矩形窗对理想低通幅度特性的影响

综上所述，加矩形窗在理想特性不连续点 $\omega=\omega_c$ 附近形成过渡带。过滤带的宽度近似等于 $W_R(\omega)$主瓣宽度，即 $4\pi/N$，记为 $\Delta B=4\pi/N$。在频率点 $\omega=\omega_c$ 处幅度衰减达 6dB；其次，加矩形窗在通带内增加了波动，最大的峰值在 $\omega=\omega_c-2\pi/N$ 处。阻带内产生了余振，最大的负峰在 $\omega_c+2\pi/N$ 处。通带与阻带中波动的情况和窗函数的幅度谱有关。$W_R(\omega)$波动愈快（N加大时），通带、阻带内波动愈快，$W_R(\omega)$旁瓣的大小直接影响 $H(\omega)$波动的大小。这就是加窗引起的两点主要误差，称为吉布斯效应。

吉布斯效应直接影响滤波器的性能。通带内的波动影响滤波器通带中的平稳性，阻带内的波动影响阻带内的衰减，可能使最小衰减不满足技术要求。当然，一般滤波器都要求过渡带愈窄愈好。直观上看，增加矩形窗口的宽度，即加大 N，可以减少吉布斯效应的影响，但按照式（6-29），$W_R(\omega)$在主瓣附近可近似为

$$W_R(\omega) \approx \frac{\sin(\omega N/2)}{\omega/2} = N\frac{\sin x}{x}$$

该函数的性质是随 x 加大（N 加大），主瓣幅度加高，同时旁瓣也加高，保持主瓣和旁瓣幅度相对值不变；另一方面，波动的频率加快，当 $x\to\infty$（$N\to\infty$）时，$\sin x/x$ 趋近于 δ 函数。因此，当 N 加大时，$H(\omega)$的波动幅度没有多大改善，带内最大肩峰比 $H(0)$高 8.95%，阻带最大负峰肩比零值超过 8.95%，使阻带最小衰减只有 21dB。N 加大带来的最大好处就是 $H(\omega)$过渡带变窄（过渡带近似为 $4\pi/N$）。结论，加大 N 并不是减少吉布斯效应的有效方法。图 6-8 是矩形窗的幅度响应，最大旁瓣比直流幅值低 13dB。由矩形窗得到的低通滤波器，其通带和阻带增益之差约为 21dB，如图 6-9 所示。

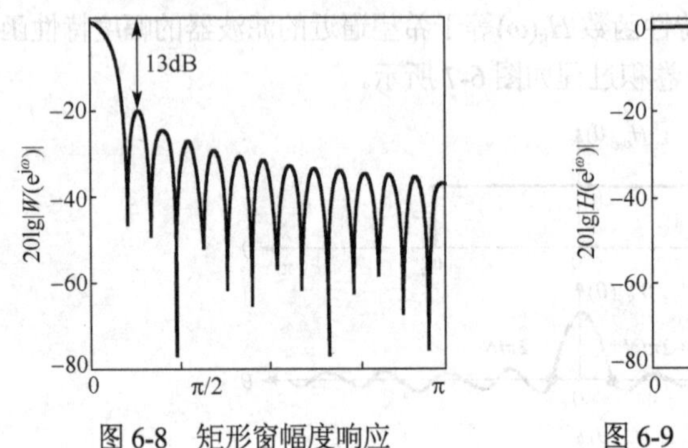

图 6-8　矩形窗幅度响应　　　　图 6-9　加矩形窗所得低通滤波器形状

阻带内对信号的衰减仅为 21dB 的滤波器是很差的，较好的滤波器应具有更大的衰减。下面介绍几种典型的窗函数，给出用这些窗函数设计 FIR 数字滤波器的性能指标，以方便设计滤波器时选择窗函数类型和长度。

6.2.2　常用窗函数

常用窗函数有矩形窗、三角窗（巴特利特窗）、汉宁窗（升余弦窗）、哈明窗（改进升余弦窗）、布莱克曼窗（二阶升余弦窗）和凯塞–贝塞尔窗（凯塞窗）。除凯塞窗外，其他 5 种窗函数曲线如图 6-10 所示。

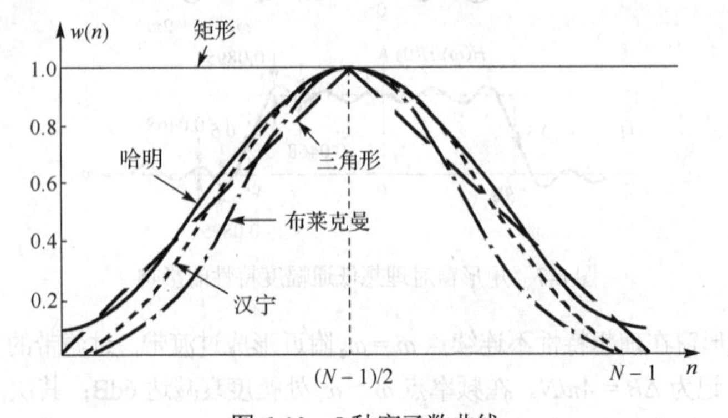

图 6-10　5 种窗函数曲线

1．矩形窗

长度为 N 的矩形窗（Rectangle Window）函数定义为

$$w_R(n)=\begin{cases}1, & 0\leqslant n\leqslant N-1\\ 0, & 其他\end{cases} \tag{6-33}$$

矩形窗 $w_R(n)$的频谱为

$$H(e^{j\omega})=\sum_{n=0}^{N-1}W_R(n)=\sum_{n=0}^{N-1}e^{-j\omega n}=\frac{1-e^{jN\omega}}{1-e^{-j\omega}}=\frac{\sin(\omega N/2)}{\sin(\omega/2)}e^{-j\frac{N-1}{2}\omega}=W_R(\omega)e^{j\omega\alpha}$$

其中

$$\begin{cases}W_R(\omega)=\dfrac{\sin(\omega N/2)}{\sin(\omega/2)}\\ \alpha=\dfrac{N-1}{2}\end{cases} \tag{6-34}$$

矩形窗幅度函数 $w_R(\omega)$的图形如图 6-7(b)所示。ω 在$-\dfrac{2\pi}{N}\sim\dfrac{2\pi}{N}$之间的 $w_R(\omega)$称为窗函数频谱的主瓣，主瓣两侧呈衰减振荡的部分称为旁瓣。

用矩形窗 $w_R(n)$设计的低通滤波器，阻带中最大旁瓣比通带增益低 21dB，如图 6-13(a)所示。主要性能参数为 $\alpha_n=13\text{dB}$，$\Delta B=4\pi/N$，阻带衰减 $\alpha_s=21\text{dB}$。

2．三角窗（Bartlett Window）

$$w(n)=\begin{cases}\dfrac{2n}{N-1}, & 0\leqslant n\leqslant\dfrac{N-1}{2}\\ 2-\dfrac{2n}{N-1}, & \dfrac{N-1}{2}\leqslant n\leqslant N-1\end{cases} \tag{6-35}$$

$$W(\omega)=\frac{2}{N}\left|\frac{\sin(\omega N/4)}{\sin(\omega/2)}\right|^2 \tag{6-36}$$

用三角窗设计的低通滤波器，阻带中最大旁瓣比通带增益低 25dB，如图 6-13(b)所示。主要性能参数 $\alpha_n=25\text{dB}$，$\Delta B=8\pi/N$，阻带衰减 $\alpha_s=25\text{dB}$。

3．汉宁窗（Hanning Window）

$$w(n)=\frac{1}{2}\left[1-\cos\left(\frac{2\pi n}{N-1}\right)\right]，0\leqslant n\leqslant N-1 或 w(n)=\frac{1}{2}\left(1-\cos\frac{2\pi n}{N-1}\right)w_R(n) \tag{6-37}$$

将频率响应写成 $W(e^{j\omega})=W(\omega)e^{-j\omega\alpha}$，利用序列的傅里叶变换的调制性质，由式（6-35）可得出汉宁窗的频谱幅度函数为

$$W(\omega)=0.5W_R(\omega)+0.25\left[W_R\left(\omega-\frac{2\pi}{N-1}\right)+W_R\left(\omega+\frac{2\pi}{N-1}\right)\right] \tag{6-38}$$

从式（6-38）可见，汉宁窗的频谱由三部分组成，如图 6-11 所示。正是三部分频谱相加的结果，能量有效地集中在主瓣内，使旁瓣大大降低，其代价是主瓣的宽度加大了一倍，为 $8\pi/N$。汉宁窗的旁瓣比直流幅度小 31dB，这一点可使所设计的滤波器具有较好的阻带衰减，其低通 FIR 数字滤波器幅度响应的最大旁瓣的阻带增益比通带增益低 44dB，而用矩形窗时仅为 21dB。

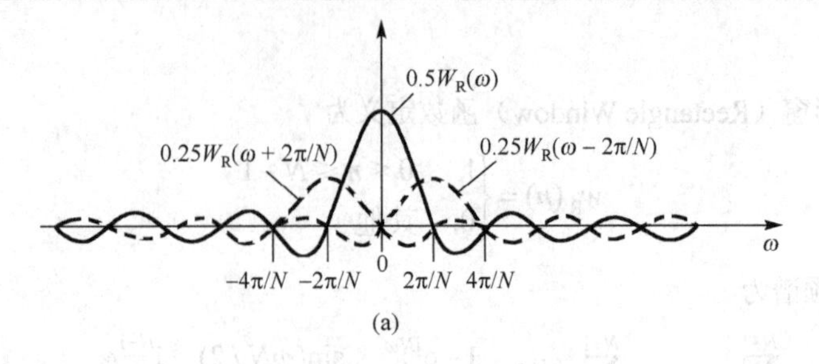

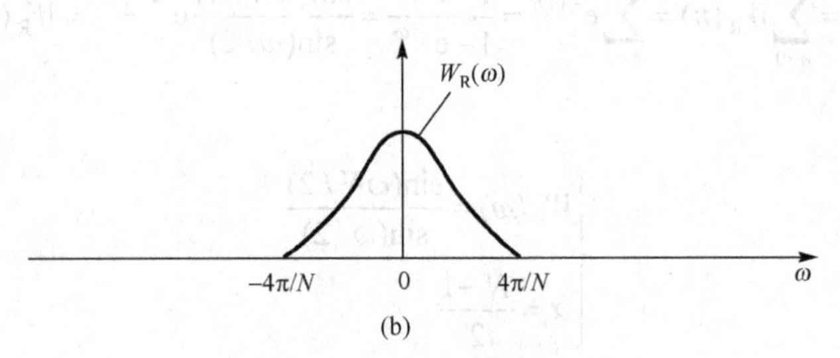

图 6-11　汉宁窗的频谱

用汉宁窗设计的低通滤波器，阻带中最大旁瓣比通带增益低 44dB，如图 6-13(c)所示。汉宁窗的主要性能参数 $\alpha_n = 31\text{dB}$，$\Delta B = 8\pi/N$，阻带衰减 $\alpha_s = 44\text{dB}$。

4．哈明窗（Hamming Window）

对升余弦加以改进得到哈明窗，它的旁瓣更小，其窗函数为

$$w(n) = \left[0.54 - 0.46\cos\left(\frac{2\pi n}{N-1}\right)\right] w_R(n) \tag{6-39}$$

$$W(\omega) \approx 0.54 W_R(\omega) + 0.23\left[W_R\left(\omega - \frac{2\pi}{N}\right) + W_R\left(\omega + \frac{2\pi}{N}\right)\right], \quad (\text{当} N \gg 1 \text{时}) \tag{6-40}$$

哈明窗可将 99.963%的能量集中在窗谱的主瓣内。与汉宁窗相比，主瓣宽度同为 $8\pi/N$，但旁瓣幅度更小，旁瓣峰值比主瓣峰值小 41dB。用哈明窗设计的低通滤波器，阻带中最大旁瓣比通带增益低 53dB，如图 6-13(d)所示。

哈明窗的主要性能参数 $\alpha_n = 41\text{dB}$，$\Delta B = 8\pi/N$，阻带衰减 $\alpha_s = 53\text{dB}$。

5．布莱克曼窗（Blackman Window）

加上余弦的二次谐波分量可更进一步抑制旁瓣，得到布莱克曼窗

$$w(n) = \left[0.42 - 0.5\cos\left(\frac{2\pi n}{N-1}\right) + 0.08\cos\left(\frac{4\pi n}{N-1}\right) w_R(n)\right] \tag{6-41}$$

其幅度函数为

$$W(\omega) = 0.42 W_R(\omega) + 0.25\left[W_R\left(\omega - \frac{2\pi}{N-1}\right) + W_R\left(\omega + \frac{2\pi}{N-1}\right)\right] + 0.04\left[W_R\left(\omega - \frac{4\pi}{N-1}\right) + W_R\left(\omega + \frac{4\pi}{N-1}\right)\right] \tag{6-42}$$

其幅度函数由 5 部分移位不同且幅度也不同的 $W_R(\omega)$函数组成，它们使旁瓣进一步抵消，阻带衰减进一步增大，过渡带也有所加大，是矩形窗过渡带的 3 倍，即为 $12\pi/N$。主瓣与最大旁瓣之间相差 57dB。用布莱克曼窗设计的低通滤波器可以使旁瓣低于通带增益 75dB，如图 6-13(e)所示。

布莱克曼窗的主要性能参数 $\alpha_n = 57\text{dB}$，$\Delta B = 12\pi/N$，阻带衰减 $\alpha_s = 74\text{dB}$ 。

图 6-12 给出了当 $N = 51$ 时 5 种窗函数的幅度谱。可见，随着旁瓣的减小，主瓣宽度相应增加了。图 6-13 是利用这 5 种窗函数针对同一技术指标（$N = 51$，截止频率 $\omega_c = 0.5\pi$）设计的 FIR 数字滤波器的幅度响应，随着窗函数的改变，滤波器阻带最小衰减增加，但过渡带也加宽变大。

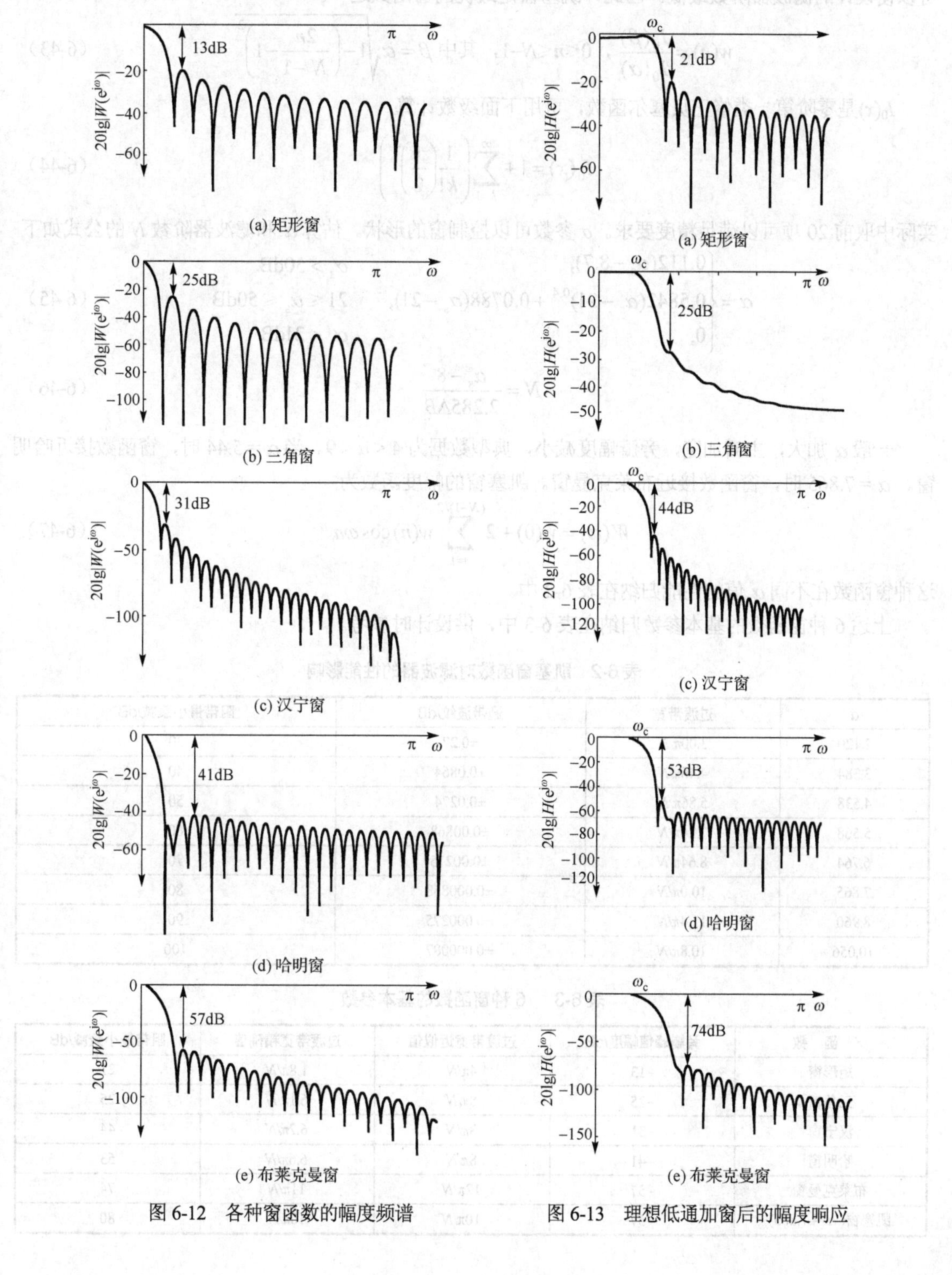

图 6-12　各种窗函数的幅度频谱　　图 6-13　理想低通加窗后的幅度响应

6．凯塞-贝塞尔窗（Kaiser-Basel Window）

用上述5种窗函数设计的滤波器的阻带最小衰减是固定的，凯塞窗是一种可调整的窗函数，通过其参数调整可以达到不同的阻带衰减和最小主瓣宽度，即过渡带最窄。对于给定的指标，凯塞窗函数可以使设计的滤波器阶数最低。因此，凯塞窗是最优的窗函数之一。

$$w(n)=\frac{I_0(\beta)}{I_0(\alpha)}，\ 0\leqslant n\leqslant N-1，\ 其中\ \beta=\alpha\sqrt{1-\left(\frac{2n}{N-1}-1\right)^2} \tag{6-43}$$

$I_0(x)$是零阶第一类修正贝塞尔函数，可用下面级数计算

$$I_0(x)=1+\sum_{k=1}^{\infty}\left(\frac{1}{k!}\left(\frac{x}{2}\right)^k\right)^2 \tag{6-44}$$

实际中取前20项可以满足精度要求。α参数可以控制窗的形状。估算α和滤波器阶数N的公式如下

$$\alpha=\begin{cases}0.112(\alpha_s-8.7), & \alpha_s>50\text{dB}\\ 0.5842(\alpha_s-21)^{0.4}+0.0788(\alpha_s-21), & 21\leqslant\alpha_s\leqslant 50\text{dB}\\ 0, & \alpha_s<21\text{dB}\end{cases} \tag{6-45}$$

$$N=\frac{\alpha_s-8}{2.285\Delta B} \tag{6-46}$$

一般α加大，主瓣加宽，旁瓣幅度减小，典型数据为$4<\alpha<9$。当$\alpha=5.44$时，窗函数接近哈明窗。$\alpha=7.865$时，窗函数接近布莱克曼窗。凯塞窗的幅度函数为

$$W(\omega)=w(0)+2\sum_{n=1}^{(N-1)/2}w(n)\cos\omega n \tag{6-47}$$

这种窗函数在不同α值的性能归纳在表6-2中。

上述6种窗函数的基本参数归纳在表6-3中，供设计时参考。

表6-2 凯塞窗函数对滤波器的性能影响

α	过渡带宽	通带波纹/dB	阻带最小衰减/dB
2.120	$3.00\pi/N$	±0.27	30
3.384	$4.46\pi/N$	±0.0864	40
4.538	$5.86\pi/N$	±0.0274	50
5.568	$7.24\pi/N$	±0.00868	60
6.764	$8.64\pi/N$	±0.00275	70
7.865	$10.0\pi/N$	±0.000868	80
8.960	$11.4\pi/N$	±0.000275	90
10.056	$10.8\pi/N$	±0.000087	100

表6-3 6种窗函数的基本参数

窗 函 数	旁瓣峰值幅度/dB	过渡带宽近似值	过渡带宽精确值	阻带最小衰减/dB
矩形窗	−13	$4\pi/N$	$1.8\pi/N$	21
三角窗	−25	$8\pi/N$	$6.1\pi/N$	25
汉宁窗	−31	$8\pi/N$	$6.2\pi/N$	44
哈明窗	−41	$8\pi/N$	$6.6\pi/N$	53
布莱克曼窗	−57	$12\pi/N$	$11\pi/N$	74
凯塞窗($\alpha=7.865$)	−57	$10\pi/N$	$10\pi/N$	80

目前已经提出的窗函数有几十种之多，并且随着数字信号处理技术的进步而不断发展。

6.2.3　用窗函数法设计 FIR 数字滤波器的 MATLAB 函数

1．用窗函数设计 FIR 数字滤波器的步骤

用窗函数设计 FIR 数字滤波器的步骤归纳如下。

（1）给出希望设计的滤波器的频率响应函数 $H_d(e^{j\omega})$；若所给指标为边界频率和通带、阻带衰减，一般选理想滤波器作逼近函数。

（2）计算以下积分，求出 $h_d(n)$

$$h_d(n)=\frac{1}{2\pi}\int_{-\omega_c}^{\omega_c}H_d(e^{j\omega})e^{j\omega n}d\omega \tag{6-48}$$

（3）根据阻带衰减指标，查表 6-3 选择窗函数的形状。

根据允许的过渡带宽度 $\Delta\omega$，选定 N 值的方法：由 $\Delta\omega=A/N$ 可得

$$N=\frac{A}{\Delta\omega} \tag{6-49}$$

式中的 A 依据选定的窗函数查表 6-3 得到。

（4）将 $h_d(n)$与窗函数相乘得 FIR 数字滤波器的脉冲响应 $h(n)$

$$h(n)=h_d(n)w(n) \tag{6-50}$$

（5）计算 FIR 数字滤波器的频率响应，并验证是否达到所要求的指标。由 $H(e^{j\omega})$计算幅度响应 $H(\omega)$和相位响应 $\theta(\omega)$。$H(e^{j\omega})$由下式计算

$$H(e^{j\omega})=\sum_{n=0}^{N-1}h(n)e^{-j\omega n} \tag{6-51}$$

尽管窗函数法由于有明显的优点而受到重视，但由于很难准确控制滤波器的通带边界频率，并且当 $H_d(e^{j\omega})$不能用简单函数表示时，计算式（6-48）的积分非常困难，因而其应用受到了限制。

关于滤波器的通带边界频率控制问题，目前主要通过多次设计来解决。关于低通滤波器的截止频率 ω_c，由于窗函数主瓣的作用而产生过渡带，出现了通带截止频率 ω_1 和阻带截止频率 ω_2。在 ω_1 和 ω_2 处的衰减是否满足通带和阻带的截止频率要求是不一定的。为了得到满意的结果，需假设不同的 ω_c 进行多次设计。

对于式（6-48）的积分困难的问题，解决办法是用求和来代替积分。由式（6-48）可知

$$h_d(n)=\frac{1}{2\pi}\int_{0}^{2\pi}H_d(e^{j\omega})e^{j\omega n}d\omega$$

若以 $H_d(e^{j\omega})e^{j\omega n}$ 在 $\omega_k=\dfrac{2\pi}{M}k$ 的 M 个点上的值之和代替上式中的积分，则有

$$\tilde{h}_d(n)=\frac{1}{M}\sum_{K=0}^{M-1}H_d\left(e^{j\frac{2\pi}{M}k}\right)e^{j\frac{2\pi}{M}k}e^{j\frac{2\pi}{M}kn} \tag{6-52}$$

式（6-52）表明 $\tilde{h}_d(n)$ 实际上等效于 $H_d(k)=H_d(e^{j\frac{2\pi}{M}k})$ 序列的 M 点 IDFT。根据频率采样的讨论可知，$\tilde{h}_d(n)$ 与 $h_d(n)$有如下的关系

$$\tilde{h}_{\mathrm{d}}(n)=\sum_{r=-\infty}^{\infty}h_{\mathrm{d}}(n-rM) \tag{6-53}$$

因此，当 $M \gg N$ 时，$\tilde{h}_{\mathrm{d}}(n)$ 在窗口范围内能很好地逼近 $h_{\mathrm{d}}(n)$。

2．窗函数法设计 FIR 数字滤波器的 MATLAB 设计函数

（1）MATLAB 信号处理工具箱函数提供了 14 种窗函数产生函数，下面列出前面介绍的 6 种窗函数的产生函数为

```
wn = boxcar(N)       %函数调用结果 wn 返回长度为 N 的矩形窗函数
wn = bartlett(N)     %函数调用结果 wn 返回长度为 N 的三角窗函数
wn = hanning(N)      %函数调用结果 wn 返回长度为 N 的汉宁窗函数
wn = hamming(N)      %函数调用结果 wn 返回长度为 N 的哈明窗函数
wn = blackman(N)     %函数调用结果 wn 返回长度为 N 的布莱克曼窗函数
wn = kaiser(N)       %函数调用结果 wn 返回长度为 N 的凯塞窗函数
```

（2）MATLAB 窗函数法设计 FIR 数字滤波器的设计函数是 fir1，可以实现线性相位理想低通、高通、带通和带阻滤波器的逼近设计。

调用格式 hn = fir(M，wc)，返回 6dB 截止频率为 wc 的 M 阶（$N = M + 1$，N 为单位脉冲响应 $h(n)$ 的长度）FIR 低通滤波器系数向量 hn。$h(n)$满足线性相位条件 $h(n) = h(N-1-n)$，与向量 hn 的关系为 $h(n) =$ hn$(n + 1)$，$n = 0,1,\cdots,M$。wc 为对 π 归一化的数字频率，0≤wc≤1。当 wc = [wcl,wcu]时，得到–6dB 通带为 wcl≤wc≤wcu 的带通滤波器。

调用格式 hn = fir(M，wc，‘filtertype’)，filtertype 为 high 时，可设计高通滤波器。若 filtertype 为 stop 时，可设计带阻滤波器，当然此时 wc = [wcl,wcu]。设计高通和带阻滤波器时，阶数 M 只能取偶数，如果用户将其置为奇数，fir1 会自动加 1 进行修正。

fir1 默认哈明窗作为设计滤波器的窗函数，如果用户需要指定窗函数，可以在上述调用格式基础上增加窗函数选项来指定窗函数，例如

```
hn = fir(M,wc)                            %默认哈明窗为设计滤波器的窗函数
hn = fir(M,wc,bartlett(M + 1))            %指定三角窗为设计滤波器的窗函数
hn = fir(M,wc,'high',blackman(M + 1))     %指定布莱克曼窗为设计滤波器的窗函数
```

（3）用 fir2 函数设计 FIR 数字滤波器时，实质上它是一种频率采样法与窗函数法结合的综合设计函数，主要用于设计幅度特性形状特殊的滤波器，可以任意指定滤波器的形状，如数字微分器和多带滤波器等，也可称之为任意形状幅度特性窗函数法设计函数。fir2 函数详细用法请读者用 MATLAB 命令 help 查阅其调用格式及其说明。

【例 6-1】 如图 6-14 所示，给定采样频率为 $\Omega_{\mathrm{s}} = 2\pi\times1.5\times10^4$(rad/s)，模拟低通滤波器通带截止频率为 $\Omega_{\mathrm{p}} = 2\pi\times1.5\times10^3$(rad/s)，阻带起始频率为 $\Omega_{\mathrm{st}} = 2\pi\times3\times10^3$(rad/s)，阻带衰减不小于–50dB。设计一个线性相位 FIR 低通滤波器。

解 先将模拟的边界频率转换为数字边界频率，转换公式为 $\omega = \Omega T = \Omega\cdot\dfrac{2\pi}{\Omega_{\mathrm{s}}}$。

（1）计算对应的数字频率

通带截止频率为 $\omega_{\mathrm{p}} = \dfrac{\Omega_{\mathrm{p}}}{f_{\mathrm{s}}} = 2\pi\dfrac{\Omega_{\mathrm{p}}}{\Omega_{\mathrm{s}}} = 0.2\pi$

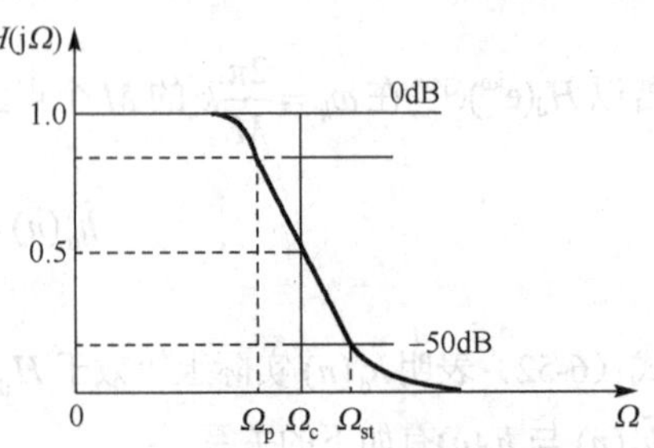

图 6-14　要求的模拟低通滤波器的特性

阻带起始频率为

$$\omega_{st} = \frac{\Omega_{st}}{f_s} = 2\pi\frac{\Omega_{st}}{\Omega_s} = 0.4\pi$$

阻带衰减 $\delta_2 = 50\text{dB}$。

（2）设 $H_d(e^{j\omega})$为理想线性相位低通滤波器

$$H_d(e^{j\omega}) = \begin{cases} e^{-j\omega\tau}, & |\omega| \leqslant \omega_c \\ 0, & 其他 \end{cases}$$

因为 Ω_c 为两个肩峰值处的频率的中点，由于 Ω_p 到 Ω_{st} 之间的过滤带宽并非两个肩峰值间的频率差，所以求出近似的 Ω_c 为

$$\Omega_c \approx \frac{1}{2}(\Omega_p + \Omega_{st}) = 2\pi \times 2.25 \times 10^3 (\text{rad/s})$$

其对应的数字频率为

$$\omega_c = \frac{\Omega_c}{f_s} = 2\pi\frac{\Omega_c}{\Omega_s} = 0.3\pi$$

由此可得

$$h_d(n) = \frac{1}{2\pi}\int_{-\omega_c}^{\omega_c} e^{j\omega(n-\tau)} d\omega = \frac{\sin(n-\tau)\omega_c}{\pi(n-\tau)}$$

其中，τ 为线性相位所必需的移位，满足 $\tau = (N-1)/2$。

（3）根据阻带衰减 δ_2 查表 6-3，选哈明窗，其阻带最小衰减 53dB 满足要求。

要求过渡带宽（数字频域）$\Delta\omega = \omega_{st} - \omega_p = 0.2\pi$，而哈明窗过渡带宽满足 $\Delta\omega = 6.6\pi/N$，所以

$$N = \frac{6.6\pi}{\Delta\omega} = \frac{6.6\pi}{0.2\pi} = 33$$

取 $N = 33$，则 $\tau = \dfrac{N-1}{2} = 16$。

（4）确定 FIR 数字滤波器的 $h(n)$。哈明窗为

$$w(n) = \left[0.54 - 0.46\cos\left(\frac{2\pi n}{N-1}\right)\right] w_R(n)$$

$$h_d(n) = \frac{\sin\left(n - \frac{N-1}{2}\right)\omega_c}{\pi\left(n - \frac{N-1}{2}\right)}$$

所以

$$h(n) = h_d(n) \cdot w(n) = \frac{\sin 0.3(n-16)\pi}{\pi(n-16)} \cdot \left(0.54 - 0.46\cos\frac{\pi n}{16}\right) w_R(n)$$

（5）检验 $H(e^{j\omega})$各项指标是否满足要求，如不满足要求，则改变 N 或重复（1）～（4）改变窗形状（或两者都改变）重新计算。$H(e^{j\omega})$为

$$H(e^{j\omega}) = \sum_{n=0}^{32} h(n) e^{-j\omega n}$$

$H(e^{j\omega})$的形状如图 6-15 所示，满足设计要求。

本题的 MATLAB 设计程序 fex6_1.m 如下

```
wp = 0.2*pi;ws = 0.4*pi;                 %设置滤波器参数
DB = ws-wp;                              %计算过渡带宽度
N0 = ceil(6.6*pi/DB);                    %根据表 6-3 哈明窗计算所需 h(n) 长度 N0
N = N0 + mod(N0 + 1,2);                  %确保 h(n) 长度 N 是奇数
wc = (wp + ws)/2/pi;                     %计算理想低通滤波器通带截止频率(关于π归一化)
hn = fir1(N-1,wc,hamming(N));            %调用 fir1 计算低通 FIRDFh(n)
```

用上述 MATLAB 程序设计的滤波器频率特性如图 6-15 所示。

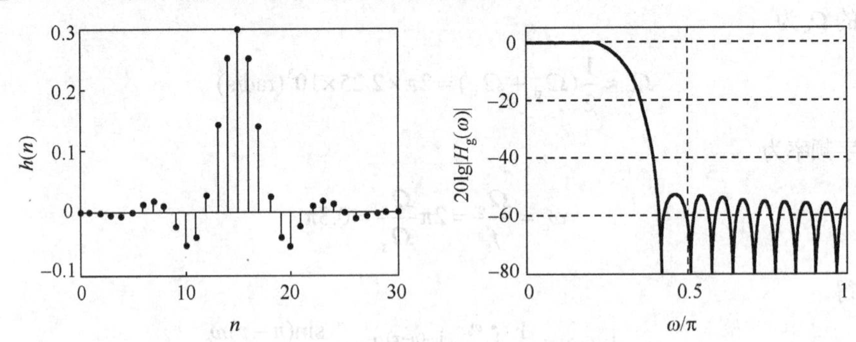

图 6-15　例 6-1 线性相位 FIR 低通滤波器幅频特性

3．线性相位 FIR 高通、带通和带阻滤波器的设计

窗函数法也可设计高通滤波器、带通滤波器、带阻滤波器等类型的滤波器。利用奇对称单位脉冲响应的特点（见表 6-1）还可以设计 90° 移相器（或称离散希尔伯特变换器）及幅度响应与 ω 呈线性关系的线性差分器。

（1）线性相位 FIR 高通滤波器的设计

按指标要求的理想线性相位高通滤波器的频率响应为

$$H_{\mathrm{d}}(\mathrm{e}^{\mathrm{j}\omega})=\begin{cases}\mathrm{e}^{-\mathrm{j}\omega\tau}, & \omega_{\mathrm{c}}\leqslant|\omega|\leqslant\pi\\ 0, & 其他\end{cases} \tag{6-54}$$

式中，$\tau=(N-1)/2$，它的单位脉冲响应为

$$\begin{aligned}h_{\mathrm{d}}(n)&=\frac{1}{2\pi}\int_{-\pi}^{\pi}H_{\mathrm{d}}(\mathrm{e}^{\mathrm{j}\omega})\mathrm{e}^{\mathrm{j}\omega n}\mathrm{d}\omega=\frac{1}{2\pi}\left[\int_{-\pi}^{-\omega_{\mathrm{c}}}\mathrm{e}^{\mathrm{j}\omega(n-\tau)}\mathrm{d}\omega+\int_{\omega_{\mathrm{c}}}^{\pi}\mathrm{e}^{\mathrm{j}\omega(n-\tau)}\mathrm{d}\omega\right]\\&=\begin{cases}\dfrac{1}{\pi(n-\tau)}[\sin(n-\tau)\pi-\sin(n-\tau)\omega_{\mathrm{c}}], & n\neq\tau\\ \dfrac{1}{\pi}(\pi-\omega_{\mathrm{c}})=1-\dfrac{\omega_{\mathrm{c}}}{\pi}, & n=\tau\end{cases}\end{aligned} \tag{6-55}$$

选定窗 $w(n)$即可得所需线性相位 FIR 高通滤波器的单位脉冲响应

$$h(n)=h_{\mathrm{d}}(n)\,w(n)$$

由表 6-1 看出，无固定相移时，只能采用偶对称单位脉冲响应。另外，对高通滤波器来说 N 只能取奇数，因为 N 为偶数时 $H(\omega)$在 $\omega=\pi$ 处为 0，不能作为高通滤波器。求出 $h(n)$后，可求 $H(\mathrm{e}^{\mathrm{j}\omega})$，以此检验是否满足指标要求，否则要重新设计，这和低通滤波器的讨论一样。

（2）线性相位 FIR 带通滤波器的设计

理想线性相位带通滤波器的频率响应为

$$H_d(e^{j\omega})=\begin{cases}e^{-j\omega\tau}, & 0<\omega_1\leqslant|\omega|\leqslant\omega_2<\pi\\0, & 其他\end{cases}\tag{6-56}$$

式中，$\tau=(N-1)/2$。此滤波器的单位脉冲响应 $h_d(n)$ 为

$$h_d(n)=\frac{1}{2\pi}\int_{-\pi}^{\pi}H_d(e^{j\omega})e^{j\omega n}d\omega=\frac{1}{2\pi}\left[\int_{-\omega_2}^{-\omega_1}e^{j\omega(n-\tau)}d\omega+\int_{\omega_1}^{\omega_2}e^{j\omega(n-\tau)}d\omega\right]$$

$$=\begin{cases}\dfrac{1}{\pi(n-\tau)}[\sin(n-\tau)\omega_2-\sin(n-\tau)\omega_1], & n\neq\tau\\\dfrac{1}{\pi}(\omega_2-\omega_1), & n=\tau\end{cases}\tag{6-57}$$

易见，当 $\omega_1=0$，$\omega_2=\omega_c$ 时，式（6-57）为理想线性相位低通滤波器。当 $\omega_2=\pi$，$\omega_1=\omega_c$ 时，式（6-57）为理想线性相位高通滤波器。后续设计步骤与 FIR 低通滤波器相同。

（3）线性相位 FIR 数字带阻滤波器的设计

带阻滤波器的设计与带通滤波器的设计步骤完全相同，只是理想频率特性有所不同。

$$H_d(e^{j\omega})=\begin{cases}e^{-j\omega\tau}, & 0\leqslant|\omega|\leqslant\omega_1,\ \omega_2\leqslant|\omega|\leqslant\pi\\0, & 其他\end{cases}\tag{6-58}$$

式中，$\tau=(N-1)/2$。此滤波器的单位脉冲响应 $h_d(n)$ 为

$$h_d(n)=\frac{1}{2\pi}\int_{-\pi}^{\pi}H_d(e^{j\omega})e^{j\omega n}d\omega=\frac{1}{2\pi}\left[\int_{-\pi}^{-\omega_2}e^{j\omega(n-\tau)}d\omega+\int_{-\omega_1}^{\omega_1}d\omega+\int_{\omega_2}^{\pi}e^{j\omega(n-\tau)}d\omega\right]$$

$$=\begin{cases}\dfrac{1}{\pi(n-\tau)}\{\sin(n-\tau)\pi+\sin(n-\tau)\omega_1-\sin(n-\tau)\omega_2\}, & n\neq\tau\\\dfrac{1}{\pi}(\pi-\omega_1+\omega_2), & n=\tau\end{cases}\tag{6-59}$$

线性相位 FIR 带阻滤波器只能采用偶对称单位脉冲响应，且 N 等于奇数来设计，设计原理与高通滤波器是一样的。

由理想滤波器的低通公式、高通公式、带通公式及带阻公式可以看出：

（1）一个高通滤波器相当于一个全通滤波器减去一个低通滤波器；

（2）一个带通滤波器相当于两个低通滤波器相减，其中一个截止频率为 ω_2，另一个截止频率为 ω_1，即

$$h_{BP}(n)=h_{L2}(n)-h_{L1}(n)\tag{6-60}$$

（3）一个带阻滤波器相当于一个低通滤波器（截止频率为 ω_1）加上一个高通滤波器（截止频率为 ω_2），即

$$h_{BS}(n)=h_L(n)+h_H(n)\tag{6-61}$$

上述关系也可作为高通、带通和带阻滤波器的设计方法。

【例 6-2】 通带最大衰减 $\alpha_p=1\text{dB}$，阻带最小衰减 $\alpha_s=60\text{dB}$，阻带下截止频率 $\omega_{sl}=0.2\pi$，通带下截止频率 $\omega_{pl}=0.35\pi$，通带上截止频率 $\omega_{pu}=0.65\pi$，阻带上截止频率 $\omega_{su}=0.8\pi$，要求用凯塞窗函数设计线性相位 FIR 数字滤波器。

解 因为阻带最小衰减 $\alpha_s=60\text{dB}$，查表 6-2 选择凯塞窗函数的参数 $\alpha=5.568$，过渡带宽 $\Delta B=\omega_{pl}-\omega_{sl}=0.15\pi$。调用参数 $wc=[(\omega_{sl}+\omega_{pl})/2,(\omega_{pu}+\omega_{su})/2]/\pi$。

本题设计程序 fex6_2.m 如下

```
wpl = 0.35*pi;wsl = 0.2*pi;wpu = 0.65*pi;wsu = 0.8*pi;  %设置滤波器参数
Rp = 1;As = 60;
DB = wpl-wsl;                                           %计算过渡带宽度
aph = 0.112*(As-8.7);
M = ceil((As-8)/2.285/DB);                              %根据式（6-46）凯塞窗计算所需h(n)长度M
wc = [(wpl + wsl)/2/pi,(wpu + wsu)/2/pi];
                                                        %计算理想带通滤波器通带截止频率(关于π归一化)
hn = fir1(M,wc,kaiser(M + 1,aph));                      %调用fir1计算带通FIRDFh(n)
```

滤波器的特性如图 6-16 所示。

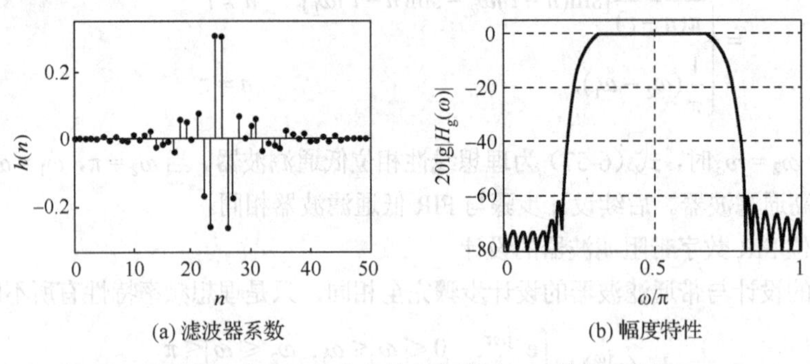

图 6-16　例 6-2 凯塞线性相位带通 FIR 数字滤波器

窗函数法设计 FIR 数字滤波器的优点是简单方便、实用。缺点是边界频率不易控制，因为窗函数设计法是从时域出发的一种设计法。

6.3　频率采样法设计 FIR 数字滤波器

由于滤波器的技术指标一般是在频域给出的，因此频率采样法更为直接，尤其对于 $H_d(e^{j\omega})$公式比较复杂或 $H_d(e^{j\omega})$不能用封闭公式表示而用一些离散值表示时，该方法更为有效、方便。

6.3.1　频率采样法设计 FIR 数字滤波器基本原理

该方法的原理是先确定希望逼近的滤波器的频率响应函数，再通过频域采样逼近希望的频率响应函数。设希望设计的滤波器的频率响应函数用 $H_d(e^{j\omega})$表示，则

$$H_d(e^{j\omega}) = H_{dg}(\omega)e^{j\theta_d(\omega)}$$

在 $\omega = 0 \sim 2\pi$ 区间，对 $H_d(e^{j\omega})$等间隔采样 N 点，得 $H_d(k)$为

$$H_d(k) = H_d(e^{j\omega})\Big|_{\omega=\frac{2\pi}{N}k}, \quad 0 \leqslant k \leqslant N-1 \tag{6-62}$$

对 N 点 $H_d(k)$进行 IDFT，得到 $h(n)$

$$h(n) = \frac{1}{N}\sum_{k=0}^{N-1} H_d(k)e^{j\frac{2\pi}{N}kn}, \quad 0 \leqslant n \leqslant N-1 \tag{6-63}$$

将 $h(n)$作为所设计的滤波器的单位脉冲响应，其系统函数 $H(z)$为

$$H(z) = \sum_{n=0}^{N-1} h(n)z^{-n} \tag{6-64}$$

这就是用频率采样法设计滤波器的基本原理。式（3-50）和式（3-51）是利用频率域采样值恢复原信号的 z 变换公式，将式中 $X(k)$和 $X(z)$改为 $H_d(k)$和 $H(z)$后，式（3-50）重写如下

$$H(z)=\frac{1-z^{-N}}{N}\sum_{k=0}^{N-1}\frac{H_d(k)}{1-e^{j\frac{2\pi}{N}k}z^{-1}} \tag{6-65}$$

式（6-65）就是直接利用频率采样值 $H_d(k)$形成滤波器系统函数的公式。式（6-64）和式（6-65）都属于用频率采样法设计的滤波器，它们分别对应不同的网络结构，式（6-64）适合 FIR 直接型网络结构，式（6-65）适合频率采样结构。

用频率采样法设计的低通滤波器的传输函数 $H(e^{j\omega})=H(z)|_{z=e^{j\omega}}$，与理想的传输函数 $H_d(e^{j\omega})$间存在误差，如图 6-17 所示。FIR 数字滤波器的突出优点是线性相位特性，所以用频率采样法设计 FIR 数字滤波器仍要考虑实现线性相位 $H_d(k)$应满足的条件。

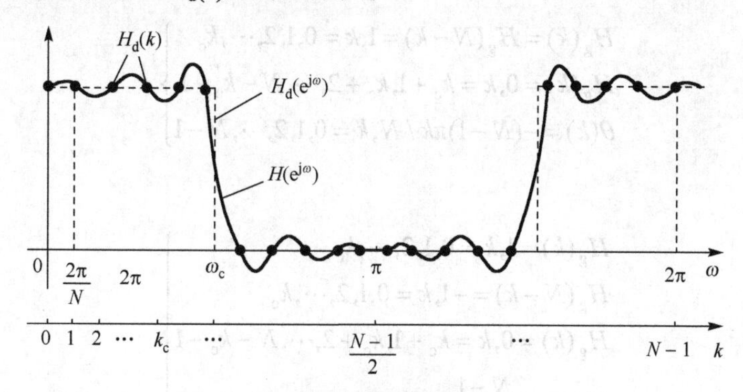

图 6-17　频率采样的响应

6.3.2　频率采样法设计线性相位滤波器的条件

参考表 6-1 中情况 1 和情况 2，对于第一类线性相位问题 FIR 数字滤波器，具有线性相位的条件是 $h(n)$是实序列，且 $h(n)=h(N-1-n)$，其传输函数应满足的条件是

$$H_d(e^{j\omega})=H_g(\omega)e^{j\theta(\omega)} \tag{6-66}$$

$$\theta(\omega)=-\frac{N-1}{2}\omega \tag{6-67}$$

$$H_g(\omega)=H_g(2\pi-\omega),N=\text{奇数} \tag{6-68}$$

$$H_g(\omega)=-H_g(2\pi-\omega),N=\text{偶数且}\ H_g(\pi)=0 \tag{6-69}$$

对 $H_d(e^{j\omega})$进行 N 点等间隔采样得 $H_d(k)$，则 $H_d(k)$也必须具有式（6-68）或式（6-69）的特性，才能使由 $H_d(k)$经过 IDFT 得到的 $h(n)$具有偶对称性，从而满足线性相位的要求。

在 $\omega=0\sim2\pi$ 之间等间隔采样 N 点

$$\omega_k=\frac{2\pi}{N}k,\ k=0,1,2,\cdots,N-1$$

将 $\omega=\omega_k$代入式（6-66）～式（6-69）中，并写成 k 的函数

$$H_d(k)=H_g(k)e^{j\theta(k)} \tag{6-70}$$

$$\theta(k) = -\frac{N-1}{2}\frac{2\pi}{N}k = -\frac{N-1}{N}\pi k \tag{6-71}$$

$$H_g(k) = H_g(N-k)\text{，}N = \text{奇数} \tag{6-72}$$

$$H_g(k) = -H_g(N-k)\text{，}N = \text{偶数且} H_g\left(\frac{N}{2}\right) = 0 \tag{6-73}$$

式（6-70）～式（6-73）就是频率采样值满足线性相位的条件。式（6-72）和式（6-73）说明 N 等于奇数时，$H_g(k)$对 $\frac{N-1}{2}$ 偶对称，N 等于偶数时，$H_g(k)$对 $\frac{N}{2}$ 奇对称且 $H_g\left(\frac{N}{2}\right)=0$。

设用理想低通滤波器作为希望设计的滤波器，截止频率为 ω_c，采样点数为 N，$H_g(k)$和 $\theta(k)$用下面公式计算。N=奇数时，

$$\left.\begin{array}{l} H_g(k) = H_g(N-k) = 1, k = 0,1,2,\cdots,k_c \\ H_g(k) = 0, k = k_c+1, k_c+2,\cdots, N-k_c-1 \\ \theta(k) = -(N-1)\pi k/N, k = 0,1,2,\cdots,N-1 \end{array}\right\} \tag{6-74}$$

$N=$ 偶数时，

$$\left.\begin{array}{l} H_g(k) = 1, k = 0,1,2,\cdots,k_c \\ H_g(N-k) = -1, k = 0,1,2,\cdots,k_c \\ H_g(k) = 0, k = k_c+1, k_c+2,\cdots, N-k_c-1 \\ \theta(k) = -\dfrac{N-1}{N}\pi k, k = 0,1,2,\cdots,N-1 \end{array}\right\} \tag{6-75}$$

式中，k_c 是小于等于 $\omega_c N/(2\pi)$的最大整数。对于高通和带阻滤波器，N 只能取奇数。

第二类线性相位问题可按类似方法处理。

6.3.3　逼近误差及其改进措施

1．产生误差的原因

频率采样法设计滤波器频率特性如图 6-17 所示。用该滤波器特性逼近目标滤波器，通带和阻带出现波动，过渡带加宽而使实际的 $H(e^{j\omega})$与理想的 $H_d(e^{j\omega})$相比产生误差。

从时域分析（对应于第一种设计思路）。若希望设计逼近理想低通滤波器$H_d(e^{j\omega})$，对应的单位脉冲响应为

$$h_d(n) = \frac{1}{2\pi}\int_{-\pi}^{\pi} H_d(e^{j\omega})e^{j\omega n}d\omega$$

根据频率域采样定理，在频域 0～2π 之间等间隔采样 N 点并做 IDFT，得到的 $h(n)$应是 $h_d(n)$以 N 为周期进行周期性延拓乘以 $R_N(n)$，即

$$h(n) = \sum_{r=-\infty}^{\infty} h_d(n+rN)R_N(n)$$

如果 $H_d(e^{j\omega})$有间断点，那么相应单位脉冲响应 $h_d(n)$应是无限长的。由于时域混叠，引起所设计的 $h(n)$和 $h_d(n)$有偏差。要消除偏差，希望在频域的采样点数 N 加大。N 越大，设计出的滤波器越逼近待设计的滤波器 $H_d(e^{j\omega})$。

从频域分析（对应于第二种设计思路）。由采样定理知，频率域等间隔采样 $H(k)$，经过 IDFT 得到 $h(n)$，其 z 变换 $H(z)$和 $H(k)$的关系为

$$H(z)=\frac{1-z^{-N}}{N}\sum_{k=0}^{N-1}\frac{H(k)}{1-\mathrm{e}^{\mathrm{j}\frac{2\pi}{N}k}z^{-1}}$$

将 $z=\mathrm{e}^{\mathrm{j}\omega}$ 代入上式，得到

$$H(\mathrm{e}^{\mathrm{j}\omega})=\sum_{k=0}^{N-1}H(k)\varPhi\left(\omega-\frac{2\pi}{N}k\right) \tag{6-76}$$

式中

$$\varPhi(\omega)=\frac{1}{N}\frac{\sin(\omega N/2)}{\sin(\omega/2)}\mathrm{e}^{-\mathrm{j}\omega\frac{N-1}{2}}$$

上式表明，在采样点 $\omega_k=2\pi k$，$k=0, 1, 2, \cdots, N-1$，$\varPhi(\omega-2\pi k/N)=1$。在采样点处 $H(\mathrm{e}^{\mathrm{j}\omega_k})$ $(\omega_k=2\pi k/N)$ 与 $H(k)$相等，逼近误差为 0。在两相邻采样点之间，$H(\mathrm{e}^{\mathrm{j}\omega})$由有限项的 $H(k)\varPhi(\omega-2\pi k/N)$之和形成，特性曲线越平滑的区域，误差越小，特性曲线间断点处误差最大。表现形式为间断点用倾斜线取代，且间断点附近形成振荡特性，使阻带衰减减小，往往导致不能满足技术指标要求。

2．减小误差的措施

频率采样法的改进设计

观察图 6-17，最直观的想法是增加采样点数，即加大 N 值，这时过渡带带宽就等于采样间隔，即

$$\Delta B=\frac{2\pi}{N} \tag{6-77}$$

所以加大 N，可使过渡带变窄，但增加要适当，否则会增加滤波器体积与成本。因为 $H_{\mathrm{d}}(\mathrm{e}^{\mathrm{j}\omega})$是理想矩形，故无论怎样增多频率采样的点数，在通、阻带交界处，幅值总是从 1 突变到 0，必然会引起较大的起伏振荡。因此得出结论，增加 N 并不会改善滤波器的阻带衰减特性。

为了改进在通带边缘由于采样点的陡然变化而引起的起伏振荡特性，考虑在不连续点的边缘上加一些过渡的采样点，减小频带边缘的突变，也就能减小起伏振荡，增大阻带最小衰减。这些采样点上的取值不同，效果也就不同。根据式（6-76），每一个频率采样值都产生一个与常数 $\dfrac{\sin(N\omega/2)}{\sin(\omega/2)}$ 呈正比且在频率上位移 $\dfrac{2\pi k}{N}$ 的频率响应，而 FIR 数字滤波器的频率响应就是各 $H(k)$与相应的内插函数 $\varPhi(\omega-2\pi k/N)$相乘后的线性组合。设计适当的过渡带采样值，就可使它的有用频带（通带、阻带）的波纹得以减小，设计出性能较好的滤波器。

一般过渡带取一、二、三点采样值即可得到满意结果，如图 6-18 所示。低通滤波器设计中不加过渡点时，阻带最小衰减为 20dB，加一个过渡点（采用最优设计值），阻带最小衰减可提高到 40～54dB，加两个过渡点（最优设计）可达 60～75dB，加三个过渡点（最优设计）则可达 80～95dB。

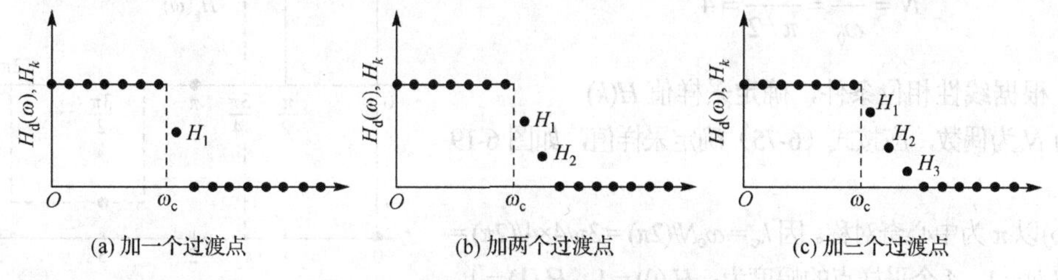

(a) 加一个过渡点　(b) 加两个过渡点　(c) 加三个过渡点

图 6-18　理想低通滤波器增加过渡点

增加过渡点可使阻带衰减明显提高，代价是过渡带变宽。增加一个过渡点，过渡带宽为 $4\pi/N$，增加两个过渡点，过渡带宽为 $6\pi/N$，式（6-77）修正为

$$\Delta B=\frac{2\pi}{N}(m+1)\text{，}\ m=0,1,2,3,\cdots \tag{6-78}$$

式中，m 为增加的过渡点数。若过渡带不满足要求，可通过加大 N 来调整。过渡带采样点的个数 m 与滤波器阻带最小衰减 α_s 的经验数据列于表 6-4 中。

表 6-4 过渡带采样点的个数 m 与滤波器阻带最小衰减 α_s 的经验数据

m	1	2	3
α_s /dB	44～54	65～75	85～95

3．频率采样法设计线性相位 FIR 数字滤波器的步骤

频率采样法设计
FIR 数字滤波器

综上所述，频率采样法设计线性相位 FIR 低通滤波器的设计步骤归纳如下。

（1）根据阻带最小衰减 α_s 选择过渡带采样点的数量 m。

（2）确定过渡带宽 ΔB，按照式（6-78）确定滤波器长度 N。

（3）构造希望逼近的滤波器的频率响应函数 $H_d(e^{j\omega})$，一般构造 $H_d(e^{j\omega})$的幅度响应 $H_{dg}(\omega)$为相应指标的理想滤波器幅度特性，且满足表 6-1 的线性相位对称性要求。

（4）按照频域采样定理进行频域采样得到 $H(k)$，并加入过渡带。过渡带采样值可以为经验值，或用优化算法计算，当然也可用累试法确定。

（5）对 $H(k)$做 IDFT 得到第一类线性相位 FIR 数字滤波器的单位脉冲响应 $h(n)$。

（6）校验设计结果，如果未达到设计指标要求，则调整过渡带采样值，直到满足指标要求为止。

【例 6-3】 试用频率采样法设计一个线性相位 FIR 数字低通滤波器。截止频率 $\omega_c = 3\pi/4$，频率采样间隔 $\omega_0 = \pi/2$。

解　方法一（按第一种设计思路）

（1）确定理想低通滤波器的频率响应为

$$H_g(\omega)=\left|H_d(e^{j\omega})\right|=\begin{cases}1, & 0\leqslant\omega\leqslant\dfrac{3\pi}{4}\\[2mm] 0, & \dfrac{3\pi}{4}<\omega\leqslant\pi\end{cases}$$

$$\theta(\omega)=-\frac{N-1}{2}\omega$$

（2）由于在 0～2π 间采样间隔为 $\omega_0 = \pi/2$，所以采样点数

$$N=\frac{2\pi}{\omega_0}=\frac{2\pi}{\pi/2}=4$$

（3）根据线性相位条件，确定采样值 $H(k)$

因为 N 为偶数，应按式（6-75）确定采样值，如图 6-19 所示。

$H_g(\omega)$以 π 为中心奇对称。因 $k_c = \omega_c N/(2\pi) = 3\pi/4\times4/(2\pi) = 1.5$，故取 $k_c = 1$。4 个采样点的幅度为：$H_g(0) = 1$，$H_g(1) = 1$，

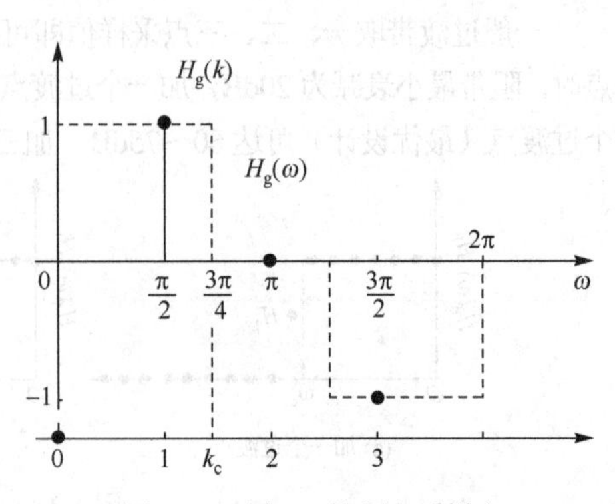

图 6-19 例 6-3 的频率采样点

$H_g(2)=0$，$H_g(3)=-1$。4 个采样点的相位为：$\theta(0)=0$，$\theta(1)=-3\pi/4$，$\theta(2)=-6\pi/4$，$\theta(3)=-9\pi/4$，可得 4 点的采样值 $H(k)=H_g(\omega)\mathrm{e}^{\mathrm{j}\theta(\omega)}$，即

$$H(0)=1,\quad H(1)=\mathrm{e}^{-\mathrm{j}\frac{3\pi}{4}},\quad H(2)=0,$$

$$H(3)=-\mathrm{e}^{-\mathrm{j}\frac{9\pi}{4}}=-\mathrm{e}^{-\mathrm{j}\pi}\cdot\mathrm{e}^{-\mathrm{j}\frac{5\pi}{4}}=\mathrm{e}^{\mathrm{j}\frac{3\pi}{4}}$$

（4）用 $H(k)$取 IDFT 得到 $h(n)$

$$h(n)=\frac{1}{N}\sum_{k=0}^{N-1}H(k)\mathrm{e}^{\mathrm{j}\frac{2\pi}{N}kn}=\frac{1}{4}\sum_{k=0}^{3}H(k)\mathrm{e}^{\mathrm{j}\frac{\pi}{2}kn}$$

$$h(0)=\frac{1}{4}\sum_{k=0}^{3}H(k)=\frac{1}{4}\left(1+\mathrm{e}^{-\mathrm{j}\frac{3\pi}{4}}+\mathrm{e}^{\mathrm{j}\frac{3\pi}{4}}\right)=\frac{1}{4}\left(1+2\cos\frac{3\pi}{4}\right)=-0.104$$

$$h(1)=\frac{1}{4}\sum_{k=0}^{3}H(k)\mathrm{e}^{\mathrm{j}\frac{\pi}{2}k}=\frac{1}{4}\left(1+\mathrm{e}^{-\mathrm{j}\frac{\pi}{4}}+\mathrm{e}^{\mathrm{j}\frac{\pi}{4}}\right)=\frac{1}{4}\left(1+2\cos\frac{\pi}{4}\right)=0.604$$

$$h(2)=\frac{1}{4}\sum_{k=0}^{3}H(k)\mathrm{e}^{\mathrm{j}\pi k}=0.604,\quad h(3)=\frac{1}{4}\sum_{k=0}^{3}H(k)\mathrm{e}^{\mathrm{j}\frac{3\pi}{2}k}=-0.104$$

$h(n)$满足偶对称条件 $h(n)=h(N-1-n)$。只要采样值按式（6-75）确定，计算 $h(n)$时只需求出 $h(0)$、$h(1)$即可，$h(2)$、$h(3)$可由对称性得出。

（5）用 $h(n)$求系统函数 $H(z)$和频率响应 $H(\mathrm{e}^{\mathrm{j}\omega})$

$$H(z)=\sum_{n=0}^{N-1}h(n)z^{-n}=\sum_{n=0}^{3}h(n)z^{-n}=-0.104+0.604z^{-1}+0.604z^{-2}-0.104z^{-3}$$
$$=-0.104(1+z^{-3})+0.604(z^{-1}+z^{-2})$$

该方法设计出的 FIR 数字滤波器适合采用线性相位结构实现。

$$H(\mathrm{e}^{\mathrm{j}\omega})=H(z)\big|_{z=\mathrm{e}^{\mathrm{j}\omega}}=-0.104(1+\mathrm{e}^{-\mathrm{j}3\omega})+0.604(\mathrm{e}^{-\mathrm{j}\omega}+\mathrm{e}^{-\mathrm{j}2\omega})$$
$$=\mathrm{e}^{-\mathrm{j}\frac{3}{2}\omega}\left(-0.208\cos\frac{3}{2}\omega+1.208\cos\frac{\omega}{2}\right)$$

说明设计满足线性相位要求，$\theta(\omega)=\omega/2$。在采样点 $\omega=0,\pi/2,\pi,3\pi/2$ 上，逼近误差为 0。

方法二（按第二种设计思路）

前 3 步与方法一相同，第 4 步可直接由式（6-65）得

$$H(z)=\frac{1-z^{-N}}{N}\sum_{k=0}^{N-1}\frac{H(k)}{1-\mathrm{e}^{\mathrm{j}\frac{2\pi}{N}k}z^{-1}}=\frac{1-z^{-4}}{4}\left(\frac{1}{1-z^{-1}}+\frac{\mathrm{e}^{-\mathrm{j}\frac{3\pi}{4}}}{1-z^{-1}\mathrm{e}^{\mathrm{j}\frac{2\pi}{4}}}+\frac{\mathrm{e}^{\mathrm{j}\frac{3\pi}{4}}}{1-z^{-1}\mathrm{e}^{\mathrm{j}\frac{2\pi}{4}\times3}}\right)$$
$$=\frac{1-z^{-4}}{4}\left(\frac{1}{1-z^{-1}}+\frac{\sqrt{2}(1-z^{-1})}{1+z^{-2}}\right)$$

该方法设计出的 FIR 数字滤波器适合采用频率采样结构实现。

【例 6-4】 利用频率采样法设计线性相位低通滤波器，要求截止频率 $\omega_c=\pi/2\mathrm{rad}$，采样点数 $N=33$，选用 $h(n)=h(N-1-n)$情况。

解　用理想低通作为逼近滤波器。因 N 为奇数，按照式（6-74），有

$$H_g(k)=H_g(33-k)=1, k=0,1,2,\cdots,8$$

$$H_g(k)=0, k=9,10,\cdots,23,24$$

$$\theta(k)=-32\pi k/33, k=0,1,2,\cdots,32$$

其中，$k_c=\omega_c\cdot\dfrac{N}{2\pi}=\dfrac{\pi}{2}\times\dfrac{33}{2\pi}=8.25$，取 $k_c=8$。

对理想低通幅度特性采样情况，如图 6-20 所示。考虑到 $H_g(\omega)$偶对称于 $\omega=\pi$，图中只画出 $0\leqslant\omega\leqslant\pi$ 即 $0\leqslant k\leqslant16$ 的区间，对 $\pi<\omega\leqslant2\pi$ 即 $17\leqslant k\leqslant32$ 的图形省略。将采样得到的 $H(k)=H_g(k)e^{j\theta(k)}$进行 IDFT 得 $h(n)$，计算其幅度特性如图 6-21(a)所示，图中可见，$16\pi/33\sim18\pi/33$ 之间增加了一个宽为 $2\pi/33$ 的过渡带，阻带最小衰减略小于 20dB。增加一个过渡点可加大阻带衰减，在 $k=9$ 处，令 $H_g(9)=0.5$，这时滤波器幅度特性如图 6-21(b)所示，可见过渡带加宽了一倍，但阻带最小衰减增大到约 30dB，这说明用加宽过渡带换取阻带衰减的方法是很有效的。若取 $H_g(9)=0.38$，其幅度特性如图 6-21(c)所示，阻带最小衰减达 43.44dB。这说明过渡点取值不同对频率特性的影响也不同，借助计算机进行过渡带优化设计，优化过渡点取值达到阻带衰减最大。

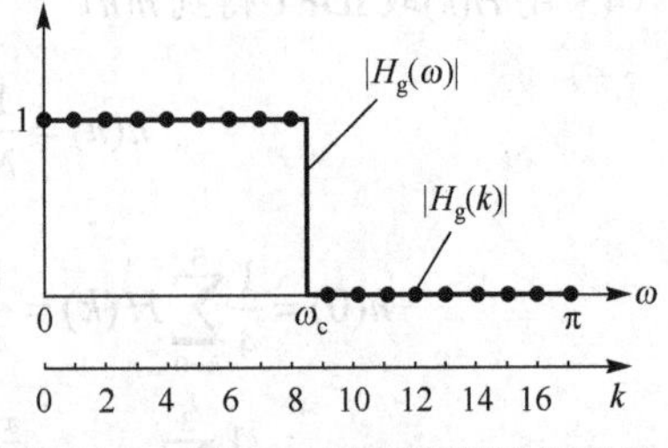

图 6-20　例 6-4 对理想低通进行采样

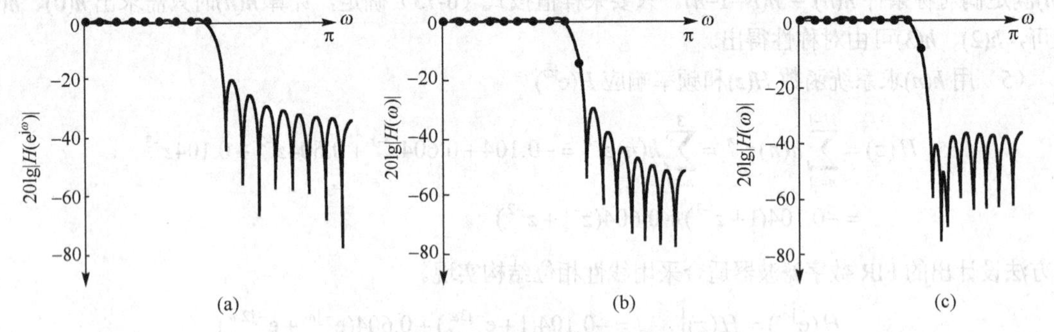

图 6-21　例 6-4 的幅度特性

若将例 6-4 中 N 加大到 65，采用两个过渡点，可保持过渡带带宽与上述结果相同的同时，获得阻带最小衰减超过 60dB 的性能。两个过渡点的取值通过过渡带优化设计为 $H_1=0.5886$，$H_2=0.1065$，滤波器幅度特性如图 6-22 所示。虽然此时过渡带没有增加，但阶次 N 增大了近一倍，加大了运算量。

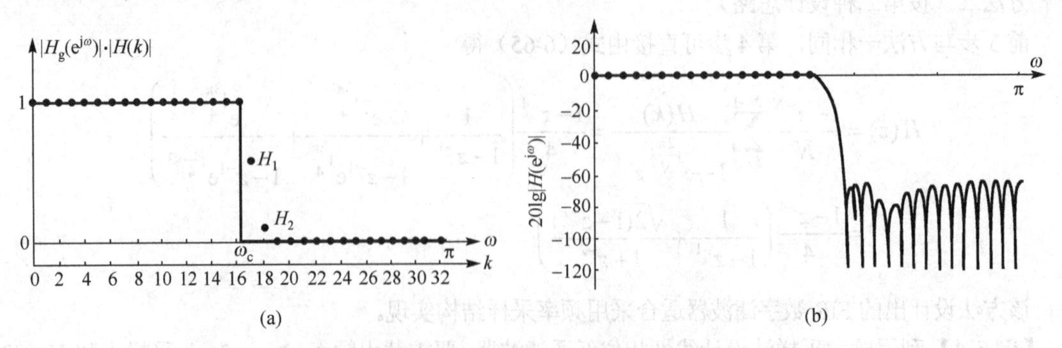

图 6-22　例 6-4 有两个过渡点（且 $N=65$）的幅度特性

【例 6-5】 用 MATLAB 重新解例 6-4。要求截止频率 $\omega_c = \pi/2$rad，阻带衰减大于 40dB，过渡带宽 $\Delta B \leqslant \pi/16$。

解 根据要求 $\alpha_s \geqslant 40$dB 查表 6-4，取过渡点个数 $m = 1$。要求 $\Delta B \leqslant \pi/16$，根据式（6-78）计算滤波器长度 $N \geqslant \dfrac{2\pi(m+1)}{\Delta B} = 64$，取 $N = 65$。以理想低通作为逼近滤波器构造频率特性 $H(e^{j\omega})$。设计程序 fex6_5.m 如下

```
% 用频率采样法设计低通 FIRDF 设计程序 fex6_5.m
T = 0.38                                  %输入过渡带过渡采样值 T
datB = pi/16;wc = pi/2;                   %过渡带宽度 pi/16,通带截止频率为 pi/2
m = 1;
N = (m + 1)*2*pi/datB + 1;                %按式（6-78）估算采样点数 N
N = N + mod(N + 1,2);                     %确保 h(n)长度 N 为奇数
Np = fix(wc/(2*pi/N));                    %Np + 1 为通带[0,wc]上采样点数
Ns = N-2*Np-1;                            %Ns 为阻带[wc,2*pi-wc]上采样点数
Ak = [ones(1,Np + 1),zeros(1,Ns),ones(1,Np)]
                                          %N 为奇数,幅度采样向量 A(k) = A(N-k)
Ak(Np + 2) = T;Ak(N-Np) = T;              %加一个过渡采样
thetak = -pi*(N-1)*(0:N-1)/N;             %相位采样向量θ(k)
Hk = Ak.*exp(j*thetak);                   %构造频域采样向量 H(k)
hn = real(ifft(Hk));                      %h(n) = IDFT[H(k)]
Hw = fft(hn,1024);                        %用 DFT[h(n)]计算频率响应函数
wk = 2*pi*[0:1023]/1024;
Hgw = Hw.*exp(j*wk*(N-1)/2);              %计算幅度响应函数 Hg(ω)
%校验所设计的滤波器是否合格
Rp = max(20*log10(abs(Hgw)))              %计算通带最大衰减 Rp
hgmin = min(real(Hgw));As = 20*log10(abs(hgmin))        %计算阻带最小衰减 As
```

程序的运行结果如图 6-23 所示。经检验所设计的滤波器符合要求。

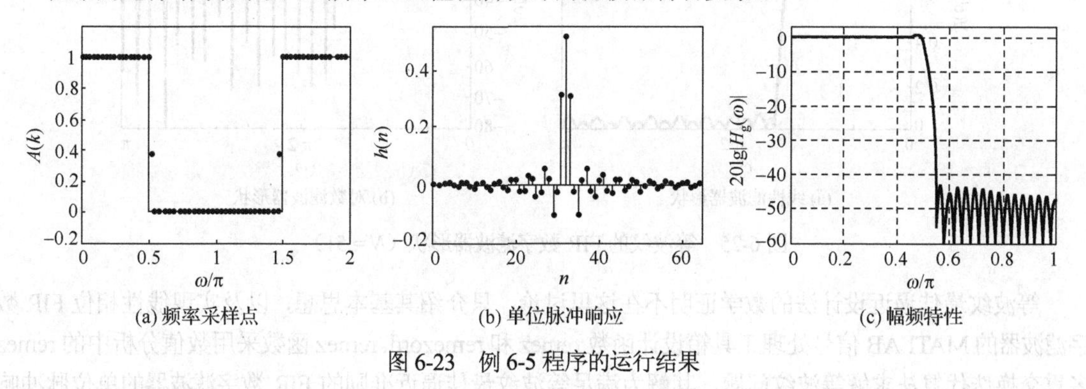

(a) 频率采样点　　(b) 单位脉冲响应　　(c) 幅频特性

图 6-23　例 6-5 程序的运行结果

4．频率采样法的特点

综上所述，频率采样法设计滤波器最大的优点是直接从频率域进行设计，比较直观，也适合于设计具有任意幅度特性的滤波器。但同样存在边界频率不易控制的问题，原因是采样频率只能等于 $2\pi/N$ 的整数倍，这就限制了截止频率 ω_c 的自由取值。增大采样点数 N 对确定边界频率有好处，但 N 加大会增加滤波器的成本，因此，它适合于窄带滤波器的设计。

6.4　等波纹最佳逼近设计法

窗函数设计法和频率采样设计法存在一个共同的现象，它们的通带和阻带存在幅度变化的波动。以窗函数设计法为例，如图6-24(a)所示，在接近通带和阻带的边缘，通带波动和阻带波动最大。图6-24(b)为以dB为单位绘制的滤波器形状，可见在阻带变化的波动幅度尤为明显。阻带衰减在第一个旁瓣是满足要求的，但更高频率的旁瓣的衰减大大超出了要求。

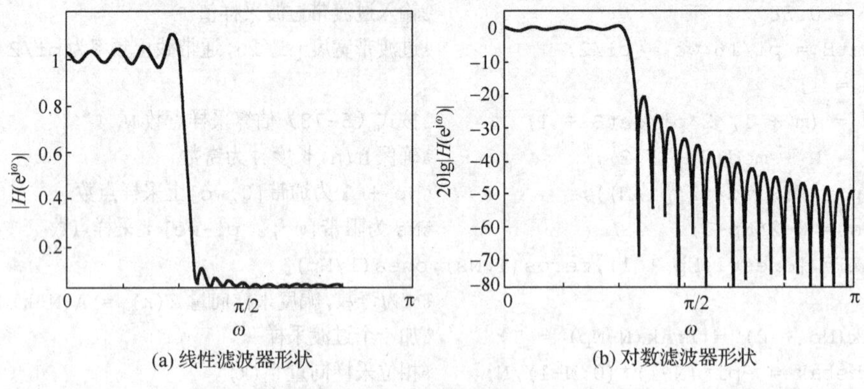

图6-24　变波纹的FIR数字滤波器形状（$N=51$）

假设能够拉平波纹的幅度，则可更好地逼近理想滤波器的响应，如图6-25所示。这样，由于误差在整个频带均匀分布，对同样的技术指标，逼近需要的滤波器阶数较低；而对同样的滤波器阶数，这种逼近法的最大误差最小，这就是等波纹滤波器（Equiripple Filter）设计的思想。

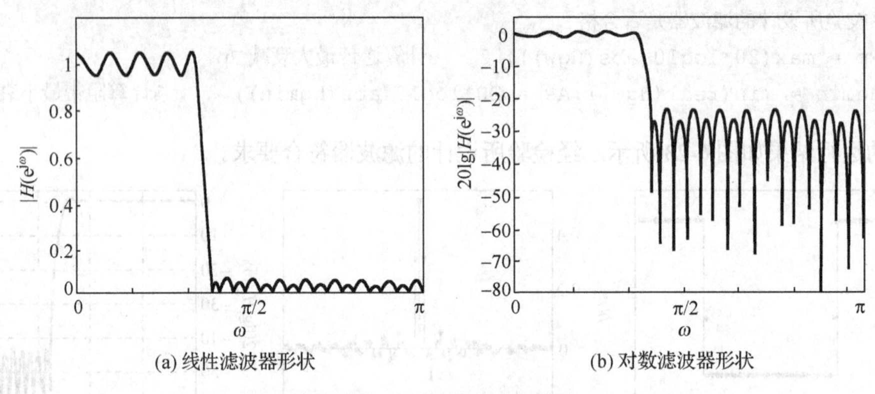

图6-25　等波纹的FIR数字滤波器形状（$N=51$）

等波纹最佳逼近设计法的数学证明不在这里讨论，只介绍其基本思想，以及实现线性相位FIR数字滤波器的MATLAB信号处理工具箱设计函数remez和remezord。remez函数采用数值分析中的remez多重交换迭代算法求解等波纹问题，其解为满足等波纹最佳逼近准则的FIR数字滤波器的单位脉冲响应$h(n)$。该方法又称为切比雪夫逼近法或雷米兹逼近法。

6.4.1　等波纹最佳逼近基本原理

1．切比雪夫最佳一致逼近准则

在滤波器设计中通带与阻带误差性能的要求是不一样的，为便于统一使用最大误差最小化准则，采用误差函数加权的办法，使得不同频段（如通带与阻带）的加权误差最大值是相等的。设所要求的滤波器的幅度函数为 $H_d(\omega)$，幅度函数 $H_g(\omega)$做逼近函数，设逼近误差的加权函数为 $W(\omega)$，则加权逼近误差函数定义为

$$E(\omega)=W(\omega)[H_d(\omega)-H_g(\omega)] \tag{6-79}$$

由于不同频带中误差函数$[H_d(\omega)-H_g(\omega)]$的最大值不一样，故不同频带中 $W(\omega)$值可以不同，在公差要求严的频带上可以采用较大的加权值，而公差要求低的频带上则取较小加权值。这样使得在各频带上的加权误差 $E(\omega)$要求一致（最大值一样）。设计过程中 $W(\omega)$为已知函数。

为设计具有线性相位的 FIR 数字滤波器，其单位脉冲响应 $h(n)$或幅度特性必须满足一定条件。假设设计的是 $h(n)=h(N-1-n)$，N=奇数情况，由表 6-1 情况 1 可知

$$H_g(\omega)=\sum_{n=0}^{(N-1)/2}a(n)\cos\omega n$$

将 $H_g(\omega)$代入式（6-79），则

$$E(\omega)=W(\omega)\left[H_d(\omega)-\sum_{n=0}^{M}a(n)\cos\omega n\right] \tag{6-80}$$

式中，$M=(N-1)/2$。最佳一致逼近的问题就是选择 $M+1$ 个系数 $a(n)$，使加权误差 $E(\omega)$的最大值为最小，即

$$\min[\max_{\omega\in A}|E(\omega)|]$$

式中，A 表示所研究的频带，这里指通带或阻带。按照式（6-80），这是一个 M 次多项式，根据前面提出的准则逼近一连续函数的问题。切比雪夫理论指出这个多项式存在且唯一，并指出构造该多项式的方法是“交错点组定理”。该定理提出最佳一致逼近的充要条件是 $E(\omega)$在 A 上至少呈现 $M+2$ 个“交错”，使得

$$E(\omega_i)=-E(\omega_{i+1})$$
$$|E(\omega_i)|=\max_{\omega\in A}|E(\omega)|$$
$$\omega_0<\omega_1<\omega_2<\cdots<\omega_{M+1},\omega\in A$$

按照该准则设计的滤波器通带或阻带具有等波动性质。

2．利用最佳一致逼近准则设计线性相位 FIR 数字滤波器

设希望设计线性相位低通滤波器幅度特性为

$$H_d(\omega)=\begin{cases}1, & 0\leqslant\omega\leqslant\omega_p\\ 0, & \omega_s\leqslant\omega\leqslant\pi\end{cases}$$

式中，ω_p 为通带截止频率，ω_s 为阻带截止频率，如图 6-26 所示，δ_1 为通带波纹峰值，δ_2 为阻带波纹峰值。设单位脉冲响应长度为 N。如果知道了 A 上的 $M+2$ 个交错点频率 $\omega_0,\omega_1,\cdots,\omega_{M+1}$，按照式(6-80)，并根据交错点组准则，可写出

$$\left.\begin{aligned}&W(\omega_k)\left[H_d(\omega_k)-\sum_{n=0}^{M}a(n)\cos n\omega_k\right]=(-1)^k\rho\\&\rho=\max_{\omega\in A}|E(\omega)|,k=0,1,2,\cdots,M+1\end{aligned}\right\} \tag{6-81}$$

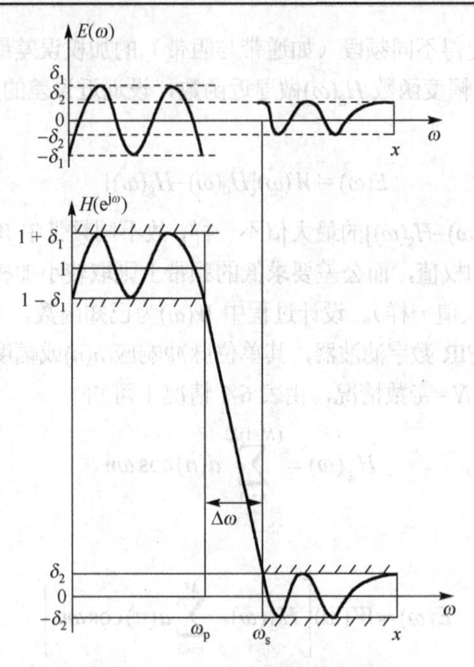

图 6-26　低通滤波器的最佳逼近

式（6-81）改写成矩阵形式为

$$\begin{pmatrix} 1 & \cos\omega_0 & \cos 2\omega_0 & \cdots & \cos M\omega_0 & \dfrac{1}{W(\omega_0)} \\ 1 & \cos\omega_1 & \cos 2\omega_1 & \cdots & \cos M\omega_1 & \dfrac{-1}{W(\omega_1)} \\ 1 & \cos\omega_2 & \cos 2\omega_2 & \cdots & \cos M\omega_2 & \dfrac{1}{W(\omega_2)} \\ \vdots & \vdots & \vdots & \cdots & \vdots & \vdots \\ 1 & \cos\omega_M & \cos 2\omega_M & \cdots & \cos M\omega_{M+1} & \dfrac{(-1)^{M+1}}{W(\omega_{M+1})} \end{pmatrix} \begin{pmatrix} a(0) \\ a(1) \\ a(2) \\ \vdots \\ a_M \\ \rho \end{pmatrix} = \begin{pmatrix} H_d(\omega_0) \\ H_d(\omega_1) \\ H_d(\omega_2) \\ \vdots \\ H_d(\omega_M) \\ H_d(\omega_{M+1}) \end{pmatrix} \tag{6-82}$$

求解式（6-82）可以唯一地求出 $a(n)$，$n=0,1,2,\cdots,M$，以及加权误差最大绝对值 ρ。由 $a(n)$可以求出滤波器的 $h(n)$。但实际上这些交错点组的频率 $\omega_0,\omega_1,\cdots,\omega_M$ 是不知道的，且直接求解式（6-79）也是比较困难的。为避免直接求解式（6-79），可通过迭代法求得一组交错点频率，即数值分析中求解该问题的雷米兹（Remez）算法。对于表 6-1 中的情况 1 算法步骤如下。

（1）在频域等间隔取 $M+2$ 个频率 $\omega_0,\omega_1,\cdots,\omega_{M+1}$ 作为交错点组频率的初始值。按下式计算 ρ 值

$$\rho = \frac{\sum_{k=0}^{M+1} a_k H_d(\omega_k)}{\sum_{k=0}^{M+1} (-1)^k a_k / W(\omega_k)} \tag{6-83}$$

式中

$$a_k = (-1)^k \prod_{i=0, i\neq k}^{M+1} \frac{1}{\cos\omega_i - \cos\omega_k} \tag{6-84}$$

然后利用拉格朗日（Lagrange）插值公式求出 $H_g(\omega)$，即

$$H_g(\omega)=\frac{\sum_{k=0}^{M}\left[\frac{\beta_k}{\cos\omega-\cos\omega_k}\right]C_k}{\sum_{k=0}^{M}\frac{\beta_k}{\cos\omega-\cos\omega_k}} \tag{6-85}$$

式中

$$C_k=H_d(\omega_k)-(-1)^k\frac{\rho}{W(\omega_k)}，\ k=0,1,2,\cdots,M \tag{6-86}$$

$$\beta_k=(-1)^k\prod_{i=0,i\neq k}^{M}\frac{1}{\cos\omega_i-\cos\omega_k} \tag{6-87}$$

把 $H_g(\omega)$代入式（6-80），求得误差函数 $E(\omega)$。如果对所有的频率都有$|E(\omega)|\leqslant|\rho|$，说明 ρ 是波纹的极值，频率 $\omega_0,\omega_1,\cdots,\omega_{M+1}$ 是交错点组频率。

（2）对上次确定的 $\omega_0,\omega_1,\cdots,\omega_{M+1}$ 中每一点，检查其附近是否存在某一频率$|E(\omega)|>\rho$，如有，再在该点附近找出局部极值点，并用该点代替原来的点。待 $M+2$ 个点都检查过，便得到新的交错点组 $\omega_0,\omega_1,\cdots,\omega_{M+1}$，再次利用式（6-83）～式（6-87）求出 ρ、$H_g(\omega)$和 $E(\omega)$，于是完成了一次迭代，也完成一次交错点组的交换。

（3）利用和（2）相同的方法，把各频率处使$|E(\omega)|>|\rho|$的点作为新的局部极值点，从而又得到一组新的交错点组。

重复以上步骤，ρ 最后收敛到其上限时，$H_g(\omega)$最佳一致逼近 $H_d(\omega)$，此时迭代结束。由最后一组交错点组，按式（6-85）算出 $H_g(\omega)$，再由 $H_g(\omega)$求出 $h(n)$。

情况 2～情况 4，也可按类似思路设计，只是 $H_g(\omega)$不同而已。

利用切比雪夫逼近法设计 FIR 数字滤波器，与窗函数法和频率采样法相比较，在同样过渡带较窄的情况下，通带最平稳，阻带有最大的最小衰减。取 $\omega_p=0.6\pi$ rad，$\omega_s=0.7\pi$ rad，用等波纹法设计的低通滤波器的幅度特性，如图 6-27 所示。根据脉冲响应长度 N 及加权系数 $W(\omega)$取值不同，图中共有 4 种情况。

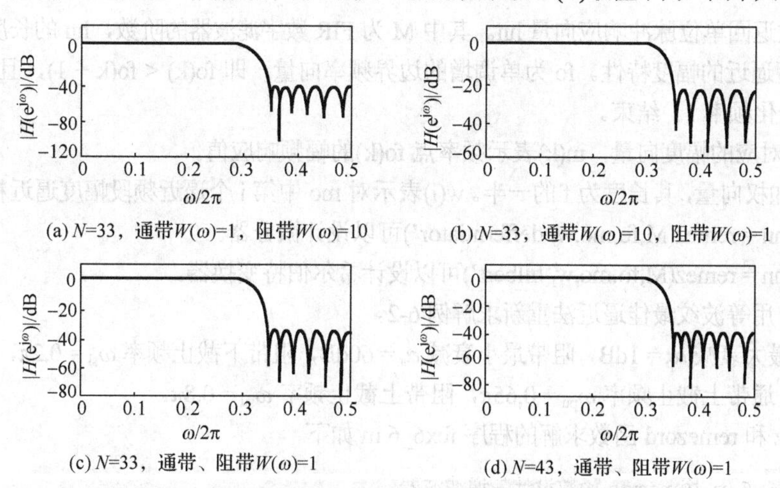

(a) N=33，通带$W(\omega)$=1，阻带$W(\omega)$=10　(b) N=33，通带$W(\omega)$=10，阻带$W(\omega)$=1

(c) N=33，通带、阻带$W(\omega)$=1　(d) N=43，通带、阻带$W(\omega)$=1

图 6-27　利用切比雪夫逼近法设计的低通滤波器幅度特性

取 $N=33$，通带加权 $W(\omega)=1$，阻带加权 $W(\omega)=10$，通带波纹 $\delta_1=0.0582$，衰减为 0.4916dB，

阻带衰减–44.7dB，如图 6-27(a)所示。若通带加权 $W(\omega)$ = 10，阻带加权 $W(\omega)$ = 1，则通带波纹 δ_1 = 0.06515，衰减 0.05641dB，阻带衰减–23.67dB，如图 6-27(b)所示。相对图 6-27(a)情况，通带波纹小，而阻带衰减也小。若通带、阻带 $W(\omega)=1$，通带 $\delta_1=0.0183$，衰减 0.1575dB，则阻带衰减–34.75dB，如图 6-27(c)所示。若取 $N=43$，通带、阻带 $W(\omega)=1$，由于 N 加长，阻带衰减为–41.96dB，如图 6-27(d)所示，比图 6-27(c)衰减加大。通带波纹 $\delta_1=0.0798$，衰减 0.069dB，比图 6-27(c)也明显改进。

3．等波纹滤波器技术指标

除常用的指标描述方法外，还有波纹幅度指标描述。

设滤波器通带波纹幅度为 δ_1，阻带波纹幅度为 δ_2。指标 δ_1 和 δ_2 与指标 α_p 和 α_s 的关系分别由下式给出

$$\delta_1=\frac{10^{\alpha_p/20}-1}{10^{\alpha_p/20}+1},\quad \delta_2=10^{-\alpha_s/20} \tag{6-88}$$

6.4.2 remez 和 remezord 函数及应用

函数 remezord 是 MATLAB 波纹逼近法设计滤波器的函数，其功能是根据逼近指标计算等波纹最佳逼近 FIR 数字滤波器的最低阶数 M、误差加权向量 $\boldsymbol{w}$ 和归一化边界频率向量 $\boldsymbol{f}$，并使满足指标要求的滤波器成本最低。其调用格式为

```
[M,fo,mo,w] = remezord(f,m,rip,Fs)
```

其中调用参数 f 必须是以 0 开始，以 Fs/2（对应归一化频率 1）结束的模拟频率（Hz）或归一化数字频率，并省略了 0 和 Fs/2 两个频率点。Fs 是采样频率，默认值 Fs = 2Hz，此时 f 必须为归一化频率。因为 m 中的每个元素表示 f 给定的一个逼近频段上希望逼近的幅度值，所以 f 的长度是 m 的两倍。如果计算的滤波器阶数 M 略小，需要调整时，新的 M 值必须满足奇偶性要求。

f 和 m 描述的各逼近频段允许的波纹振幅（幅频响应最大偏差），用 rip 表示，f 的长度是 rip 的两倍。

remez 函数的功能是实现线性相位 FIR 数字滤波器的等波纹最佳逼近设计。其调用格式为

```
hn = remez(M,fo,mo,w)
```

remez 函数返回单位脉冲响应向量 hn。其中 M 为 FIR 数字滤波器的阶数，hn 的长度 N = M + 1。fo 和 mo 为希望逼近的幅度特性。fo 为单调增的边界频率向量，即 fo(k) < fo(k + 1)，且从 0 开始，以 Fs/2（对应归一化频率 1）结束。

mo 为与 f 对应的幅度向量，m(k)表示频率点 fo(k)的幅频响应值。

w 为误差加权向量，其长度为 f 的一半。w(i)表示对 mo 中第 i 个逼近频段幅度逼近精度的加权值。

调用格式 hn = remez(M,fo,mo,w,‘defferntiator’)可以设计微分器。

调用格式 hn = remez(M,fo,mo,w,‘hilbert’)可以设计希尔伯特变换器。

【例 6-6】 用等波纹最佳逼近法重新求解例 6-2。

解 通带最大衰减 $\alpha_p=1$dB，阻带最小衰减 $\alpha_s=60$dB，阻带下截止频率 $\omega_{sl}=0.2\pi$，通带下截止频率 $\omega_{pl}=0.35\pi$，通带上截止频率 $\omega_{pu}=0.65\pi$，阻带上截止频率 $\omega_{su}=0.8\pi$。

调用 remez 和 remezord 函数求解的程序 fex6_6.m 如下

```
%fex6_6.m 用 remez 函数设计带通滤波器
f = [0.2,0.35,0.65,0.8];                         %省去 0,1
m = [0,1,0];  rp = 1;  rs = 60;
%用式（6-88）计算通带和阻带波纹幅度 d1 和 d2
```

```
d1 = (10^(rp/20)-1)/(10^(rp/20) + 1);
d2 = 10^(-rs/20);
rip = [d2,d1,d2];
[N,fo,mo,w] = remezord(f,m,rip);              %计算滤波器阶数N
N = N + 2;                                    %修正滤波器阶数值为N+2
hn = remez(N,fo,mo,w);                        %设计滤波器波形
%绘制滤波器波形及其频率特性
subplot(221);
stem(hn);                                     %绘制滤波器波形
xlabel('\omega/\pi'); ylabel('h(n)');         %填写坐标轴名称
grid on                                       %显示坐标网格
axis([0 30 -0.4 0.5]);                        %调整显示范围
[H,w] = freqz(hn,1);                          %计算系统频率响应
subplot(222);                                 %打开绘图子窗口
plot(w/pi,20*log10(abs(H)));                  %在绘图窗口绘制系统函数幅频特性
xlabel('\omega/\pi'); ylabel('幅度(dB)');      %填写坐标轴名称
grid on                                       %显示坐标网格
axis([0 1 -80 5]);                            %调整显示范围
```

运行程序得滤波器阶数 $N=28$，修正为 $N=30$。滤波器单位脉冲响应 $h(n)$波形如图 6-28(a)所示，幅度特性如图 6-28(b)所示。比较例 6-2 可知，滤波器阶数降低近一半，体现出等波纹设计法的优点。

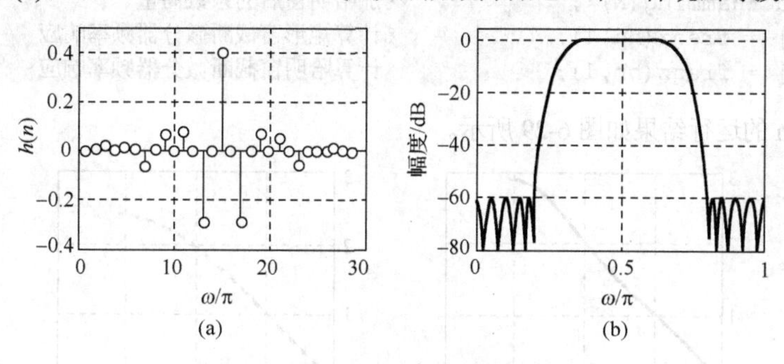

图 6-28　例 6-6 带通滤波器的幅度特性

6.4.3　FIR 数字微分器设计

微分器是为连续系统定义的。设 $x(t)$的拉普拉斯变换为 $X(s)$，则 $x(t)$的导数的拉普拉斯变换为

$$L\left[\frac{\mathrm{d}x(t)}{\mathrm{d}t}\right]=xX(s)=H_{\mathrm{a}}(s)X(s) \tag{6-89}$$

所以微分器的系统函数是 s，对应的频率响应是 $H_{\mathrm{a}}(\mathrm{j}\Omega)$（$-\infty<\Omega<\infty$）。对应的理想数字微分器的频率响应为

$$H_{\mathrm{d}}(\mathrm{e}^{\mathrm{j}\omega})=\mathrm{j}\omega,\ -\pi<\omega<\pi \tag{6-90}$$

$H_{\mathrm{d}}(\mathrm{e}^{\mathrm{j}\omega})$对应的单位脉冲响应为

$$h_{\mathrm{d}}(n)=\mathrm{IFT}[H_{\mathrm{d}}(\mathrm{e}^{\mathrm{j}\omega})]=\frac{1}{2\pi}\int_{-\pi}^{\pi}\mathrm{j}\omega\mathrm{e}^{\mathrm{j}\omega n}\mathrm{d}\omega=\frac{1}{2\pi}\int_{-\pi}^{\pi}\omega\mathrm{d}\mathrm{e}^{\mathrm{j}\omega n}$$

用分部积分法计算上式可得

$$h_d(n)=\frac{\cos n\pi}{n}-\frac{\sin n\pi}{\pi n^2},\ n\neq 0 \tag{6-91}$$

式（6-91）说明 $h_d(n)$是无限长非因果奇对称序列。根据窗函数设计法，$h_d(n)$的线性相位有限长逼近的单位脉冲响应为

$$h(n)=h_d(n-\tau)w(n)=\left[\frac{\cos(n-\tau)\pi}{n-\tau}-\frac{\sin(n-\tau)\pi}{\pi(n-\tau)^2}\right]w(n) \tag{6-92}$$

微分器的幅度相应随频率增大而线性上升，当 $\omega=\pi$ 时达到最大值，故只有 N 为偶数时，即表 6-1 情况 4 才能满足全频带微分器的时域和频域要求。因此，式（6-92）中第一项为零，所以

$$h(n)=\frac{\sin(n-\tau)\pi}{\pi(n-\tau)^2}w(n) \tag{6-93}$$

式（6-93）就是用窗函数设计法设计的 FIR 数字微分器的单位脉冲响应。若已经确定滤波器的长度 N 和窗函数类型，可直接按照该式设计微分器，也可以用等波纹最佳逼近法中的 remez 函数设计。

【例 6-7】 分别用矩形窗和哈明窗设计 $N=8$ 的数字微分器。

解 设计程序 fex6_7.m 如下

```
%程序名 fex6_7.m
N = 6;tao = (N-1)/2; n = [0:N-1] + eps;  %设定微分器长度
hd = -sin((n-tao).*pi)./(pi.*(n-tao).^2);  %按照式（6-90）计算其矩形窗截断
                                            %脉冲响应
hh = hd.*hamming(N)';                   %加哈明窗后的系数向量
[Hd,wd] = freqz(hd,1);                  %计算矩形窗截断微分器频率响应
[Hh,wh] = freqz(hh,1);                  %计算哈明窗截断微分器频率响应
```

程序 fex6_8.m 的运行结果如图 6-29 所示。

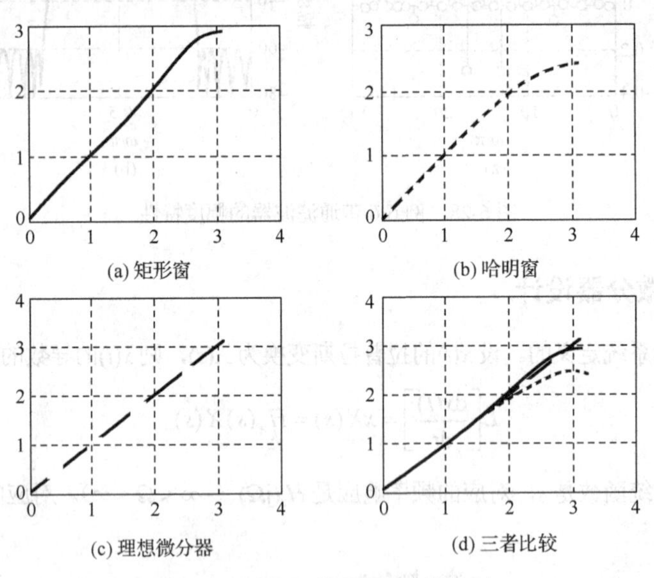

图 6-29 例 6-7 微分器的幅度特性

用 remez 函数设计的线性相位数字微分器如图 6-30 所示。图 6-30(a)为希望频率特性，其通带截止频率为 0.2π，阻带截止频率为 0.3π。设滤波器阶数为 39，调用 remez 函数的设计结果如图 6-30(b)所示。经验表明，当 $\omega_p<4.5\pi$ 时，N 取奇数或偶数逼近效果基本一致，但当 $\omega_p>4.5\pi$ 时，N 只能取偶数，取奇数的设计效果很差，请读者自己验证这一结论。

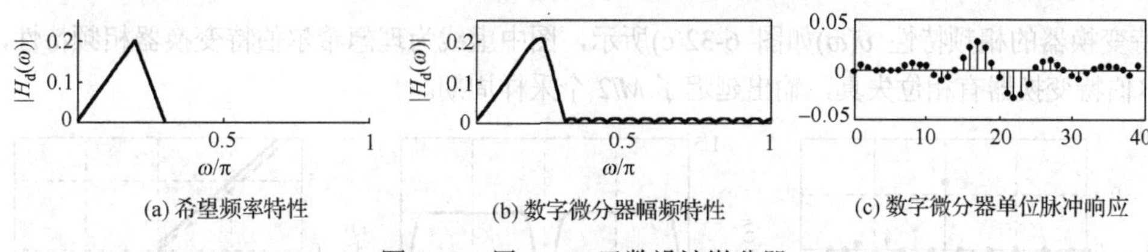

图 6-30　用 remez 函数设计微分器

6.4.4　FIR 希尔伯特变换器设计

希尔伯特变换器又称 90°移相器，其离散频率响应函数为

$$H_\mathrm{d}(\mathrm{e}^{\mathrm{j}\omega})=\begin{cases}-\mathrm{j}, & 0<\omega<\pi\\ \mathrm{j}, & -\pi<\omega<0\end{cases} \tag{6-94}$$

请读者自行比较式（6-94）与式（1-5）。式（6-94）对应的单位脉冲响应为

$$h_\mathrm{d}(n)=\mathrm{IFT}[H_\mathrm{d}(\mathrm{e}^{\mathrm{j}\omega})]=\frac{2\sin^2(n\pi/2)}{\pi n}=\begin{cases}2/n, & n\text{为奇数}\\ 0, & n\text{为偶数}\end{cases} \tag{6-95}$$

将式（6-95）给出的 $h_\mathrm{d}(n)$向后移 $M/2$ 个单位，再截取长度为 $M+1$ 的一段，作为 M 阶 FIR 希尔伯特变换器的单位脉冲响应 $h(n)$，即

$$h(n)=h_\mathrm{d}\left(n-\frac{M}{2}\right)R_{M+1}(n)=\frac{2\sin^2[(n-M/2)\pi/2]}{(n-M/2)\pi}R_{M+1}(n) \tag{6-96}$$

易见 $h(n)$关于 $n=M/2=(N-1)/2$ 点奇对称，属于表 6-2 第二类线性相位特性 FIR 数字滤波器。根据式(6-96)，可用图 6-31 所示的系统产生信号 $x(n)$的解析信号 $y(n)$。其中 $y(n)=x(n-M/2)+\mathrm{j}\,\hat{x}(n-M/2)$，只有表 6-1 情况 3 的相位和幅度频率特性符合式（6-94）的要求，且当 M 为偶数时才容易实现运算，所以 M 只能取偶数（滤波器长度 $N=M+1$）。

图 6-31　用 M 阶 FIR 希尔伯特变换器产生解析信号

实际上，式（6-96）是采用矩形窗设计 FIR 希尔伯特变换器的结果，若用其他窗函数替换其中的窗函数 $R_{M+1}(n)$，则得到相应窗函数设计的 FIR 希尔伯特变换器，也可以用等波纹最佳逼近法设计。

【例 6-8】 用等波纹最佳逼近设计法，调用 remez 函数设计 18 阶 FIR 希尔伯特变换器，要求通带为[0.15π,0.85π]。

解　设计程序 fex6_8.m 如下

```
%程序名 fex6_8.m,调用 remez 函数设计 18 阶 FIR 希尔伯特变换器
M = 18;                                  %设置参数
f = [0.15,0.85];
m = [1,1];
hn = remez(M,f,m,'hilbert');        %调用 remez 函数设计 FIR 希尔伯特变换器
```

绘图程序省略。

程序 fex6_8.m 运行结果如图 6-32 所示。从图 6-32(a)可见希尔伯特变换器的单位脉冲响应 $h(n)$满足奇对称要求。希尔伯特变换器的幅频特性$|H_\mathrm{g}(\omega)|$在通带内以等波纹逼近常数 1，如图 6-32(b)所示。

希尔伯特变换器的相频特性 $\theta(\omega)$如图 6-32(c)所示，图中虚线为理想希尔伯特变换器相频特性，可见 FIR 希尔伯特变换器有相位失真，输出延迟了 $M/2$ 个采样周期。

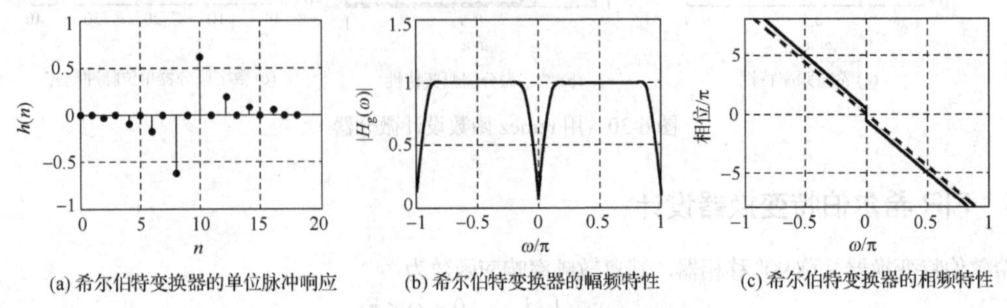

(a) 希尔伯特变换器的单位脉冲响应　(b) 希尔伯特变换器的幅频特性　(c) 希尔伯特变换器的相频特性

图 6-32　FIR 希尔伯特变换器的特性

6.5　IIR 和 FIR 数字滤波器的比较

第 5 章和第 6 章讨论了 IIR 和 FIR 两种数字滤波器的设计方法。下面对这两种数字滤波器做简单的比较。

在相同的技术指标下，IIR 数字滤波器由于存在输出对输入的反馈结构，所以可用比 FIR 数字滤波器小的阶数来满足指标的要求，这意味着所用的存储单元少，运算次数少，较为经济。

FIR 数字滤波器的突出优点是可得到严格的线性相位，而 IIR 数字滤波器做不到这一点，IIR 数字滤波器的选择性越好，其相位的非线性越严重。

FIR 数字滤波器主要采用非递归结构，因而无论是从理论上，还是从实际的有限精度的运算方面，它都是稳定的，有限精度运算的误差也较小。IIR 数字滤波器则必须采用递归结构，极点必须在 z 平面单位圆内才能稳定，特别要避免运算中的四舍五入处理引起的寄生振荡。

由于 FIR 数字滤波器的单位脉冲响应是有限长的，因而可以用快速傅里叶变换算法，而 IIR 数字滤波器则不能这样运算。

IIR 数字滤波器可以利用模拟滤波器设计的现成的闭合公式、数据和表格，因而计算工作量较小，对计算工具要求不高。FIR 数字滤波器则一般没有现成的设计公式，窗函数法只给出窗函数的计算公式，但计算通带、阻带衰减仍无显式表达式。一般 FIR 数字滤波器设计要借助计算机，目前已有许多 FIR 数字滤波器的计算机程序可供使用。

IIR 数字滤波器主要用于设计规格化的、频率特性为分段常数的标准低通、高通、带通、带阻、全通滤波器。FIR 数字滤波器则灵活得多，可适应各种幅度特性及相位特性的要求，因而 FIR 数字滤波器可设计出理想正交变换器、理想微分器、线性调频器等各种网络，适应性较广。

综上所述，IIR 数字滤波器与 FIR 数字滤波器各有特点，实际应用时应根据需要，从多方面考虑来灵活选择。从使用要求上来看，在对相位要求不敏感的场合，如语音通信等，选用 IIR 数字滤波器较为合适，这样可以充分发挥其经济、高效的特点，而对于图像信号处理、数据传输等以波形携带信息的系统，则对线性相位要求较高，如有条件采用 FIR 数字滤波器较好。还应考虑经济上的要求及计算工具的条件等多方面的因素。

小　　结

1. FIR 数字滤波器差分方程是非递归的，系统函数 $H(z)$是 z^{-1} 的多项式。

2．所有的 FIR 数字滤波器是稳定的。

3．滑动平均滤波器是低通 FIR 数字滤波器的一个实例。

4．若滤波器的相位特性为非线性，信号通过系统会产生相位失真，对数据及图像处理不利。

5．脉冲响应关于中点对称的 FIR 数字滤波器无相位失真。对称的脉冲响应产生了滤波器通带内的线性相位关系。这种线性相位关系保证无相位失真。

6．FIR 数字滤波器的两种主要设计方法是窗函数法和频率采样法。

7．设计线性相位 FIR 数字滤波器时首要考虑的问题是满足线性相位条件，参看表 6-1。

8．一种 FIR 数字滤波器设计方法是对理想低通滤波器的脉冲响应加窗函数，加窗之后，滤波器形状不再是理想的，但具有有限的过渡带宽度，并且在它的通带和阻带内有波纹。窗函数的项数越多，滤波器形状越接近理想情况，但存在吉布斯效应。供选择的窗函数有：矩形窗、汉宁窗、哈明窗、布莱克曼窗和凯塞窗。每种窗函数都提供了典型的阻带衰减。

9．线性相位 FIR 高通、带通和带阻滤波器的设计可按低通的步骤直接设计，也可由式（6-70）和式（6-74）及式（6-75）间接得到。

10．频率采样法是对待设计的滤波器频率响应进行等间隔采样，由采样点 $H_d(k)$求得 $h(n)$，再得到 $H(z)$。或直接由 $H_d(k)$在频域恢复出 $H(z)$。设计误差与窗函数法类似，增加采样点数，可使过渡带变窄；增加过渡点数，可使阻带最小衰减值提高。过渡点值优化后效果更好。

11．等波纹 FIR 数字滤波器在通带和阻带的波纹都是各自相等的。通过优化设计使实际滤波器与理想滤波器的最大差值最小化。对同样的技术指标，该法需要的滤波器阶数低。

12．FIR 数字滤波器所需的阶数高，主要用于要求线性相位的场合，如图像信号处理、数据传输等。

13．本章还通过例题介绍了微分器和希尔伯特变换器的设计。

思考练习题

1．写出下列数字信号处理领域常用的英文缩写字母的中文含义：DSP，IIR，FIR，DFT，FFT，LTI，LPF，HPF。

2．FIR 数字滤波器最突出的两个优点是什么？最主要的一个缺点是什么？

3．对第一类线性相位，$h(n)$应满足什么条件？此时 $\theta(\omega)$如何表示？

4．对第一类线性相位，当 N 分别取奇数或偶数时，幅度函数 $H_g(\omega)$具有什么特性？

5．若要设计线性相位高通 FIR 数字滤波器，可否选择 $h(n) = h(N-1-n)$且取 N 为偶数？

6．线性相位 FIR 数字滤波器零点分布具有什么特点？

7．试说明用窗函数法设计 FIR 数字滤波器的原理。

8．何为线性相位滤波器？FIR 滤波器成为线性相位滤波器的充分条件是什么？

9．使用窗函数法设计 FIR 数字滤波器时，一般对窗函数的频谱有什么要求？这些要求能同时得到满足吗？为什么？

10．使用窗函数法设计 FIR 数字滤波器时，增大窗函数的长度 N 值，会产生什么样的效果？是否能减小所形成的 FIR 数字滤波器幅度响应的肩峰和余振？为什么？

11．试写出使用窗函数法设计 FIR 数字滤波器的步骤。

12．说明用频率采样法设计 FIR 数字滤波器的原理。

13．用频率采样法设计 FIR 数字滤波器，为了增加阻带衰减，一般可采用什么措施？

14．频率采样法适合哪类滤波器的设计？为什么？

15．什么是等波纹 FIR 数字滤波器？它的优点是什么？

16．设计IIR数字滤波器时，通常先设计模拟滤波器，然后通过模拟 s 域（拉氏变换域）到数字 z 域的变换，将模拟滤波器转换成数字滤波器。请说明一个好的 $s \to z$ 的变换关系需要考虑哪些因素，并说明脉冲响应不变法是否能满足这些条件。

17．幅度特性曲线与损耗函数曲线有无本质区别？怎样计算损耗函数？

18．判断以下说法正确与否，请在对的题后打“√”，错的打“×”，并说明理由。

（1）线性相位FIR滤波器，是指其相位与频率满足关系式 $\varphi(\omega) = -k\omega$，$k$ 为常数。

（2）用频率采样法设计滤波器时，减小采样点数可能导致阻带最小衰减指标的不合格。

（3）级联型结构的滤波器便于调整极点。

（4）阻带最小衰减取决于所用窗谱主瓣幅度峰值与第一旁瓣幅度峰值之比。

（5）只有当FIR系统的单位脉冲响应 $h(n)$ 为实数，且满足奇/偶对称条件 $h(n) = \pm h(N-n)$ 时，该FIR系统才是线性相位的。

（6）FIR滤波器一定是线性相位的，而IIR滤波器以非线性相频特性居多。

（7）FIR系统的系统函数一定在单位圆上收敛。

19．窗函数设计FIR滤波器时，窗口的大小、形状和位置各对滤波器产生什么样的影响？

20．什么是吉布斯（Gibbs）现象？旁瓣峰值衰减和阻带最小衰减各指什么？有什么区别和联系？

21．你认为FIR和IIR滤波器各自主要的优缺点是什么？各适合于什么场合？

22．旁瓣峰值衰减和阻带最小衰减的定义是什么？它们的值取决于窗函数的什么参数？在应用中影响什么参数？

习　题

1．说明下列差分方程描述的滤波器具有有限脉冲响应，响应的长度是多少？它与差分方程中的最大延迟有什么关系？

$$y(n) = 0.1x(n) + 0.1x(n-1) + 0.9x(n-2) + 0.5x(n-3) + 0.1x(n-4)$$

2．理想低通滤波器的脉冲响应在 $-3 \leqslant n \leqslant 3$ 之外截断，滤波器的通带边缘频率为 $\omega_c = \pi/4$ rad。

（1）画出截断的脉冲响应。

（2）将截断的脉冲响应移位为因果的，写出新的脉冲响应表达式并画波形图。

（3）画出因果脉冲响应的幅度响应 $|H(e^{j\omega})|$ 并在同一图上画出理想低通滤波器的幅度响应。

3．已知FIR数字滤波器的单位脉冲响应为

（1）$N = 6$，$h(0) = h(5) = 1.5$，$h(1) = h(4) = 2$，$h(2) = h(3) = 3$。

（2）$N = 7$，$h(0) = -h(6) = 3$，$h(1) = -h(5) = -2$，$h(2) = -h(4) = 1$，$h(3) = 0$。

试画出它们的线性相位型结构图，并分别说明它们的幅度特性、相位特性各有什么特点。

4．设FIR数字滤波器的系统函数为 $H(z) = \dfrac{1}{10}(1 + 0.9z^{-1} + 2.1z^{-2} + 0.9z^{-3} + z^{-4})$。求出该滤波器的单位脉冲响应 $h(n)$，判断是否具有线性相位，求出其幅度特性和相位特性，并画出其直接型结构和线性相位型结构。

5．对下列各低通滤波器指标，选择FIR窗的类型并确定满足要求所需的项数。

（1）阻带衰减20dB、过渡带宽度1kHz、采样频率12kHz。

（2）阻带衰减50dB、过渡带宽度2kHz、采样频率5kHz。

（3）阻带衰减50dB、过渡带宽度500Hz、采样频率5kHz。

（4）通带增益10dB、阻带增益–30dB、通带边缘频率5kHz、阻带边缘频率6.5kHz、采样频率22kHz。

6．用矩形窗设计线性相位低通滤波，逼近滤波器传输函数 $H_d(e^{j\omega})$ 为

$$H_d(e^{j\omega})=\begin{cases}e^{-j\omega a}, & 0\leqslant|\omega|\leqslant\omega_c\\ 0, & \omega_c<|\omega|\leqslant\pi\end{cases}$$

（1）求出相应于理想低通的单位脉冲响应 $h_d(n)$。

（2）求出矩形窗设计法的 $h(n)$ 表达式，确定 a 与 N 之间的关系。

（3）N 取奇数或偶数对滤波特性有什么影响？

7．对于 FIR 指标：通带增益 0dB、阻带增益–40dB、通带边缘频率 1kHz、阻带边缘频率 2.5kHz、采样频率 12kHz。

（1）画出滤波器的形状。

（2）选择窗并计算所需的项数。

（3）选择要用于设计的通带边缘频率。

8．请选择合适的窗函数及 N 来设计一个线性相位低通滤波器

$$H_d(e^{j\omega})=\begin{cases}e^{-j\omega a}, & 0\leqslant\omega\leqslant\omega_c\\ 0, & \omega_c<\omega\leqslant\pi\end{cases}$$

要求其最小阻带衰减为–45dB，过渡带宽为 $\dfrac{8}{51}\pi$。

（1）求出 $h(n)$ 并画出 $20\lg|H_d(e^{j\omega})|$ 曲线（设 $\omega_c=0.5\pi$）。

（2）保留原有轨迹，画出用满足所给条件的其他几种窗函数设计出的 $20\lg|H_d(e^{j\omega})|$ 曲线。

9．对 10kHz 采样设计低通 FIR 数字滤波器，通带边缘在 2kHz，阻带边缘在 3kHz，阻带衰减 20dB，求滤波器的脉冲响应和差分方程。

10．低通滤波器具有如下指标：有限脉冲响应、阻带衰减 50dB、通带边缘 1.75kHz、过渡带宽度 1.5kHz、采增频率 8kHz。

（1）写出滤波器的差分方程。

（2）画出滤波器的幅度响应[(dB)对 Hz]的曲线，验证它满足指标。

11．用矩形窗设计一个线性相位高通滤波器，逼近滤波器传输函数 $H_d(e^{j\omega})$ 为

$$H_d(e^{j\omega})=\begin{cases}e^{-j\omega a}, & \omega_c\leqslant\omega\leqslant\pi+\omega_c\\ 0, & \text{其他}\end{cases}$$

（1）求出该理想高通滤波器的单位脉冲响应 $h_d(n)$。

（2）写出用矩形窗设计的滤波器 $h(n)$，确定 N 与 a 之间的关系；

（3）N 的取值是否有限制？为什么？

12．理想带通特性为

$$H_d(e^{j\omega})=\begin{cases}e^{-j\omega a}, & \omega_c\leqslant|\omega|\leqslant B+\omega_c\\ 0, & |\omega|<\omega_c,\omega_c+B<|\omega|\leqslant\pi\end{cases}$$

其幅度特性如图 6-33 所示。

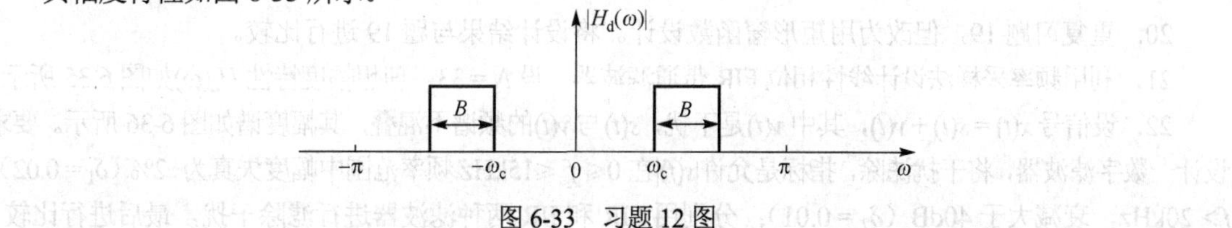

图 6-33　习题 12 图

（1）求出该理想带通的单位脉冲响应 $h_d(n)$。

（2）写出用升余弦窗设计的滤波器 $h(n)$，确定 N 与 a 之间的关系。

（3）N 的取值是否有限制？为什么？

13．设计 FIR 数字滤波器满足下列指标：带通、采样频率 16kHz、中心频率 4kHz、通带边缘在 3kHz 和 5kHz、过渡带宽度 900Hz、阻带衰减 40dB。求出并画出滤波器的脉冲响应（用软件重复计算）。

14．已知图 6-34(a)中的 $h_1(n)$是 $N=8$ 的偶对称序列，图 6-34(b)中的 $h_2(n)$是 $h_1(n)$圆周移位（移$\dfrac{N}{2}=4$位）后的序列。设

$$H_1(k)=\mathrm{DFT}[h_1(n)],\ H_2(k)=\mathrm{DFT}[h_2(n)]$$

（1）$|H_1(k)|=|H_2(k)|$成立吗？$\theta_1(k)$与 $\theta_2(k)$有什么关系？

（2）$h_1(n)$、$h_2(n)$各构成一个低通滤波器，它们是否是线性相位的？延时是多少？

（3）这两个滤波器性能是否相同？为什么？若不同，谁优谁劣？

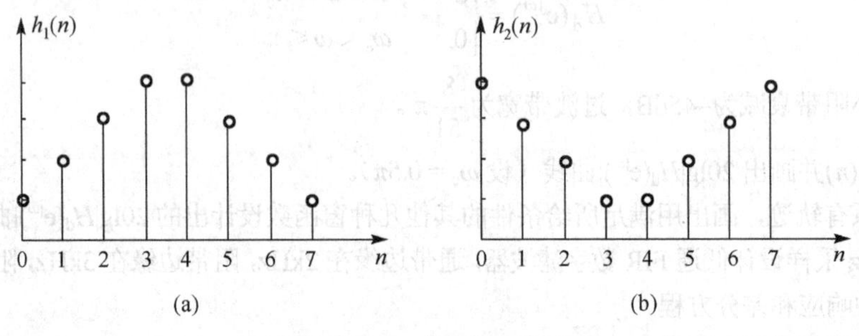

图 6-34 习题 14 图

15．利用矩形窗、升余弦窗、改进升余弦窗和布莱克曼窗设计线性相位 FIR 低通滤波器。要求通带截止频率 $\omega_c=\pi/4$ rad，$N=21$。分别求出对应的单位脉冲响应，绘出它们的幅频特性并进行比较。

16．以 8kHz 进行采样的声音信号，在编码传输前要滤除 300～3400Hz 范围以外的分量，设计滤波器。

17．对 16kHz 采样系统，设计通带边缘频率为 5.5kHz 的高通滤波器，阻带衰减至少 40dB，过渡带宽度不大于 3.5kHz，写出滤波器的差分方程。

18．利用频率采样法设计一个线性相位 FIR 低通滤波器，给定 $N=21$，通带截止频率 $\omega_c=0.15\pi$ rad。求出 $h(n)$，为了改善其频率响应应采取什么措施？

19．利用频率采样法设计线性相位 FIR 低通滤波器，设 $N=16$，给定希望滤波器的幅度采样值为

$$H_d(k)=\begin{cases}1, & k=0,1,2,3\\ 0.389, & k=4\\ 0, & k=5,6,7\end{cases}$$

20．重复习题 19，但改为用矩形窗函数设计。将设计结果与题 19 进行比较。

21．利用频率采样法设计线性相位 FIR 带通滤波器，设 $N=33$，理想幅度特性 $H_d(\omega)$如图 6-35 所示。

22．设信号 $x(t)=s(t)+v(t)$，其中 $v(t)$是干扰，$s(t)$与 $v(t)$的频谱不混叠，其幅度谱如图 6-36 所示。要求设计一数字滤波器，将干扰滤除，指标是允许$|s(f)|$在 $0\leqslant f\leqslant 15$kHz 频率范围中幅度失真为±2%（$\delta_1=0.02$）；$f>20$kHz，衰减大于 40dB（$\delta_2=0.01$）；分别用 FIR 和 IIR 两种滤波器进行滤除干扰，最后进行比较。

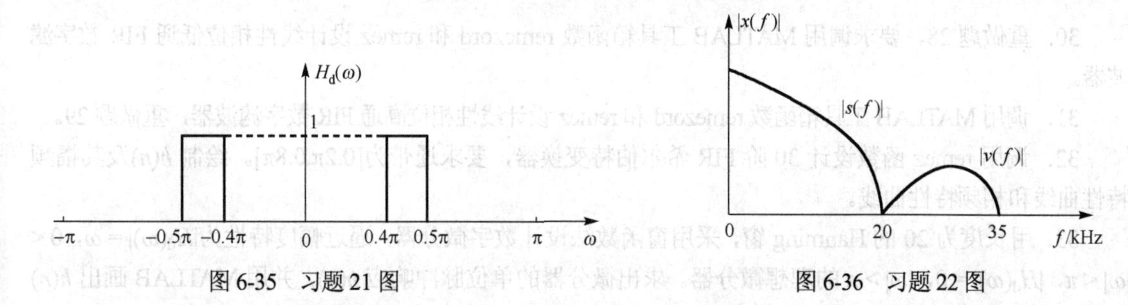

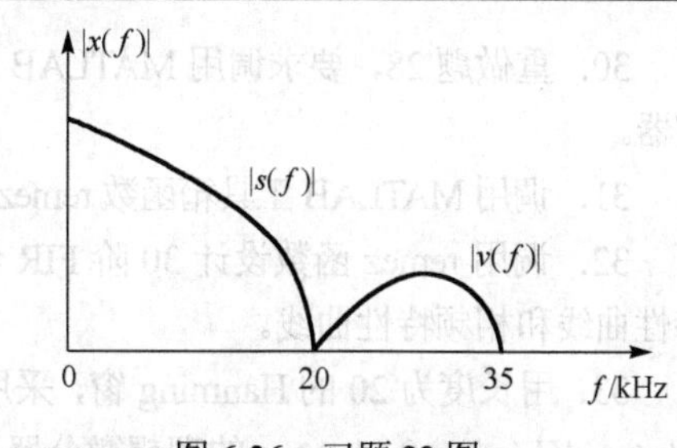

图 6-35 习题 21 图　　　　图 6-36 习题 22 图

23．分别画出长度为 15 的矩形窗、Hanning 窗、Hanming 窗和 Blackman 窗的时域波形及其幅频特性曲线，观察它们的各种参数（主瓣宽度、旁瓣峰值幅度）的差别。

24．分别用矩形窗和升余弦窗设计一个线性相位低通 FIR 数字滤波器，逼近理想低通滤波器 $H_d(e^{j\omega})$，要求过渡带宽度不超过 π/8 rad。已知

$$H_d(e^{j\omega})=\begin{cases} e^{-j\omega\alpha} & 0\leqslant|\omega|\leqslant\omega_c \\ 0 & \omega_c<|\omega|\leqslant\pi \end{cases}$$

（1）求所设计低通滤波器的单位脉冲响应 $h(n)$的表达式，确定 α 与 $h(n)$的长度 N 的关系式。

（2）用 MATLAB 画出 $N=31$，$\omega_c=\pi/4$ rad 的 FIR 数字滤波器的损耗函数曲线和相频特性曲线。

（3）试将上述理想低通滤波器转变为理想高通滤波器 $H_{dh}(e^{j\omega})$，将 $H_{dh}(e^{j\omega})$作为设计高通滤波器的逼近目标，要求过渡带宽度不超过 π/8 rad。计算所设计高通滤波器的单位脉冲响应 $h(n)$，并确定 α 与 $h(n)$的长度 N 的关系式。

（4）对 N 的取值有什么限制？为什么？

25．要求用矩形窗设计一个过渡带宽度不超过 π/8 rad 的线性相位带通 FIR 数字滤波器，逼近理想低通滤波器 $H_d(e^{j\omega})$。已知

$$H_d(e^{j\omega})=\begin{cases} e^{-j\omega a}, & \omega_c\leqslant|\omega|\leqslant\omega_c+B \\ 0, & 0<|\omega|<\omega_c,\omega_c+B<|\omega|<\pi \end{cases}$$

（1）求出所设计滤波器的单位脉冲响应 $h(n)$，确定 α 与 $h(n)$的长度 N 的关系式。

（2）对 N 的取值有什么限制？为什么？

26．用频率采样法设计一个线性相位低通 FIR 数字滤波器，逼近通带截止频率为 $\omega_c=\pi/4$ rad 的理想低通滤波器，要求过渡带宽度为 π/8 rad，阻带最小衰减为 45dB。

（1）确定过渡带采样点个数 m 和滤波器长度 N。

（2）求出频域采样序列 $H(k)$和单位脉冲响应 $h(n)$，并绘制所设计的单位脉冲 $h(n)$及其幅频特性曲线。

（3）如果将过渡带宽改为 π/32 rad，阻带最小衰减为 60dB，重做（1）和（2）。

27．假设 $h(n)$表示一个低通 FIR 数字滤波器的单位脉冲响应，$h_1(n)=(-1)^n h(n)$，$h_2(n)=h(n)\cos(\omega_0 n)$，$0<\omega_0<\pi$。证明 $h_1(n)$是一个高通滤波器，而 $h_2(n)$是一个带通滤波器。

28．分别选用矩形窗、Hanning 窗、Hanming 窗和 Blackman 窗进行设计，希望逼近的理想低通滤波器通带截止频率 $\omega_c=\pi/4$ rad，滤波器长度 $N=21$。试调用 MATLAB 工具箱函数 fir1 设计线性相位低通 FIR 数字滤波器，并绘制每种所设计的滤波器的单位脉冲响应 $h(n)$及其幅频特性曲线，比较、观察各种窗函数的设计性能。

29．将要求改成设计线性相位高通 FIR 数字滤波器，重做题 28。

30．重做题 28，要求调用 MATLAB 工具箱函数 remezord 和 remez 设计线性相位低通 FIR 数字滤波器。

31．调用 MATLAB 工具箱函数 remezord 和 remez 设计线性相位高通 FIR 数字滤波器，重做题 29。

32．调用 remez 函数设计 30 阶 FIR 希尔伯特变换器，要求通带为[0.2π,0.8π]。绘制 $h(n)$及其幅频特性曲线和相频特性曲线。

33．用长度为 20 的 Hanming 窗，采用窗函数法设计数字微分器，逼近幅度特性为$|H_d(\omega)| = \omega$，$0 < |\omega| < \pi$，$|H_d(\omega)| = 0$，$|\omega| > \pi$ 的理想微分器。求出微分器的单位脉冲响应 $h(n)$，并用 MATLAB 画出 $h(n)$及其幅频特性曲线和相频特性曲线。

34．调用 remez 函数设计 19 阶线性相位 FIR 数字微分器，逼近幅度特性为$|H_d(\omega)| = \omega$，$0 < |\omega| < \pi$，$|H_d(\omega)| = 0$，$|\omega| > \pi$ 的理想微分器。显示微分器的单位脉冲响应 $h(n)$数据，并画出 $h(n)$及其幅频特性曲线和相频特性曲线。

35．试编制自己的 MATLAB 程序，实现用窗函数法设计一个线性相位低通 FIR 数字滤波器。选择合适的窗函数及其长度，要求通带截止频率为 0.3π，阻带截止频率为 0.5π，阻带最小衰减为 40dB，试设计线性相位 FIR 数字滤波器。程序应能够：

（1）求出并显示所设计的单位脉冲响应 $h(n)$的数据；

（2）绘制损耗函数曲线和相频特性曲线；

（3）请检验设计结果，并与用 MATLAB 函数 fir1 的设计结果比较。

36．改用 Blackman 窗函数，重做题 35。

第 7 章

多采样率数字信号处理

本章从工程实际需求出发，介绍多采样率数字信号处理问题，包括多采样率数字信号处理的概念，按整数因子抽取、按整数因子内插和按有理数因子 I/D 的采样率转换，以及多采样率转换滤波器的直接型 FIR、多相型 FIR 和多级 FIR 等高效滤波器设计。

7.1　多采样率数字信号处理的工程需求

在实际应用系统中，系统往往由多个工作于不同采样率的子系统构成。例如，在数字电话、电报、传真、语音、视频等电信系统中，需要采用与带宽相适应的不同速率对信号进行处理，使待处理信号既符合采样定理又可以减少数据量。种种客观需要使人们面临改变信号采样率的问题。

采样率转换可以按照两种方式实现。第一种是在满足采样定理的前提下，可以先将以采样率 F_{s1} 采集的数字信号通过数模转换器转换成模拟信号，再对该模拟信号按采样率 F_{s2} 进行模数转换，实现从 F_{s1} 到 F_{s2} 的采样率转换。这种方法可以实现采样率变换，但除了比较麻烦外，更严重的问题是信号受到损伤。与滤波器的设计问题类似，希望能直接在数字域进行采样率变换来解决这个问题，这就是第二种方法。本章主要介绍第二种方法。

在数字域进行采样率转换的模型如图 7-1 所示。$F_x = 1/T_x$ 表示输入信号 $x(n)$的采样频率，$F_y = 1/T_y$ 表示输出信号 $y(m)$的采样频率。

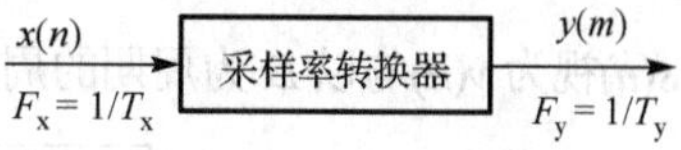

$x(n)$　$F_x = 1/T_x$　采样率转换器　$y(m)$　$F_y = 1/T_y$

图 7-1　采样率转换模型

根据 F_y 与 F_x 的比率不同，采样率转换分为如下几种情况。

1）若 $F_y = T_x/D$，D 为正整数；即 $x(n)$每隔 $D-1$ 个样值抽取 1 个，使采样率降低为原采样率的 $1/D$，称为按整数因子 D 抽取。

2）若 $F_y = IF_x$，I 为正整数；即 $x(n)$的两个相邻样值之间插入 $I-1$ 个新的样值，使采样率提高为原采样率的 I 倍，称为按整数因子 I 插值。

3）若 $F_y/F_x = I/D$，D 和 I 是互素整数，使采样率变为原采样率的 I/D 倍，称为按有理数因子 I/D 的采样率转换。

4）若 F_y/F_x 为任意有限数，称为按任意因子采样率转换。

7.2　按整数因子抽取

按整数因子抽取

按整数因子 D 对 $x(n)$抽取的原理框图如图 7-2 所示，其中，抽取的目的是将原信号采样频率降低 D 倍。设 $x(n)$是对模拟信号 $x_a(t)$以速率 F_x（F_x 满足采样定理）采样得到的信号，$X(e^{j\omega})$是其频谱，则在频率区间 $0 \leqslant |\omega| \leqslant \pi$（对应的模拟频率区间为$|f| \leqslant F_x/2\text{Hz}$），$X(e^{j\omega})$是非零的。如果简单地对 $x(n)$每隔 $D-1$

个样值抽取 1 个，使采样率降低为 F_x/D，那么可能产生严重的频谱混叠。为了避免频谱混叠，先用抗混叠低通滤波器 $h_D(n)$对 $x(n)$进行抗混叠低通滤波，即将 $x(n)$的有效频带限制在折叠频率 $F_x/2D$ Hz（等效的数字频率为 π/D rad）以内，最后再按整数因子 D 对 $x(n)$进行抽取得到序列 $y(m)$。$y(m)$的采样频率为 $F_y=F_x/D$。这样，$y(m)$就保留了 $x(n)$的 $0\leqslant|\omega|\leqslant\pi/D$ 频谱成分，因此不存在频谱混叠。

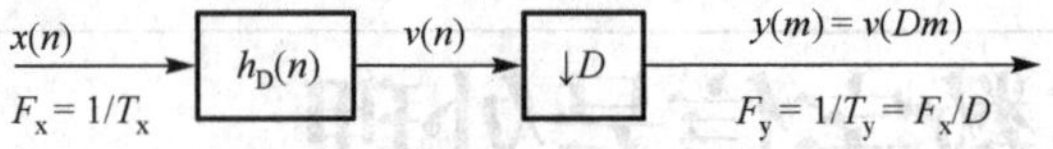

$x(n)$，$F_x=1/T_x$ → $h_D(n)$ → $v(n)$ → $\downarrow D$ → $y(m)=v(Dm)$，$F_y=1/T_y=F_x/D$

图 7-2　整数因子 D 抽取原理

按整数因子 D 抽取用符号“$\downarrow D$”表示，称 D 为“抽取因子”。$x(n)$的采样率为 $F_x=1/T_x$，T_x 为 $x(n)$的采样周期。$y(n)$的采样频率为 $F_y=1/T_y$，T_y 为 $y(n)$的采样周期。

理想情况下，抗混叠低通滤波器 $h_D(n)$的频率响应 $H_D(e^{j\omega})$为

$$H_D(e^{j\omega})=\begin{cases}1, & |\omega|<\pi/D\\0, & \pi/D\leqslant\omega\leqslant\pi\end{cases}\tag{7-1}$$

$x(n)$经过抗混叠低通滤波器后的输出为

$$v(n)=h_D(n)*x(n)=\sum_{k=0}^{\infty}h_D(k)x(n-k)\tag{7-2}$$

式（7-2）考虑 $h_D(n)$是因果稳定系统，所以卷积求和从 0 开始。按整数因子 D 对 $v(n)$抽取得到

$$y(m)=v(Dm)=\sum_{k=0}^{\infty}h_D(k)x(Dm-k)\tag{7-3}$$

为计算 $y(m)$与 $x(n)$的频谱关系，定义如下序列

$$s(n)=\begin{cases}v(n), & n=0,\pm D,\pm 2D,\cdots\\0, & \text{其他}\end{cases}\tag{7-4}$$

将 $s(n)$视为 $v(n)$与以 D 为周期的周期序列 $p(n)$的乘积，如图 7-3 所示。

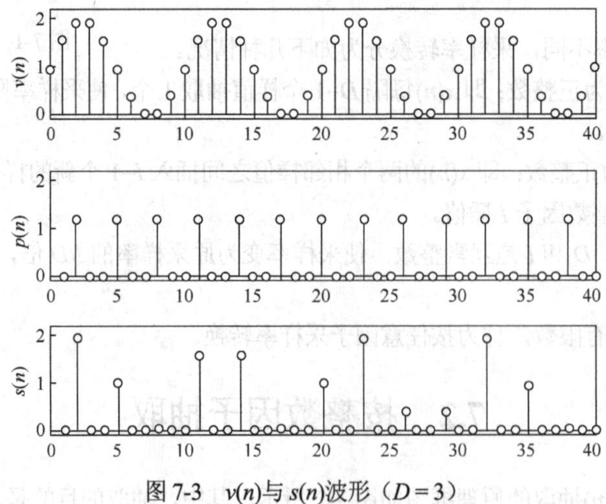

图 7-3　$v(n)$与 $s(n)$波形（$D=3$）

所以

$$s(n)=v(n)p(n)\tag{7-5}$$

$$y(m)=s(Dm)=v(Dm)p(Dm)=v(Dm) \tag{7-6}$$

根据式（7-6）容易求出 $y(m)$ 与 $x(n)$ 的频谱关系。$y(m)$ 的 z 变换为

$$Y(z)=\sum_{m=-\infty}^{\infty}y(m)z^{-m}=\sum_{m=-\infty}^{\infty}s(Dm)z^{-m}=\sum_{m=-\infty}^{\infty}s(m)z^{-m/D}$$

其中，最后一步是根据除了 m 等于 D 的整数倍以外 $s(m)=0$ 的特点得出的。将式（7-5）代入上式得出

$$Y(z)=\sum_{m=-\infty}^{\infty}v(m)p(m)z^{-m/D} \tag{7-7}$$

$p(m)$ 的离散傅里叶级数展开式为

$$p(m)=\frac{1}{D}\sum_{k=0}^{D-1}\mathrm{e}^{\mathrm{j}2\pi km/D} \tag{7-8}$$

将式（7-8）代入式（7-7）得

$$\begin{aligned}Y(z)&=\sum_{m=-\infty}^{\infty}v(m)\left[\frac{1}{D}\sum_{k=0}^{D-1}\mathrm{e}^{\mathrm{j}2\pi km/D}\right]z^{-m/D}\\&=\frac{1}{D}\sum_{k=0}^{D-1}\sum_{m=-\infty}^{\infty}v(m)(\mathrm{e}^{-\mathrm{j}2\pi k/D}z^{1/D})^{-m}\\&=\frac{1}{D}\sum_{k=0}^{D-1}V(\mathrm{e}^{-\mathrm{j}2\pi k/D}z^{1/D})\end{aligned}$$

因为 $V(z)=\mathrm{ZT}[v(n)]=H_{\mathrm{D}}(z)X(z)$，所以

$$Y(z)=\frac{1}{D}\sum_{k=0}^{D-1}H_{\mathrm{D}}(\mathrm{e}^{-\mathrm{j}2\pi k/D}z^{1/D})X(\mathrm{e}^{-\mathrm{j}2\pi k/D}z^{1/D}) \tag{7-9}$$

设系统因果稳定，由式（7-9）可计算 $y(m)$ 的频谱 $Y(\mathrm{e}^{\mathrm{j}\omega_y})$，即 $Y(\mathrm{e}^{\mathrm{j}\omega_y})=Y(z)|_{z=\exp(\mathrm{j}\omega_y)}$。若 $x(n)$ 和 $y(m)$ 的数字频率分别为 ω_x 和 ω_y，则 $\omega_x=2\pi fT_x=2\pi f/F_x$，$\omega_y=2\pi fT_y=2\pi f/F_y$。因为 $F_y=F_x/D$，所以

$$\omega_y=2\pi f/F_y=2\pi fD/F_x=D\omega_x \tag{7-10}$$

式（7-10）说明，经过按整数因子 D 抽取，数字频率区间 $0\leqslant|\omega_x|\leqslant\pi/D$ 将扩展成相应的频率区间 $0\leqslant|\omega_y|\leqslant\pi$。因此，经过整数因子 D 抽取，$X(\mathrm{e}^{\mathrm{j}\omega})$ 中 $\pi/D<|\omega_x|$ 的非零频谱就会在 $\omega_y=\pi$ 附近形成混叠。这就是必须设计抗混叠滤波器的原因，目的就是滤除频段 $\pi/D<|\omega_x|\leqslant\pi$ 上的频谱，实现直接在数字域进行采样率转换。

将 $z=\mathrm{e}^{\mathrm{j}\omega_y}$ 代入式（7-9），得 $y(m)$ 的频谱为

$$Y(\mathrm{e}^{\mathrm{j}\omega_y})=\frac{1}{D}\sum_{k=0}^{D-1}H_{\mathrm{D}}\left(\mathrm{e}^{\mathrm{j}\left(\frac{\omega_y-2\pi k}{D}\right)}\right)X\left(\mathrm{e}^{\mathrm{j}\left(\frac{\omega_y-2\pi k}{D}\right)}\right) \tag{7-11}$$

采用式（7-1）定义的理想滤波器 $H_{\mathrm{D}}(\mathrm{e}^{\mathrm{j}\omega})$，就可以消除频谱混叠。因此，对于主值频率区间 $-\pi\leqslant|\omega_y|\leqslant\pi$，式（7-11）中，只有 $k=0$ 的一项有非零值，其余项全为零。所以，在频段 $0\leqslant|\omega_y|\leqslant\pi$ 上

$$Y(\mathrm{e}^{\mathrm{j}\omega_y})=\frac{1}{D}H_{\mathrm{D}}\left(\mathrm{e}^{\mathrm{j}\frac{\omega_y}{D}}\right)X\left(\mathrm{e}^{\mathrm{j}\frac{\omega_y}{D}}\right) \tag{7-12}$$

式（7-12）说明，经过对 $x(n)$按整数因子 D 抽取，所得到的 $y(m)$使数据量降低 D 倍，无失真地保留了 $x(n)$中感兴趣的 $0\leqslant|f|<F_x/2D$ Hz 频段的低频成分，丢掉了$|f|\geqslant F_x/2D$ 频段的高频成分。当然，如果原信号 $x(n)$的带宽不超过 π/D 时，按整数因子 D 直接抽取，则只是去掉了 $x(n)$中的冗余信息，不会产生频谱混叠，所以不需要抗混叠滤波器。$x(n)$、$h_D(n)$和 $y(m)$ 的频谱如图 7-4 所示。

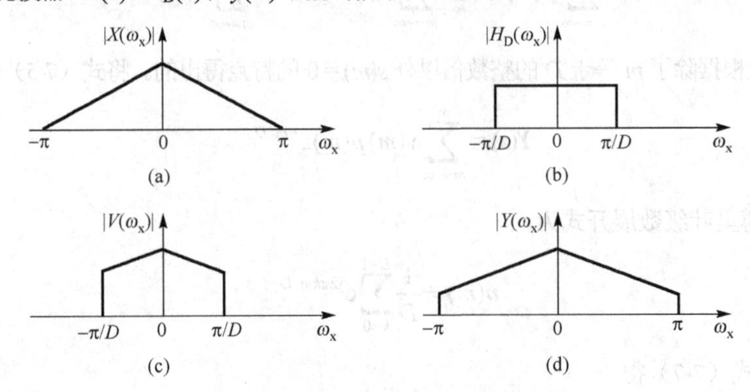

图 7-4　图 7-2 中各点的频谱

按整数因子内插

7.3　按整数因子内插

设 $x(n)$是对模拟信号 $x_a(t)$以满足采样定理的速率 F_x 采样所得的信号，其频谱为 $X(e^{j\omega})$。按整数因子 I 内插就是在 $x(n)$的两个相邻样值之间插入 $I-1$ 个新的样值，得到一个新的序列 $y(m)=x_a(mT_y)$。$y(m)$的采样周期为 $T_y=T_x/I$，而采样频率为 $F_y=1/T_y=IF_x$，目的是将原信号采样频率提高 I 倍。关键是需根据已知的 $x(n)$的若干样值确定希望插入的 $I-1$ 个未知样值。因为 $x(n)$是以满足采样定理的速率 F_x 采样 $x_a(t)$得到的。根据时域采样定理，由 $x(n)$完全可以无失真地恢复模拟信号 $x_a(t)$，因此上述问题的解肯定是存在的。显然，按整数因子 I 内插样值取为 0 是一种比较简单的方案。

在 $x(n)$的两个相邻样值之间插入 $I-1$ 个零样值，称为"按整数因子 I 对 $x(n)$零值内插"，用符号"$\uparrow I$"表示。内插后再进行滤波，则得到按整数因子 I 内插的序列 $y(m)=x_a(mT_y)$，其原理框图如图 7-5 所示。

$x(n)$ → $\uparrow I$ → $v(m)$ → $h_I(m)$ → $y(m)=x_a(mT_y)$；$F_x=1/T_x$，$F_y=1/T_y=IF_x$

图 7-5　整数因子 I 内插原理

在图 7-5 中

$$v(m)=\begin{cases}x(m/I), & m=0,\pm I,\pm 2I,\cdots \\ 0, & \text{其他}\end{cases} \tag{7-13}$$

$v(m)$的采样频率与 $y(m)$的采样频率相同。取 $v(m)$的 z 变换，得

$$V(z)=\sum_{m=-\infty}^{\infty}v(m)z^{-m}=\sum_{m=-\infty}^{\infty}v(mI)z^{-mI}=X(z^I) \tag{7-14}$$

由 $V(z)$得到 $v(m)$的频谱为

$$V(e^{j\omega_y})=V(z)\big|_{z=e^{j\omega_y}}=X(e^{j\omega_y}) \tag{7-15}$$

式中，新采样频率 F_y 相应的数字频率为 ω_y，$\omega_y=2\pi fT_y=2\pi f/F_y$。原采样频率 F_x 相应的数字频率为 ω_x，$\omega_x=2\pi f/F_x$。由于 $F_y=IF_x$，所以

$$\omega_y=\omega_x/I \tag{7-16}$$

$x(n)$及其频谱$X(e^{j\omega_x})$如图 7-6(a)所示，$v(m)$及其频谱$V(e^{j\omega_y})$如图 7-6(b)所示。由图 7-6 可见，$V(e^{j\omega_y})$是原输入信号频谱$X(e^{j\omega_x})$的I次镜像周期重复，周期为$2\pi/I$。图中$V(e^{j\omega_y})$在频段$\pi/I\leqslant|\omega_y|\leqslant\pi$上的周期重复谱称为“镜像谱”。根据时域采样定理可知道，按整数因子I内插的输出序列$y(m)$的频谱$Y(e^{j\omega_y})$是以2π为周期，其模拟频率周期为$2\pi/T_y$，如图 7-6(c)所示。所以，如果零值内插之后的滤波器$h_I(m)$滤除$V(e^{j\omega_y})$中的镜像谱，则输出所期望的内插结果$y(m)$，故称$h_I(m)$为镜像滤波器。

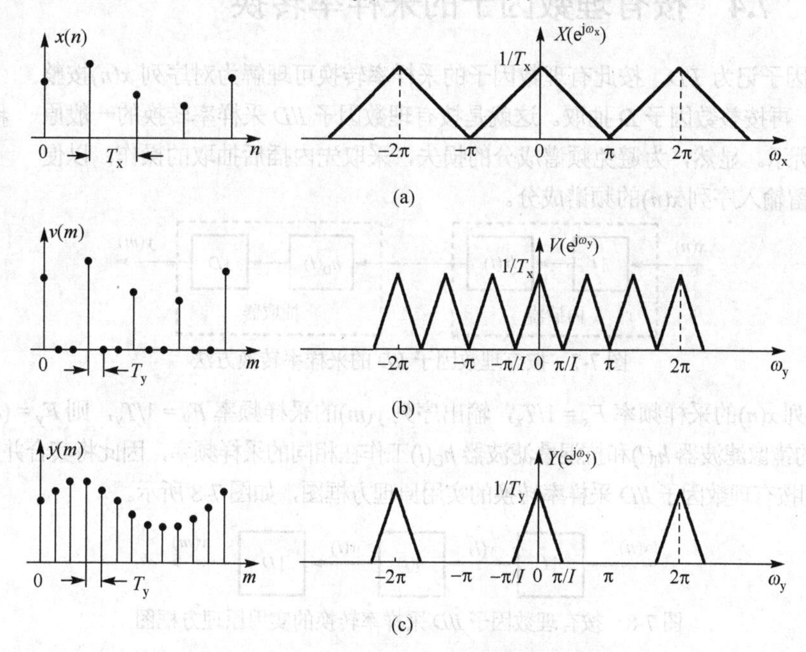

图 7-6　按整数因子I内插过程中的时域和频域示意图（$I=3$）

若镜像滤波器$h_I(m)$采用理想低通滤波器，则其频率响应应为

$$H_I(e^{j\omega_y})=\begin{cases}C, & 0\leqslant|\omega_y|<\pi/I\\ 0, & \pi/I\leqslant|\omega_y|\leqslant\pi\end{cases}\tag{7-17}$$

式中，C为定标系数，其作用是在$m=0,\pm I,\pm 2I,\cdots$时，确保输出序列$y(m)=x(m/I)$。因此输出频谱为

$$Y(e^{j\omega_y})=\begin{cases}CX(e^{j\omega_y}), & 0\leqslant|\omega_y|<\pi/I\\ 0, & \pi/I\leqslant|\omega_y|\leqslant\pi\end{cases}\tag{7-18}$$

简单起见，取$m=0$来计算C的值，即

$$y(0)=\frac{1}{2\pi}\int_{-\pi}^{\pi}Y(e^{j\omega_y})d\omega_y=\frac{C}{2\pi}\int_{-\pi/I}^{\pi/I}X(e^{j\omega_y})d\omega_y$$

因为$\omega_y=\omega_x/I$，所以

$$y(0)=\frac{C}{I}\frac{1}{2\pi}\int_{-\pi}^{\pi}X(e^{j\omega_x})\,d\omega_x=\frac{C}{I}x(0)=x(0)$$

由此得出$C=I$。

最后，根据上述原理，给出输出序列$y(m)$与输入序列$x(n)$的时域关系式。由图 7-5 可知

$$y(m)=v(m)*h_I(m)=\sum_{k=-\infty}^{\infty}h_I(m-k)v(k)\tag{7-19}$$

因为除了在 I 的整数倍数点 $v(kI)=x(k)$外，$v(k)=0$，所以

$$y(m)=\sum_{k=-\infty}^{\infty} h_{\mathrm{I}}(m-kI)x(k) \tag{7-20}$$

7.4 按有理数因子的采样率转换

按有理数因子的采样率转换

设有理数因子记为 I/D，按此有理数因子的采样率转换可理解为对序列 $x(n)$按整数因子 I 内插，再按整数因子 D 抽取。这就是按有理数因子 I/D 采样率转换的一般原理，如图 7-7 所示。显然，为避免频谱成分的损失，采取先内插后抽取的操作，以便最大限度地保留输入序列 $x(n)$的频谱成分。

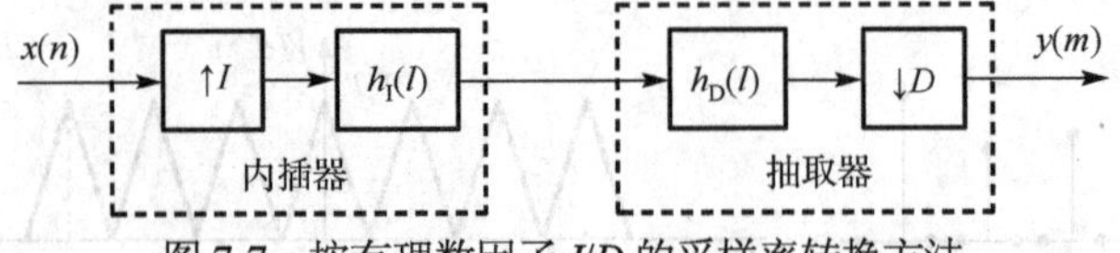

图 7-7 按有理数因子 I/D 的采样率转换方法

设输入序列 $x(n)$的采样频率 $F_{\mathrm{x}}=1/T_{\mathrm{x}}$，输出序列 $y(m)$的采样频率 $F_{\mathrm{y}}=1/T_{\mathrm{y}}$，则 $F_{\mathrm{y}}=(I/D)/F_{\mathrm{x}}$。由于图 7-7 中级联的镜像滤波器 $h_{\mathrm{I}}(l)$和抗混叠滤波器 $h_{\mathrm{D}}(l)$工作在相同的采样频率，因此将其合并成一个等效滤波器 $h(l)$，得到按有理数因子 I/D 采样率转换的实用原理方框图，如图 7-8 所示。

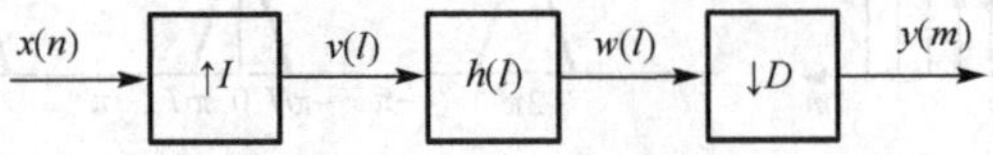

图 7-8 按有理数因子 I/D 采样率转换的实用原理方框图

如前所述，$h_{\mathrm{I}}(l)$和 $h_{\mathrm{D}}(l)$均为理想低通滤波器。理想情况下，等效滤波器 $h(l)$仍是理想低通滤波器，其等效带宽是 $h_{\mathrm{I}}(l)$和 $h_{\mathrm{D}}(l)$中较小的带宽。$h(l)$的频率响应为

$$H(\mathrm{e}^{\mathrm{j}\omega_{\mathrm{y}}})=\begin{cases} I, & 0\leqslant|\omega_{\mathrm{y}}|<\min(\pi/I,\pi/D) \\ 0, & \min(\pi/I,\pi/D)\leqslant|\omega_{\mathrm{y}}|\leqslant\pi \end{cases} \tag{7-21}$$

图 7-8 中，零值内插器的输出序列 $v(l)$为

$$v(l)=\begin{cases} x(l/I), & l=0,\pm I,\pm 2I,\cdots \\ 0, & \text{其他} \end{cases} \tag{7-22}$$

线性滤波器输出序列 $w(l)$为

$$w(l)=\sum_{k=-\infty}^{\infty} h(l-k)v(k)=\sum_{k=-\infty}^{\infty} h(l-kI)x(k) \tag{7-23}$$

按整数因子 D 抽取后的输出序列为 $y(m)$，其时域表达式为

$$y(m)=w(Dm)=\sum_{k=-\infty}^{\infty} h(Dm-kI)x(k) \tag{7-24}$$

如果线性滤波器用 FIR 滤波器实现 $h(l)$，则根据式（7-24）可计算输出序列 $y(m)$。

7.5 多采样率转换滤波器的设计

前面介绍了按整数因子 D 抽取、按整数因子 I 内插和按有理数因子 I/D 采样率转换的三种采样率转换器。下面讨论采样率转换系统中滤波器的实现方法，以及处理效率高、运算量小的高效实现算法。

通过前面的讨论知道，采样率转换的问题转换为抗混叠滤波器和镜像滤波器的设计问题。而 FIR 滤波器具有绝对稳定、容易实现线性相位特性、特别是容易实现高效结构等突出优点。因此采样率转换滤波器多采用 FIR 滤波器实现，一般不用 IIR 滤波器。FIR 滤波器的设计可以采用第 6 章所讲的各种方法进行设计，这里分别介绍直接型 FIR 滤波器实现的高效结构、多相滤波器结构和多级实现结构。

7.5.1　直接型 FIR 滤波器结构

根据以上采样率转换问题的分析可知，采用直接型 FIR 滤波器实现图 7-8 所示的采样率转换系统的实现结构如图 7-9 所示，其中采样率转换因子 I/D 为有理数。这个直接型 FIR 滤波器结构清楚明了，其实现也很简单。但这个系统中存在资源浪费和运算效率低的问题。由于滤波器的所有乘法和加法运算都是在系统中采样率最高处完成的，势必增加系统成本（对数字信号处理器运算性能要求较高）。又由于零值内插过程中在输入序列 $x(n)$的相邻样值之间插入 I–1 个零样值，当 I 值比较大时，进入 FIR 滤波器的信号大部分为零，其乘法运算的结果也大部分为零，造成多数乘法运算是无效运算，处理器资源利用效率低。此外，由于在最后的抽取过程中，FIR 滤波器的每 D 个输出值中只有一个有用，即有 D–1 个输出样值的计算是无用的，同样造成资源浪费。所以，图 7-9 所示的直接型 FIR 滤波器结构的运算效率及资源利用率很低。

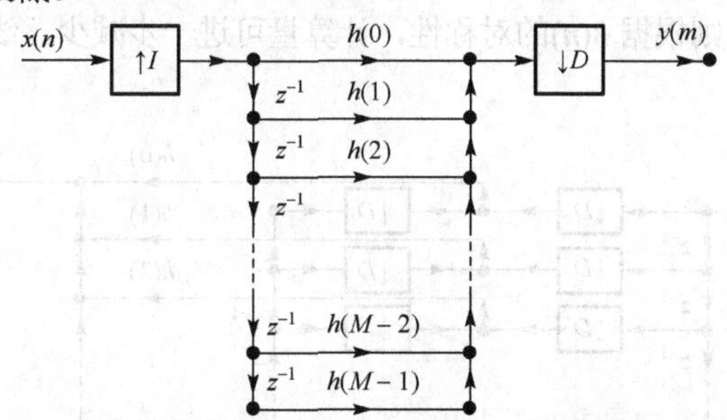

图 7-9　采样率转换系统的直接型 FIR 滤波器结构

如果能减少图 7-9 所示 FIR 滤波器的无效运算，提高其运算效率，就可得到按整数因子 D 抽取系统和按整数因子内插 I 系统实现的高效结构。其基本解决方法是，将乘法和加法运算移到系统中采样率最低处，最大限度减少无效运算。

1．按整数因子 D 抽取系统的直接型 FIR 滤波器结构

图 7-2 按整数因子 D 抽取系统的直接型 FIR 滤波器实现结构如图 7-10(a)所示。该结构中 FIR 滤波器与图 7-2 中相同，以高采样率 F_x 运行。其输出 $y(n)$中，每 D 个样值中只抽取一个作为最终的输出 $y(m)$，丢弃了其中 D–1 样值（产生 D–1 个无效运算），所以该结构效率很低。

按整数因子 D 抽取系统的 FIR 滤波器设计实例

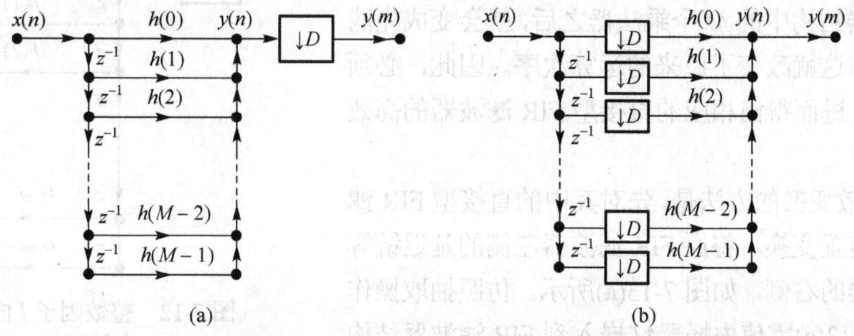

图 7-10　按整数因子 D 抽取系统的直接型 FIR 滤波器实现结构

为了提高直接型 FIR 滤波器结构的运算效率，将图 7-10(a)中的抽取操作↓D 嵌入 FIR 滤波器结构中，如图 7-10(b)所示。图 7-10(a)中抽取器↓D 在 $n=Dm$ 时刻开通，选通 FIR 滤波器的一个输出作为抽取系统输出序列的一个样值 $y(m)$，即

$$y(m)=\sum_{k=0}^{M-1}h(k)x(Dm-k) \tag{7-25}$$

而图 7-10(b)中抽取器↓D 在 $n=Dm$ 时刻同时开通，选通 FIR 滤波器输入信号 $x(n)$的一组延时信号：$x(Dm),x(Dm-1),x(Dm-2),\cdots,x(Dm-M+1)$，再进行乘法、加法运算，得到抽取系统输出序列的一个样值 $y(m)=\sum\limits_{k=0}^{M-1}h(k)x(Dm-k)$，可见它与式（7-25）给出的 $y(m)$完全相同。因此，图 7-10(b)和图 7-10(a)的功能完全等效，但图 7-10(b)的运算量仅是图 7-10(a)的 $1/D$，故图 7-10(b)是图 7-10(a)的高效实现结构。

需要指出的是，图 7-10(b)将抽取器↓D 移到 M 个乘法器之前，仍然是先滤波后抽取，并不是把抽取移到滤波之前。因为如果所加的信号是抽取以前的信号 $x(n)$，则是先滤波后抽取，反之则是先抽取后滤波。从图 7-10(b)可见，所有抽取器↓D 都在延迟链之后，即滤波器的输入端及延迟链上所加的信号仍然是原信号 $x(n)$，所以并未改变原来的运算，满足先滤波后抽取的要求。进一步，如果 FIR 滤波器设计为线性相位滤波器，则根据 $h(n)$的对称性，计算量可进一步减少。线性相位高效结构如图 7-11 所示。

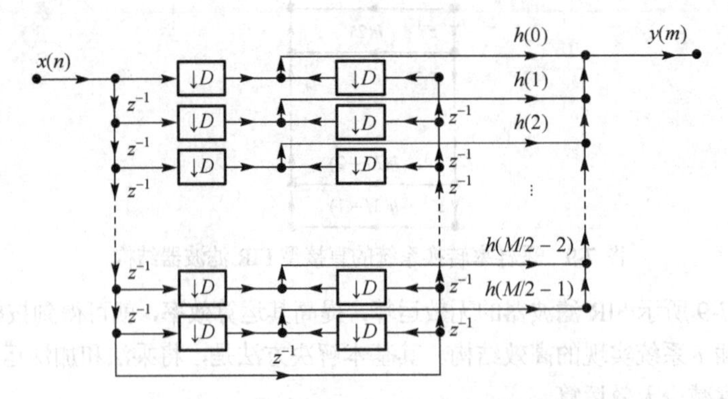

图 7-11 采用线性相位 FIR 滤波器的高效抽取结构

按整数因子内插的 FIR 滤波器设计实例

2. 按整数因子 I 内插系统的直接型 FIR 滤波器结构

根据图 7-5 得到按整数因子 I 内插系统的直接型 FIR 滤波器结构如图 7-12 所示。如前面所述，该系统中 FIR 滤波器以高采样率 IF_x 运行，该结构效率很低。

现在的问题是，如果直接将图 7-12 中的零值内插器↑I 移到 FIR 滤波器结构中的 M 个乘法器之后，就会变成先滤波后零值内插，这就改变了原来的运算次序。因此，必须通过等效变换，进而得出相应的直接型 FIR 滤波器的高效实现结构。

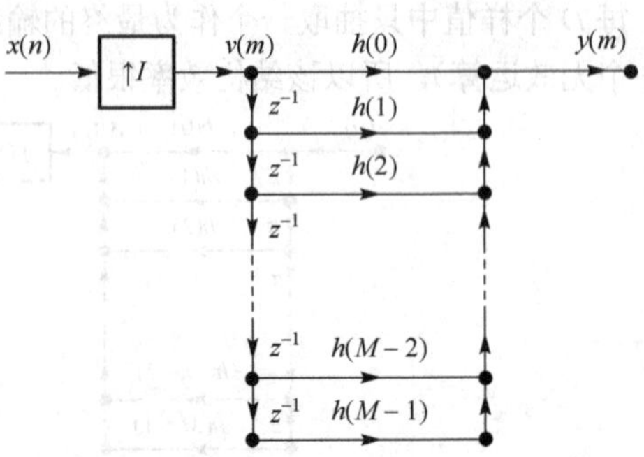

图 7-12 整数因子 I 内插系统的直接型 FIR 滤波器结构

图 7-12 等效变换的方法是，先对其中的直接型 FIR 滤波器部分进行转置变换，将原 FIR 滤波器左侧的延迟链等效变换到滤波器的右侧，如图 7-13(a)所示。仿照抽取操作的方法，将图 7-13(a)零值内插器↑I 嵌入到 FIR 滤波器结构中的 M 个乘法器之后，得到如图 7-13(b)所示的结构。由于

图 7-13(a)和(b)可见，加到延迟链上的信号完全相同，所以二者的功能完全等效。但图 7-13(b)中的所有乘法运算在低采样率 F_x 下实现，仅是图 7-13(a)中乘法器运行速度的 $1/I$，因此图 7-13(b)是一种高效结构。

考察图 7-13(b)和图 7-10(b)可发现，图 7-13(b)所示的按整数因子 I 内插系统的高效 FIR 滤波器结构，与图 7-10(b)所示的按整数因子 D 抽取系统的高效 FIR 滤波器结构互为转置关系。因此将图 7-11 转置，则一定得出采用线性相位 FIR 滤波器的高效内插结构，该结构请读者自己完成。

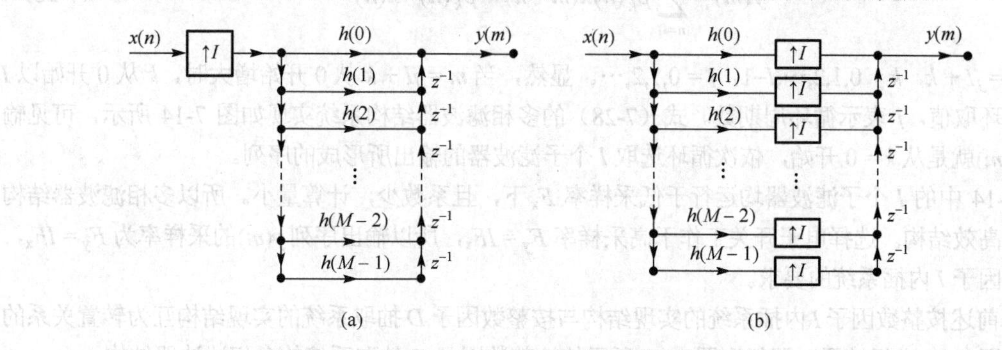

图 7-13　按整数因子 I 内插系统的直接型 FIR 滤波器结构

3. 按有理数因子 I/D 的采样率转换系统的高效 FIR 滤波器结构

按有理数因子采样率转换的 FIR 滤波器

按有理数因子 I/D 采样率转换的高效 FIR 滤波器的基本设计思想与按整数抽取或内插一样，就是尽量使 FIR 滤波器运行于最低采样速率。根据前面的介绍，FIR 滤波器实现结构分别基于按整数因子 I 内插系统的高效 FIR 滤波器结构与按整数因子 D 抽取系统的高效 FIR 滤波器结构进行设计。但是在进行按有理数因子 I/D 采样率转换系统设计时应注意，当 $I > D$ 时，$F_y > F_x$，应将图 7-9 中的直接型 FIR 结构与前面的↑I 用图 7-13(b)所示的按整数因子 I 内插系统的高效 FIR 滤波器结构代替。反之，当 $I < D$ 时，$F_y < F_x$，应将图 7-9 中的直接型 FIR 结构与后面的↓D 用图 7-10(b)所示的整数因子 D 抽取系统的高效 FIR 滤波器结构代替。如果采用线性相位 FIR 滤波器，则用相应的线性相位 FIR 滤波器的高效内插结构或高效抽取结构实现。

7.5.2　多相滤波器实现

多相滤波器组是按整数因子内插或抽取的另一种高效实现结构。多相滤波器组由 K 个长度为 $N = M/K$（$K = D$ 或 I）的子滤波器构成，且 K 个子滤波器轮流分时工作，所以称为多相滤波器。

如果 FIR 滤波器总长度 M 满足 $M = NI$，则图 7-13(b)所示的按整数因子 I 内插系统的高效 FIR 滤波器结构可以用一组较短的多相滤波器组实现。

考察图 7-12 按整数因子 I 内插系统的直接型 FIR 滤波器结构，$y(m) = h(m)*v(m)$为其输出序列。在输入序列 $x(n)$的两个相邻样值之间插入 I–1 个零样值，得到内插器的输出序列 $v(m)$。因此 $v(m)$进入 FIR 滤波器的 M 个样值中只有 $N = M/I$ 个非零值。因此，在任意 m 时刻，计算 $y(m) = h(m)*v(m)$时，$v(m)$只有 N 个非零值与 $h(m)$中的 N 个系数相乘。根据式（7-13），得

$$y(m) = \sum_{n=0}^{M-1} h(n)v(m-n) = \sum_{n=0}^{N-1} h(nI)x(m-n)$$

当 $m = jI + k$，$k = 0,1,2,\cdots,I-1$，$j = 0,1,2,\cdots$时

$$y(m) = \sum_{n=0}^{M-1} h(n)v(m-n) = \sum_{n=0}^{N-1} h(k+nI)x(m-n) \tag{7-26}$$

式（7-26）中的 $h(k+nI)$ 可视为长度 $N=M/I$ 的子滤波器的单位脉冲响应，用 $p_k(n)$ 表示，则

$$p_k(n)=h(k+nI),\ k=0,1,2,\cdots,I-1,\ n=0,1,2,\cdots,N-1 \tag{7-27}$$

这样，从 $m=0$ 开始，整数因子 I 内插系统的输出序列 $y(m)$ 可表示为

$$y(m)=\sum_{n=0}^{N-1}p_k(n)x(m-n)=p_k(n)*x(n) \tag{7-28}$$

式中，$m=jI+k$，$k=0,1,2,\cdots,I-1$，$j=0,1,2,\cdots$。显然，当 $m=jI+k$ 从 0 开始增大时，k 从 0 开始以 I 为周期循环取值，j 表示循环周期数。式（7-28）的多相滤波器结构系统实现如图 7-14 所示，可见输出序列 $y(m)$ 就是从 $k=0$ 开始，依次循环选取 I 个子滤波器的输出所形成的序列。

图 7-14 中的 I 个子滤波器均运行于低采样率 F_x 下，且系数少，计算量小。所以多相滤波器结构也是一种高效结构。选择电子开关工作于高采样率 $F_y=IF_x$，所以输出序列 $y(m)$ 的采样率为 $F_y=IF_x$，满足整数因子 I 内插系统的要求。

根据前述按整数因子 I 内插系统的实现结构与按整数因子 D 抽取系统的实现结构互为转置关系的规律，将图 7-14 进行转置，即得到图 7-15 所示的按整数因子 D 抽取系统的多相滤波器结构。

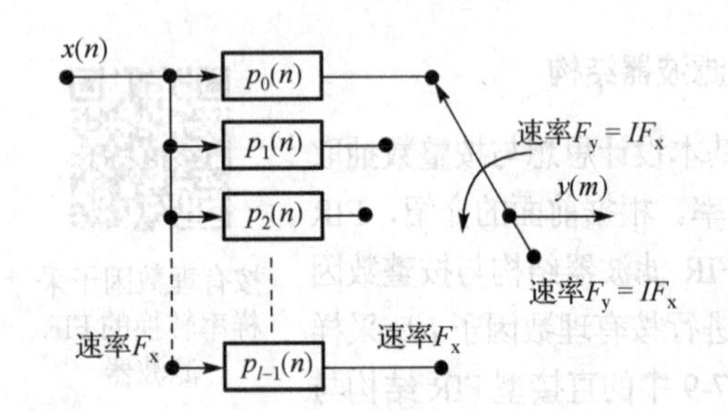

图 7-14　整数因子 I 内插系统的多相滤波器结构

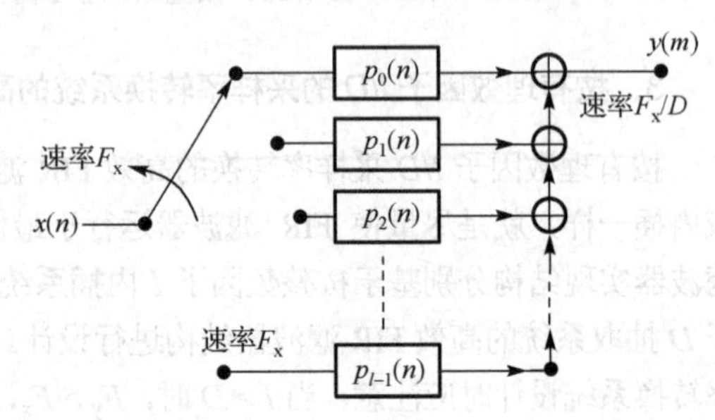

图 7-15　整数因子 D 抽取系统的多相滤波器结构

一般选择抗混叠 FIR 滤波器总长度 $M=DN$，$N=M/D$。电子开关以速率 F_x 逆时针旋转，从子滤波器 $p_0(n)$ 在 $m=0$ 时刻开始，并输出 $y(0)$。然后电子开关以速率 F_x 逆时针每旋转一周，即每次转到子滤波器 $p_0(n)$ 时，输出端就以速率 $F_y=F_x/D$ 送出一个 $y(m)$ 样值。

例如，设计一个按因子 $I=5$ 的内插器，要求镜像滤波器通带最大衰减为 0.1dB，阻带最小衰减为 30dB，过渡带宽度不大于 $\pi/20$，设计 FIR 滤波器系数 $h(n)$。

由式（7-17）知道 FIR 滤波器 $h(n)$ 的阻带截止频率为 $\pi/5$，可知滤波器其他指标：通带截止频率为 $\pi/5-\pi/20=3\pi/20$，通带最大衰减为 0.1dB，阻带最小衰减为 30dB。调用 remezord 函数可求得 $h(n)$ 长度 $M=47$，取 $M=50$ 使其满足 5 的整数倍。调用 remez 函数求得 $h(n)$ 如下

```
h( 0 ) = 6.684246e-002 = h( 49 )      h( 13 ) = -1.800562e-003 = h( 36 )
h( 1 ) = -3.073256e-002 = h( 48 )     h( 14 ) = -7.220485e-002 = h( 35 )
h( 2 ) = -4.303671e-002 = h( 47 )     h( 15 ) = -1.370181e-001 = h( 34 )
h( 3 ) = -5.803096e-002 = h( 46 )     h( 16 ) = -1.740193e-001 = h( 33 )
h( 4 ) = -6.759203e-002 = h( 45 )     h( 17 ) = -1.631924e-001 = h( 32 )
h( 5 ) = -6.493009e-002 = h( 44 )     h( 18 ) = -9.215300e-002 = h( 31 )
h( 6 ) = -4.657608e-002 = h( 43 )     h( 19 ) = 4.004513e-002 = h( 30 )
h( 7 ) = -1.386252e-002 = h( 42 )     h( 20 ) = 2.202029e-001 = h( 29 )
h( 8 ) = 2.674276e-002 = h( 41 )      h( 21 ) = 4.239994e-001 = h( 28 )
h( 9 ) = 6.463158e-002 = h( 40 )      h( 22 ) = 6.191918e-001 = h( 27 )
h( 10 ) = 8.776083e-002 = h( 39 )     h( 23 ) = 7.725483e-001 = h( 26 )
```

```
    h( 11 ) = 8.607506e-002 = h( 38 )    h( 24 ) = 8.568808e-001 = h( 25 )
    h( 12 ) = 5.500303e-002 = h( 37 )
```

根据式（7-27）可确定多相滤波器实现结构中的 5 个子滤波器系数如下

$$p_0(n) = h(nI) = \{h(0),h(5),h(10),h(15),h(20),h(25),h(30),h(35),h(40),h(45)\}$$
$$p_1(n) = h(1+nI) = \{h(1),h(6),h(11),h(16),h(21),h(26),h(31),h(36),h(41),h(46)\}$$
$$p_2(n) = h(2+nI) = \{h(2),h(7),h(12),h(17),h(22),h(27),h(32),h(37),h(42),h(47)\}$$
$$p_3(n) = h(3+nI) = \{h(3),h(8),h(13),h(18),h(23),h(28),h(33),h(38),h(43),h(48)\}$$
$$p_4(n) = h(4+nI) = \{h(4),h(9),h(14),h(19),h(24),h(29),h(34),h(39),h(44),h(49)\}$$

7.5.3　采样率转换系统的多级实现

在实际采样率转换系统中，还会常常遇到抽取因子和内插因子很大的情况，即 $D \gg 1$ 或 $I \gg 1$。根据前面介绍的设计方法设计抽取或内插滤波器，理论上可以准确地实现这种采样率转换。如果是这样，则实现结构中将需要大量的多相滤波器，必然造成很低的工作效率。针对 $D \gg 1$ 或 $I \gg 1$ 的情况，多级实现是一种效率较高的方法。

先看内插因子 $I \gg 1$ 的情况。如果 I 可以分解为 L 个正整数的乘积，即

$$I = \prod_{i=1}^{L} I_i \tag{7-29}$$

则按整数因子 I 的内插系统可用图 7-16 所示的 L 级整数因子内插系统级联来实现。

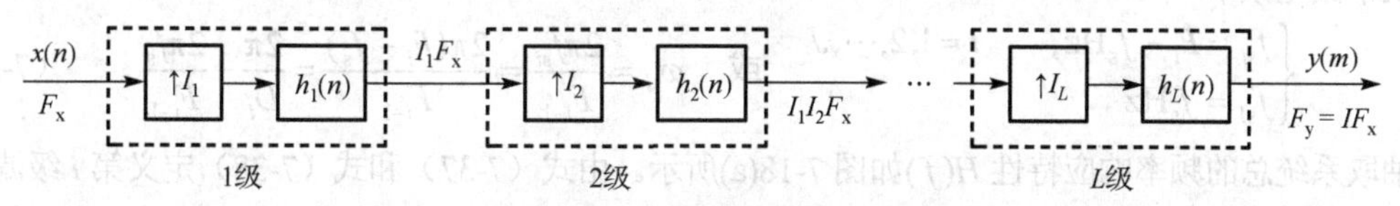

图 7-16　按整数因子 I 的内插系统的多级实现

图 7-16 中 $h_i(n)$是第 i 级整数因子 I_i 内插系统的镜像滤波器，第 i 级输出的采样频率为

$$F_i = I_i F_{i-1},\quad i = 1,2,\cdots,L-1 \tag{7-30}$$

同理，如果 $D \gg 1$，D 可以分解为 J 个正整数的乘积，即

$$D = \prod_{i=1}^{J} D_i \tag{7-31}$$

则按整数因子 D 的抽取系统可用图 7-17 所示的 J 级整数因子抽取系统级联来实现。

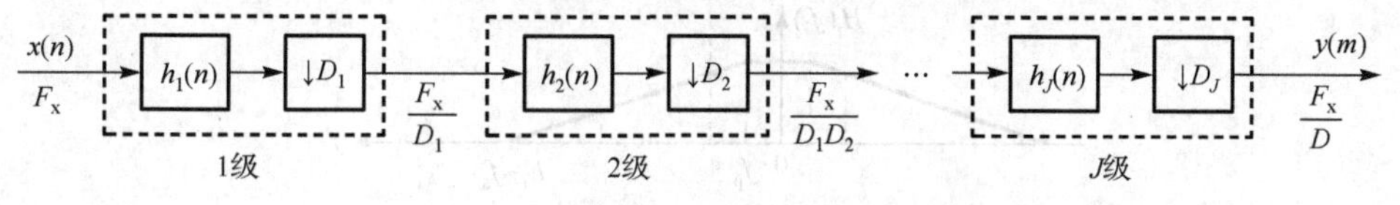

图 7-17　按整数因子 D 的抽取系统的多级实现

第 i 级输出序列的采样频率为

$$F_i = F_{i-1}/D_i,\quad i = 1,2,\cdots,J-1 \tag{7-32}$$

式中，$F_1 = F_0/D_1 = F_x/D_1$。图 7-17 中，$h_i(n)$是第 i 级整数因子抽取系统的抗混叠滤波器，其阻带截止频率应满足

$$\omega_{si} = \pi/D_i \tag{7-33}$$

相应的模拟截止频率为

$$f_{si} = F_i/2 = F_{i-1}/2D_i \tag{7-34}$$

按照式（7-33）或式（7-34）设计每一级抗混叠滤波器，可以保证各级抽取后无频谱混叠。但各级滤波器的过渡带可以更宽，从而使滤波器阶数降低，并能保证总抽取系统输出的频谱混叠满足要求，得到更高效的系统实现。

根据前面按整数因子 D 抽取的分析知道，按整数因子 D 抽取后，只能保留输入信号 $x(n)$中 $0\leqslant|f|\leqslant F_x/2D$ 的频谱成分。据此分析设计多级实现时，只要保证每级滤波器在该频段上无频谱混叠就可以了。下面介绍如何设置各级滤波器的边界频率，才能满足上述要求。

先定义抽取系统感兴趣的无失真通带和过渡带。为了方便起见，以模拟频率（Hz）给出

通带

$$0\leqslant|f|\leqslant f_p \tag{7-35}$$

过渡带

$$f_p\leqslant f\leqslant f_s \tag{7-36}$$

式中，阻带截止频率 $f_s\leqslant F_x/2D$。则设计滤波器时，只要按照下式给出的边界频率设计第 i 级滤波器 $h_i(n)$，就能保证在感兴趣的频带 $0\leqslant|f|\leqslant f_s$ 上无频谱混叠。

通带截止频率

$$f_{pi} = f_p \text{ 或 } \omega_{pi} = 2\pi f_p/F_{i-1} \tag{7-37}$$

阻带截止频率

$$\begin{cases} f_{si} = F_i - f_s\text{Hz}, & i = 1,2,\cdots,J \\ f_{sJ} = f_s\text{Hz} \end{cases} \text{ 或 } \omega_{si} = \frac{2\pi f_{si}}{F_{i-1}} = \frac{2\pi(F_i - f_s)}{F_{i-1}} = \frac{2\pi}{D_i} - \frac{2\pi f_s}{F_{i-1}} \tag{7-38}$$

抽取系统总的频率响应特性 $H(f)$如图 7-18(a)所示。由式（7-37）和式（7-38）定义第 i 级滤波器 $h_i(n)$的频率响应特性 $H_i(f)$如图 7-18(b)所示。图 7-17 中第 i 级抽取器输出端的频谱 $Y_i(f)$示意图如图 7-18(c)所示。可见，虽然在频带 $f_s < f < F_i - f_s$ 中存在频谱混叠，但这些混叠的频谱逐步被后面各级滤波器滤掉，最终输出 $y(m)$在的频带 $0\leqslant|f|\leqslant f_s$ 上无频谱混叠。

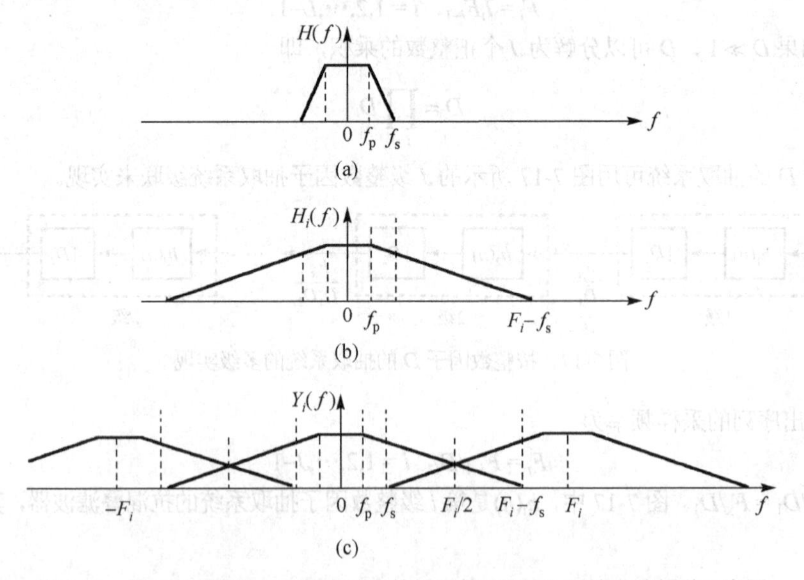

图 7-18 第 i 级滤波器 $h_i(n)$频率响应特性及第 i 级抽取器输出端频谱示意图

式（7-38）确定 $h_i(n)$的阻带截止频率时，过渡带宽度为 $\Delta B_2 = f_{si}-f_p = F_i-f_s-f_p$。而式（7-34）确定 $h_i(n)$的阻带截止频率时，过渡带宽度为 $\Delta B_1 = f_{si}-f_p = F_i/2-f_p$。两者相比，过渡带宽度 ΔB_2 较 ΔB_1 加宽了 $F_i/2-f_s$，使第 i 级抽取器输出端存在频谱混叠。正是利用了过渡带宽度加宽使滤波器 $h_i(n)$阶数变小的原理，计算效率大大提高。

【例 7-1】 设音频信号的额定带宽为 4kHz，$x(n)$是对音频信号的采样序列，采样频率 $F_x = 8\text{kHz}$。现在希望用低通滤波器分离出 80Hz 以下的频率成分，要求低通滤波器通带截止频率为 75Hz，阻带截止频率为 80Hz，并规定通带波纹 $\delta_1 = 10^{-2}$，阻带波纹 $\delta_2 = 10^{-4}$。最后按整数因子抽取，最大限度地降低数据量。

解　首先采用一级直接抽取。根据题意知道，输入信号采样频率 $F_x = 8\text{kHz}$，输出信号采样频率 $F_y = 2\times80 = 160\text{ Hz}$，所以抽取因子 $D = F_x/F_y = 50$，抗混叠滤波器通带截止频率 $f_p = 75\text{Hz}$，阻带截止频率 $f_s = 80\text{Hz}$，通带波纹 $\delta_1 = 10^{-2}$，阻带波纹 $\delta_2 = 10^{-4}$。用等波纹最佳逼近法设计，调用函数 remezord 计算出滤波器长度为 $N = 5023$。由图 7-10 知道滤波器乘法和加法运算工作于采样频率 $F_y = 160\text{Hz}$，所以每秒乘法次数为

$$\text{MPS} = NF_y = 5023\times160 = 803\,680$$

由于采用 1 级抽取时，滤波器的阶数很高，计算量很大。下面采用 2 级抽取方案。$D = 50 = 25\times2$，所以取 $D_1 = 25$，$D_2 = 2$。根据式（7-37）和式（7-38）得到第 1 级滤波器指标为

$$F_1 = F_x/D_1 = 8000/25 = 320$$

通带截止频率

$$f_{p1} = f_p = 75\text{Hz}$$

阻带截止频率

$$f_{s1} = F_1-f_s = 320-80 = 240\text{Hz}$$

用式（7-38）和随后要介绍的式（7-41）可以计算出对应的数字边界频率（后面类同）为

通带截止频率

$$\omega_{p1} = 2\pi f_{p1}/F_x = 0.0187\text{rad}$$

阻带截止频率

$$\omega_{s1} = \frac{2\pi}{D_1} - \frac{2\pi f_s}{F_1} = 0.06\text{rad}$$

通带波纹

$$\delta_{11} = \delta_1/2 = 10^{-2}/2$$

阻带波纹

$$\delta_{12} = \delta_2/2 = 10^{-4}$$

多级实现时需要注意，要将通带波纹指标除以级数 J 作为 $\delta_{i1} = \delta_1/J$ 每一级的纹波指标。例如，两级实现要将通带波纹减小一半来保证级联后总的通带波纹不会超过 δ_1。调用函数 remezord 计算出第 1 级滤波器 $h_1(n)$的长度为 $N_1 = 173$。

同理可得第 2 级滤波器的指标为：$F_2 = F_y = 160\text{Hz}$，通带截止频率 $f_{p2} = f_p = 75\text{Hz}$，阻带截止频率 $f_{s2} = 80\text{Hz}$，通带波纹 $\delta_{21} = \delta_1/2 = 10^{-2}/2$，阻带波纹 $\delta_{22} = \delta_2 = 10^{-4}$。

调用函数 remezord 计算得到第 2 级滤波器 $h_2(n)$的长度为 $N_2 = 217$。两个滤波器的总长度 $N_1 + N_2 = 390$。降为原来 1 级直接抽取时滤波器长度的 7.76%。每秒乘法次数为

$$\text{MPS} = N_1\frac{F_x}{D_1} + N_2\frac{F_x}{D} = 173\times320 + 217\times160 = 90080$$

乘法运算速率降低为单级实现的 11.21%，所以，多级抽取实现的效率远高于单级直接抽取实现方法。$h_1(n)$和 $h_2(n)$的幅频特性分别如图 7-19(a)和(b)所示。

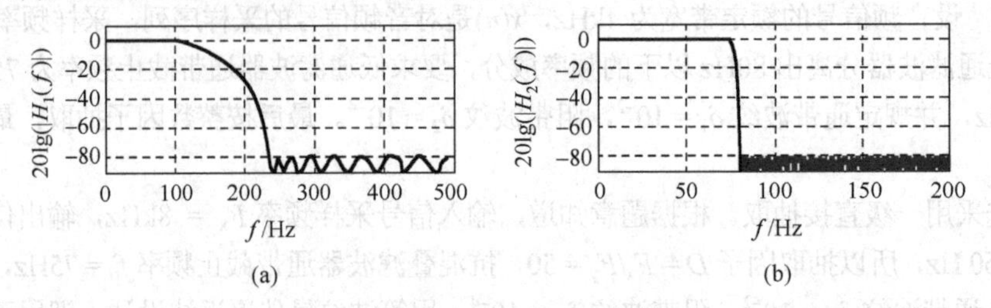

图 7-19 $h_1(n)$和 $h_2(n)$的幅频特性

D_1和 D_2 取不同数值的运算效率有很大差别，表 7-1 列出 D_1 和 D_2 四种取值组合运算效率比较。从该表可见，取 $D_1 = 25$，$D_2 = 2$ 的 2 级抽取方案效率最高；$D_1 = 2$，$D_2 = 25$ 的 2 级抽取方案效率最低，且级数多并不一定效率高。对 J 级实现的一般情况，抽取整数是 $D = D_1D_2\cdots D_J$。按整数因子 D 抽取器的最佳多级实现取决于级数 J 和 $D_1D_2\cdots D_J$ 的选择和排列。对 D 做不同的因数分解，就可能得到几种不同的组合 $D_1D_2\cdots D_J$，所对应的多级实现效率也不同。

表 7-1 抽取因子与滤波器长度不同取值的运算效率比较

D_1	D_2	D_3	N_1	N_2	N_3	$N_1+N_2+N_3$	乘法次数/s（计算复杂度）
25	2	×	173	217		390	900 80
2	25	×	3	2699		2702	123 840
10	5	×	42	541		583	120 160
5	5	2	18	165	217	400	116 320

因为内插器与抽取器的实现结构互为转置关系，所以对图 7-17 转置得到如图 7-20 所示的按整数因子 I 内插系统的 J 级实现方框图。

$x(n)$ $F_J = F_x$ → [ ] → [$h_J(n)$] → $F_{J-1} = I_JF_x$ … $F_2 = I_3F_3$ → [$\uparrow I_2$] → [$h_2(n)$] → $F_1 = I_2F_2$ → [$\uparrow I_1$] → [$h_1(n)$] → $y(m)$ $F_0 = IF_J$

图 7-20 按整数因子 I 内插系统的 J 级实现方框图

其中，$I = \prod_{i=1}^{J} I_i$ 第 i 级输出的采样频率为

$$F_{i-1} = I_iF_i,\ \ i = J, J-1,\cdots,1 \tag{7-39}$$

输入信号的采样频率 $F_J = F_x$，输出端的采样频率 $F_0 = F_y = IF_J$。式（7-38）说明，第 i 级整数因子 D_i 抽取系统的抗混叠滤波器的阻带截止频率为

$$f_{si} = F_i - f_s = \frac{h_i(n)\text{的工作采样频率}}{D_i} - f_s$$

由于滤波器的转置型结构与原结构的频率响应相同，第 i 级整数因子 I_i 内插系统的镜像滤波器 $h_i(n)$ 的工作采样频率 $F_{i-1} = I_iF_i$，所以其边界频率为

通带截止频率

$$f_{pi} = f_p,\ \ i = J, J-1,\cdots,1 \tag{7-40}$$

阻带截止频率

$$f_{si} = F_{i-1}/I_i - f_s = F_i - f_s，\ i = J, J-1, \cdots, 1 \tag{7-41}$$

7.5.4　用 MATLAB 设计采样率转换滤波器

MATLAB 信号处理函数有 upfirdn、interp、decimate、resample 等，用于设计采样率转换滤波器，其基本功能介绍如下。

Y = upfirdn (X，H，I，D)——先对输入信号向量 X 进行 I 倍零值内插，再用 H 提供的 FIR 滤波器对内插结果滤波，其中 H 为 FIR 滤波器的单位脉冲向量；FIR 滤波器采用高效的多相实现结构，最后按因子 D 抽取得到输出信号向量 Y。

Y = interp(X，I)——采用低通滤波插值法实现对序列向量 X 的 I 倍插值，其中的插值滤波器让原序列无失真通过，并在 X 的两个相邻样值之间按照最小均方误差准则插入 I–1 个序列值；得到的输出信号向量 Y 的长度为 X 长度的 I 倍。

Y = decimate(X，D)——先对序列 X 抗混叠滤波，再按整数因子 D 对序列 X 抽取。输出序列 Y 的长度是 X 长度的 1/D。抗混叠滤波用 8 阶切比雪夫 I 型低通滤波器，阻带截止频率为 $0.8F_s/(2D)$。Y = decimate(X，D，N，'FIR')表示 FIR 滤波器的长度为 *N*。

Y = resample(X，I，D)——采用多相滤波器结构实现按有理数因子 I/D 的采样率转换。如果原序列向量 X 的采样频率为 F_x，长度为 L_x，则序列 Y 的采样频率为 $F_y = (I/D)F_x$，长度为 $(I/D)L_x$（当 $(I/D)L_x$ 不是整数时，Y 的长度取不小于 $(I/D)L_x$ 的最小整数）。该函数具有默认的抗混叠滤波器设计功能，按照最小均方误差准则调用函数 firls 设计。

[Y，B] = resample(X，I，D)——返回输出信号向量 Y 和抗混叠滤波器的单位脉冲序列向量 B。

Y = resample(X，I，D，B)——允许用户提供抗混叠滤波器的单位脉冲序列向量 B。

这些函数的详细调用方法请用 help 命令查阅，这里不再赘述。

例如，对长度为 32 的序列 $x(n)$，调用 resample 函数对其按因子 3/8 进行采样率变换。采样率变换器的输出序列 $y(m)$、采样率变换器中的 FIR 滤波器的单位脉冲响应 $h(n)$ 及其频率响应特性曲线如图 7-21 所示。

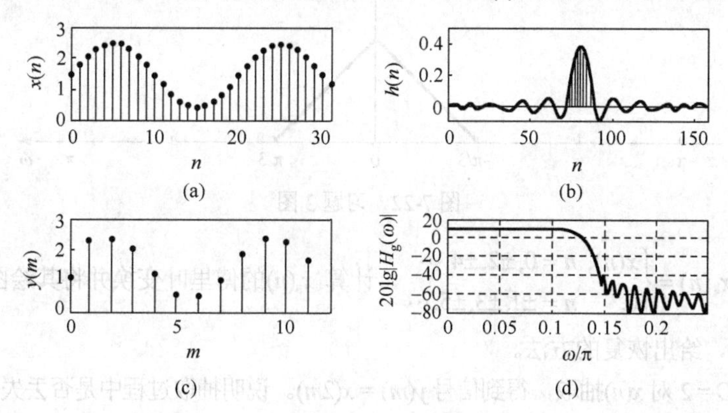

图 7-21　对序列进行 3/8 采样率变换的输出序列 $y(m)$、采样率变换器单位脉冲响应 $h(n)$ 及其频率响应特性

小　结

本章介绍了多采样率数字信号处理的多采样率数字信号处理的基本理论和方法，多采样率转换问题转换为滤波器的设计问题。多采样率转换滤波器主要采用 FIR 数字滤波器，其设计方法与一般 FIR 数字滤波器设计本质上是一致的，其方法也是类同的。

多采样率转换的基础是抽样和内插（也称为上采样和下采样），相应的滤波器称为采样滤波器和内插滤波器。这两种滤波器可以根据需要单独使用或者同时使用。

思考练习题

1．试举例说明多采样率技术应用在哪些场合。

2．多采样率系统中何时需要抗混叠滤波器？何时需要设计镜像滤波器？

3．抽样系统和内插系统在结构上有什么对应关系？

4．设计抗混叠滤波器时，频率指标应如何确定？

5．设计镜像滤波器时，频率指标应如何确定？

6．为什么多采样率转换系统一般采用 FIR 系统设计，而不用 IIR 系统？

7．说明多相滤波器组的工作原理。其系统实现有什么特点？

8．说明采样率转换系统的多级实现系统的工作原理。其实现有什么特点？

9．按有理数因子 I/D 的采样率转换是如何实现的？

10．从本质上说，采样率转换 FIR 滤波器设计与一般 FIR 滤波器设计有何异同点？

习 题

1. 设信号 $x(n)=a^n u(n)$，$|a|<1$。要求：

1）计算 $x(n)$的频谱函数 $X(\mathrm{e}^{\mathrm{j}\omega})=\mathrm{FT}[x(n)]$。

2）按因子 $D=2$ 对 $x(n)$抽取得到 $y(m)$，计算 $y(m)$的频谱函数 $Y(\mathrm{e}^{\mathrm{j}\omega})$。

3）证明 $y(m)$的频谱函数 $Y(\mathrm{e}^{\mathrm{j}\omega})$就是 $x(2n)$的频谱函数，即 $Y(\mathrm{e}^{\mathrm{j}\omega})=\mathrm{FT}[x(2n)]$。

2. 设信号 $x(n)$及其频谱 $X(\mathrm{e}^{\mathrm{j}\omega})$如图 7-22 所示。

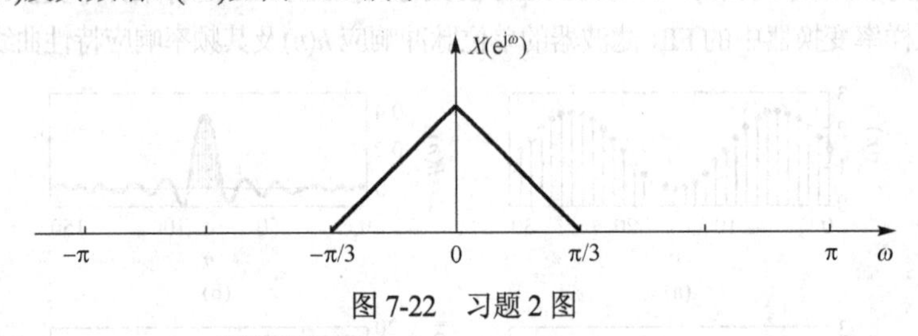

图 7-22 习题 2 图

1）构造信号 $x_{\mathrm{s}}(n)=\begin{cases}x(n), & n=0,\pm2,\pm4,\cdots\\ 0, & n=\pm1,\pm3,\pm5,\cdots\end{cases}$。计算 $x_{\mathrm{s}}(n)$的傅里叶变换并将其绘图表示，判断是否能由 $x_{\mathrm{s}}(n)$恢复 $x(n)$，给出恢复的方法。

2）若按因子 $D=2$ 对 $x(n)$抽取，得到信号 $y(m)=x(2m)$。说明抽取过程中是否丢失了信息。

3. 按整数因子 D 抽取器原理方框图如图 7-22 所示，其中 $F_{\mathrm{x}}=1\mathrm{kHz}$，$F_{\mathrm{y}}=250\mathrm{Hz}$，输入序列 $x(n)$的频谱如图 7-23 所示。确定抽取因子 D，并画出图 7-2 中理想低通滤波器 $h_{\mathrm{D}}(n)$的频率响应特性曲线和序列 $v(n)$、$y(m)$的频谱特性曲线。

4. 按整数因子 I 内插器原理方框图如图 7-5 所示，其中 $F_{\mathrm{x}}=200\mathrm{Hz}$，$F_{\mathrm{y}}=1\mathrm{kHz}$，输入序列 $x(n)$的频谱如图 7-23 所示。确定内插因子 I，并绘制图 7-5 中理想低通滤波器 $h_{\mathrm{I}}(n)$的频率响应特性曲线和序列 $v(n)$、$y(m)$的频谱特性曲线。

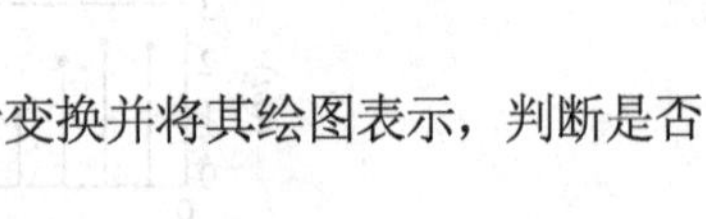

图 7-23 习题 3 图

5. 设计一个抽取因子 $D = 5$ 的抽取器。用 remez 函数设计抗混叠 FIR 滤波器，其通带最大衰减为 0.1dB，阻带最小衰减为 30dB，过渡带宽度为 0.02π。要求绘图表示滤波器的单位脉冲响应和损耗函数，并确定实现抽取器的多相结构和相应的多相滤波器的单位脉冲响应。

6. 设计一个内插因子 $I = 2$ 的内插器，用 remez 函数设计抗镜像 FIR 滤波器，其通带最大衰减为 0.1dB，阻带最小衰减为 30dB，过渡带宽度为 0.05π。要求绘图表示滤波器的单位脉冲响应和损耗函数，并确定实现抽取器的多相结构和相应的多相滤波器的单位脉冲响应。

7. 设计一个按因子 2/5 降低采样率的采样率转换器，其中的 FIR 低通滤波器通带最大衰减为 0.1dB，阻带最小衰减为 30dB。要求绘制系统原理方框图，设计 FIR 低通滤波器的单位脉冲响应，并给出一种高效实现结构。

8. 按单级和双级采样率转换器实现结构，设计线性相位 FIR 低通滤波器，其通频带为 $0 \leqslant f \leqslant 60$Hz，通带波纹 $\delta_1 = 0.1$，过渡带为 $60 \leqslant f \leqslant 65$Hz，阻带波纹 $\delta_2 = 10^{-3}$。输入信号 $x(n)$ 采样频率 $F_s = 10$kHz。要求尽可能降低采样率，试确定采样率转换因子，并设计 FIR 低通滤波器的单位脉冲响应。

9. 设计一个抽取因子 $D = 100$ 的两级抽取器，其中的线性相位 FIR 低通滤波器的通频带为 $0 \leqslant f \leqslant 45$Hz，通带波纹 $\delta_1 = 0.1$，过渡带为 $45 \leqslant f \leqslant 50$Hz，阻带波纹 $\delta_2 = 10^{-3}$。要求给出一种高效实现结构。假设输入信号采样频率 $F_s = 10$kHz。

10. 设以采样频率 $F_x = 10$kHz 采样模拟信号 $x_a(t)$ 所得信号为 $x(n)$。为了减少数据量，只保留 $0 \leqslant f \leqslant 2.5$kHz 的低频信息，希望尽可能降低采样频率，试设计采样率转换器。要求经过采样率转换器后，在频带 $0 \leqslant f \leqslant 2.45$kHz 中频谱失真不小于 1dB，频谱混叠不超过 1%。

1）确定满足要求的最低采样频率 F_y 和相应的采样率转换因子。

2）画出采样率转换器原理方框图。

3）确定采样率转换器中 FIR 低通滤波器的技术指标，假设用等波纹最佳逼近法设计 FIR 低通滤波器，试绘制滤波器的损耗函数曲线草图，并标出通带截止频率、阻带截止频率、通带最大衰减和阻带最小衰减等指标参数。

11. 要求通带截止频率为 1kHz，通带波纹 1%，阻带波纹为 1%，试设计一个单级抽取器，将采样率从 60kHz 降到 3kHz，抗混叠 FIR 滤波器采用等波纹最佳逼近法设计。若分别以滤波器总长度和每秒所需的乘法次数作为计算复杂的度量，试计算该抽取器的计算复杂度。

12. 用两级实现结构设计题 11 中的抽取器，试设计具有最小计算复杂度的设计方案，比较两级实现与单级实现的计算复杂度，并给出两级滤波器单位脉冲响应及其损耗函数曲线。

第8章 数字信号处理的实现与应用举例

本章讨论数字信号处理的算法实现及实现中涉及的问题。

8.1 数字信号处理的软件实现

数字信号处理的软件实现就是如何根据设计好的网络结构，设计运算程序。这些运算程序可以在通用计算机上运行，以便于验证所设计计算程序的正确性和计算效率的高低。这些运算程序也可以在DSP芯片中运行，构造各种实用的信号处理系统。

前面已经讨论过数字信号处理系统的网络结构，其物理实现既可以用硬件实现，也可以用软件实现。已知差分方程的输入和初始条件，可以直接用递推法求输出。若已知系统的单位脉冲响应和输入信号，可用线性卷积计算输出。上述方法都没有考虑网络的具体结构。实际上网络的结构对系统输出计算结果的影响是很大的，并且系统越复杂，其影响也就越大。即使是同一网络，其结构也有不只有一种；使用延时较多的算法延时较大，误差累计大，也要求存储量大。

对于已经设计好的网络结构，首先要将网络结构中的节点进行排序，以便通过软件实现。排序的方法和步骤如下。

1）因为延时支路的输出节点变量是前一时刻已存储的数据，是已知的。这一特性输入节点相同，所以将延时支路和输入节点都作为变量起始节点，并将输入节点和延时支路的输出节点都排序为 $k=0$。若延时支路的输出节点还有一输入支路时，如图8-1(a)所示，则给延时支路的输出节点专门分配一个节点，如图8-1(b)所示。

(a) 延时支路含有输入支路的输出节点　　(b) 延时支路含有输入支路的输出节点的处理方法

图8-1　延时支路的输出节点含有输入支路的处理

2）从 $k=0$ 的节点开始计算，所有能用 $k=0$ 节点计算的节点排序为 $k=1$。

3）所有能用节点 $k=0$ 和 $k=1$ 计算的节点排序为 $k=2$。

4）依此类推，直到完成全部节点的排序。

5）最后根据以上排序的次序，写出运算和操作步骤。

【例8-1】 写出图8-2(a)所示流图的运算次序。

解 根据上述节点排序方法，画出节点排序图，如图8-2(b)所示。延时支路输出节点 v_1 和 v_2，以及输入节点排序为 $k=0$，图中用圆圈中的0表示。v_3 节点变量可以由 v_2 计算出来，将 v_3 节点排序为 $k=1$。同样，v_9 节点也排序为 $k=1$。v_4 节点由 v_1、v_3 节点计算出来，排序为 $k=2$，同样，v_8 也排序为 $k=2$。

v_5节点由v_4节点和输入变量计算出来，排序为$k=3$，相应的v_6排序为$k=4$，v_7排序为$k=5$。根据排序由低到高写出运算次序如下。

起始数据（$k=0$）为$x(n)$，v_1，v_2，则

1）（$k=1$）$v_3=a_2v_2$，$v_9=b_2v_2$

2）（$k=2$）$v_4=a_1v_1+v_3$，$v_8=b_1v_1+v_9$

3）（$k=3$）$v_5=x(n)+v_4$

4）（$k=4$）$v_6=v_5$

5）（$k=5$）$v_7=b_0v_6+v_8$

6）$y(n)=v_7$

7）数据更新：$v_1\to v_2$，$v_6\to v_1$

8）循环执行以上 1）～7）。

起始数据中$x(n)$是输入信号，如没有特殊规定，一般假设v_1和v_2的初始值为 0。另外，也可以将计算过程中 3）和 4），以及 5）和 6）合并为一步。

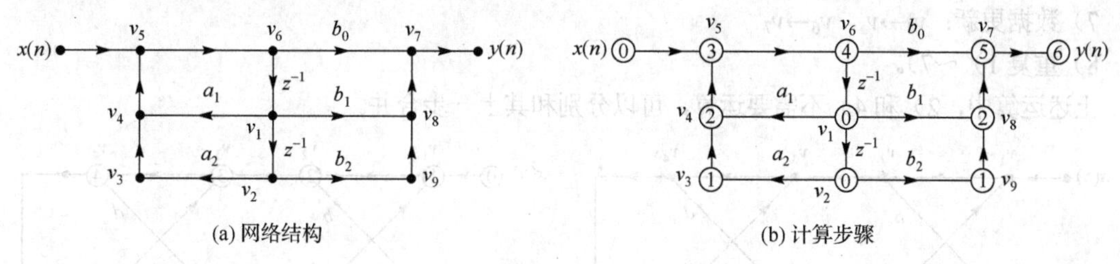

图 8-2　例 8-1 图

【例 8-2】 如图 8-3(a)所示，已知网络系统函数为级联型结构流图。求该系统函数，设计其运算次序。

解　根据图 8-3(a)可得网络系统函数为

$$H(z)=\frac{(2-0.379z^{-1})}{(1-0.0.25z^{-1})}\times\frac{(4-1.24z^{-1}+5.264z^{-2})}{(1-z^{-1}+0.5z^{-2})}$$

画出节点排序图，如图 8-3(b)所示。根据节点排序图写出运算次序如下。

起始数据（$k=0$）为$x(n)$，$v_4=0$，$v_9=0$，$v_{11}=0$，则

1）（$k=1$）$v_1=x(n)+0.25v_4$，$v_8=v_9-0.5v_{11}$，$v_{10}=4.8v_{11}-2v_9$

2）（$k=2$）$v_2=v_1$

3）（$k=3$）$v_3=2v_2$

4）（$k=4$）$v_5=v_3+v_8$

5）（$k=5$）$v_6=v_5$

6）（$k=6$）$v_7=4v_6+v_{10}$

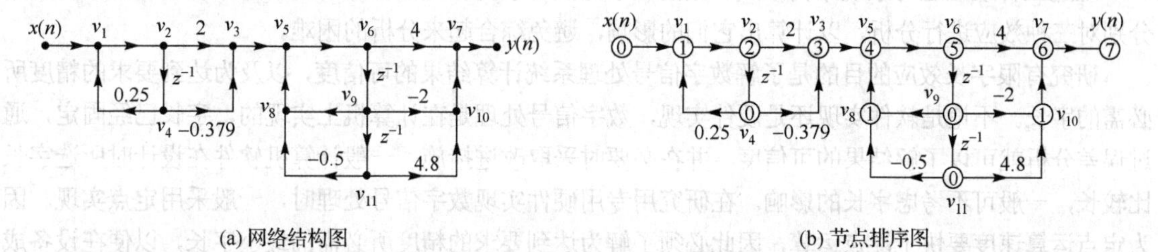

图 8-3　例 8-2 图

7）$y(n) = v_7$

8）数据更新：$v_2 \rightarrow v_4$，$v_9 \rightarrow v_{11}$，$v_6 \rightarrow v_9$

9）重复 1）～8）。

以上运算中，2）和 5）不需要运算，可以省略或与其上一步合并。

【例 8-3】 双极点格形网络如图 8-4(a)所示。试写出其运算次序。

解 画出格形网络排序图如图 8-4(b)所示，写出运算次序如下。

起始数据（$k=0$）为 $x(n)$，$v_5=0$，$v_7=0$，则

1）（$k=1$）$v_1 = x(n) - av_5$

2）（$k=2$）$v_2 = v_1$

3）（$k=3$）$v_3 = v_2 - cv_5$

4）（$k=4$）$v_4 = v_3$

5）（$k=5$）$y(n) = v_8 = bv_2 + ev_7$

6）（$k=6$）$v_6 = v_5 + dv_4$

7）数据更新：$v_4 \rightarrow v_5$，$v_6 \rightarrow v_7$

8）重复 1）～7）。

上述运算中，2）和 4）不需要运算，可以分别和其上一步合并。

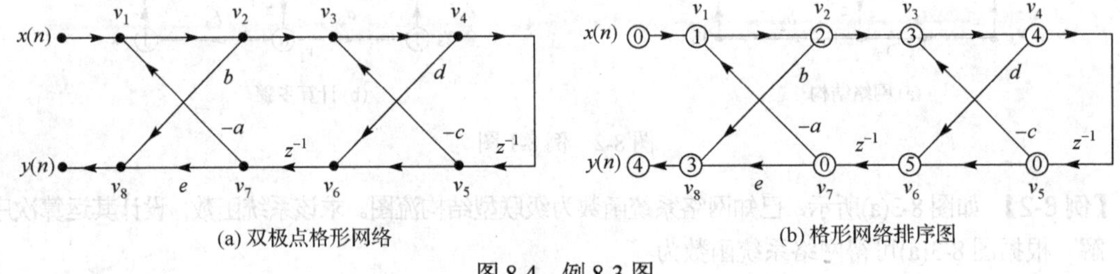

图 8-4 例 8-3 图

8.2 数字信号处理中的有限字长效应

由前面几章讨论的内容可知，数字信号处理的实质是数值运算，所讨论的数字信号与系统都是无限精度的。实际上不论是用专用数字硬件或是用通用计算机的软件实现，其数字信号处理系统的有关参数及运算过程中的结果总是以二进制的形式存储在有限字长的存储器中，显然其精度必定是有限的。如果要处理模拟信号，需要先将其经过采样及模数转换成有限字长的数字信号，必然是有限精度的，必然带来一定的误差。

有限字长引起的误差效应主要有输入信号的量化效应、系统的量化效应、数字运算过程中的有限字长效应等三个来源。

上述三种误差还与系统结构形式、数的表示方法、字的长短及位数的处理方法有密切关系。通常分别对三种效应进行分析，以计算出它们的影响，避免综合起来分析的困难。

研究有限字长效应的目的是了解数字信号处理系统计算结果的可信度，以及为达到要求的精度所必需的字长。不论是软件实现还是硬件实现，数字信号处理是在计算机上实现的，字长已经固定，通过误差分析就可以了解结果的可信度，并在必要时采取改进措施。一般计算机软件在设计时所选字长比较长，一般可不考虑字长的影响。在研究用专用硬件实现数字信号处理时，一般采用定点实现。因为定点运算速度要快于浮点运算，因此必须了解为达到要求的精度所必需的最小字长，以便在设备成本和精度之间做适当的折中。

8.2.1　数值表示法对量化的影响

数的表示方式包括数制和码制。

1. 数制

数制有定点表示和浮点表示两种。

1）定点表示

在运算过程中，小数点在数码中的位置始终固定不变的数制表示法称为定点表示。

通常将 $b+1$ 位的二进制数码的首位作为符号位，其余 b 位称为尾数，表示二进制的小数，小数点固定在符号位与尾数部分之间。对于定点制，在整个运算过程中，所有运算结果的绝对值都不得超过 1。绝对值超过 1 的运算错误称为溢出。

定点制的任何乘法运算都不会造成溢出，乘积的尾数将扩展为 $2b$ 位。为保持定点运算时的原有字长，一般在每次相乘运算之后都需要对尾数做截尾或舍入处理，处理后带来的误差称为截尾误差或舍入误差。

定点数制虽然存在溢出和舍入误差，但其运算简单、快速，获得了广泛应用，其缺点是动态范围有限，可能出现溢出误差，在某些应用中受到局限。

2）浮点表示

在运算过程中，小数点的位置是浮动的，称为浮点表示。b 位二进制数被分为指数部分和尾数部分，即

$$x = 2^C M \tag{8-1}$$

式中，C 和 M 均为二进制数，可以有不同的字长。M 是尾数，且$|M|<1$，其字长决定浮点制的运算精度。C 是阶码，其字长决定浮点值的运算动态范围。

为了提高运算精度，常采用将尾数的第一位保持为 1，即 $1/2\leqslant|M|<1$ 方法，即规格化（归一化）浮点数表示法。

容易理解，浮点制运算中，不论相乘或者相加，都需要做尾数量化处理，因而都是量化误差。

浮点制的优点是数值动态范围大；缺点是系统复杂、运算速度慢，同时加法运算和乘法运算一样都会产生舍入或截尾误差。在这一点上，定点表示有其优势。

2. 码制

由于负数表达形式不同，二进制码又分为原码、补码和反码三种。

1）原码

原码的优点是乘除运算方便，正负数乘除运算都一样，并以符号位简单地决定结果的正负号，但加减运算不方便。

设有 $b+1$ 位二进制数 $X_0,X_1,X_2,\cdots,X_b$，其中 X_0 表示符号；$X_1,X_2,\cdots,X_b$ 表示 b 位字长的尾数，则该原码所代表的十进制数可表示为

$$x = (-1)^{X_0}\sum_{i=1}^{b} X_i 2^{-i} \tag{8-2}$$

2）补码

采用补码后，加法运算就方便了。不论数为正负，都可以直接相加。补码中负数采用 2 的补数来表示。即当 x 为负数时，用 2 的补数 x_c 来代表 x；x_c 的十进制数值表示为 $x_c=2-|x_c|$。

补码 $X_0,X_1,X_2,\cdots,X_b$ 所代表的十进制数值可表示为

$$x = -X_0 + \sum_{i=1}^{b} X_i 2^{-i} \tag{8-3}$$

3）反码

负数的反码表示就是将该数的正数形式中的所有 0 改为 1，所有 1 改为 0。负数的补码等于反码在最低位上加 1。采用反码后，加法运算也比较方便。

反码 $X_0,X_1,X_2,\cdots,X_b$ 所代表的十进制数值可表示为

$$x = -X_0(1-2^{-b}) + \sum_{i=1}^{b} X_i 2^{-i} \tag{8-4}$$

3．量化方式——截尾与舍入

1）定点制的截尾与舍入误差

正数及补码负数的截尾误差可表示为

$$-q < E_T \leqslant 0$$

原码及反码负数的截尾误差可表示为

$$0 \leqslant E_T < q$$

量化阶为 q，补码、原码和反码定点制截尾处理的量化特性如图 8-5 所示。

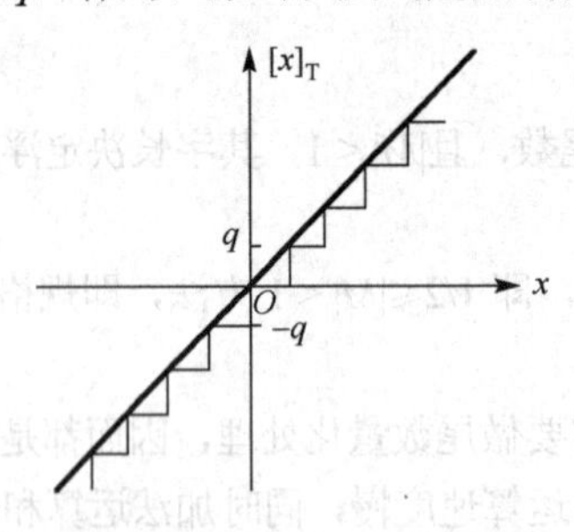

(a) 补码定点制截尾处理的量化特性

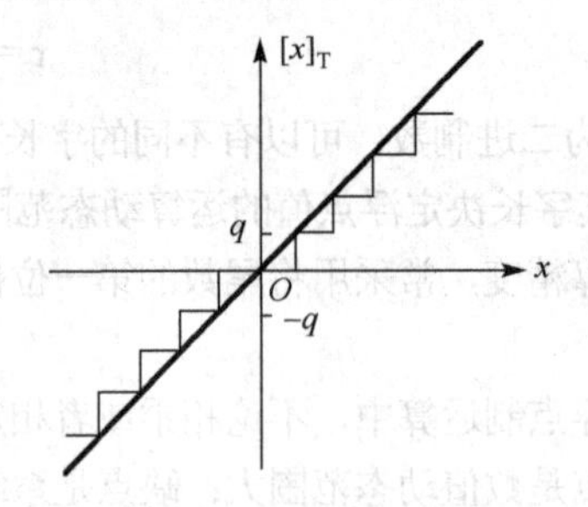

(b) 原码和反码定点制截尾处理的量化特性

图 8-5　定点制截尾处理的量化特性

不论是正数、负数，也不论负数是原码、补码或反码，定点表示法的舍入误差均为 $-q/2 < E_R < q/2$（如图 8-6 所示）。

2）浮点制的截尾与舍入误差

在浮点制表示法中，通常采用相对误差 $\varepsilon = \dfrac{[x]-x}{x}$ 表示量化误差，这是因为量化误差是与所要表示的数值本身的大小有关的。

不同的编码方式，浮点制表示法的截尾相对误差有所不同。

对于原码及反码，其截尾相对误差 ε_T 为

$$-2q < \varepsilon_T \leqslant 0 \tag{8-5}$$

对于补码，其截尾相对误差 ε_T 为

$$\begin{cases} -2q < \varepsilon_T \leqslant 0, & x > 0 \\ 0 \leqslant \varepsilon_T < 2q & x < 0 \end{cases} \tag{8-6}$$

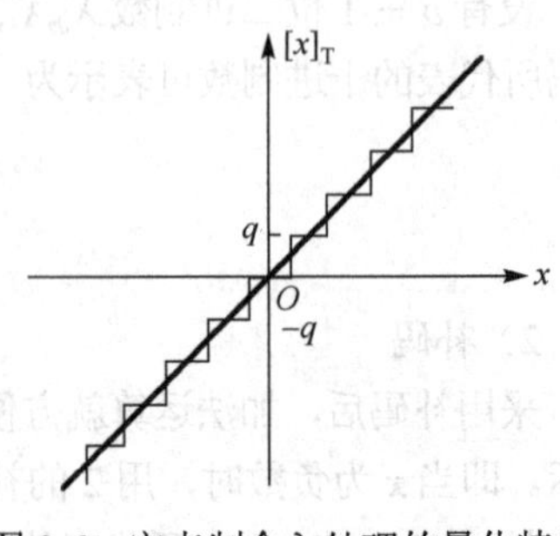

图 8-6　定点制舍入处理的量化特性

对于浮点制的舍入相对误差 ε_R，不论是正数、负数，也不论负数是原码、补码或反码，舍入相对误差均为$-q < \varepsilon_R < q$。

8.2.2　滤波器系数量化误差

了解数字滤波器系数量化误差的目的在于选择合适的字长和滤波器结构，以满足频率响应指标。

在物理实现的数字滤波器中，滤波器的所有系数都必然以有限字长的二进制形式存放在存储器中，必须对理想的系数值取量化。系数量化使滤波器的零极点位置偏离设计的预计位置，从而影响滤波器的性能。严重时甚至使单位圆内的极点偏离到单位圆以外，使原来稳定的滤波器变得不稳定。

1）系数量化对零极点位置的影响

系数量化与字长、极点位置和滤波器的结构有关，其影响用极点位置灵敏度来表示。极点位置灵敏度指每个极点位置对各系数偏差的灵敏度。

若 N 阶直接型结构的 IIR 滤波器的系统函数为

$$H(z)=\frac{\sum_{r=0}^{M} b_r z^{-r}}{1-\sum_{k=1}^{N} a_k z^{-k}} \tag{8-7}$$

则极点 z_i 对系数 a_k 变化的灵敏度 $\frac{\partial z_i}{\partial a_k}$ 为

$$\frac{\partial z_i}{\partial a_k}=\frac{z_i^{N-k}}{\prod_{\substack{r=1\\ r\neq i}}^{N}(z_i-z_r)} \tag{8-8}$$

式（8-8）的分母中每个因子(z_i-z_r)都是一个极点 z_r 指向极点 z_i 的矢量，整个分母正是所有极点指向该极点 z_i 的矢量积。矢量越长意味着极点彼此距离越远，系统对于极点位置变化敏感度越低，即系统越不易受极点位置变化的影响；相反，矢量越短意味着极点彼此密集，系统对于极点位置灵敏度越高，即系统容易受极点位置变化的影响。

对于高阶滤波器，若采用直接型结构，则极点多而密集，对系数的变化比较敏感；若采用低阶基本节级联或并联的结构，将减小系数量化对滤波器性能的影响。

容易理解，上述结论对零点位置的变化也同样适用。

2）FIR 滤波器中系数量化的影响

设 FIR 滤波器的系统函数为

$$H(z)=\sum_{n=0}^{N} h(n)z^{-n} \tag{8-9}$$

在 FIR 滤波器的系数量化时，会使系统函数产生误差 $e(n)$，其 z 变换为

$$E(z)=\sum_{n=0}^{N} e(n)z^{-n} \tag{8-10}$$

如果将 z 值取在单位圆上，即 $z=\mathrm{e}^{\mathrm{j}\omega}$，则

$$E(\mathrm{e}^{\mathrm{j}\omega})=\sum_{n=0}^{N} e(n)\mathrm{e}^{-\mathrm{j}n\omega} \tag{8-11}$$

故

$$|E(\mathrm{e}^{\mathrm{j}\omega})| \leqslant \sum_{n=0}^{N} |e(n)| \cdot |\mathrm{e}^{-\mathrm{j}n\omega}| = \sum_{n=0}^{N} |e(n)| \tag{8-12}$$

舍入处理时，因为

$$|e(n)| \leqslant \frac{q}{2}$$

所以

$$|E(\mathrm{e}^{\mathrm{j}\omega})| \leqslant \sum_{n=0}^{N} |e(n)| \leqslant \frac{(N+1)q}{2} = (N+1)2^{-(b+1)} \tag{8-13}$$

利用式（8-13），可根据给定的误差指标决定系数量化的字长。

8.2.3 模数转换器的量化误差

假设量化误差 $e(n)$是一个平稳随机序列，即 $e(n)$与信号序列 $x(n)$不相关；$e(n)$序列本身的任意两个采样的取值互不相关，即 $e(n)$是白噪声序列，并且 $e(n)$在误差范围内具有均匀等概率分布。根据上述假定，可把量化误差看成与信号无关的量化噪声，它与信号线性相加。

1）量化效应的统计分析

在实际信号处理中，信号源提供的信号通常是模拟信号。模拟信号需经过模数（A/D）转换器采样量化后才能进入数字处理系统。模数转换器分为采样保持和量化编码两个部分。考虑到量化噪声的存在，实际的 A/D 转换器可以用一个理想的模数转换器加上一个噪声源 $e(n)$表示。其统计分析的模型如图 8-7 所示，即 $x_{\mathrm{q}}(n) = x(n) + e(n)$。

设量化编码字长为 $b+1$ 位，其中量化数据位为 b 位，符号位为 1 位。采用定点舍入的方式，舍入噪声的概率分布为均匀等概率分布，则模数转换器的量化特性如图 8-8 所示。量化的最小间隔为 $q = 2^{-b}$，量化误差 $e(n)$为$-q/2 < e(n) < q/2$。

$e(n)$的概率分布密度为 $P(e) = 1/q$，如图 8-8 所示。

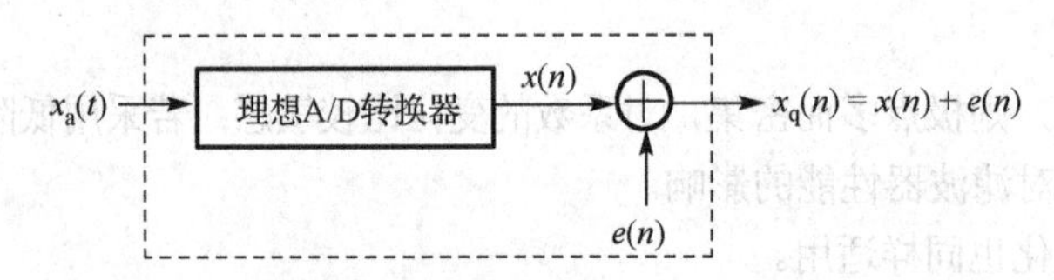

图 8-7 模数转换器的统计分析模型

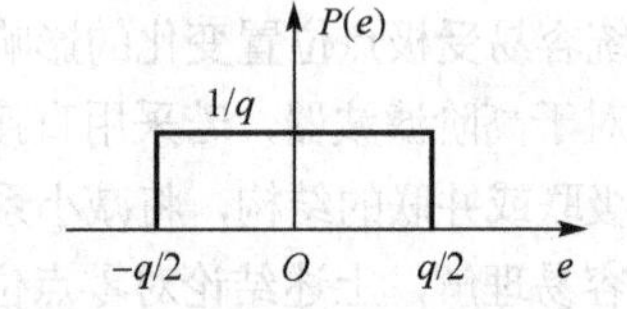

图 8-8 舍入噪声的概率分布密度

量化误差 $e(n)$的数字特征，即均值 m_{e} 和方差 σ_{e}^2 分别为

$$m_{\mathrm{e}} = E[e(n)] = \int_{-\infty}^{\infty} e(n)P(e)\mathrm{d}e(n) = \int_{-\frac{q}{2}}^{\frac{q}{2}} e(n)\frac{1}{q}\mathrm{d}e(n) = 0 \tag{8-14}$$

$$\sigma_{\mathrm{e}}^2 = E\{[e(n)-m_{\mathrm{e}}]^2\} = \int_{-\infty}^{\infty} [e(n) - m_{\mathrm{e}}]^2 P(e)\mathrm{d}e(n)$$

$$= \int_{-\frac{q}{2}}^{\frac{q}{2}} e^2(n)\frac{1}{q}\mathrm{d}e(n) = \frac{q^2}{12} = \frac{2^{-2b}}{12} \tag{8-15}$$

由式（8-15）可知，量化噪声 $e(n)$的方差 σ_{e}^2 和模数转换的字长 $b+1$ 有关，字长 $b+1$ 越长、q 越小，量化噪声越小。

2）量化噪声通过线性系统

量化噪声对系统输出的影响可近似将系统视为无限精度的线性系统。这时输入/输出关系如图 8-9 所示。

图 8-9 中量化噪声 $e(n)$通过系统后的输出噪声均值为

$$M_{\mathrm{f}} = m_{\mathrm{e}} \cdot H(\mathrm{e}^{\mathrm{j}0}) = 0 \tag{8-16}$$

输出噪声 $e_{\mathrm{f}}(n)$的方差为 σ_{f}^2，即

$$\sigma_{\mathrm{f}}^2 = \frac{q^2}{12}\sum_{-\infty}^{\infty} h^2(n) \tag{8-17}$$

σ_{f}^2 又可表示为

$$\sigma_{\mathrm{f}}^2 = \frac{q^2}{12}\frac{1}{2\pi}\int_{-\pi}^{\pi}\left|H(\mathrm{e}^{\mathrm{j}\omega})\right|^2 \mathrm{d}\omega \tag{8-18}$$

或

$$\sigma_{\mathrm{f}}^2 = \frac{q^2}{12}\frac{1}{2\pi\mathrm{j}}\oint_c H(z)H(z^{-1})z^{-1}\mathrm{d}z \tag{8-19}$$

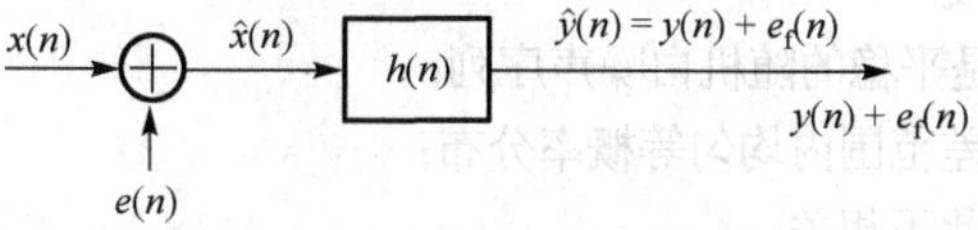

图 8-9　量化噪声通过线性系统

8.2.4　运算产生的误差

运算过程中的有限字长效应与所用的数制（定点制、浮点制）、码制（原码、反码、补码）及量化方式（舍入、截尾处理）都有复杂的关系。

使用定点制时，每次乘法之后，会引入误差。使用浮点制时，每次加法和乘法之后均会引入误差。在定点制系统中，输出噪声的方差与信号有关。因此信号越大，输出的信噪比越大。

1）定点运算中的有限字长效应

对尾数进行舍入处理的情况下，IIR 数字滤波器由于存在非线性舍入及反馈环节，有可能产生自激持续振荡，即有界输入结果后（零输入）产生无界的振荡输出。这种现象被称为零输入极限环振荡。

一阶网络发生振荡时最大的幅度正比于量化阶梯 q，字长 b 越大，振荡越弱。对滤波器来说，这种振荡虽然不利，但利用“零输入极限环振荡”原理可以构成各种序列振荡器。在高阶 IIR 网络中同样有极限环振荡现象，但振荡的形式比一阶网络更加复杂。

2）IIR 数字滤波器有限字长效应统计分析

用统计方法分析 IIR 数字滤波器有限字长效应时，将每次乘法运算后舍入处理带来的舍入误差看做叠加在信号上的独立噪声。利用叠加原理（系统是线性的），只要计算出每个噪声源通过系统后的输出噪声，就可得到总的输出噪声。

3）FIR 滤波器有限字长效应统计分析

FIR 数字滤波器没有反馈环节，因而舍入误差不会引起非线性振荡，也就没有反馈造成的误差积累。

直接型 N 阶 FIR 数字滤波器的结构流图如图 8-10 所示。

从图 8-10 中可见，所有的舍入噪声均直接加在输出端。因而输出噪声只是这些噪声的简单相加，输出噪声总方差为

$$\sigma_{\rm f}^2 = N\frac{q^2}{12} \tag{8-20}$$

由式（8-20）可知，输出噪声的方差 $\sigma_{\rm f}^2$ 与字长 b 及滤波器的阶数 N 有关。N 越高，则 $\sigma_{\rm f}^2$ 越大，或者说在要求运算精度相同的情况下，阶数 N 越高的滤波器需要的字长也越长。

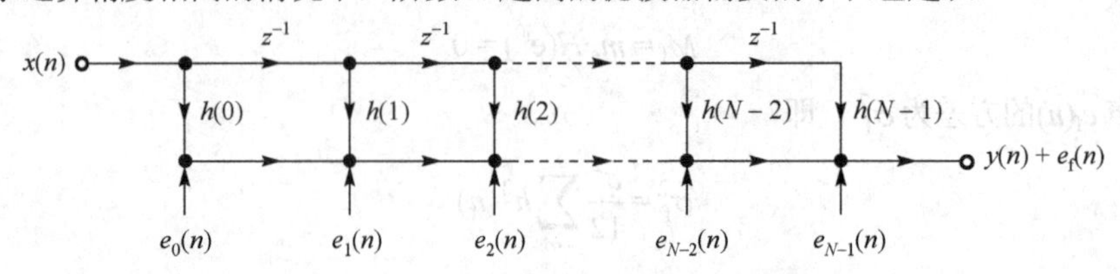

图 8-10　直接型 FIR 滤波器的结构流图

4）浮点运算中的有限字长效应

分析浮点制系统时，用相对误差比用绝对误差更适合。取相同的尾数字长时，浮点运算的误差要比定点运算的误差小。浮点制系统的字长一定时，其输出的信噪比为一常数。设 $Q[\ ]$是舍入误差，浮点相对误差是 $\varepsilon(n)$；若 $w(n)$是被处理数，那么 $Q[w(n)] = w(n)[1 + \varepsilon(n)]$，则绝对误差 $e(n)$与相对误差 $\varepsilon(n)$的关系是 $e(n) = \varepsilon(n)y(n)$。假设

（1）所有相对误差 $\varepsilon(n)$是平稳的随机白噪声序列；

（2）每个误差在量化误差范围内均匀等概率分布；

（3）两个不同噪声源彼此不相关；

（4）相对误差 $\varepsilon(n)$与输入 $x(n)$不相关，且与系统中任何节点变量不相关，从而与输出也不相关。

根据上述假设，以及如图 8-11 所示的浮点舍入相对误差范围，$\varepsilon(n)$的均值和方差为

$$m_{\rm e}=E[\varepsilon(n)] = \int_{-q}^{q} \varepsilon(n)P(\varepsilon){\rm d}\varepsilon = 0 \tag{8-21}$$

$$\sigma_\varepsilon^2 = E[\varepsilon^2(n)] = \int_{-q}^{q} \varepsilon^2(n)P(\varepsilon){\rm d}\varepsilon = \frac{1}{2\times q}\frac{\varepsilon^3(n)}{3} = \frac{1}{3}q^2 \tag{8-22}$$

式中，$q = 2^{-b}$。

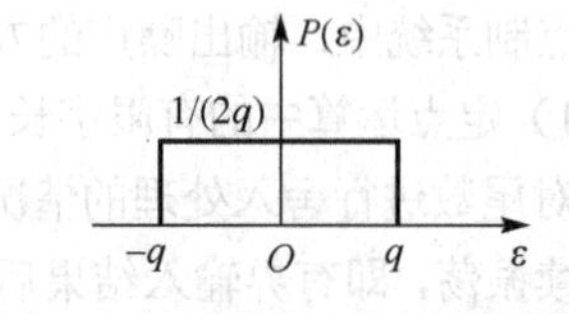

图 8-11　浮点舍入相对误差范围

可以证明，浮点运算的信噪比与信号的大小、结构和分布无关。在相同尾数字长情况下，浮点制的误差比定点制小；即浮点制运算精度比定点制高，但浮点制运算的高精度是以它的复杂性为代价换取的。

虽然浮点制的误差与信号无关，但与滤波器的结构有关。一般滤波器阶数越高，误差越大。因此，高阶滤波器应尽量用低阶滤波器并联或级联实现。

8.3　数字信号处理的实现与应用举例

双音多频信号

8.3.1　在音频信号处理中的应用

希尔伯特变换

1．在双音多频拨号系统中的应用

1）双音多频拨号

双音多频（Dual Tone Multi-Frequency，DTMF）不仅用于按键电话拨号，还可以用于传输十进制

数据的其他通信系统中，也广泛应用于电子邮件和银行系统。在这些系统中，用户可从电话发送 DTMF 信号来选择语音菜单进行操作。

DTMF 通信系统是一个很典型的小型信号处理系统。它既有模拟信号的生成和传输部分，需要用到 D/A 转换，又要把它转为数字信号（这要用到 A/D 转换）并进行数字处理的部分；而且为了提高系统的检测速度和降低成本，还开发了一种特殊的 DFT 算法，称为格泽尔（Goertzel）算法。该算法既可以用硬件（专用芯片）实现，也可以用软件实现，其设计思想是理论与工程相结合的一个很好的典范。

在 DTMF 通信系统中，高频音与低频音的一个组合表示 0～9 中一个特定的十进制数字或者字符*和#。按 4 个低频频率表示行，4 个高频频率表示列来计算，两者的组合共可提供 4×4＝16 个字符，频率分配方法如图 8-12 所示。

DTMF 音频的正弦波形可用计算法或查表法产生。计算法的缺点是要占用一些运算时间；查表法的速度较快，缺点是要占用一定的存储空间。两个正弦波的数字样本按比例相加在一起就得到阶梯波形 DTMF 音频信号。规定采样频率为 8kHz，必须每 125ms 输出一个样本。将这个叠合阶梯波形信号送到 D/A 转换器转换成模拟音频信号，就可以通过电话线路传送到交换机。

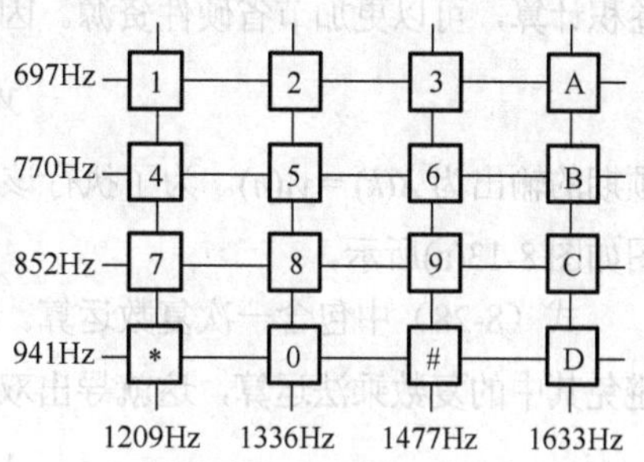

图 8-12　频率分配方法

接收端将收到的模拟音频信号进行 A/D 转换，恢复为数字信号，然后检测其中的音频频谱来确定所发送的数字。检测算法可以用 FFT 算法的 DFT，也可以用一组滤波器来提取所需频率。当检测的音频数目比较少时，用滤波器组实现更节省硬件。因为 DTMF 音频信号检测值有 8 个，下面介绍用 Goertzel 算法实现信号检测的调谐滤波器设计。

序列 $x(n)$的 N 点 DFT 为

$$X(k)=\sum_{n=0}^{N-1}x(n)W_N^{nk}\,,\ \ k=0,1,\cdots,N-1 \tag{8-23}$$

直接用 FFT 算法实现该 DFT 计算，计算量（复数乘法和加法）是 $N\log_2N$。可以得到 DFT 的所有 N 个值，至少要 N 个存储器。然而，DTMF 只希望计算 DFT 的 8 个点，而 $8\ll N$。因此直接计算 8 个频点上的频谱分量可以节省很多内存，Goertzel 算法就是这样一种方法，本质上是计算 DFT 的一种线性滤波方法。

2）Goertzel 算法

Goertzel 算法利用相位因子 W_N^k 的周期性，将 DFT 运算表示为线性滤波运算。由于 $W_N^{-kN}=1$，则

$$X(k)=W_N^{-kN}\cdot X(k)=\sum_{m=0}^{N-1}x(m)W_N^{-k(N-m)}\,,\ \ k=0,1,\cdots,N-1 \tag{8-24}$$

可见，式（8-24）就是卷积形式。若定义序列 $y_k(n)$为

$$y_k(n)=\sum_{m=0}^{N-1}x(m)W_N^{-k(N-m)}=x(n)\otimes W_N^{-kn} \tag{8-25}$$

则 $y_k(n)$可以看成两个序列的卷积。一个是长度为 N 的有限长输入序列 $x(n)$，另一个则是 $h_k(n)=W_N^{-kn}u(n)$ 的单位脉冲响应的滤波器。

该滤波器在 $n=N$ 点的输出就是 DFT 在频点 $\omega_k=2\pi k/N$ 的值，即

$$X_k(k)=y_k(n)|_{n=N} \tag{8-26}$$

单位脉冲响应为 $h_k(n)$的滤波器的系统函数

$$H_k(k)=\frac{1}{1-W_N^{-k}z^{-1}} \tag{8-27}$$

这个滤波器只有一个位于单位圆上的极点，频率为 $\omega_k=2\pi k/N$。因此，可使输入数据块通过 N 个并行的单极点滤波器（谐振器）组来计算全部 DFT。Goertzel 算法的好处不在于节省时间，而在于节省空间。如果只需要 K 个 DFT 样本，可以只用 K 个并行的单极点滤波器来分别计算这 K 个样本，其中每个滤波器有一个位于 DFT 相应频率的极点，这就极大地节省了硬软件资源。

根据式（8-27）给出的滤波器对应的差分方程，还可以用迭代方法计算 $y_k(n)$，避免式（8-24）的卷积计算，可以更加节省硬件资源。因为

$$y_k(n)=W_N^{-n}\,y_k(n-1)+x(n) \tag{8-28}$$

预期的输出为 $X(k)=y_k(n)$。为了执行该计算，可以只算一次相位因子 W_N^{-k}，将其存储起来。递推的框图如图 8-13(a)所示。

式（8-28）中包含一次复数运算。现将具有一对复共轭极点的谐振器 W_N^{-k} 和 W_N^{k} 组合在一起，以避免其中的复数乘法运算，这就导出双极点滤波器系统函数如下

$$H_k(k)=\frac{1-W_N^{-k}z^{-1}}{1-2\cos(2\pi k/N)z^{-1}+z^{-2}}=\frac{Z[v_k(n)]}{Z[x_k(n)]}\cdot\frac{Z[y_k(n)]}{Z[v_k(n)]} \tag{8-29}$$

式（8-29）可以用两个差分方程构成的方程组表示为

$$v_k(n)=2\cos(2\pi k/N)v_k(n-1)-v_k(n-2)+x(n) \tag{8-30}$$

$$y_k(n)=v_k(n)-W_N^{-k}\,v_k(n-1) \tag{8-31}$$

初始条件为 $v_k(-1)=v_k(-2)=0$，这就是 Goertzel 算法的二阶实数算法，其结构图如图 8-13(b)所示。考虑式（8-30）和式（8-31）的计算量，式（8-30）中的递推关系对 $n=0,1,\cdots,N$ 重复 $N+1$ 次，每次计算只需要计算一次实数乘和两次实数加；而带有复数运算的方程（8-31）仅在 $n=N$ 时刻计算一次。所以，对实数序列 $x(n)$，由于对称性，用上述算法计算 $X(k)$和 $X(N-k)$的值只需要 N 次实数乘法和一次复数乘法运算。

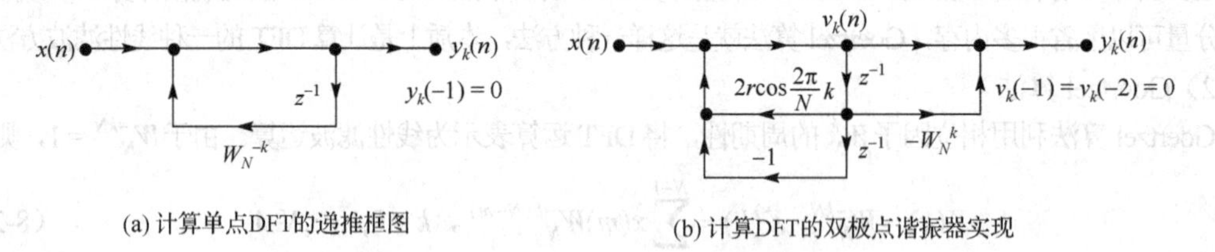

图 8-13　用 Goertzel 算法实现 DFT 计算的示意图

考虑到 DTMF 解码器中只要求出幅度值$|X(k)|$或幅度平方值$|X(k)|^2$即可，并不需要计算复数值 $X(k)$，滤波器计算的前向部分的 DFT 值的运算可以简化为

$$\begin{aligned}|X(k)|^2&=|y_{k^2}(k)|^2=|v_k(N)W_N^k v_k(N-1)|^2\\&=v_k^2(N)+v_k^2(N-1)-2\cos\left(\frac{2\pi}{N}k\right)v_k(N)v_k(N-1)\end{aligned} \tag{8-32}$$

这样，就完全避免了 DTMF 解码器中的复数运算。

由于 DTMF 解码器中有 8 种可能的音频要检测，所以需要 8 个式（8-29）所给出的滤波器，并将

8 个滤波器分别调谐到这 8 个频率之一。根据输入序列 x 和指定的 DFT 样本的序号 k 计算待求的 DFT 样本 X，按式（8-32）编写的 Goertzel 算法子程序 gzel.m 如下

```
function X = gzel(x, k)
%用 Goertzel 算法计算序号为 k 的 DFT 样本
N = length(x);  x1 = [x, 0];              %递推要 N + 1 次,故把输入序列长度加 1
d1 = 2*cos(2*pi*k/N);                     %二阶滤波环节中间项系数
v = filter( 1,[1, -d1, 1], x1 );          %用滤波函数实现卷积
W = exp(-i*2*pi*k/N);                     %为下一步计算求 W
X = v(N + 1) - W*v(N);                    %最后求出第 k 个 DFT 样本
```

3）检测 DTMF 信号的 DFT 参数选择

选择 DTMF 信号的参数要考虑多方面的因素。已知电话数字化的采样频率为 8kHz，为了抑制语音干扰，系统除了检测规定的 8 个频率之外，还要检测它们的二次倍频处的 DFT 幅度。若基频和倍频分量同时都大，那就可以判断是外来声音的干扰。所以在选择基频时已考虑到把它们的 8 个倍频都放在奈奎斯特频率 4000Hz 的范围以内，如表 8-1 所示。

双频模拟信号在电话线上传输到接收端（总机），接收端按 8kHz 采样频率采样得离散时间信号，并用该离散信号判断它所代表的数字，进而完成接通通话（通信）线路的任务。设序列的长度为 N，该序列做 DFT 所得样本的频率分辨率（或频率间隔）为 $D = 8000/N$。与频率 F_k 对应的样本序号为 $k = F_k/D = F_k \times N/8000$。

DTMF 系统要求每个可能按键的最短按键时间是 40ms，故每个按键采样样本最多有 $0.04\times8000 = 320$ 个，考虑到序列首尾留出裕量，实际取的样本数 $N \leqslant 320$；N 也不能太小，分辨率应至少保证两个相邻基频序号差 2，否则容易出错。DTMF 第一和第二基频的差只有 73Hz，其频率分辨率应为 $D \leqslant 36.5$，故应该取 $N \geqslant 200$。在 $N = 200 \sim 300$ 范围内，要使这 16 个频率离开其对应的 k 取整数的 DFT 样本位置的误差为最小，这样，对于这 8 个基准频率，取 $N = 205$ 最好，详细数据见表 8-1。

表 8-1　16 个拨号基准频率及 $N = 205$ 时其对应的 DFT 序号

8 个基频 Hz	准确 k 值	最近整数 k 值	绝对误差	二次谐波频率/Hz	准确 k 值	最近整数 k 值	绝对误差
697	17.861	18	0.139	1394	35.024	35	0.024
770	19.531	20	0.269	1540	38.692	39	0.308
852	21.833	22	0.167	1704	42.813	43	0.187
941	24.113	24	0.113	1882	47.285	47	0.285
1209	30.981	31	0.019	2418	60.752	61	0.248
1336	34.235	34	0.235	2672	67.134	67	0.134
1477	37.848	38	0.152	2954	74.219	74	0.219
1633	41.846	42	0.154	3266	82.058	82	0.058

4）MATLAB DTMF 双频拨号演示程序

先输入一个电话号码或字符，然后根据这个号码查出它对应的两个频率，并生成相应的双频信号 $x(n)$。这是模拟 DTMF 发送过程，程序中以对应声音作为标志。在模拟接收端，对收到的双频信号进行截取并做傅里叶变换，求出它在 8 个规定频率上的样本幅度。分别取出满足规定行和列电平的序号，即两个下标，由下标找到对应的 ASCII 码和字符，确定收到的按键号。为了简化起见，程序中没有抗语音干扰的功能，即不检测倍频频率上的幅度。DTMF 发收模拟程序 dtmfdt.m 如下

```
%dtmfdt.m
%DTMF 双频拨号信号的生成和检测程序
```

```
d = input('输入一位电话号码 = ','s');                        %输入一个字符
symbol = abs(d);                                            %求它的 ASCII 码
tm = [49,50,51,65;52,53,54,66;55,56,57,67;42,48,35,68];   %16 个 ASCII 码
for p = 1:4;
for q = 1:4;
if tm(p,q) = = abs(d); break,end                           %检测码相符的列号 q
end
if tm(p,q) = = abs(d); break,end                           %检测码相符的行号 p
end
f1 = [697,770,852,941];                                    %行频率向量
f2 = [1209,1336,1477,1633];                                %列频率向量
n = 0:2040;                                                %为了发声,加长序列
x = sin(2*pi*n*f1(p)/8000)  +  sin(2*pi*n*f2(q)/8000);    %构成双频信号
sound(x);                                                  %发出声音
disp('双频信号已经生成并发出'),pause                        %分隔程序段,按任意键继续
%接收检测端的程序
N = 205;k = [18 20 22 24 31 34 38 42];                     %要求的 DFT 样本序号
%k = round([f1,f2]/8000*N);
for m = 1:8;
X(m) = gfft(x(1:205),k(m));                                %用 Goertzel 算法计算 8 点 DFT 样本
end
val = abs(X);                                              %列出 8 点 DFT 向量
stem(k,val,'.');grid;xlabel('k');ylabel('|X(k)|');        %画出 DFT(k)幅度
set(gcf,'color','w')                                       %置图形背景色为白
shg,disp('图上显示的是检测到的 8 个近似基频的 DFT 幅度');pause
                                                           %分隔程序段,按任意键继续
limit = 80;                                                %规定检测门限
for s = 5:8;
if val(s)  >  limit, break, end                            %查找列号
end
for r = 1:4;
if val(r)  >  limit, break, end                            %查找行号
end
disp(['接收端检测到的号码为',setstr(tm(r,s-4))])%显示接收到的字符
```

请读者运行上述 DTMF 双频拨号模拟程序，体验 DTMF 系统工作过程，深入了解其工作原理。

2．正弦信号的谱分析

数字信号处理的重要用途之一是在离散时间域中确定连续时间信号的频谱，称为频谱分析，包括确定能量谱或功率谱。如果连续时间信号 $g_a(t)$是带限的，那么它的离散时间等效 $g(n)$能根据式（8-33）给出 $g_a(t)$频谱的近似估计。通常 $g_a(t)$是在$-\infty < t < \infty$范围内定义的，$g(n)$也定义在$-\infty < t < \infty$的范围内，要估计一个无限长信号的频谱是不可能的。实用的方法是先让模拟连续信号 $g_a(t)$通过一个抗混叠的模拟滤波器，然后将其采样成离散序列 $g(n)$。假定混叠效应可以忽略，A/D 转换器的字长足够长，则 A/D 转换中的量化噪声也可忽略。

假定正弦信号的基本参数（如振幅、频率和相位）不随时间改变，则其傅里叶变换 $G(e^{j\omega})$可以通过计算它的 DFT 得到

$$G(e^{j\omega}) = \sum_{n=-\infty}^{\infty} g(n)e^{-j\omega n} \tag{8-33}$$

实际上无限长序列 $g(n)$先乘以一个长度为 N 的窗函数 $w(n)$，使它变成一个长为 N 的有限序列，$g_1(n) = g(n)w(n)$，对 $g_1(n)$求出的 $G_1(e^{j\omega})$作为原连续模拟信号 $g_a(t)$的频谱估计，然后求出 $G_1(e^{j\omega})$在 $0 \leqslant \omega \leqslant 2\pi$ 区间等分为 M 点的离散傅里叶变换 DFT。为保证足够的分辨率，DFT 的长度 M 选得比窗长度 N 大，其方法是在截断了的序列后面补上 $M-N$ 个零。

在讨论由 $G_1(k)$来估计频谱 $G_1(e^{j\omega})$和 $G(e^{j\omega})$时，需要重新探讨一下这些变换和它们所对应的频率之间的关系。M 点的 DFT $G_1(k)$与 $G_1(e^{j\omega})$的关系为

$$G_1(k) = G_1(e^{j\omega})|_{\omega=2\pi k/M}, \quad 0 \leqslant k \leqslant M-1 \tag{8-34}$$

归一化的数字角频率 ω_k 和 DFT 样本序号 k 的关系为

$$\omega_k = 2\pi k/M \tag{8-35}$$

模拟角频率和 DFT 样本序号 k 的关系为

$$\Omega_k = 2\pi k/MT \tag{8-36}$$

式中，T 是采样周期。设一个具有数字角频率 ω_0 的余弦信号为

$$g(n) = \cos(\omega_0 + \varphi) \tag{8-37}$$

该序列表示为

$$g(n) = \frac{1}{2}(e^{j(\omega_0 n+\varphi)} + e^{-j(\omega_0 n+\varphi)}) \tag{8-38}$$

查表得其 DFT 为

$$G(e^{j\omega}) = \pi \sum_{l=-\infty}^{\infty} [\, e^{j\varphi}\delta(\omega-\omega_0 + 2\pi l) + e^{-j\varphi}\delta(\omega+\omega_0+2\pi l)] \tag{8-39}$$

它是一个以 2π 为周期的 ω 的周期信号，每个周期中包含两个冲激信号。在$-\pi \leqslant \omega \leqslant \pi$ 频率范围内，$\omega = \omega_0$ 处的冲激具有复数幅特性 $\pi e^{j\varphi}$，而在 $\omega = -\omega_0$ 处具有 $\pi e^{-j\varphi}$ 的复数幅特性。

取 $g(n)$的一个有限长序列

$$g_1(n) = \cos(\omega_0 n + \varphi), \quad 0 \leqslant n \leqslant N-1 \tag{8-40}$$

设一个频率为 10Hz 而采样频率为 64Hz 的 32 点序列，计算它的 DFT 的程序如下。

```
N = 32;  f = 10;  Fs = 64;
n = 0:N-1;  g1 = cos(2*pi*f*n/Fs);  k = n;
G1 = fft(g1,N);
subplot(211)
stem(k, abs(G1), '.')                        %画出 DFT 样本点
G = fft(g1, 1024);
hold on
plot(N*[0:1023]/1024, abs(G), '-.' );        %画出 FT 曲线作参考
title('(a)N = 32,f = 10,Fs = 64'),ylabel('X(k)'),xlabel('k')
```

计算结果如图 8-14(a)所示。图中位于 $k = 5$ 和 $k = 27$ 处两个点的 DFT 不等于零。从式（8-36）可知，$k = 5$ 对应于频率 10Hz，$k = 27$ 对应于频率 54Hz（也就是-10Hz），这表明 DFT 确实正确地分辨了

正弦信号的频率。但是这样理想的结果是碰巧得到的，因为这里恰好截取了 5 个完整的余弦周期（$f\times N/F_s=5$），如果截取的不是整数周期，情况就不同了。

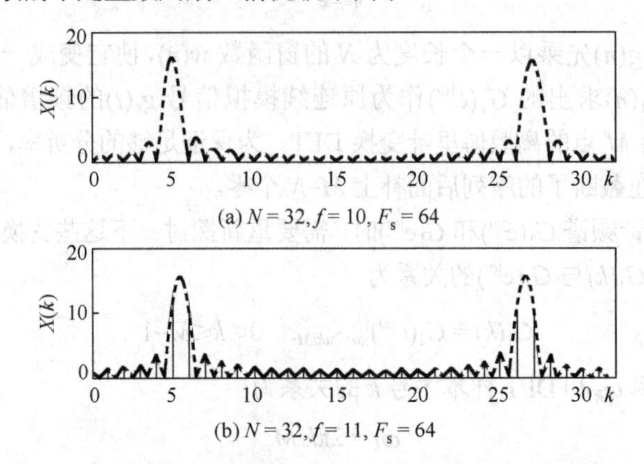

图 8-14　单频率有限长正余弦信号的 DFT 样本点和 FT 幅频特性曲线

把频率 f 改为 11Hz，采样频率和窗长度不变，重新运行程序计算信号的频谱，计算结果如图 8-14(b)所示。图中，虽然 $k=5$ 和 $k=27$ 处都有较大的峰值，但其他频率点上幅度不再为零。这两个较大峰值对应的频率是 10Hz 和 12Hz。据此可以判断，信号的频谱峰值位于两者之间。原本 11Hz 频率的能量分布到许多 DFT 频率上的现象来源于截断效应。

从图 8-14 中可以看到，图 8-14(a)和(b)两个子图的 DFT 形状是很相似的。两个 DFT 样本点有较大差别的原因就在于图 8-14(a)中采样点位置正巧都在频谱的零点。实际工程中输入信号的参数通常是未知的，通常含有丰富的各种频谱，上述理想情况不会出现。根据图 8-14 中的频谱形状，有限序列 $g_1(n)$可看做无限序列 $g(n)$和长度为 N 矩形窗序列的乘积，其频谱等于它们的频谱的卷积。

$$X_1(\mathrm{e}^{\mathrm{j}\omega})=\frac{1}{2\pi}\int_{-\pi}^{\pi}X(\mathrm{e}^{\mathrm{j}\omega})W_{\mathrm{R}}(\mathrm{e}^{\mathrm{j}(\omega-\varphi)})\mathrm{d}\varphi \tag{8-41}$$

其中

$$W_{\mathrm{R}}(\mathrm{e}^{\mathrm{j}\omega})=\mathrm{e}^{-\mathrm{j}\omega(N-1)/2}\frac{\sin(\omega N/2)}{\sin(\omega/2)} \tag{8-42}$$

为矩形窗函数的频谱函数。由此可计算出

$$X_1(\mathrm{e}^{\mathrm{j}\omega})=\frac{1}{2}[\mathrm{e}^{\mathrm{j}\omega}W_{\mathrm{R}}(\mathrm{e}^{\mathrm{j}(\omega-\omega_0)})+\mathrm{e}^{-\mathrm{j}\omega}W_{\mathrm{R}}(\mathrm{e}^{\mathrm{j}(\omega+\omega_0)})] \tag{8-43}$$

式（8-43）说明，加窗后的序列 $g_1(n)$的 $G_1(\mathrm{e}^{\mathrm{j}\omega})$是窗函数 $w(n)$的 $W_{\mathrm{R}}(\mathrm{e}^{\mathrm{j}\omega})$移频$\pm\omega_0$和加权后的和。频率为 11Hz 的序列，其数字频率为 $\omega_0=11/64\times2\pi=0.344\pi$，因序列长度 $N=32$，频率分辨率为 $\Delta\omega=2\pi/N\approx0.0625\pi$。$\omega_0/\Delta\omega=5.5$，因此 ω_0 在 k 为横坐标的图上是在 5 和 6 之间。DFT 是由长度 32 的矩形窗的频谱向左右各移动 5.5 后再相加，并乘 1/2 得到。在数字角频率 0～2π（数字下标 $k=0\sim N+1$）范围内，存在两个尖峰。一个在 $k=5.5$ 处，表现为 $k=5$ 和 $k=6$ 之间两处的 DFT 峰值，另一个在 $k=32-5.5=26.5$ 处，表现为 $k=26$ 和 $k=27$ 处的两个 DFT 峰值。其他所有非零 DFT 样本是由窗函数的旁瓣引起的泄漏所造成的。因为矩形窗的旁瓣特别大，所以它所引起的泄漏也特别严重。

当输入信号有一个以上的正弦分量时，上述问题变得更加严重。下面通过几个例子加以说明。着重分析窗函数的类型、长度 N 和 DFT 的长度及对频谱分析的影响。

【例 8-4】 设信号为 $x(n)=0.5\sin(2\pi f_1 n)+\sin(2\pi f_2 n)$，数字频率为 $f_1=0.22$ 及 $f_2=0.34$。试分析 DFT 的长度对双频率信号频谱分析的影响。

解　采用下列程序计算 $x(n)$在取不同 M 值时的 DFT 值，其中 M、N、f_1，f_2 都是可设定的。

```
N = input('信号长度');
M = input('DFT 长度');
fr = input('[f1,f2] = ');                          %输入两个正弦频率
n = 0:N-1;                                         %设定自变量向量
x = 0.5*sin(2*pi*n*fr(1)) +  sin(2*pi*n*fr(2));    %两个正弦信号合成信号 x
X = fft(x,R);  k = 0:M-1;                          %计算 x 的 DFT
stem(k, abs(X), '.');  grid on
plot(k/M, abs(X));grid on
axis([0 1 0 10])
title('x(n)的 FT 幅频特性')
xlabel('f = k/M');  ylabel('DTFT 幅度')
```

当 $N = 16$，取 M 为 4 个不同值 16、32、64、128，画出的 4 个 DFT 幅度图如图 8-15(a)、(b)、(c)、(d)所示。在图 8-15(e)中画出了 x 的 FT 幅度曲线$|X(\omega)|$。很明显这些 DFT 样本值就是其 FT 在相应位置的采样。因为 DFT 和 FT 的频率轴刻度不同，需要做一个换算：对 $k = 8$，$\omega = 8\times2\pi\times/16 = \pi$，而对 $k = 15$，$\omega = 15\times2\pi/16 = 1.875\pi$。

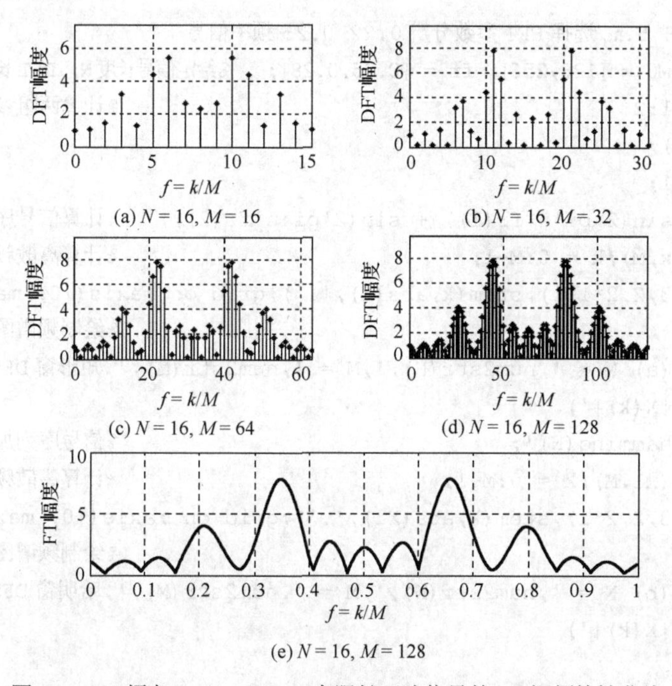

图 8-15　双频率 fr = [0.22,0.34]有限长正弦信号的 FT 幅频特性曲线

如图 8-15(a)所示，很难看出有两个峰值，需要提高 DFT 的分辨率。把 DFT 的长度分别增加到 32、64 和 128，分别得图 8-15(b)、(c)和(d)。可以看出它有两个峰值。图中横坐标为 k，换算为数字频率 $f = \omega/2\pi = k/M$。据此确定峰值的位置大体在 $f = 0.21$ 和 0.35 附近，与信号的给定频率有一定误差，它是截断和泄漏带来的。从图中还可看到一些较小的峰，很难判断它们是输入信号中固有的，还是由泄漏所引起的。

例 8-4 说明，增加 DFT 长度 M，减小了相邻样本间的频率间距，一定程度上提高了频谱的视在分辨率，提高样本位置的测定精度。

下面讨论窗函数长度 N 的影响。有限长度信号的 FT 等于原无限信号的频谱与窗函数频谱的卷积。两个频率不同的无限长序列的频谱应该是两对冲激函数，本来应该可以分辨的，但由于和有限长的窗函数的频谱进行卷积，就形成了较宽的频谱图形。矩形窗函数的主瓣宽度为 $4\pi/N$，其他所有的窗函数主瓣宽度都大于矩形窗，也都与 N 呈反比。因此增加序列长度 N 可以有效地提高频谱的实际分辨率。

虽然矩形窗的主瓣宽度最小，但它的旁瓣幅度太大，造成严重的频率泄漏。这会使频谱分析的可靠性和精确性下降。因此，宁可选一个没有旁瓣的窗函数，靠加大 N 来提高频谱的分辨率。

考虑用哈明窗对改善分辨率的影响。要使两个频率之间隔开一个样本，分辨率至少应达到两个频率之差 Δf。因为数字频率是对采样频率 F_s 进行归一化的，即 f_r 的最大值为 1，总的样本数（也就是 N）至少要达到 $1/\Delta f$。

【例 8-5】 若把例 8-4 中两个正弦波的频率靠近，令 $f_r = [0.22, 0.25]$，试选择 FFT 参数，在频谱分析中分辨出这两个分量。

解 分辨率至少应达到 $\Delta f = 0.03/2 = 0.015$，总的样本数 $1/0.015 = 66$。

为了分析加窗的影响，在例 8-4 程序中增加程序语句 x1 = x.*hamming(N)，然后对 x1 求 DFT 并画曲线即可。选择不同的 N、M 和窗函数，编写程序 fex8_5.m。

```
%程序 fex8_5.m,选择 FFT 参数分辨 0.22,0.25 频率信号
N = 128; M0 = [128,256]; fr = [0.25,0.28];    %给定信号长度N, DFT 长度M, 信号频率fr
for i = 1:2                                     %计算两组参数下的结果
M = M0(i);
n = 0:N-1;
x = 0.5*sin(2*pi*n*fr(1)) + sin(2*pi*n*fr(2));  %计算信号序列
X = fft(x,M);k = 0:M-1;                         %计算离散频谱
subplot(3,2,2*i-1),stem(k,abs(X),'.');grid on ;axis([0, max(k), 0, 80]);
                                                %绘制频谱图
title(['(a) N = ',num2str(N),',M = ',num2str(M),',矩形窗 DFT'])
ylabel('|X(k)|')
x1 = x.*hamming(N)';                            %信号序列加哈明窗
X1 = fft(x1,M);k = 0:M-1;                       %计算离散频谱
subplot(3,2,2*i),stem(k,abs(X1),'.');grid on ;axis([0, max(k), 0, 40]);
                                                %绘制频谱图
title(['(b) N = ',num2str(N),',M = ',num2str(M),',哈明窗 DFT'])
ylabel('|X(k)|')
end
subplot(3,2,5),plot(k/M,abs(X)),grid on         %绘制 X 的连续频谱
title(['(e) N = ',num2str(N),',M = ',num2str(M),',矩形窗 FT'])
xlabel('f = k/M'),ylabel('|X(f)|'); axis([0, 1, 0, 80]);
subplot(3,2,6),plot(k/M,abs(X1)),grid on        %绘制 X1 的连续频谱
title(['(f) N = ',num2str(N),',M = ',num2str(M),',哈明窗 FT'])
xlabel('f = k/M'),ylabel('|X(f)|')
```

运行程序 fex8_5.m，如图 8-16 所示。

从图 8-16 可以看出，可以分辨信号的两个峰值。将图 8-16(c)、(d)、(e)和(f)横坐标放大，可以得到图 8-17(a)、(b)、(c)和(d)。

从图 8-17 可以看出，使用无旁瓣的窗函数得到的频谱函数比较光滑，便于分辨峰值位置和准确的数值。此外，为了提高实际的分辨率，应该尽量增加信号长度 N 及 DFT 长度 M（大于等于 N）。当受到条件限制不能提高 N 时，单独提高 M 也可以提高视在分辨率，因而有助于测量精度改善。

实践工程中遇到的大多数信号，例如语音通信、雷达信号等，都是非平稳的。这种情况下，单纯增大取样的长度 N 没有多少实际意义。很多时候需要进行非平稳信号的频谱分析，于是出现了多种多样的分析方法。这些都要用比较高深的数学工具，例如短时傅里叶变换（Short-Time Fourier Transform，STFT）方法等，可参考研究生高等数字信号处理课程进行学习，此处不再赘述。

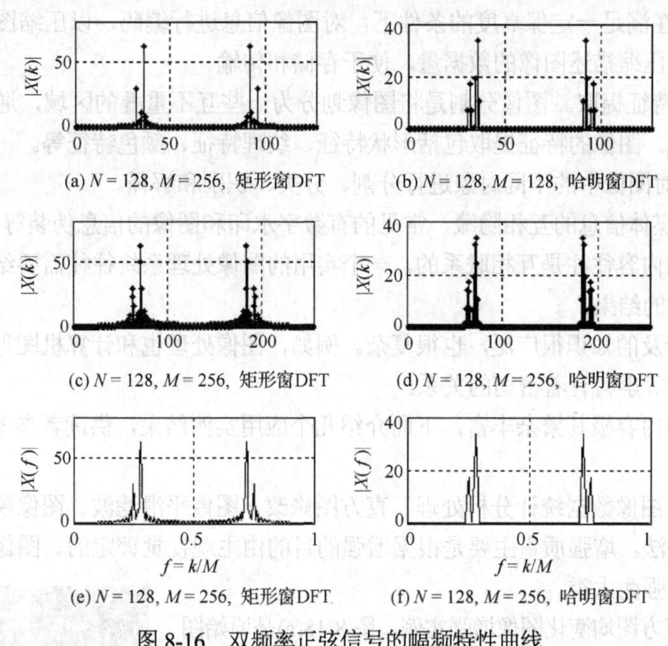

图 8-16　双频率正弦信号的幅频特性曲线

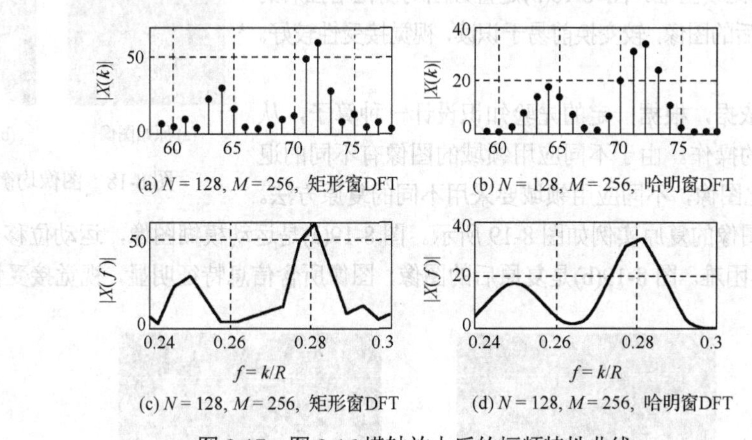

图 8-17　图 8-16 横轴放大后的幅频特性曲线

8.3.2　在图像信号处理中的应用

BPSK 调制与解调

短时傅里叶变换

目前，图像信号处理已经发展成为最重要的学科和最重要的科研领域之一。图像处理就是将图像转换为一个数字矩阵存放在计算机中，并采用一定的算法对其进行处理。图像处理的基础是数学，最重要的任务就是各种算法的设计和实现。目前图像处理技术已经在众多领域得到了广泛应用，并取得巨大成就。根据应用领域的不同要求，图像处理技术划分为许多分支，比较重要的分支如下。

1）图像数字化。通过采样与量化过程将模拟图像变换成便于计算机处理的数字形式，并以矩阵形式存储在计算机内。图像数字化的主要设备是扫描仪、数码相机等。

2）图像增强与复原。图像增强主要目的是增强图像中的有用信息，削弱干扰和噪声，使图像清晰或转换为更适合人或机器分析的形式。图像复原与图像复制不同，图像复制并不要求真实地反映原始图像，而图像复原则要求尽量消除或减少在获取图像过程中产生的某些退化，使图像能够反映原始图像的真实面貌。

3）图像编码。在满足一定保真度的条件下，对图像信息进行编码，以压缩图像的信息量，简化图像表示，从而大大压缩描述图像的数据量，便于存储和传输。

4）图像分割与特征提取。图像分割是将图像划分为一些互不重叠的区域，通常用于将分割的图像从背景中分离出来。图像的特征提取包括形状特征、纹理特征、颜色特征等。

5）图像分析。对图像中的不同对象进行分割、分类、识别和解释。

6）图像隐藏。媒体信息的互相隐藏，常见的有数字水印和图像的信息伪装等。

上述图像处理的内容往往是互相联系的，一个实用的图像处理系统往往需要结合应用几种图像处理技术才能得到所需的结果。

图像处理技术涉及的知识很广泛，也很复杂。例如，图像处理也和计算机图形学、模式识别、人工智能和计算机视觉等学科有着密切的关系。

图像处理学科的内容极其繁杂丰富，下面介绍几个应用实例结果，供读者参考。

1）图像增强

图像增强技术有图像数据统计分析处理、直方图修改、图像平滑滤波、图像锐化等。图像增强没有固定不变的理论方法，增强质量主要是根据增强的目的由主观视觉评定的。图像增强技术总体上分为频域增强和空域增强两大类。

图 8-18 是基于直方图均衡化图像增强实例。图 8-18(a)是原始图像，比较模糊，识读比较困难。图 8-18(b)是直方图均衡化增强后的图像。肉眼观察增强后的图像，较变换前易于识读，视觉接受性较好。

(a) 原始图像

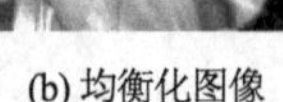

(b) 均衡化图像

图 8-18　图像均衡化增强

2）图像复原

以退化图像为依据，根据一定的先验知识设计一种算子，从而估计出理想场景的操作。由于不同应用领域的图像有不同的退化原因，对同一退化图像，不同应用领域要采用不同的复原方法。

一个运动模糊图像的复原实例如图 8-19 所示。图 8-19(a)是运动模糊图像，运动位移 31 个像素，运动角度 11°，识读困难。图 8-19(b)是复原后的图像，图像所含信息特征明显，视觉接受性已经很好，适合人类视觉识读。

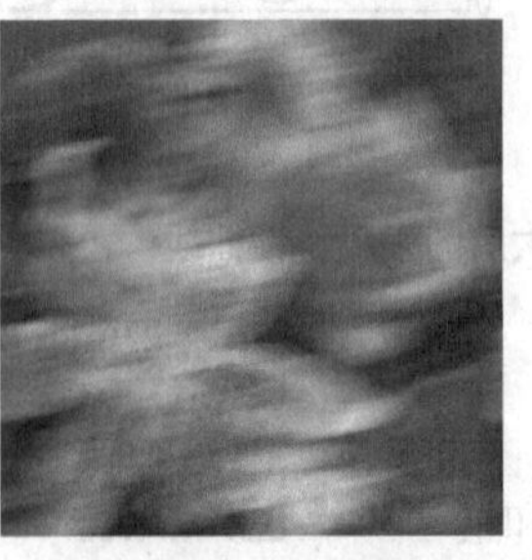

(a)原始运动模糊图像

(b)运动模糊复原图像

图 8-19　运动模糊图像复原

3）图像滤波

从原理上看图像频域滤波是频域乘以 $H(u,v)$滤波函数，相当于在空域把图像与滤波器函数的空间域函数 $h(x,y)$做卷积。因此可把频域滤波处理改为在空间域执行卷积，称为空间域滤波。

若图像 $f(x,y)$与频域滤波函数 $H(u,v)$的空间域函数 $h(x,y)$做卷积，其效果和在频域滤波是一样的。$f(x,y)$和 $h(x,y)$大小均为 $N\times N$，直接做卷积很费时间。常用大小为 3×3、5×5 的小区域进行卷积，该小区域也称为滤波窗口。选择不同的滤波窗口，就可以实现对图像的高通、低通、带通、带阻等滤波操作。有时也称小图像块 $h(x,y)$为样板（Template）或掩膜（Mask）。

三种常用高通空间域滤波窗口如下：

$$h_1=\begin{bmatrix}0 & -1 & 0\\ -1 & 5 & -1\\ 0 & -1 & 0\end{bmatrix},\ h_2=\begin{bmatrix}-1 & -1 & -1\\ -1 & 9 & -1\\ -1 & -1 & -1\end{bmatrix},\ h_3=\begin{bmatrix}1 & -2 & 1\\ -2 & 5 & -2\\ 1 & -2 & 1\end{bmatrix}\tag{8-44}$$

两种常用低通空间域滤波窗口如下

$$h_4=\frac{1}{10}\begin{bmatrix}1 & 1 & 1\\ 1 & 2 & 1\\ 1 & 1 & 1\end{bmatrix},\ h_5=\frac{1}{16}\begin{bmatrix}1 & 2 & 1\\ 2 & 4 & 2\\ 1 & 2 & 1\end{bmatrix}\tag{8-45}$$

一种常用空间域均值滤波窗口如下

$$h_6=\frac{1}{9}\begin{bmatrix}1 & 1 & 1\\ 1 & 1 & 1\\ 1 & 1 & 1\end{bmatrix}\tag{8-46}$$

为了突出增强图像中的孤立点和孤立线，常采用拉普拉斯算子，如机场、公路、铁路勘探图像及遥感图像就常用线性微分拉普拉斯算子

$$\nabla^2 f(x,y)=\frac{\partial^2 f(x,y)}{\partial x^2}+\frac{\partial^2 f(x,y)}{\partial y^2}\tag{8-47}$$

式（8-47）是对边缘敏感的旋转不变算子，它用二次微分正峰和负峰之间的过零点来确定陡峭的边缘和缓慢变化的边缘，对孤立点和端点更加敏感。该算子是空间域算子，其 3×3 样板为

$$h_7=\begin{bmatrix}0 & -1 & 0\\ -1 & 4 & -1\\ 0 & -1 & 0\end{bmatrix},\ h_8=\begin{bmatrix}-1 & -1 & -1\\ -1 & 8 & -1\\ -1 & -1 & -1\end{bmatrix},\ h_9=\begin{bmatrix}1 & -2 & 1\\ -1 & 4 & -2\\ 1 & -2 & 1\end{bmatrix}\tag{8-48}$$

一个图像滤波实例如图 8-20 所示。图 8-20(a)是椒盐噪声系数为 0.02 的图像，对它进行高斯低通滤波后的图像如图 8-20(b)所示，噪声有比较明显的减弱。图 8-20(c)所示为均值滤波图像，直观上滤波效果与高斯低通滤波图像接近。图 8-20(d)所示为模糊增强滤波图像，采用的是模糊增强算子，也有较好的滤波效果，表现在背景与物体之间有较大的对比度差异，一定程度上更易于识读图像。可以看出，不同算子对图像滤波的效果是不同的，其适应场合也有所不同。

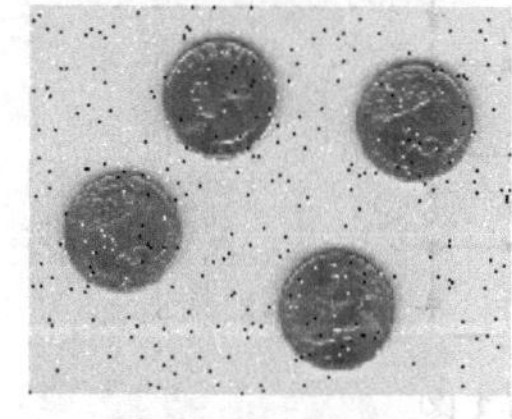
(a)椒盐噪声图像

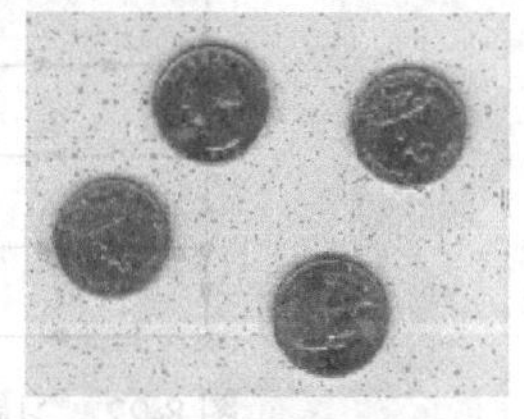
(b)高斯低通滤波图像

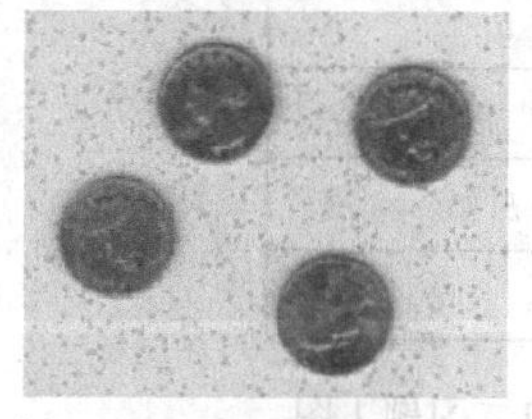
(c)均值滤波图像

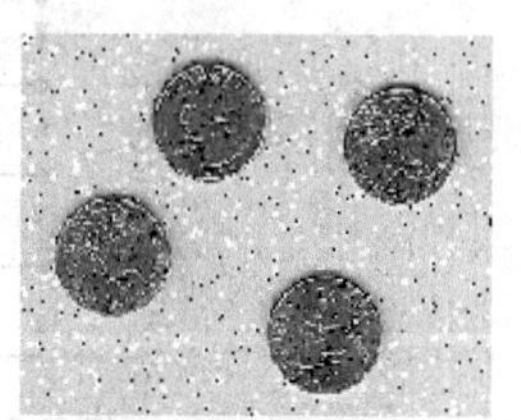
(d)模糊增强图像

图 8-20　噪声图像不同滤波算子滤波效果

图像处理技术的内容非常丰富，其应用也十分广泛，上述图像处理的例子只是其极其微小的一部分，任何一方面问题的细节讨论都可以形成一门专门的学科，这里不再赘述，有兴趣的读者请参考相关文献。

小 结

1. 虽然数字信号处理比模拟信号处理有突出的优点，但数字信号处理也有不可回避的问题，这就是模拟信号转换为数字信号时还有量化误差，以及有限字长效应。

2. 本章对提及模型的量化误差和有限字长问题做了讨论。研究表明，A/D 量化误差以噪声的形式叠加在理想输出上。

3. 数字滤波器的定点实现会产生乘积舍入误差，可能导致滤波器内部节点溢出，或输出端出现大幅度的振荡。而浮点实现则在代数和运算时产生误差。

4. 最后介绍数字图像处理技术在声音信号处理和图像信号处理应用实例，作为抛砖引玉之用。

思考练习题

1. 何谓数字信号处理算法的可计算性？

2. 怎样用软件实现数字信号处理？

3. 数字信号处理中的有限字长效应是怎样产生的？体现在哪些方面？

4. 什么是线性系统？对模拟信号进行采样、量化和乘加运算的数字系统是什么系统？为什么？

5. 在 A/D 转换之前和 D/A 转换之后都要让信号通过一个低通滤波器，它们分别起什么作用？

6. 在 D/A 转换器的输出端要串联一个“平滑滤波器”，这是一个什么类型的滤波器？起什么作用？

习 题

1. 按照输入 $x(n)$、输出 $y(n)$和中间变量 $v_k(n)$，顺序生成一组如图 8-21 所示的数字滤波器结构的时域方程。这组方程描述了一种有效的算法吗？生成该数字滤波器结构的矩阵，并研究矩阵，证明你的答案是否正确。

2. 实现一组如图 8-21 所示的数字滤波器结构的计算时域方程。写出时域方程的等效矩阵表示。

3. 将输入 $x(n)$、输出 $y(n)$和中间变量 $\omega_k(n)$，顺序生成结构如图 8-22 所示的数字滤波器结构的时域方程。这组方程描述了一种有效计算算法吗？生成该数字滤波器结构的等效矩阵表示，并证明你的答案是否正确。

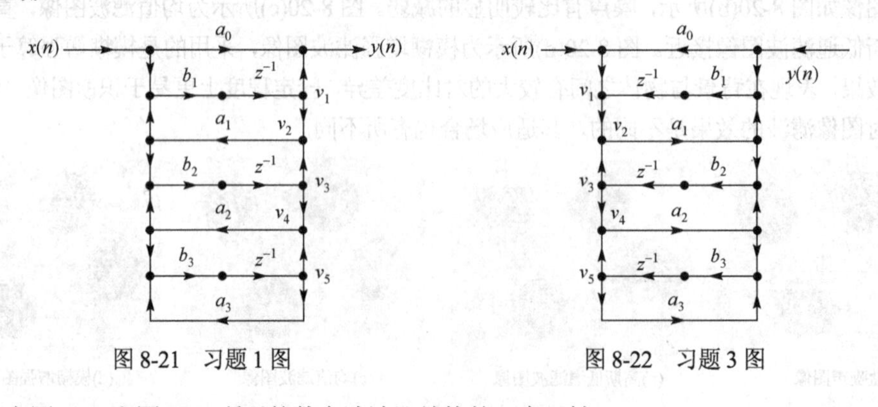

图 8-21 习题 1 图　　图 8-22 习题 3 图

4. 研究图 8-21 和图 8-22 所示的数字滤波器结构的可实现性。

5．确定一个三阶因果 IIR 数字滤波器的系统函数，其前 10 个冲激响应样本为

$$h(n)=\{2,-4,8,-8,12,16,-8,168,12.48,746.048\}$$

6．写出图 8-23 所示的数字滤波器结构的节点变量 $w_i(n)$、$s_i(n)$、$y(n)$和输入 $x(n)$的方程。若方程以节点值减小的顺序排列，请在形式上检查方程组的可计算性。

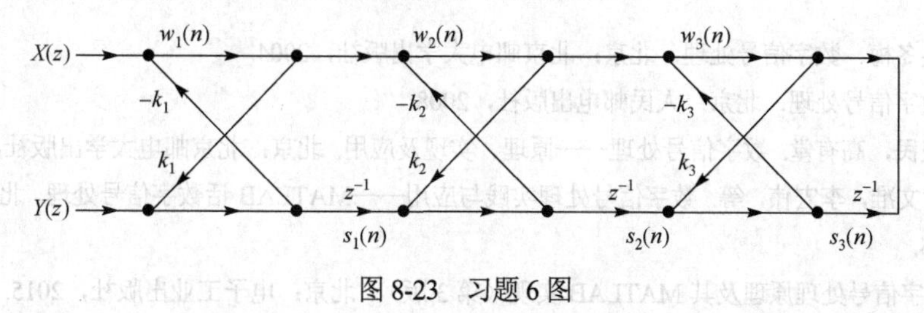

图 8-23　习题 6 图

7．系统函数为 $G(z)=P(z)/(1-0.6z^{-1}+0.2z^{-2}+1.8z^{-3})$的因果三阶 IIR 数字滤波器的前 4 个冲激响应样本为

$$g(0)=2，g(1)=-4，g(2)=4，g(3)=-6$$

试确定系统函数的分子多项式 $P(z)$。

8．已知系统 $y(n)=0.5y(n-1)+x(n)$，输入 $x(n)=0.25^n u(n)$。

1）如果算术运算是无限精度的，计算输出 $y(n)$；

2）若用 5 位原码运算（符号位加 4 位小数位），并按截尾方式实现量化，计算输出 $y(n)$，并与 1）的结果进行比较。

9．如果系统为 $y(n)=0.999y(n-1)+x(n)$，输入信号按 8 位舍入法量化，那么输出因量化而产生的噪声功率是多少？

10．已知系统函数 $H(z)=\dfrac{1+0.5z^{-1}}{(1-0.25z^{-1})(1+0.25z^{-1})}$。

1）试绘制该系统的直接型结构、级联型结构和并联型结构；

2）若用$(b+1)$位（1 位表示符号）定点补码运算，针对上面三种结构，计算由乘法器产生的输出噪声功率。

11．已知 $H_1(z)=\dfrac{1}{1-0.5z^{-1}}$，$H_2(z)=\dfrac{1}{1-0.25z^{-1}}$。系统 $H(z)$用 $H_1(z)$和 $H_2(z)$级联组成有两种方式，即 $H(z)=H_1(z)H_2(z)$和 $H(z)=H_2(z)H_1(z)$。试计算在两种不同的实现方式中，输出端的乘法舍入量化噪声。

12．某直接型理想 IIR 低通滤波器的系统函数是 $H(z)=\dfrac{1}{1-\frac{2}{3}\sqrt{3}z^{-1}+\frac{4}{9}z^{-2}}$，由于有限字长，分母的两个系数只能舍入到 0、0.5、1 或 1.5 这 4 个值之一。

1）画出系数量化造成的极点位置迁移图（在 Z 平面上标明迁移前后的极点位置）。

2）用几何法画出量化前后系统的幅频特性曲线。曲线形状和走向只要求两者相对正确，不必精确计算，但转折点的频率要精确标明。

13．有一个长度 $M=12$ 的时域序列，如用 12 点 FFT，可精确算出位于数字频率 $2\pi/12$ 处测量点 A 的频谱幅值。由于受器件的限制，必须采用基 2FFT 来计算点 A 处的频响幅值。假定允许测量点数字频率的误差在±0.015 范围之内，问 FFT 至少应用多少点？

参考文献

[1] 张立材，吴冬梅．数字信号处理．北京：北京邮电大学出版社，2004.

[2] 张立材．数字信号处理．北京：人民邮电出版社，2008.

[3] 张立材，王民，高有堂．数字信号处理——原理、实现及应用．北京：北京邮电大学出版社，2011.

[4] 林永照，黄文准，李宏伟，等．数字信号处理实践与应用——MATLAB 话数字信号处理．北京：电子工业出版社，2015.

[5] 从玉良．数字信号处理原理及其 MATLAB 实现（第 3 版）．北京：电子工业出版社，2015.

[6] 沈再阳．精通 MATLAB 信号处理．北京：清华大学出版社，2015.

[7] 维纳·K·英格尔，约翰·G·普罗克斯，著．刘树堂，陈志刚，译．数字信号处理（MATLAB 版）．西安：西安交通大学出版社，2013.

[8] 万永革．数字信号处理的 MATLAB 实现（第二版）．北京：科学出版社，2012.

[9] Sanjit K. Mitra，著．孙洪，等译．数字信号处理——基于计算机的方法（第 3 版）．北京：电子工业出版社，2006.

[10] 高西全，丁玉美，阔永红．数字信号处理——原理、实现及应用．北京：电子工业出版社，2006.

[11] 陈怀琛．数字信号处理教程——MATLAB 释义与实现．北京：电子工业出版社，2004.

[12] 何振亚．数字信号处理的理论与应用．北京：人民邮电出版社，1983.

[13] 吴湘淇．数字信号处理技术及应用．北京：中国铁道出版社，1986.

[14] 程佩青．数字信号处理基础教程（第 2 版）．北京：清华大学出版社，2001.

[15] 丁玉美，高西全．数字信号处理（第 2 版）．西安：西安电子科技大学出版社，2001.

[16] 高西全，丁玉美．数字信号处理（第 2 版）学习指导．西安：西安电子科技大学出版社，2001.

[17] 胡广书．数字信号处理——理论、算法与实现．北京：清华大学出版社，1997.

[18] W.D.斯坦利，著．常迥，等译．数字信号处理．北京：科学出版社，1979.

[19] 宗孔德，胡广书．数字信号处理．北京：清华大学出版社，1988.

[20] 吴湘淇．信号、系统与信号处理（修订版）．北京：电子工业出版社，1999.

[21] 倪养华，王重伟．数字信号处理——原理与实现．上海：上海交通大学出版社，1999.

[22] Vinay K. K. Ingle，John G. Proakis. "Digital Signal Processing Using MATLAB",BK&DK，1997.

[23] Samuel D.Stearns，著．高顺泉，等译．数字信号分析．北京：人民邮电出版社，1983.

[24] Oppenheim, A. V. and Sehafer, R. W, "Digital Signal Processing", Prentice Hall, Inc. Englewood Cliffs, N, J. 1975.

[25] 汪荣鑫．数理统计．西安：西安交通大学出版社，1986.

[26] 汪荣鑫．随机过程．西安：西安交通大学出版社，1987.

[27] 徐飞，施晓红．MATLAB 应用图像处理．西安：西安电子科技大学出版社，2002.

[28] 张兆礼，赵春晖，梅晓丹．现代图像处理技术及 MATLAB 实现．北京：人民邮电出版社，2001.